21 世纪高等学校计算机类
课程创新系列教材·微课版

Ubuntu Linux

操作系统与实验教程 第3版·微课视频版

马丽梅 马彦华 主编

清华大学出版社

北京

内 容 简 介

本书是一本全面介绍 Ubuntu Linux 相关知识的教材,内容详尽、由浅入深、图文并茂、论述清晰、条理清楚。Ubuntu Linux 一直以易用性著称,现阶段使用 Ubuntu Linux 系统的机器越来越多,但 Ubuntu Linux 和其他 Linux 在使用上也有一些不同,现在 Linux 教材很多,但专门讲述 Ubuntu Linux 的教材却很少,基于这种原因,我们编写了这本教材。

本书以目前流行的、稳定的 Ubuntu 16.04.06 LTS 发行版本为基础编写,全书共分为 11 章,介绍了虚拟机 VMware 16 的安装以及在虚拟机下 Ubuntu 的安装和虚拟机的使用,Ubuntu 图形界面和字符界面,文件管理、用户和组管理、硬盘与内存、进程管理,编辑器、Shell 及其编程,Samba 和 NFS 服务器,SMTP 服务器搭建,Ubuntu Linux 安全设置等内容。

本书配套资料丰富,包括视频、PPT、习题、讨论、考试等资料均已上线学堂在线。登录学堂在线网站,搜索"Linux 操作系统及应用",即可免费查看视频和相应学习资料。

本书既可作为本科院校、高职院校相关专业的教材,也可以作为 Linux 培训的教材,还可以作为专业人员的参考书籍,是一本难得的 Ubuntu Linux 学习用书。

图书在版编目 (CIP) 数据

Ubuntu Linux 操作系统与实验教程：微课视频版/马丽梅,马彦华主编. -- 3 版. -- 北京：清华大学出版社,2025.7(2025.9重印). --（21 世纪高等学校计算机类课程创新系列教材). -- ISBN 978-7-302-69849-4

Ⅰ. TP316.89

中国国家版本馆 CIP 数据核字第 2025M2U216 号

责任编辑：黄 芝 薛 阳
封面设计：刘 键
责任校对：李建庄
责任印制：杨 艳

出版发行：清华大学出版社

    网　　址：https://www.tup.com.cn, https://www.wqxuetang.com
    地　　址：北京清华大学学研大厦 A 座　　邮　　编：100084
    社 总 机：010-83470000　　邮　　购：010-62786544
    投稿与读者服务：010-62776969, c-service@tup.tsinghua.edu.cn
    质量反馈：010-62772015, zhiliang@tup.tsinghua.edu.cn
    课件下载：https://www.tup.com.cn,010-83470236

印 装 者：北京同文印刷有限责任公司
经　销：全国新华书店
开　本：185mm×260mm　印　张：21.25　字　数：516 千字
版　次：2016 年 8 月第 1 版　2025 年 9 月第 3 版　印　次：2025 年 9 月第 2 次印刷
印　数：37501～39500
定　价：69.80 元

产品编号：102192-01

前　言

随着网络的发展,使用 Ubuntu Linux 操作系统的计算机越来越多,无论是在日常办公还是在服务器管理上,Ubuntu Linux 受到越来越多的关注。经过多年的发展,Ubuntu Linux 操作系统已经非常成熟。每种操作系统都有自己的特点和命令,有关 Linux 的教材很多,专门讲述 Ubuntu Linux 的教材却相对较少,基于这种原因,我们编写了本书。

"Linux 操作系统"已经成为计算机类专业、网络工程专业和信息安全专业的必修课程。本书可作为本科院校、高等职业院校、成人教育计算机网络、通信工程等专业的教材,也可作为 Ubuntu Linux 的培训教材。

本书第 1、2 版深受教师和同学们的喜爱,使用院校较多,同时大家也提出了很多中肯的建议,在此基础上作者对第 2 版进行了修订,每章都增加了实验题,使本版功能更加完善。本书图文并茂,通俗易懂,内容丰富,结构清晰,内容具有实用性和易用性,涵盖范围较广,选用稳定又普遍流行的 Ubuntu 16.04.06 LTS 发行版和应用软件,去除复杂的理论知识,配备了大量的实际操作截图,尽量不过多深入到系统原理,避免庞大的 Linux 知识体系对学生造成学习困难。

全书共分为 11 章,涵盖了 Ubuntu Linux 操作系统在理论与实际应用方面的各种知识技能,具体内容介绍如下。

第 1 章介绍虚拟机的知识。为了教学方便,Ubuntu Linux 安装在虚拟机下。本章讲述了虚拟机 VMware 16 以及在虚拟机下 Ubuntu Linux 16.04.6 LTS 的安装,虚拟机的使用,及 VM Tools 的安装。

第 2 章介绍 Ubuntu Linux 系统,包括 Linux 的产生、发展、版本及 Ubuntu 系统概述。

第 3 章介绍 Linux 操作系统的图形界面,详细介绍在 Ubuntu 下的 Unity 环境,以及在图形界面中的软件安装。

第 4 章介绍 Ubuntu Linux 16.04.6 LTS 字符界面的使用,详细介绍在字符界面下软件的安装、字符界面下的关机和重启、Putty 远程登录。

第 5 章介绍 Ubuntu Linux 文件管理,包括文件系统的概念和常用命令。这是最重要的一章,对于学好 Ubuntu Linux 至关重要。

第 6 章介绍 Ubuntu Linux 操作系统的系统管理相关知识,内容包括用户和组的概念及相应的管理命令。

第 7 章介绍硬盘和内存,包括硬盘的命名、磁盘配额、内存的交换分区、进程管理、任务计划。本章内容相对较难,因此,对所有的命令行操作都提供了实际操作过程的界面截图和说明。

第 8 章介绍编辑器及 Gcc 编译器,主要介绍 vi、nano 和 gedit 编辑器、Gcc 编译器和 Eclipse

开发环境。

第 9 章介绍 Shell 及其编程,Shell 脚本变量以及语句。

第 10 章介绍服务器的配置,详细介绍 Samba 服务器配置、NFS 服务器配置、LAMP 搭建、SMTP 服务器配置。

第 11 章介绍安全设置,主要介绍基于 Ubuntu Linux 的杀毒软件、防火墙的设置和网络端口扫描工具 NMAP。

本书由马丽梅、马彦华主编。全书编写分工如下:第 1~9 章、第 11 章由马丽梅编写,第 10 章由马彦华编写。全书由马丽梅统稿、定稿。为了方便学生的线上学习与教师的授课,本书配套丰富的教学资源,包括授课视频、课件 PPT、课堂讨论、练习题、考试题等相关资料,全部在"学堂在线"平台上线。授课视频由马丽梅主讲。读者可以登录"学堂在线"平台,搜索"Linux 操作系统及应用"课程,进行免费学习并获得资料。读者也可以用手机微信扫描封底刮刮卡内二维码,获得权限,再扫描书中二维码,观看相应章节视频。

编者虽有多年的教学知识积累和实践,但在写作的过程中依然感到自己所学甚浅,不胜惶恐,本书不足之处,恳请广大读者批评指正。本书在编写过程中吸取了许多 Ubuntu Linux 方面的专著、论文的思想,得到了许多教师的帮助,如苏州科技大学李兴良、枣庄职业学院王航、重庆机电职业技术大学彭光雷等老师,在此一并感谢。

为方便教学,书中涉及的所有素材和课件可以到清华大学出版社网站下载。

编 者

2025 年 3 月

目　　录

第1章 | 虚　拟　机

本章学习目标:
- 掌握虚拟机和 Vmtools 的安装。
- 熟悉虚拟机的功能。
- 掌握在虚拟机下 Ubuntu Linux 的安装。

1.1　虚拟机简介

　　虚拟机(Virtual Machine)是指可以像真实机器一样运行程序的计算机的软件,通过软件模拟具有完整硬件系统功能的、运行在一个完全隔离环境中的完整计算机系统。

　　使用虚拟机可以在一台机器上同时运行两个或更多 Windows、Linux、UNIX 操作系统,甚至可以在一台机器上安装多个 Linux 发行版,使我们可以在同一台机器的 Windows 和 Linux 系统之间自由转换,就如同两台计算机在同时工作,在使用上,这台虚拟机和真正的物理主机没区别,都需要分区、格式化、安装操作系统、安装应用程序和软件,而不影响真实硬盘的数据,总之,一切操作都跟一台真正的计算机一样,还可以通过网卡将几台虚拟机连接为一个局域网,极其方便,因此比较适合学习操作系统。

　　VMware Workstation Pro 16 是 VMware 公司一款具有代表性的虚拟机软件,除了为网络适配器、CD-ROM、硬盘驱动器,以及 USB 设备的访问提供了桥梁外,还提供了模拟某些硬件的能力。

　　下面介绍 VMware Workstation Pro 16 的安装。

1.1.1　虚拟机 VMware Workstation Pro 16 的安装

　　(1) 双击 VMware_workstation_Pro_full_16 的安装包,安装虚拟机软件,显示如图 1.1 所示界面。

　　(2) 单击"下一步"按钮,选择"我接受许可协议中的条款(A)"复选框,如图 1.2 所示。

　　(3) 单击"下一步"按钮,单击"更改"按钮,选择安装的位置,如图 1.3 所示。

　　(4) 单击"下一步"按钮,用户体验设置,为了提高启动速度,一般情况下,取消选中复选框,如图 1.4 所示。

　　(5) 单击"下一步"按钮,设置快捷方式,这里有两种快捷方式供选择,如图 1.5 所示。

　　(6) 单击"下一步"按钮,显示已准备好安装,单击"安装"按钮,开始安装 VMware Workstation Pro 16,如图 1.6 所示。

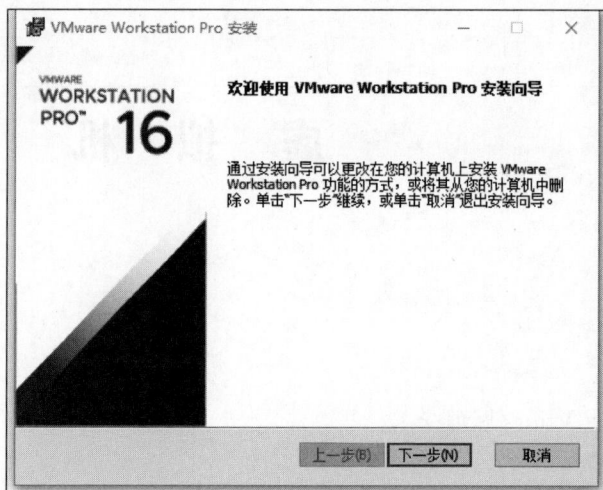

图 1.1　虚拟机安装界面

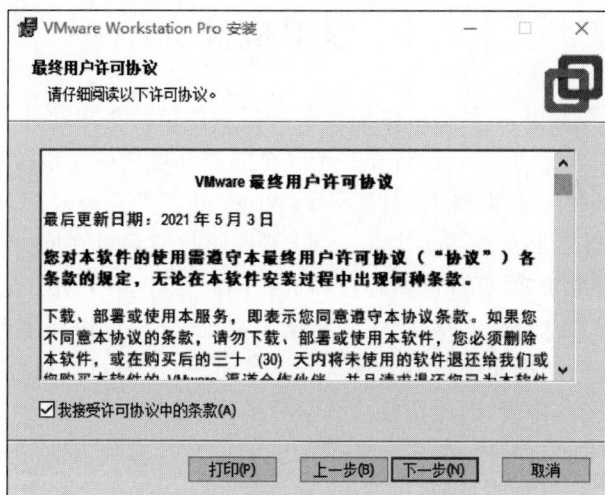

图 1.2　接受最终用户许可协议

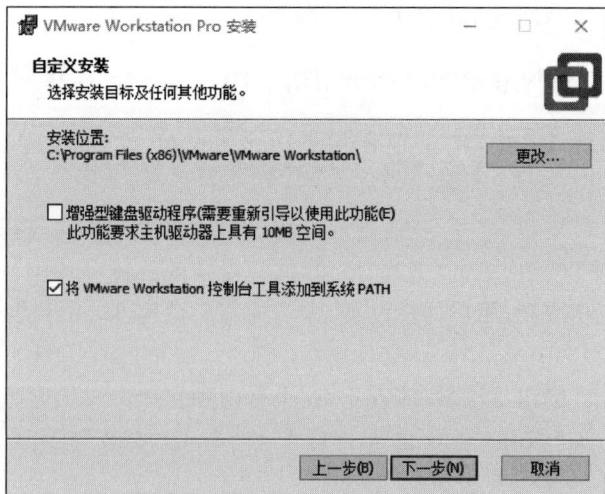

图 1.3　安装位置的选择

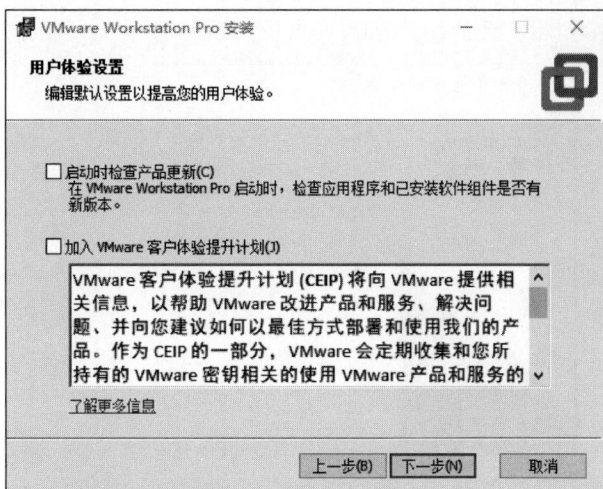

图 1.4　用户体验设置

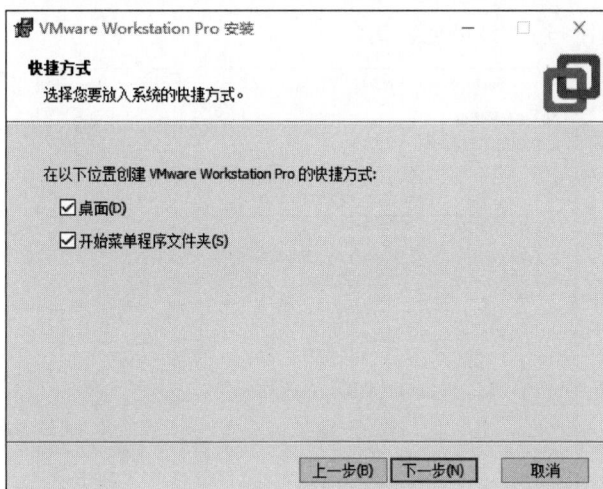

图 1.5　快捷方式的设置

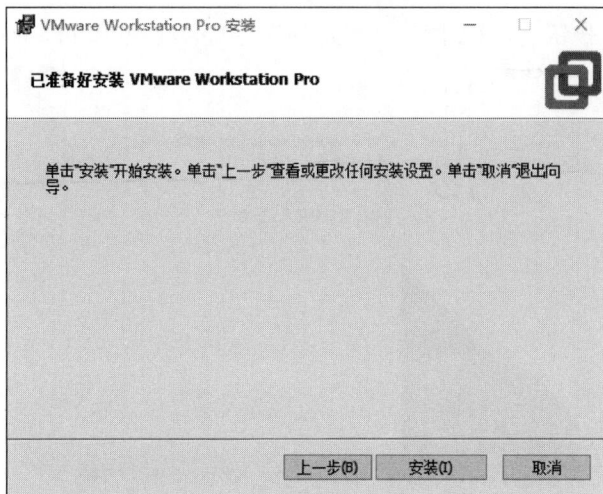

图 1.6　开始安装 VMware Workstation Pro

(7) 安装完成后,如图 1.7 所示,单击"许可证"按钮。

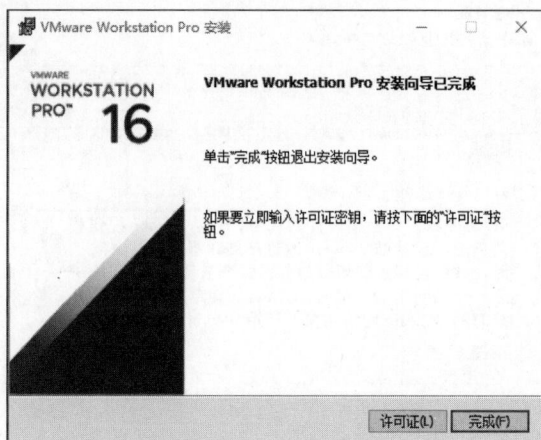

图 1.7　单击"许可证"按钮

(8) 如图 1.8 所示,输入许可证密钥。

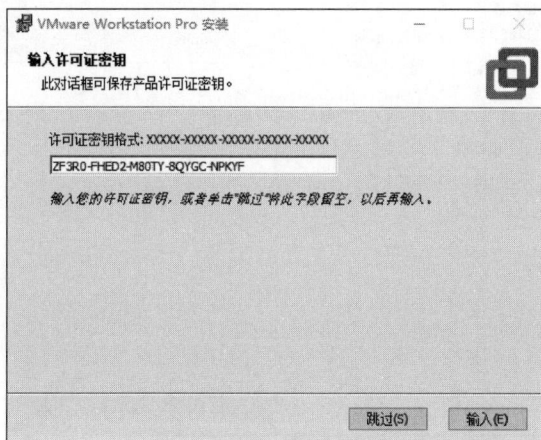

图 1.8　输入许可证密钥

(9) 单击"输入"按钮,显示如图 1.9 所示界面,单击"完成"按钮,完成虚拟机的安装。

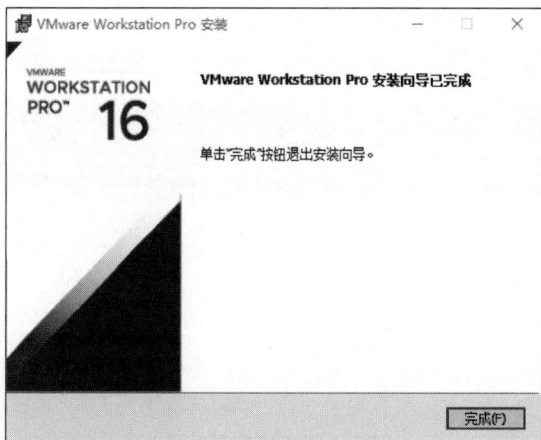

图 1.9　完成虚拟机的安装

1.1.2　创建虚拟机

运行桌面上的虚拟机启动快捷方式,或者单击"开始"菜单启动虚拟机,显示如图1.10所示界面。

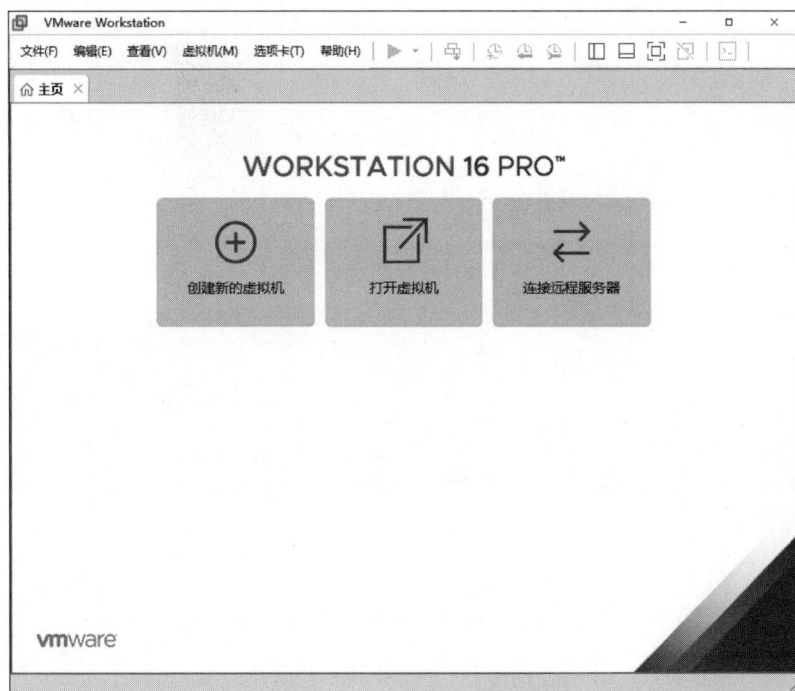

图1.10　虚拟机的启动界面

创建一个新的虚拟机,选择"文件"菜单中的"新建虚拟机"选项,也可以在虚拟机主页单击"创建新的虚拟机"图标。如图1.11所示,有两种配置方式,选择"典型(推荐)"安装,将自动完成虚拟机的创建;若选择"自定义(高级)"安装,可以对虚拟机设置进行配置,这里选择"自定义"安装,单击"下一步"按钮。

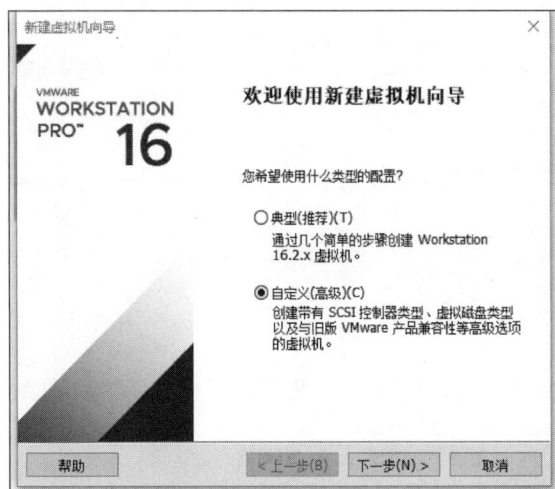

图1.11　新建虚拟机向导

在图 1.12 中选择虚拟机的硬件格式,在"硬件兼容性"下拉列表框中选择 Workstation 16.2.x 选项。

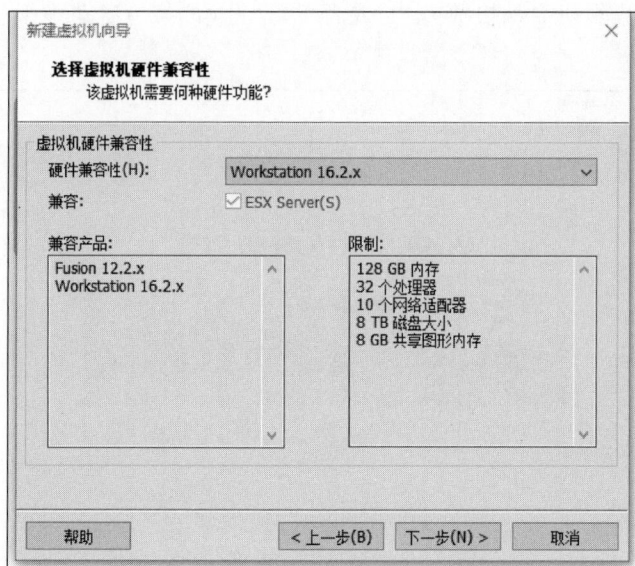

图 1.12　虚拟机的硬件兼容性

单击"下一步"按钮,如图 1.13 所示,显示操作系统的安装方式,因为 Ubuntu Linux 16.04 ISO 文件已经下载到主机上了,这里选择第三个选项"稍后安装操作系统"。

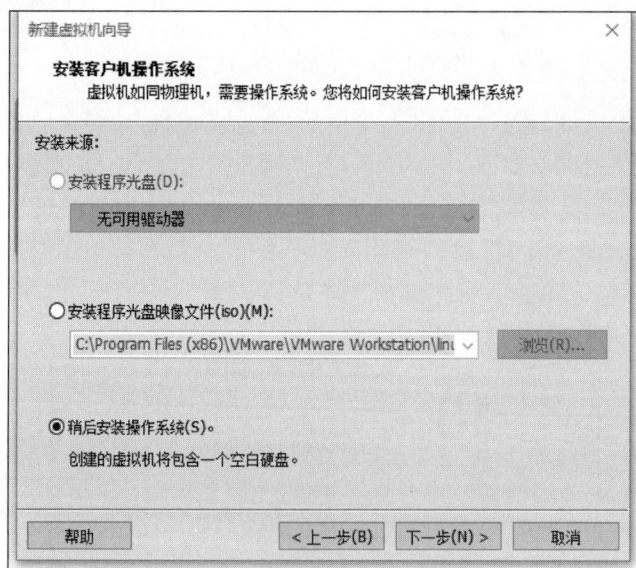

图 1.13　选择 Ubuntu 的安装方式

单击"下一步"按钮,如图 1.14 所示,在"选择客户机操作系统"界面中,选择要运行的操作系统,选择 Linux,版本选择 Ubuntu。

单击"下一步"按钮,如图 1.15 所示,在"虚拟机名称"文本框中自动显示图 1.14 中虚拟机的版本 Ubuntu,在"位置"下,设置 Ubuntu 存储位置,这里安装到 F:\Ubuntu linux 下。

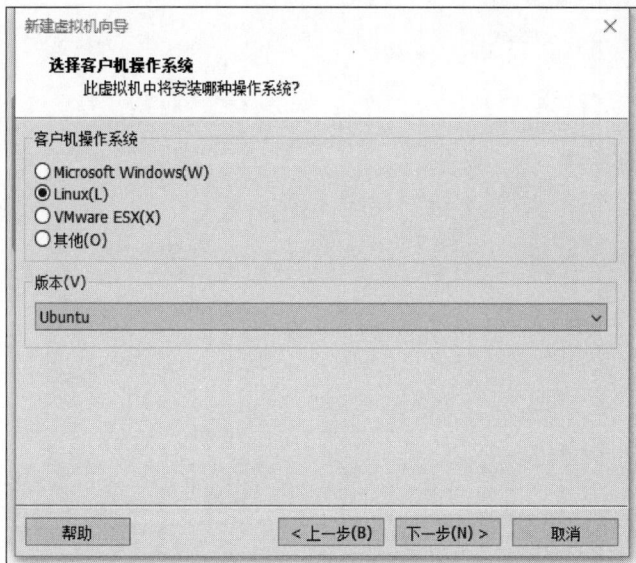

图 1.14　操作系统的选择

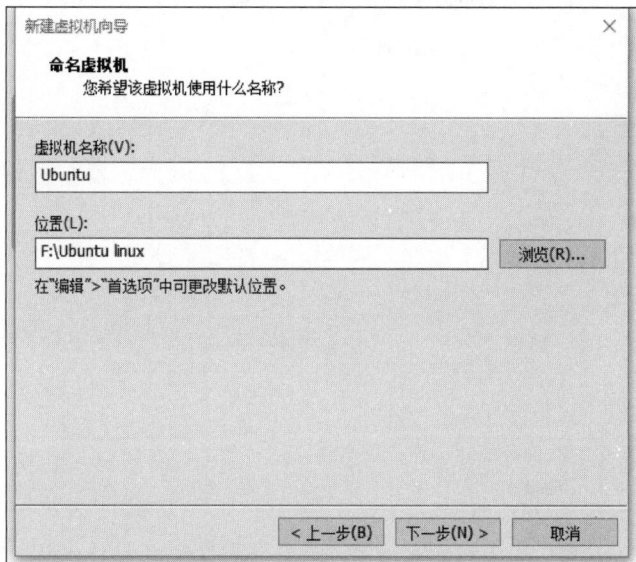

图 1.15　存储位置的选择

　　单击"下一步"按钮,如图 1.16 所示,在"处理器配置"界面中,显示处理器的数量,这里使用默认值。

　　单击"下一步"按钮,如图 1.17 所示,在"此虚拟机的内存"界面中,设置虚拟机使用的内存,如果你的计算机内存比较大,就可以给虚拟机分配较大的内存,这里使用推荐值 2GB 内存。

　　单击"下一步"按钮,显示如图 1.18 所示界面,在"网络类型"界面中选择网络类型,网络类型有 4 种,具体含义如表 1.1 所示,要连接到网络上,根据网络连接情况选择使用桥接网络或使用 NAT 网络,安装完成后,在设置中也可以修改网络类型。

8

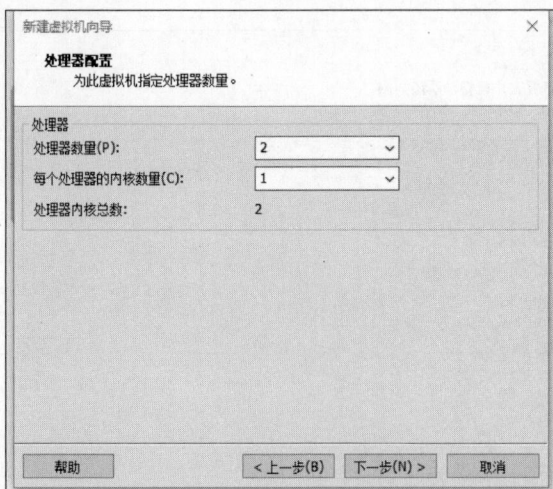

图 1.16 处理器的数量

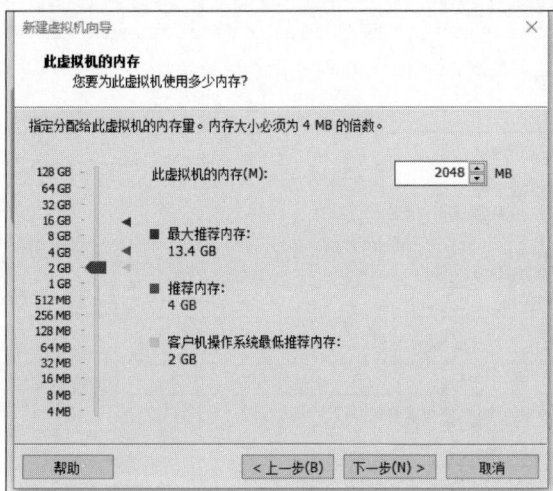

图 1.17 分配内存

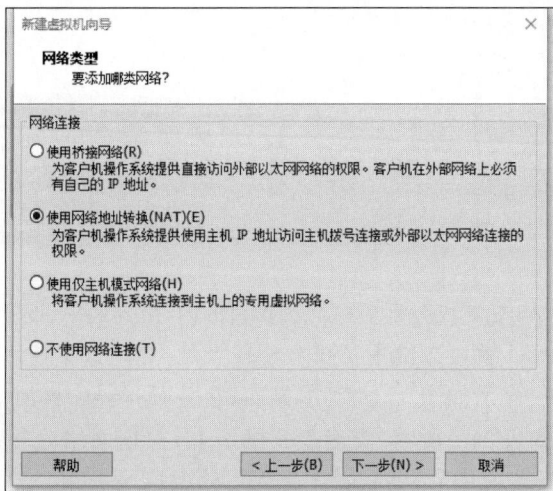

图 1.18 网络类型设置

表 1.1　网络类型说明

选择网络连接	意　义
桥接网络	此时虚拟机相当于网络上的一台独立计算机,与主机一样,拥有一个独立的IP地址,主机和虚拟机之间、虚拟机和主机之间可以互相访问
使用 NAT 网络	此时虚拟机能够访问主机,并通过主机单向访问网络上的其他主机(包括Internet 网络),而其他主机不能访问此虚拟机
使用主机网络	内网模式,虚拟机与外网完全断开,只实现虚拟机与虚拟机之间的内部网络模式连接,默认情况下,虚拟机与虚拟机之间可以互相访问,虚拟机和主机之间不能互相访问
不使用网络连接	虚拟机中没有网卡,相当于"单机"使用

单击"下一步"按钮,如图 1.19 所示,在"选择 I/O 控制器类型"界面中选择 LSI Logic,通常选择推荐的默认值。

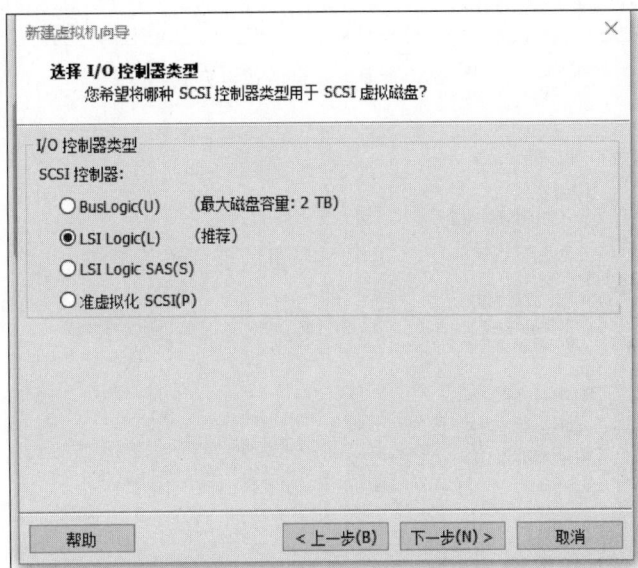

图 1.19　I/O 控制器类型选择

单击"下一步"按钮,如图 1.20 所示,选择创建的虚拟硬盘的接口方式,通常是选择默认值 SCSI。

单击"下一步"按钮,如图 1.21 所示,在"选择磁盘"界面中有以下三种选择。

(1)创建新虚拟磁盘:虚拟机将重新建立一个虚拟磁盘,该磁盘在实际计算机操作系统上就是一个.vmdk 文件,而且这个文件还可以随意地复制。

(2)使用现有虚拟磁盘:如果把(1)中建立好的虚拟磁盘文件.vmdk 复制到另一台机器上,选择此选项。

(3)使用物理磁盘:使用实际的磁盘,这样虚拟机可以方便地和主机进行文件交换,但是这样一来,虚拟机上的操作系统受到损害的时候会影响主机的操作系统。

这里选择"创建新虚拟磁盘"。

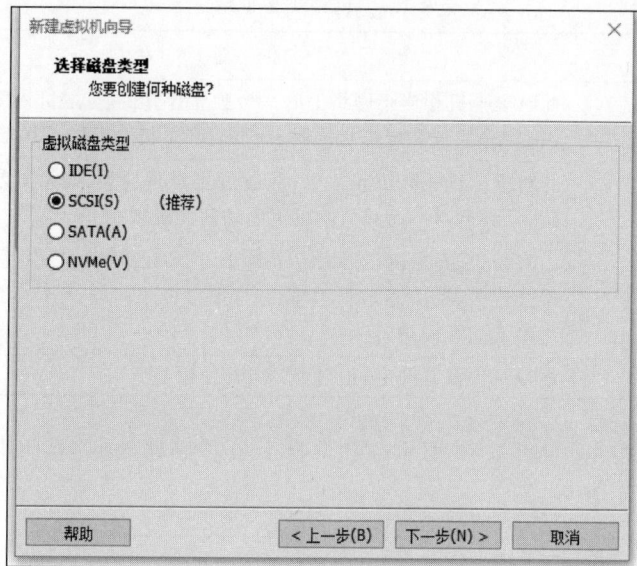

图 1.20　虚拟硬盘的接口方式

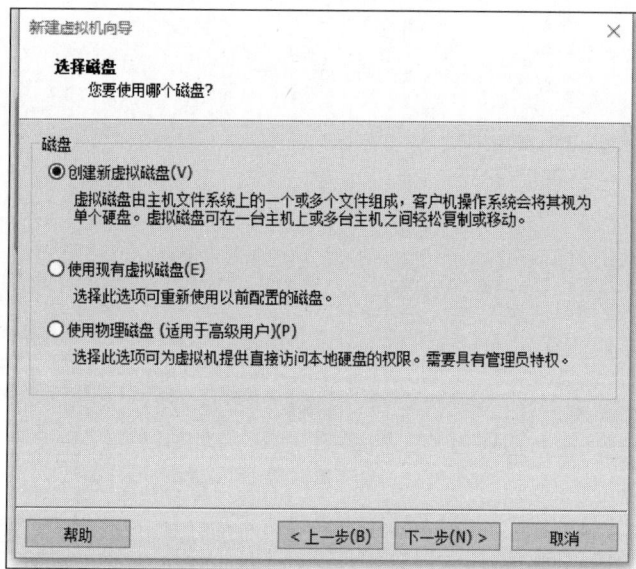

图 1.21　创建虚拟磁盘

　　单击"下一步"按钮,如图 1.22 所示,在"指定磁盘容量"界面中设置虚拟磁盘大小,这里选择 20GB,并选择"将虚拟磁盘拆分成多个文件",这样就可以生成多个小的.vmdk 虚拟文件,方便把虚拟文件复制到其他的计算机上使用。

　　单击"下一步"按钮,如图 1.23 所示,在"指定磁盘文件"对话框中显示生成的虚拟机文件的路径和文件名。

　　单击"下一步"按钮,如图 1.24 所示,显示使用下列设置创建虚拟机,单击"完成"按钮。

　　在虚拟机的主界面中可以看到刚刚创建完成的名称为 Ubuntu 的虚拟机,如图 1.25 所示。

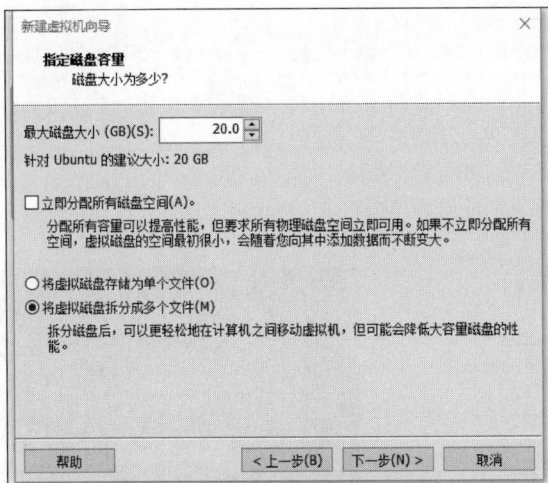

图 1.22　虚拟磁盘容量的设置

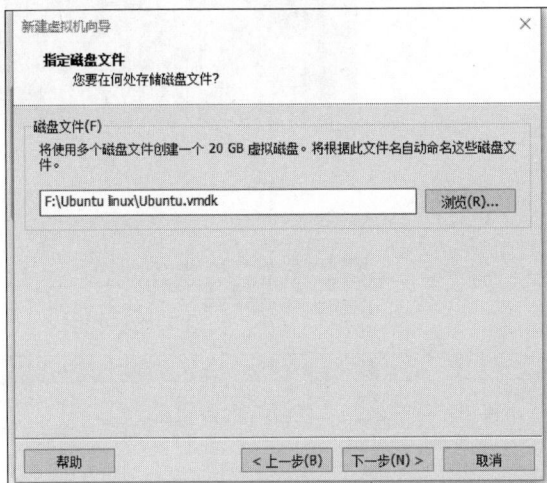

图 1.23　显示虚拟机文件的安装路径和文件名

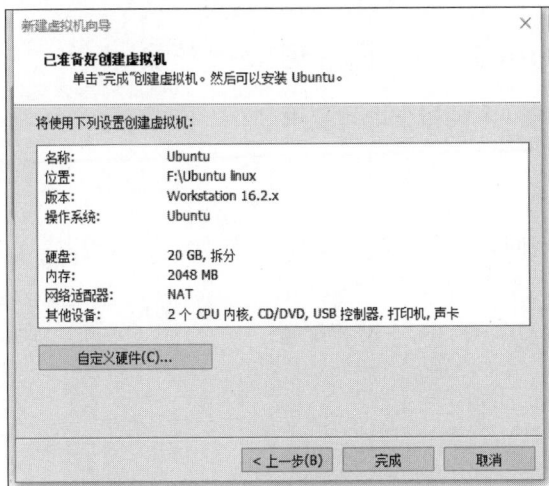

图 1.24　完成虚拟机的创建

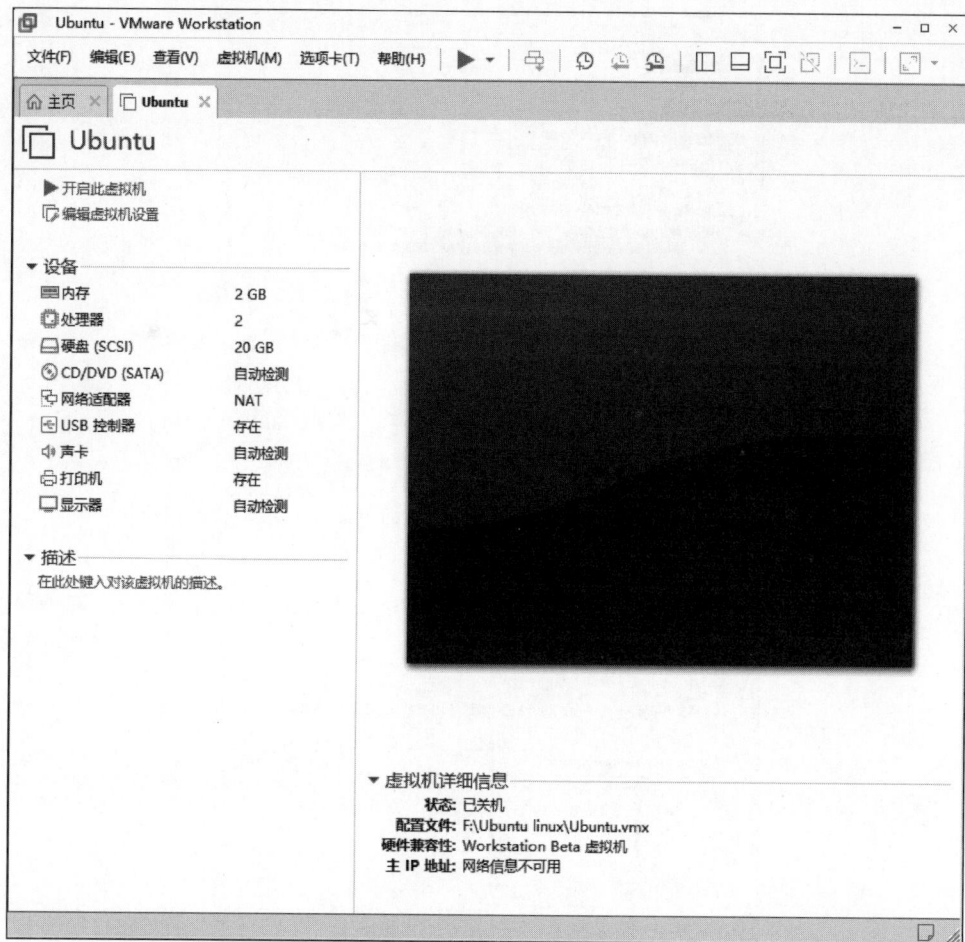

图 1.25　配置好的虚拟机

1.2　虚拟机下安装 ubuntu-16.04.6 LTS 系统

1.2.1　安装 ubuntu-16.04.6 系统的硬件要求

1. 安装 ubuntu-16.04.6 的最低配置要求

CPU：1GHz

内存：2GB

硬盘：10GB 剩余空间；

显卡：1024×768 分辨率的显卡。

2. Ubuntu ubuntukylin-16.04.6 推荐配置

CPU：2GHz

内存：4GB

硬盘：20GB 剩余空间；

显卡：1024×768 以上分辨率。

1.2.2　在虚拟机中添加 Ubuntu 映像文件

在创建好虚拟机后,就可以安装 Ubuntu 操作系统了,安装来源一般是映像 ISO 文件, 映像文件可以从 Ubuntu 官网下载。

单击菜单项"虚拟机",在弹出的子菜单中选择"设置",如图 1.26 所示。

图 1.26　虚拟机的设置

单击"设置"命令后,选择 CD/DVD 选项,在"连接"选项区域内选中"使用 ISO 映像文件"单选按钮,然后浏览选择下载好的 ubuntu-16.04.6-desktop-amd64.iso 文件,如图 1.27 所示,单击"确定"按钮,完成映像文件的添加。

图 1.27　添加映像文件

1.2.3 安装 ubuntu-16.04.6 系统步骤

映像文件添加完后,选择窗口左面的 Ubuntu,单击绿色启动按钮开启此虚拟机,安装 Ubuntu Linux,如图 1.28 所示。

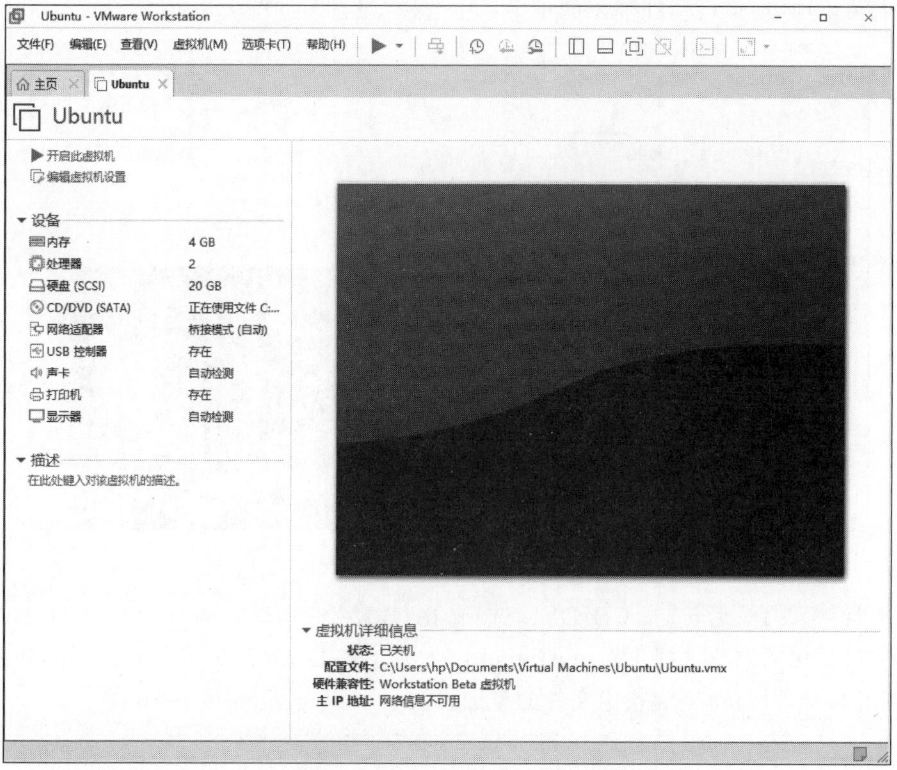

图 1.28 启动 Ubuntu 的安装

机器继续安装文件,如图 1.29 所示。

图 1.29 继续安装

稍后显示如图 1.30 所示界面,首先选择左侧的"中文(简体)",然后单击"安装 Ubuntu"按钮。如图 1.31 所示,此处都不选择,这样安装比较快,单击"继续"按钮。

图 1.30　单击"安装 Ubuntu"按钮

图 1.31　安装界面

如图 1.32 所示,因为在虚拟机下安装,因此,安装程序检测到机器没安装任何操作系统,询问 Ubuntu 系统的安装类型,选择"其他选项",自己创建 Ubuntu 系统的分区,单击"继续"按钮。

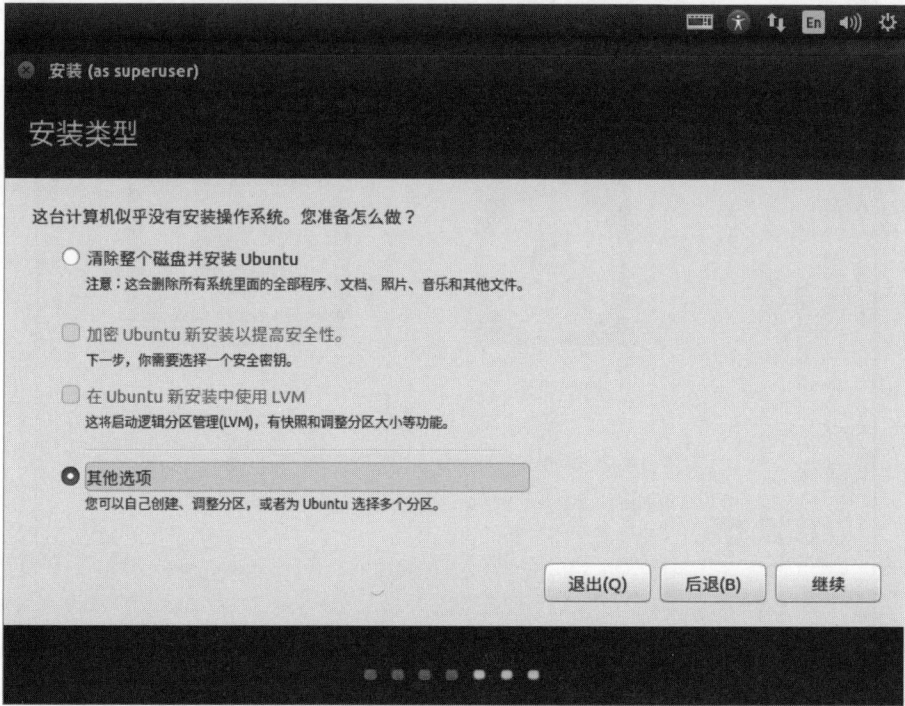

图 1.32 Ubuntu 选择其他选项界面

显示已识别的硬盘分区为/dev/sda,如图 1.33 所示。

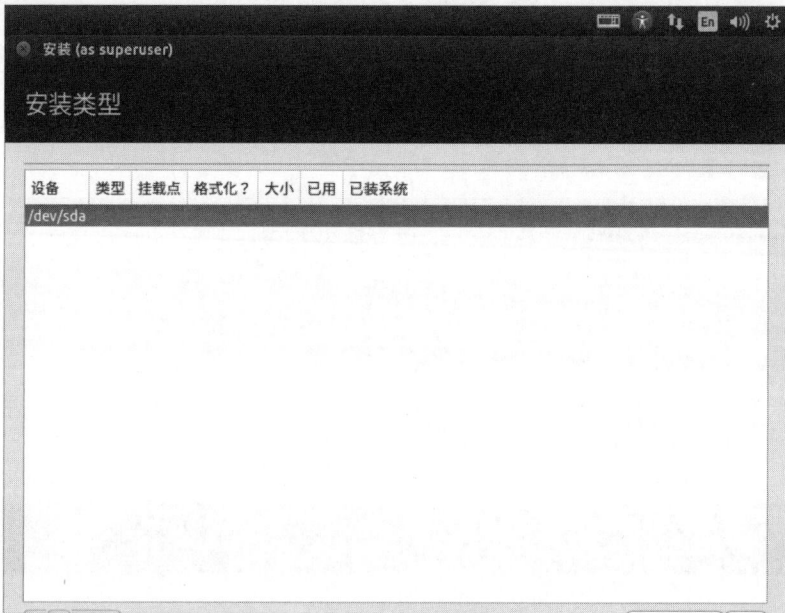

图 1.33 显示已识别的硬盘分区

双击/dev/sda，显示进行分区，如图 1.34 所示。

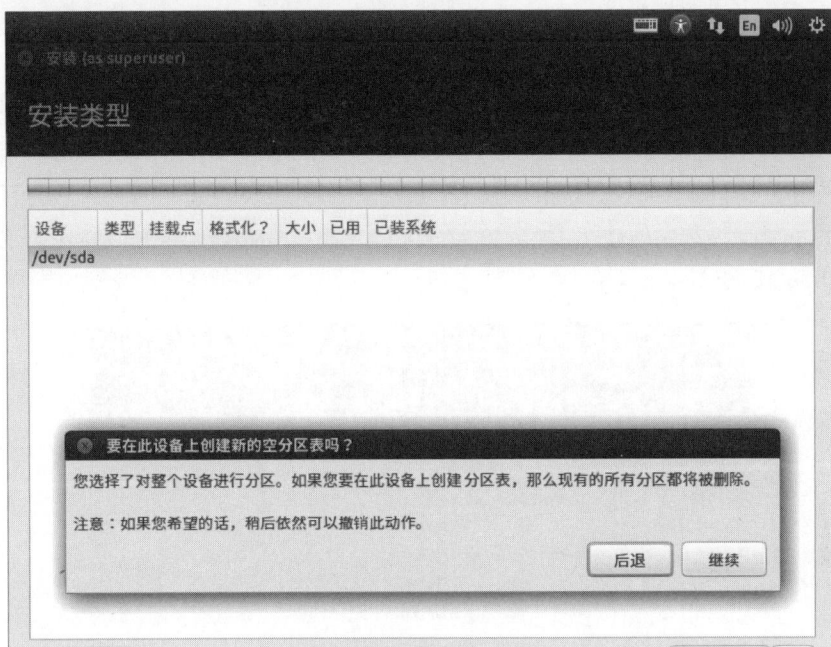

图 1.34　显示进行分区

单击"继续"按钮，显示/dev/sda 分区空闲的大小，为 21474MB，如图 1.35 所示。

图 1.35　显示分区空闲的大小

　　双击空闲条，分别创建 Ubuntu 系统的主分区、逻辑分区，创建分区的要求如表 1.2 所示，具体硬盘的分区和命名可参见 7.1 节"硬盘"。

表 1.2 建立分区的要求

设 备	分区类型	作 用	文件系统	挂 载 点	分区大小
/dev/sda1	主分区	引导分区	Ext4	/boot	510MB
/dev/sda5	逻辑分区	系统分区	Ext4	/	10240MB
/dev/sda6	逻辑分区	交换分区	swap	swap	1023MB
/dev/sda7	逻辑分区	个人文件分区	Ext4	/home	9696MB

如图 1.36 所示,首先创建主分区,输入分区的大小 510MB,选择文件系统为 Ext4,选择挂载点为/boot,是引导分区,单击"确定"按钮。

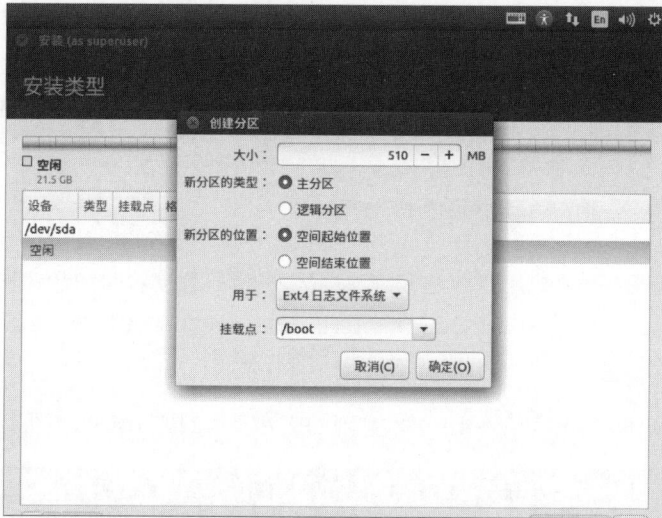

图 1.36 创建主分区

双击空闲条,如图 1.37 所示,创建 10240MB 的逻辑分区,选择文件系统为 Ext4,选择挂载点为/,是系统文件所在的分区,单击"确定"按钮。

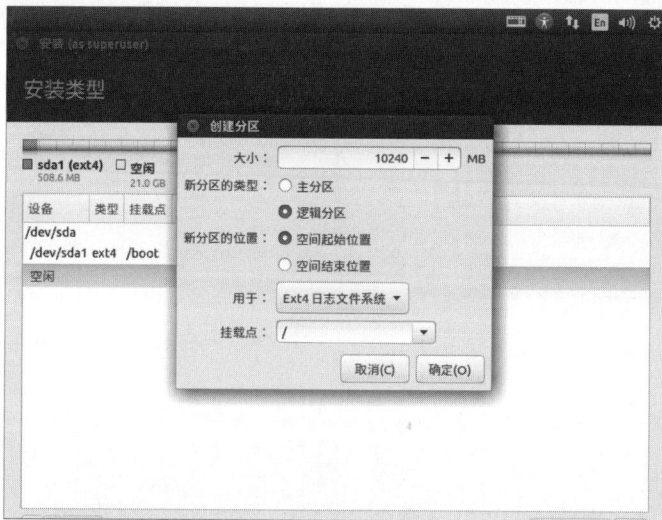

图 1.37 创建逻辑分区

双击空闲条,如图 1.38 所示,创建 1024MB 逻辑分区,用于"交换空间",作为虚拟内存。

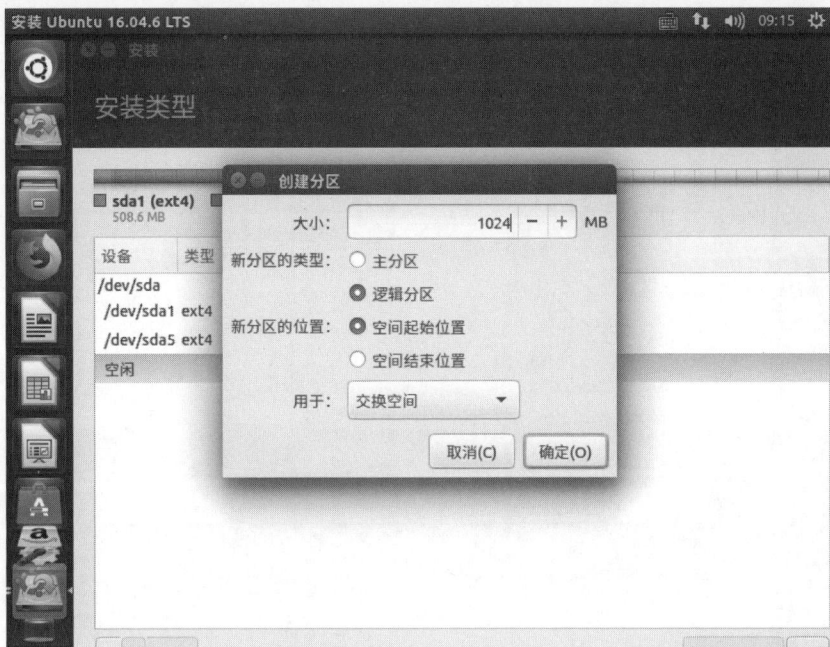

图 1.38　创建交换分区

双击空闲条,如图 1.39 所示,剩余空间 9700MB,建立逻辑分区,选择文件系统为 Ext4,选择挂载点为/home,是个人文件所在的分区。

图 1.39　创建个人分区

单击"确定"按钮,创建好的分区如图 1.40 所示。

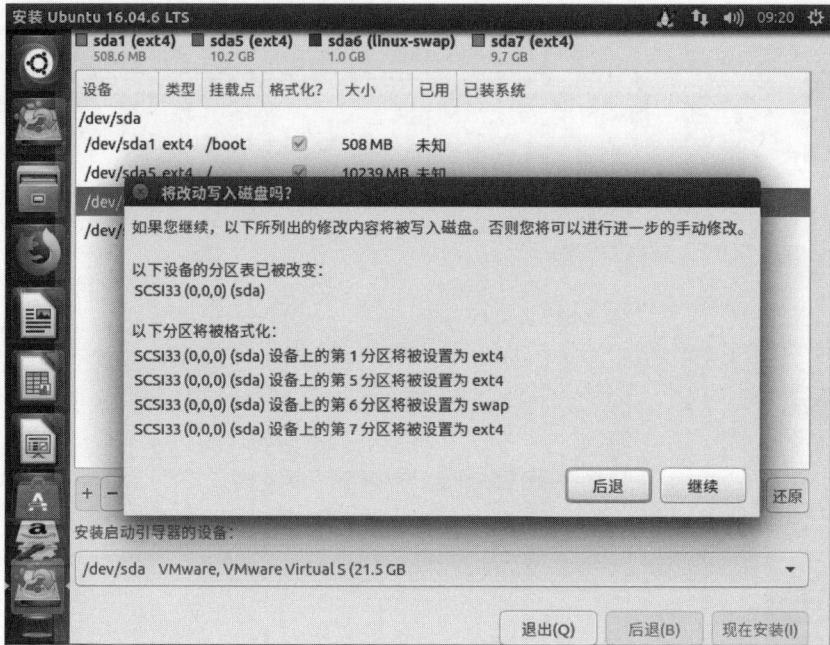

图 1.40 创建好的分区

单击"继续"按钮,显示如图 1.41 所示。

图 1.41 继续安装

说明:由于分辨率的原因,如果不能看到"现在安装"按钮,按住 Alt 键同时向上移动鼠标,可以显示"现在安装"按钮。

单击"现在安装"按钮,继续安装,接下来选择时区 Shanghai,单击"继续"按钮。

如图 1.42 所示,选择配置键盘的属性,这里选择"汉语",单击"继续"按钮。

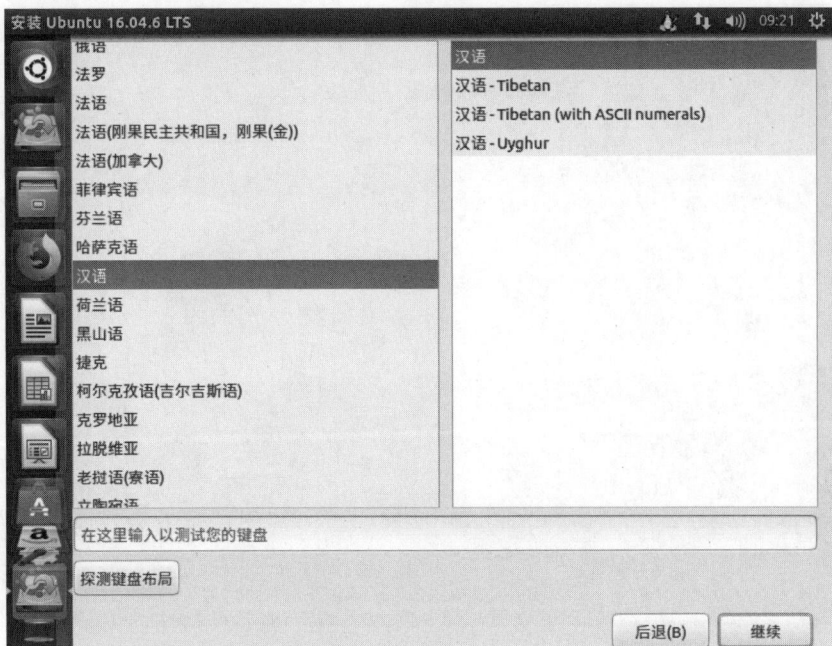

图 1.42　配置键盘属性

如图 1.43 所示,配置用户账号和密码信息,登录 Ubuntu Linux 操作系统时需要输入,不要忘记输入的用户名和密码,单击"继续"按钮。

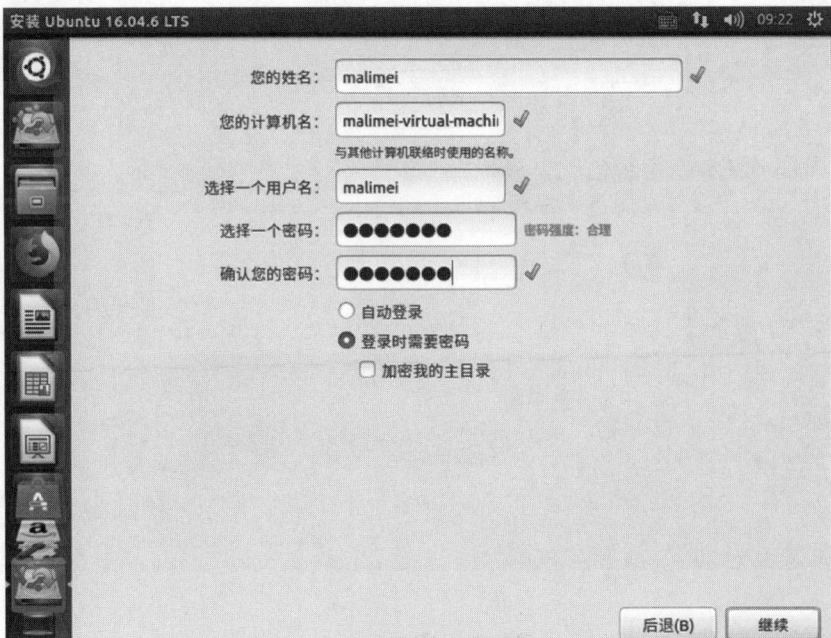

图 1.43　配置用户账号和密码信息

第 1 章

虚 拟 机

如图 1.44 所示，系统复制文件，安装完成后如图 1.45 所示，重新启动系统，如果第一次没有启动成功，需要重新启动虚拟机后再重启 Ubuntu。

图 1.44　复制文件

图 1.45　安装完成

1.3　虚拟机的使用

VMware 是一款功能强大的软件,特点如下。

(1) 可模拟真实操作系统,做各种操作系统实验(如搭建域服务器、搭建 Web 服务器、搭建 FTP 服务器、搭建 DHCP 服务器、搭建 DNS 服务器等)。

(2) 虚拟机的快照功能可以与 Ghost 工具备份功能相媲美,并且可以快速创建还原点,也可以快速恢复还原点。

(3) 可桥接到真实计算机上上网,更好地保障了安全性。

(4) 在只有一台计算机的情况下,需要几台计算机共同搭建复杂应用环境时,在虚拟机下即可实现。

(5) 可以在虚拟机中测试病毒及木马的工具。

(6) 真实的工具可在虚拟机中正常使用。

(7) 可快速克隆操作系统副本。

1.3.1　虚拟机下 U 盘的使用

观看视频

在虚拟机下使用 U 盘的步骤如下。

(1) 在虚拟机下识别 U 盘。

主机和虚拟机下的操作系统启动后,插入 U 盘,如图 1.46 所示,选择 U 盘是在虚拟机下使用还是在主机下使用,这里是在虚拟机下使用。

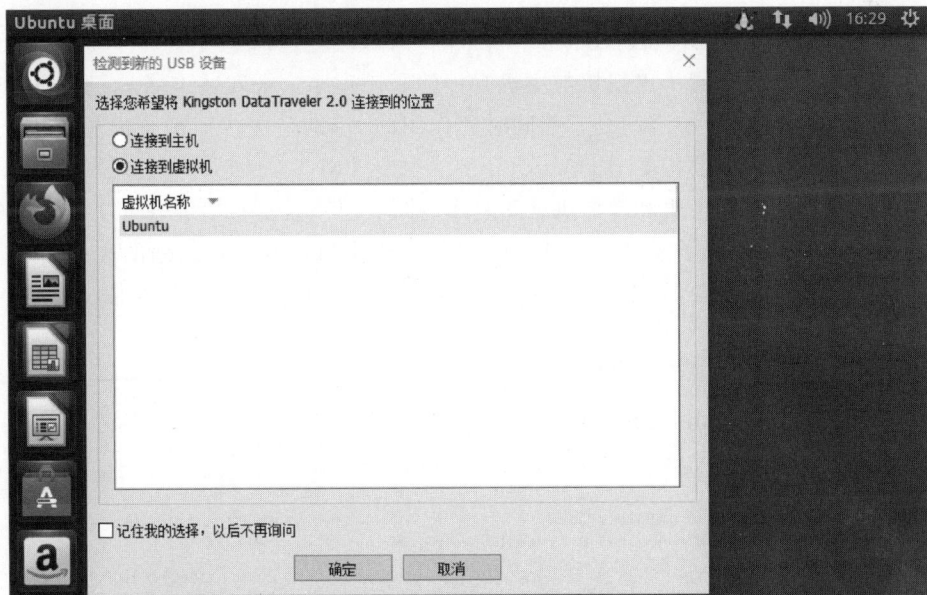

图 1.46　在虚拟机下选择 U 盘

（2）使用 U 盘。

单击"确定"按钮后，在屏幕的左侧显示 U 盘的名字，双击打开 U 盘，看到 U 盘中的文件，如图 1.47 所示。

图 1.47　U 盘的使用

1.3.2　VMware Tools 的安装

　　VMware Tools 是 VMware 虚拟机中自带的一种增强工具，是 VMware 提供的增强虚拟显卡和硬盘性能，以及同步虚拟机与主机时钟的驱动程序。未安装 VMware Tools 时，鼠标在虚拟机系统和主机系统之间是不能同时起作用的，特别是在虚拟系统中想使用鼠标移动到主机的系统中时，需要按 Ctrl＋Alt 组合键。安装 VM Tools 后即可轻松实现鼠标的自由切换，可以很方便地在主机和虚拟机之间复制、移动文件，且虚拟机屏幕可实现全屏化，在 VMware 虚拟机中安装好了 VMware Tools，才能实现主机与虚拟机之间的文件共享，同时可支持自由拖曳的功能，鼠标也可在虚拟机与主机之间自由移动(不用再按 Ctrl＋Alt 组合键)。

　　VMware Tools 安装步骤如下。

　　（1）在虚拟机 VMware 的安装目录下，找到文件 linux.iso，如图 1.48 所示。

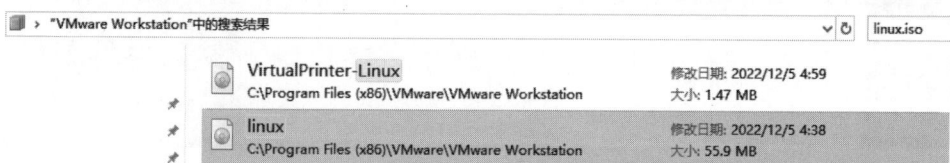

图 1.48　查找 linux.iso 所在的目录

（2）单击"虚拟机"菜单下的"设置"，如图 1.49 所示，在虚拟机下添加 linux.iso 文件。

图 1.49　添加 linux.iso 文件

（3）添加 linux.iso 文件后，在"虚拟机"菜单栏中单击"虚拟机"下的"安装 VMware Tools"子菜单，如图 1.50 所示。弹出 CD-ROM 的对话框，如图 1.51 所示，单击"是"按钮。

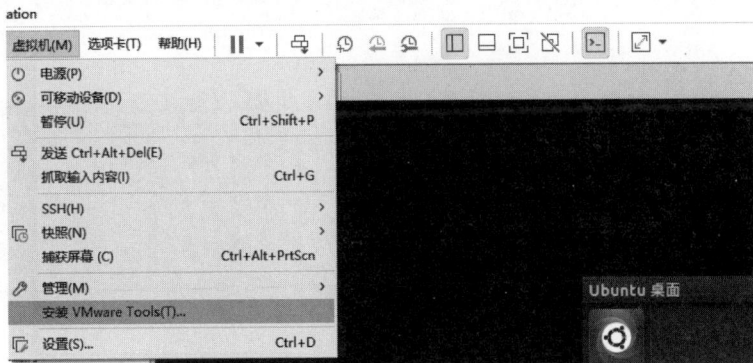

图 1.50　安装 VMware Tools

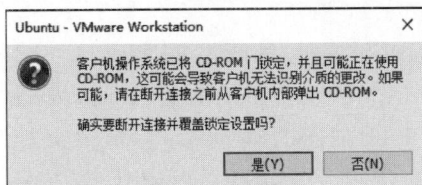

图 1.51　确定

(4) 如图 1.52 所示,单击左侧光盘图标,打开光盘,显示 VMware Tools 下的文件,按鼠标右键,单击"在终端打开",如图 1.53 所示。

图 1.52　打开光盘

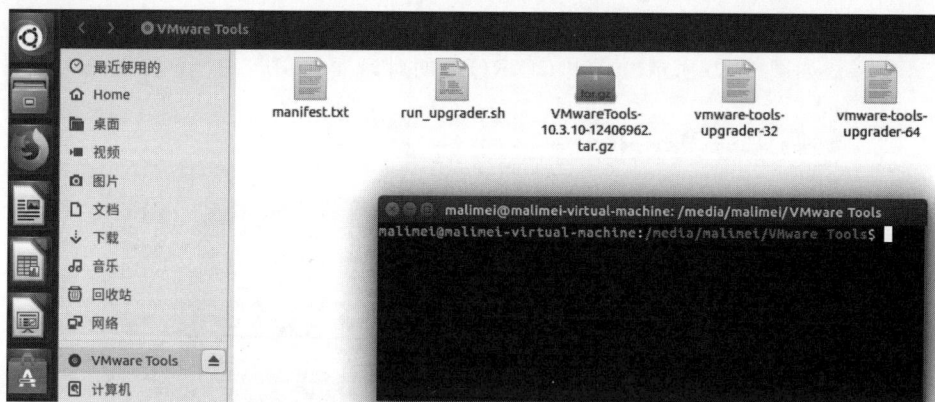

图 1.53　在终端模式下打开

(5) 进入终端模式后,直接打开光盘的目录。用超级用户的权限把压缩安装文件复制到目录/mnt(任意目录),如图 1.54 所示。

(6) 进入/mnt 目录,解压压缩文件,如图 1.55 所示。

(7) 解压后,自动生成 vmware-tools-distrib 目录。进入 vmware-tools-distrib 目录,执行安装文件 ./vmware-install.pl,如图 1.56 所示。

(8) 按照提示默认方式安装,安装完成的界面如图 1.57 所示。

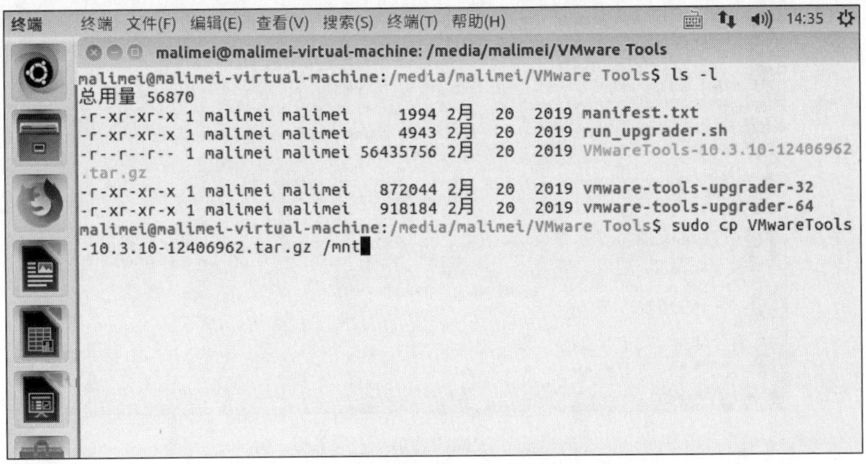

图 1.54　把压缩安装文件复制到目录/mnt

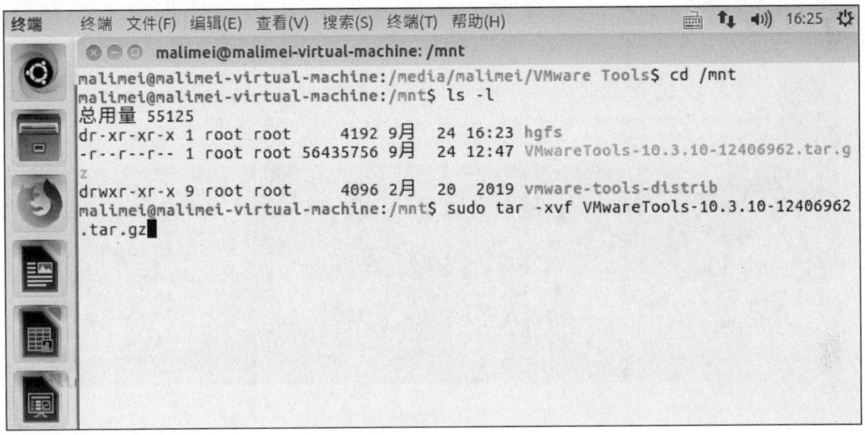

图 1.55　解压压缩文件

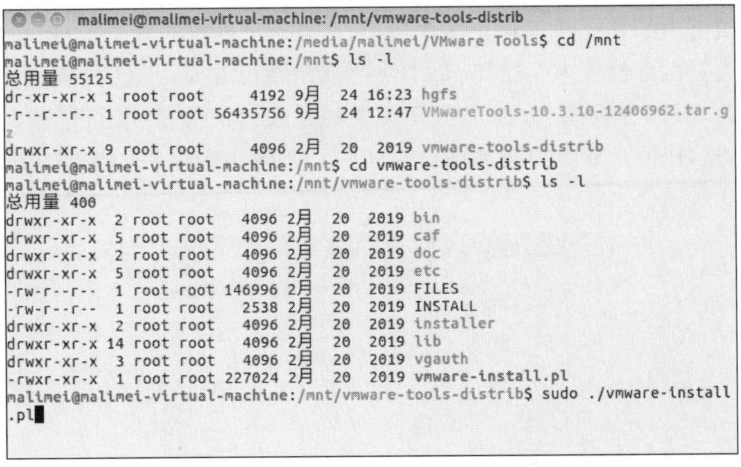

图 1.56　执行安装文件 ./vmware-install.pl

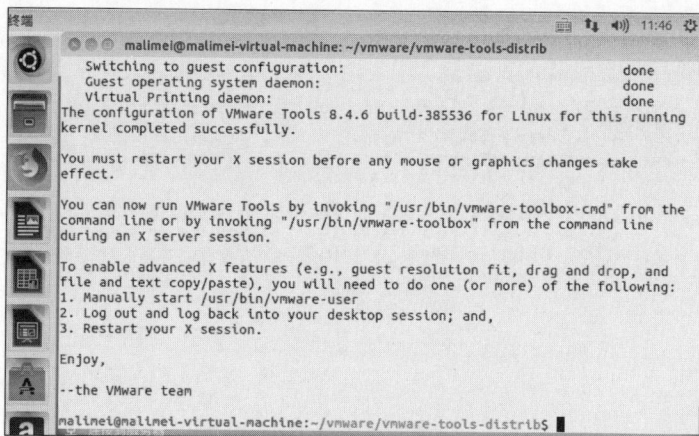

图 1.57　VM Tools 安装完成

（9）安装完成后，关闭 Linux 系统，重新启动主机、启动 Linux 系统。Ubuntu Linux 全屏，并且在 Windows 和 Linux 系统之间互相拖动文件，也可以使用复制和粘贴按钮，如图 1.58 所示。

图 1.58　VM Tools 安装完成

1.3.3　虚拟机的快照功能

观看视频

把当前虚拟机中的系统状态封存保存起来，如果后面系统有异常，可以快速恢复到保存的状态。一台虚拟机可创建多个快照，每个快照都是系统在某时刻的备份，使用多重快照，可以任意地往返于每个快照系统之间，而不需要经过烦琐的关机、开机过程，实现虚拟机的"快速启动"，但是，快照文件是要占用硬盘空间的。要使用虚拟机的快照功能，需完成以下两步，如图 1.59 所示。

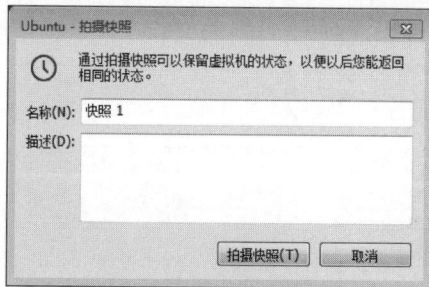

图 1.59　创建快照界面

（1）创建快照："虚拟机"菜单→"快照"→"拍摄快照"。

（2）使用快照："虚拟机"菜单→"快照"→"恢复快照"。

在恢复快照时，可以用菜单中的"恢复快照"功能，也可以单击工具栏中的 按钮，显示如图 1.60 所示，选择要恢复的快照名称后，单击"转到"按钮，就可以恢复备份的快照了。

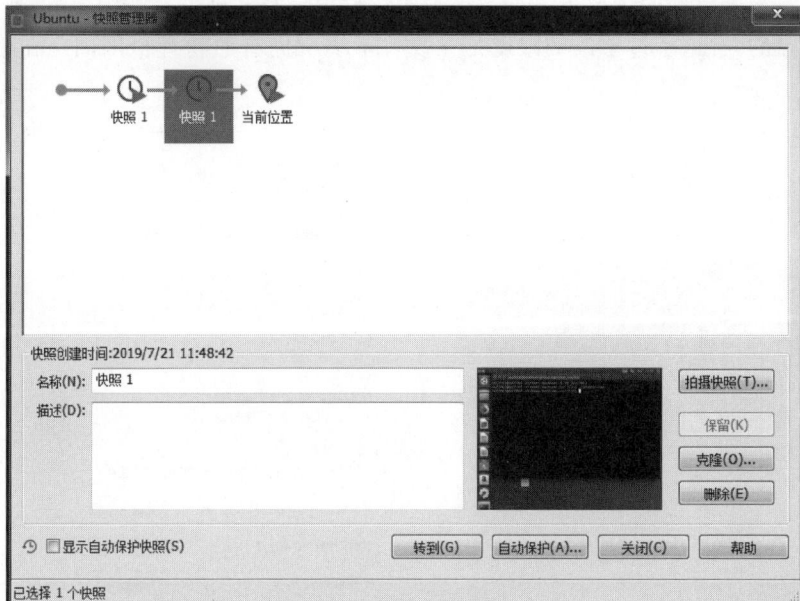

图 1.60 用按钮启动"恢复快照"功能

1.3.4 虚拟机捕获屏幕功能

虚拟机捕获屏幕功能可以捕获虚拟机系统当前屏幕的图片，单击"虚拟机"菜单→"捕获屏幕"，如图 1.61 所示，对于低版本的虚拟机可以捕获视频，高版本的虚拟机取消了捕获视频的功能，可以捕获屏幕。

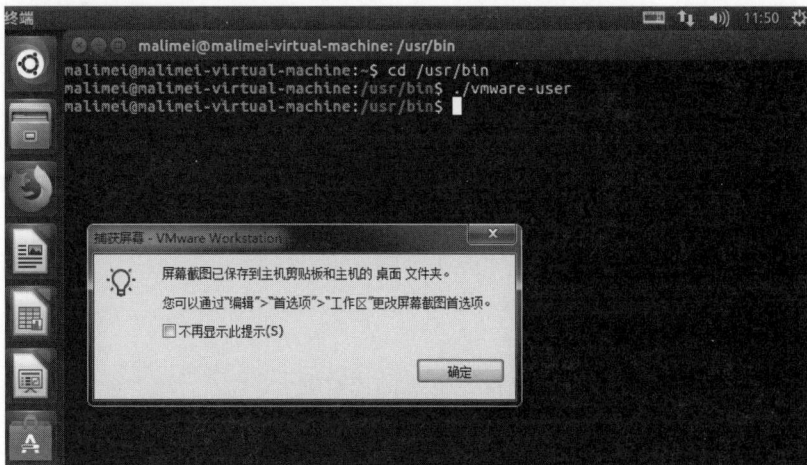

图 1.61 捕获屏幕

1.3.5　更改虚拟机的内存、添加硬盘

在开始创建虚拟系统时,所分配的内存及硬盘空间会随着系统的运行、应用程序的增加,对内存和硬盘空间的需求也在增大,在虚拟机中,可以随时调整系统的内存和硬盘的大小。在虚拟系统未启动的情况下,单击"虚拟机"→"设置"→"硬件",如图 1.62 所示,即可更改内存和硬盘的大小,不过更改的限度是在现有系统所拥有的物理范围内。在第 7 章中用这种方法添加硬盘。

图 1.62　更改内存和硬盘大小的界面

习　　题

1. 判断题

(1) 在一台主机上只能安装一台虚拟机。

(2) 在一台虚拟机下只能安装一种操作系统。

(3) 格式化虚拟机下的操作系统就是格式化主机的操作系统。

(4) 虚拟机有三种安装类型。

(5) VMware Workstation 16 推荐虚拟机的内存是 4GB。

(6) Ubuntu 有两种安装方式:试用 Ubuntu 和安装 Ubuntu。

(7) 解压 vmware-install.pl 文件安装 VMware Tools。

(8) VM Tools 安装完成后可以在主机和虚拟机之间任意拖动和复制文件。

2. 简答题

（1）简述在虚拟机的安装过程中 4 种网络类型的特点。

（2）简述.vmdk 和.vmx 文件的不同点。

（3）Ubuntu Linux 安装时应该建立几个分区？每个分区的大小是多少？作用是什么？

（4）虚拟机捕获屏幕有什么作用？

3. 实验题

（1）安装 VMware Workstation 16。

（2）为安装 Ubuntu Linux 16.04.6 创建虚拟机。

（3）在虚拟机中安装 Ubuntu Linux 16.04.6。

（4）在 Ubuntu Linux 16.04.6 下安装 VMware Tools，验证 Windows 和 Linux 下能够复制和粘贴文件。

（5）上述实验完成后创建快照，如果使用 Ubuntu 过程中出现问题，可以恢复快照。

第 2 章　Ubuntu Linux 系统介绍

本章学习目标：
- 了解 Linux 和 Ubuntu Linux 的产生和发展。
- 掌握 Linux 系统的组成。
- 掌握 Ubuntu Linux 16.04 系统的特点。

2.1　Linux 系统简介

与 Windows 和 UNIX 操作系统相比，Linux 是一个自由的、免费的、源码开放的操作系统，也是最著名的开源软件，其最主要的目的是建立不受任何商品化软件版权制约的、全世界都能使用的类 UNIX 兼容产品。在服务器上使用 Linux 操作系统，将会更加稳定、安全、高效且具有出色的性能，这是 Windows 无法比拟的。Linux 操作系统诞生于 1991 年 10 月 5 日，这是第一次正式对外公布的时间。

2.1.1　什么是 Linux

Linux 是一套免费使用和自由传播的类 UNIX 操作系统，是一个基于 POSIX 和 UNIX 的多用户、多任务、支持多线程和多 CPU 的操作系统。它能运行主要的 UNIX 工具软件、应用程序和网络协议，支持 32 位和 64 位硬件。Linux 继承了 UNIX 以网络为核心的设计思想，是一个性能稳定的多用户网络操作系统。

Linux 有许多不同的版本，所有版本都使用了 Linux 内核。Linux 可安装在各种计算机硬件设备中，例如手机、平板电脑、路由器、视频游戏控制台、台式计算机、大型计算机和超级计算机等。

严格来讲，Linux 这个词本身只表示 Linux 内核，但实际上人们已经习惯了用 Linux 来形容整个基于 Linux 内核并且使用 GNU 各种工具和数据库的操作系统。

2.1.2　Linux 系统的产生

1984 年，理查德·马修·斯托曼（Richard Matthew Stallman——美国自由软件运动的精神领袖、GNU 计划以及自由软件基金会的创立者）创办了 GNU 计划和自由软件基金会，旨在开发一个类似 UNIX，并且是自由软件的完整操作系统，即 GNU 系统。到 20 世纪 90 年代初，GNU 项目已经开发出许多高质量的免费软件，其中包括 Emacs 编辑系统、Bash Shell 程序、Gcc 系列编译程序、Gdb 调试程序等。这些软件为 Linux 操作系统的开发创造了一个合适的环境，是 Linux 能够诞生的基础之一，以至于目前许多人都将 Linux 操作系统称为 GNU/Linux 操作系统。

1987 年，美国著名计算机教授 Andrew S. Tanenbaum 开发出 Minix（类 UNIX）操作系统，由于 Minix 系统提供源代码（只能免费用于大学内），因此在全世界的大学中刮起了学习 UNIX 系统旋风。Andrew S. Tanenbaum 自编了一本书描述 Minix 的设计实现原理，这本书的读者就包括 Linux 系统的创始者 Linus Benedict Torvalds——21 岁的赫尔辛基大学计算机科学系的二年级学生。

1991 年年初，Linus 开始在一台 386sx 兼容微机上学习 Minix 操作系统，在学习中，他逐渐不满足于 Minix 系统的现有性能，于是开始酝酿开发一个新的免费操作系统。

1991 年 4 月，Linus 开始尝试将 GNU 的软件移植到该系统中（GNU Gcc、Bash、Gdb 等），并于 4 月 13 日在 comp. os. minix 上宣布自己已经成功地将 Bash 移植到 Minix 中。

1991 年 10 月 5 日，Linus 在 comp. os. minix 新闻组上发布消息，正式对外宣布 Linux 内核系统诞生（Free Minix-like kernel sources for 386-AT）。因此，10 月 5 日对 Linux 系统来说是一个特殊的日子，后来许多 Linux 的新版本发布都选择了这个日子。

2.1.3　Linux 的发展

Linux 的发展过程如表 2.1 所示。

表 2.1　Linux 的发展过程

时　　间	事　　件
1991 年 8 月	芬兰大学生 Linus Torvalds 开始编写一个类似 Minix，可运行在 386 上的操作系统
1991 年 10 月 5 日	Linus Torvalds 在新闻组 comp. os. minix 上发布了大约有 1 万行代码的 Linux，Linux v0.02 诞生
1992 年	大约有 1000 人在使用 Linux
1993 年	大约有 100 名程序员参与了 Linux 内核代码编写/修改工作，其中核心组由 5 人组成，此时 Linux v0.99 的代码有大约 10 万行，用户大约有 10 万人
1994 年 3 月	Linux v1.0 发布，代码量 17 万行，当时是按照完全自由免费的协议发布，随后正式采用 GPL 协议。至此，Linux 的代码开发进入良性循环。很多系统管理员开始在自己的操作系统环境中尝试 Linux，并将修改的代码提交给核心小组。由于拥有了丰富的操作系统平台，Linux 的代码中也充实了对不同硬件系统的支持，大大提高了系统的跨平台移植性
1995 年	此时的 Linux 可在 Intel、Digital 以及 Sun Sparc 处理器上运行了，用户量也超过了 50 万，相关介绍 Linux 的 Linux Journal 杂志也发行了超过 10 万册
1996 年 6 月	Linux 2.0 内核发布，此内核有大约 40 万行代码，并可以支持多个处理器。此时的 Linux 已经进入了实用阶段，全球大约有 350 万用户
1997 年夏	在影片《泰坦尼克号》制作特效时使用的 160 台 Alpha 图形工作站中，有 105 台采用了 Linux 操作系统
1998 年	这是 Linux 迅猛发展的一年。1 月，小红帽高级研发实验室成立，同年，Red Hat 5.0 获得了 InfoWorld 的操作系统奖项。4 月，Mozilla 代码发布，成为 Linux 图形界面上的王牌浏览器。王牌搜索引擎 Google 现身，采用的也是 Linux 服务器。10 月，Intel 和 Netscape 宣布小额投资红帽软件，同月，微软在法国发布了反 Linux 公开信，这表明微软公司开始将 Linux 视作一个对手。12 月，IBM 发布了适用于 Linux 的文件系统 AFS 3.5 以及 Jikes Java 编辑器和 Secure Mailer 及 DB2 测试版，Sun 逐渐开放了 Java 协议，并且在 Ultra Sparc 上支持 Linux 操作系统。1998 年可以说是 Linux 与商业接触的一年

时　　间	事　　件
1999 年	IBM 公司宣布与 Red Hat 公司建立伙伴关系,以确保 Red Hat 在 IBM 机器上正确运行。IBM、Compaq 和 Novell 宣布投资 Red Hat 公司,以前一直对 Linux 持否定态度的 Oracle 公司也宣布投资。7 月,IBM 公司启动对 Linux 的支持服务并发布了 Linux DB2,从此结束了 Linux 得不到支持服务的历史,这可以视作 Linux 真正成为服务器操作系统一员的重要里程碑
2000 年年初	Sun 公司在 Linux 的压力下宣布 Solaris 8 降低售价。2 月,Red Hat 发布了嵌入式 Linux 的开发环境。4 月,拓林思公司宣布推出中国首家 Linux 工程师认证考试,从此使 Linux 操作系统管理员的水准可以得到权威机构的资格认证,大大增加了国内 Linux 爱好者学习的热情
2001 年	Oracle 公司宣布 OTN 上的所有会员都可免费索取 Oracle 9i 的 Linux 版本,足以体现 Linux 的发展迅猛。IBM 公司决定投入 10 亿美元扩大 Linux 系统的运用。5 月,微软公司公开反对"GPL"引起了一场大规模的论战。8 月,红色代码爆发,引得许多站点纷纷从 Windows 操作系统转向 Linux 操作系统
2002 年	微软迫于各州政府的压力,宣布扩大公开代码行动,这可以算得上 Linux 开源带来的深刻影响的结果。3 月,内核开发者宣布新的 Linux 系统支持 64 位的计算机
2003 年 1 月	NEC 公司宣布将在其手机中使用 Linux 操作系统,代表着 Linux 成功进军手机领域。9 月,中科红旗公司发布 Red Flag Server 4 版本,性能改进良多。11 月,IBM 公司注资 Novell 以 2.1 亿收购 SuSE,同期 Red Hat 公司计划停止免费的 Linux,Linux 在商业化的路上渐行渐远
2004 年 1 月	3 月,SGI 公司宣布成功实现了 Linux 操作系统支持 256 个 Itanium 2 处理器。4 月,美国斯坦福大学 Linux 大型计算机系统被黑客攻陷,再次证明了没有绝对安全的 OS。6 月的统计报告显示,在世界 500 强超级计算机系统中,使用 Linux 操作系统的已经占到了 280 席,抢占了原本属于各种 UNIX 的份额。9 月,HP 公司开始网罗 Linux 内核代码人员,以影响新版本的内核朝对 HP 公司有利的方式发展,而 IBM 公司则准备推出 OpenPower 服务器,仅运行 Linux 系统

观看视频

2.2　Linux 系统的特点和组成

2.2.1　Linux 系统的特点

1. 完全免费

Linux 是一款免费的操作系统,用户可以通过网络或其他途径免费获得,并可以任意修改其源代码。这是其他操作系统做不到的。

查看命令的源代码的步骤如下。

(1) 可以通过命令查找源代码的包,包的文件名为 coreutils,例如:

① 以搜索 ls 命令源码为例,先搜索命令所在的目录,命令如下:

```
$ which ls
/bin/ls        //机器显示
```

② 用 dpkg 命令搜索/bin/ls 命令所在软件包,命令如下:

```
$ dpkg  -S  /bin/ls
coreutils: /bin/ls        //机器显示/bin/ls 命令所在的软件包名为 coreutils
```

(2)下载包,从网络上下载软件包,可以在主机上下载也可以在 Linux 下下载,下载到 Linux 的桌面,包的名字为 coreutils-7.6. tar. gz,7.6 表示版本号,如图 2.1 所示。

(3)解压软件包。

用命令方式进入桌面目录,用解压命令 tar -xzvf coreutils-7.6. tar. gz 解压软件包,如图 2.2 所示。

图 2.1 包含源代码的软件包

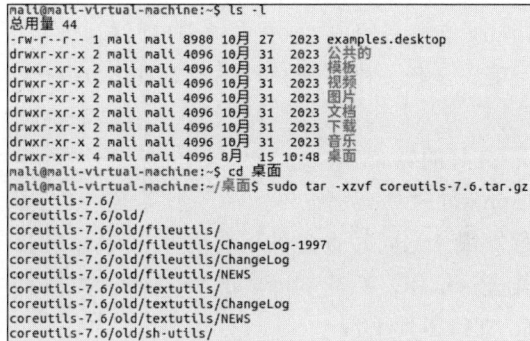

图 2.2 解压软件包

(4)查看命令的源代码。

进入 coreutil 7.6/src 目录下,显示文件名字,看到主文件名字为命令(如 ls)扩展名为.c 的文件,执行 more 命令,如 more ls. c 就可以看到 ls 的源代码,源代码是用 C 语言写的,如图 2.3 所示。

图 2.3 显示 ls 命令的源代码

2. 完全兼容 POSIX 1.0 标准

POSIX 即可移植操作系统接口(Portable Operating System Interface)。POSIX 是基于 UNIX 的,这一标准意在期望获得源代码级的软件可移植性。为一个 POSIX 兼容的操作系统编写的程序,可以在任何其他的 POSIX 操作系统(即使是来自另一个厂商)上编译执行。

这使得可以在 Linux 下通过相应的模拟器运行常见的 DOS、Windows 的程序,在 Windows 下常见的程序都可以在 Linux 上正常运行,为用户从 Windows 转到 Linux 奠定了基础。

3. 多用户、多任务

Linux 支持多用户,各用户对于自己的文件设备有自己特殊的权利,保证了各用户之间互不影响。多任务则是现在计算机最主要的一个特点,Linux 可以使多个程序同时独立地运行。

4. 良好的界面

Linux 同时具有字符界面和图形界面。在字符界面用户可以通过键盘输入相应的指令来进行操作。它同时也提供了类似 Windows 图形界面的 X-Window 系统,用户可以使用鼠标对其进行操作。X-Window 和 Windows 类似,可以说是一个 Linux 版的 Windows。

5. 支持多种平台

Linux 可以运行在多种硬件平台上,如具有 x86、680x0、Sparc、Alpha 等处理器的平台。此外,Linux 还是一种嵌入式操作系统,可以运行在掌上计算机、机顶盒或游戏机上。2001年 1 月发布的 Linux 2.4 版内核已经能够完全支持 Intel 64 位芯片架构。同时,Linux 也支持多处理器技术。多个处理器同时工作,使系统性能大幅提高。

6. 安全性及可靠性好

Linux 内核的高效和稳定已在各个领域内得到了大量事实的验证。Linux 中大量网络管理、网络服务等方面的功能,可使用户很方便地建立高效稳定的防火墙、路由器、工作站、服务器等。为提高安全性,它还提供了大量的网络管理软件、网络分析软件和网络安全软件等。

7. 具有优秀的开发工具

嵌入式 Linux 为开发者提供了一套完整的工具链,能够很方便地实现从操作系统到应用软件各级别的调试。

8. 有很好的网络支持和文件系统支持

Linux 从诞生之日起就与 Internet 密不可分,支持各种标准的 Internet 协议,并且很容易移植到嵌入式系统中。目前,Linux 几乎支持所有主流的网络硬件、网络协议和文件系统。在 Linux 中,用户可以轻松实现网页浏览、文件传输、远程登录等网络工作,并且可以作为服务器提供 WWW、FTP、E-mail 等服务。

2.2.2 Linux 系统的组成

Linux 系统一般有 4 个主要部分:内核、Shell、文件系统和应用程序。内核、Shell 和文件系统一起组成了基本的操作系统结构,它们使得用户可以运行程序、管理文件并使用系统。

1. Linux 内核

内核是操作系统的核心,具有很多基本功能,如虚拟内存、多任务、共享库、需求加载、可执行程序和 TCP/IP 网络功能。Linux 内核的模块分为以下几部分:存储管理、CPU 和进程管理、文件系统、设备管理和驱动、网络通信、系统的初始化和系统调用等。运行程序和管理磁盘、打印机等硬件设备的核心程序时,系统从用户那里接收命令并把命令送给内核去执行。

2. Linux Shell

Shell 是系统的用户界面,提供了用户与内核进行交互操作的一种接口。它接收用户输入的命令并把它送入内核去执行,是一个命令解释器。Shell 中的命令分为内部命令和外部命令。Shell 编程语言具有普通编程语言的很多特点,用这种编程语言编写的 Shell 程序与其他应用程序具有同样的效果。目前主要有下列版本的 Shell。

(1) Bourne Shell:是贝尔实验室开发的。

(2) BASH:GNU 的 Bourne Again Shell,是 GNU 操作系统上默认的 Shell,大部分 Linux 的发行套件使用的都是这种 Shell。

(3) Korn Shell:是对 Bourne Shell 的发展,在大部分内容上与 Bourne Shell 兼容。

(4) C Shell:是 Sun 公司 Shell 的 BSD 版本。

显示当前系统所使用的 Shell,如图 2.4 所示。

```
mali@mali-virtual-machine:~$ echo $SHELL
/bin/bash
mali@mali-virtual-machine:~$
```

图 2.4 显示当前系统所使用的 Shell

3. Linux 文件系统

文件系统是文件存放在磁盘等存储设备上的组织方法。Linux 系统能支持多种目前流行的文件系统,如 Ext2、Ext3、Ext4、FAT、FAT32、VFAT 和 ISO9660。在 Ubuntu 下,常用的文件系统是 Ext3 或 Ext4,Ext3 和 Ext4 都是日志文件系统是能记录操作的文件系统,在 1.2 节安装 Ubuntu 时选择的是 Ext4 文件系统。

Ext3 文件系统最多只能支持 32TB 的文件系统和 2TB 的文件,根据使用的具体架构和系统设置,实际容量上限可能比这个数字还要低,即只能容纳 2TB 的文件系统和 16GB 的文件。而 Ext4 的文件系统容量达到 1EB,文件容量则达到 16TB,这是一个非常大的数字。对一般的台式计算机和服务器而言,这可能并不重要,但对于大型磁盘阵列而言,这就非常重要了。

文件系统是 Linux 操作系统的重要组成部分,Linux 文件具有强大的功能。文件系统中的文件是数据的集合,文件系统不仅包含文件中的数据,而且还包含文件系统的结构,所有 Linux 用户和程序的文件、目录、软连接及文件保护信息等都存储在其中。目录提供了管理文件的一个方便而有效的途径,一个文件系统的好坏主要体现在对文件和目录的组织上。我们能够从一个目录切换到另一个目录,而且可以设置目录和文件的权限,设置文件的共享程度。使用 Linux,用户可以设置目录和文件的权限,以便允许或拒绝其他人对其进行访问。Linux 目录采用多级树形结构,用户可以浏览整个系统,可以进入任何一个已授权进入的目录,访问其中的文件。文件结构的相互关联性使共享数据变得容易,几个用户可以访问同一个文件。Linux 是一个多用户系统,操作系统本身的驻留程序存放在以根目录开始的专用目录中,有时被指定为系统目录。

4. Linux 应用程序

标准的 Linux 系统一般都有一套称为应用程序的程序集,它包括文本编辑器、编程语言、X Window、LibreOffice、Internet 工具和数据库等。

2.3 Linux 版本介绍

Linux 系统的版本有内核版本和发行版本,下面分别介绍内核版本和发行版本。

2.3.1 Linux 内核版本

内核是系统的心脏,是运行程序和管理像磁盘和打印机等硬件设备的核心程序,它提供了一个在裸设备与应用程序间的抽象层。例如,程序本身不需要了解用户的主板芯片集或磁盘控制器的细节就能在高层次上读写磁盘。

内核的开发和规范一直由 Linus 领导的开发小组控制着,版本也是唯一的。开发小组每隔一段时间公布新的版本或其修订版,从 1991 年 10 月 Linus 向世界公开发布的内核 0.02 版本(0.01 版本功能相对简单所以没有公开发布)到目前较新的内核 4.18 版本,Linux 的功能越来越强大。

Linux 内核的版本号命名是有一定规则的,版本号的格式通常为"主版本号.次版本号.修正号"。主版本号和次版本号标志着重要的功能变动,修正号表示错误修补的次数。

2.3.2 Linux 发行版本

仅有内核而没有应用软件的操作系统是无法使用的,所以许多公司或社团将内核、源代码及相关的应用程序组织构成一个完整的操作系统,让一般的用户可以简便地安装和使用 Linux,这就是所谓的发行版本。一般的 Linux 系统便是针对这些发行版本的。目前,各种发行版本有数十种,它们的发行版本号各不相同,使用的内核版本号也可能不一样,下面介绍目前比较著名的几个发行版本。

1. Ubuntu

Ubuntu 由 Mark Shuttleworth 创立。Ubuntu 以 Debian GNU/Linux 不稳定分支为开发基础,其首个版本于 2004 年 10 月 20 日发布。它以 Debian 为开发蓝本,与 Debian 稳健的升级策略不同,Ubuntu 每 6 个月便会发布一个新版,以便人们实时地获取和使用新软件。Ubuntu 的开发目的是使个人计算机变得简单易用,同时也提供针对企业应用的服务器版本。Ubuntu 的每个新版本均会包含当时最新的 GNOME 桌面环境,通常在 GNOME 发布新版本后一个月内发布。

Ubuntu 项目完全遵从开源软件开发的原则,并且鼓励人们使用、完善并传播开源软件,也就是 Ubuntu 永远是免费的。然而,这并不仅仅意味着零成本,自由软件的理念是人们应该以所有"对社会有用"的方式自由地使用软件。"自由软件"并不只意味着用户不需要为其支付费用,还意味着用户可以以自己想要的方式使用软件,即任何人可以以任意方式下载、修改、修正和使用组成自由软件的代码。因此,除去自由软件常以免费方式提供这一事实外,这种自由也有着技术上的优势:进行程序开发时,就可以使用其他人的成果或以此为基础进行开发。对于非自由软件而言,这一点就无法实现。Ubuntu 的官方网站为 http://www.Ubuntu.com/。

2. Red Hat Linux

Red Hat 是最成功的 Linux 发行版本之一,它的特点是安装和使用简单。Red Hat 可以让用户很快享受到 Linux 的强大功能而免去烦琐的安装与设置工作。Red Hat 是全球最流行的 Linux,已经成为 Linux 的代名词,许多人一提到 Linux 就会毫不犹豫地想到 Red Hat。

Red Hat 公司的产品中,Red Hat Linux(如 Red Hat 8 和 Red Hat 9)和针对企业发行的版本 Red Hat Enterprise Linux 都能够通过网络 FTP 免费地获得并使用。但是 2003 年,Red Hat Linux 停止了发布,它的项目由 Fedora Project 这个项目所取代,以 Fedora Core 这个名字发行并提供给普通用户免费使用。Fedora Core 这个 Linux 发行版更新很快,半年左右就有新的版本发布。其官方网站为 http://www.redhat.com/。

3. Debian Linux

Debian 可以算是迄今为止最遵循 GNU 规范的 Linux 系统,它的特点是使用了 Debian 系列特有的软件包管理工具 dpkg,使得安装、升级、删除和管理软件变得非常简单。Debian 是完全由网络上的 Linux 爱好者负责维护的发行套件。这些志愿者的目的是制作一个可以同商业操作系统相媲美的免费操作系统,并且其所有的组成部分都是自由软件。其官方网站为 http://www.debian.org/。

4. 红旗 Linux

红旗 Linux 是中华民族基础软件在产业化征程中具有里程碑意义的胜利,是中国自己的 Linux 发行版,对中文支持得最好,而且界面和操作的设计都符合中国人的习惯。其官方网站为 http://www.redflag-Linux.com。

5. Mandriva Linux

Mandriva 的原名是 Mandrake,它的特点是集成了轻松愉快的图形化桌面环境以及自行研制的图形化配置工具。Mandriva 在易用性方面的确下了不少工夫,从而迅速成为设置易用实用的代名词。Red Hat 默认采用 GNOME 桌面系统,而 Mandriva 将其改为 KDE。其官方网站为 http://www.mandrivaLinux.com/。

6. SuSE Linux

SuSE 是德国最著名的 Linux 发行版,在全世界范围中也享有较高的声誉,它的特点是使用了自主开发的软件包管理系统 YaST。2003 年 11 月,Novell 收购了 SuSE,使 SuSE 成为 Red Hat 的一个强大的竞争对手,同时还为 Novell 正在与微软进行的竞争提供了一个新的方向。其官方网站为 http://www.novell.com/Linux/suse/。

执行 uname -a 命令,显示发行版的版本号、内核的主版本号、次版本号、修正版本号,如图 2.5 所示,发行版的版本号为 16.04.1,内核的版本号为 4.15.0-142-generic,表明内核的主版本号为 4、次版本号为 15、修正版本号为 142,generic 表明是面向桌面系统的通用版本。

```
mali@mali-virtual-machine:~$ uname -a
Linux mali-virtual-machine 4.15.0-142-generic #146~16.04.1-Ubuntu SMP Tue Apr 13 09
7:15 UTC 2021 x86_64 x86_64 x86_64 GNU/Linux
mali@mali-virtual-machine:~$
```

图 2.5　显示版本号

Ubuntu Linux 系统介绍

2.4 Ubuntu Linux 系统概述

Ubuntu 是一个以桌面应用为主的 Linux 操作系统,其名称来自非洲南部祖鲁语或豪萨语的"Ubuntu"一词,意思是"人性""我的存在是因为大家的存在",是非洲传统的一种价值观,类似华人社会的"仁爱"思想。Ubuntu 基于 Debian 发行版和 GNOME 桌面环境,而从 11.04 版起,Ubuntu 发行版放弃了 GNOME 桌面环境,改为 Unity,与 Debian 的不同在于它每 6 个月会发布一个新版本。

Ubuntu 的目标在于为一般用户提供一个最新的同时又相当稳定的主要由自由软件构建而成的操作系统。Ubuntu 具有庞大的社区力量,用户可以方便地从社区获得帮助。2013 年 1 月 3 日,Ubuntu 正式发布面向智能手机的移动操作系统。

Ubuntu 是一个由全球化的专业开发团队建造的操作系统。它包含所有需要的应用程序,如浏览器、Office 套件、多媒体程序、即时消息等。Ubuntu 是一个 Windows 和 Office 的开源替代品。

Ubuntu 基于 Linux 的免费开源桌面 PC 操作系统,契合英特尔的超极本定位,支持 x86、64 位和 PPC 架构。

2.4.1 Ubuntu Linux 版本

Ubuntu 每 6 个月发布一个新版本,而每个版本都有代号和版本号,如表 2.2 所示,其中有 LTS 的表示是长期支持版。版本号基于发布日期,例如第一个版本号 4.10,代表该版本是在 2004 年 10 月发行的。自 Ubuntu 12.04 LTS 开始,桌面版和服务器版均可获得为期 5 年的技术支持,本书以 Ubuntu 16.04 LTS 为例。

表 2.2　Ubuntu 历史版本一览表

版　　本	代　　号	发布日期	支持结束时间		内核版本
			桌面版	服务器版	
4.10	Warty Warthog	2004-10-20	2006-04-30		2.6.8
5.04	Hoary Hedgehog	2005-04-08	2006-10-31		2.6.10
5.10	Breezy Badger	2005-10-13	2007-04-13		2.6.12
6.06 LTS	Dapper Drake	2006-06-01	2009-07-14	2011-06-01	2.6.15
6.10	Edgy Eft	2006-10-26	2008-04-25		2.6.17
7.04	Feisty Fawn	2007-04-19	2008-10-19		2.6.20
7.10	Gutsy Gibbon	2007-10-18	2009-04-18		2.6.22
8.04 LTS	Hardy Heron	2008-04-24	2011-05-12	2013-05-09	2.6.24
8.10	Intrepid Ibex	2008-10-30	2010-04-30		2.6.27
9.04	Jaunty Jackalope	2009-04-23	2010-10-23		2.6.28
9.10	Karmic Koala	2009-10-29	2011-04-30		2.6.31
10.04 LTS	Lucid Lynx	2010-04-29	2013-05-09	2015-04-30	2.6.32
10.10	Maverick Meerkat	2010-10-10	2012-04-10		2.6.35
11.04	Natty Narwhal	2011-04-28	2012-10-28		2.6.38
11.10	Oneiric Ocelot	2011-10-13	2013-05-09		3.0

版　　本	代　　号	发布日期	支持结束时间		内核版本
			桌面版	服务器版	
12.04 LTS	Precise Pangolin	2012-04-26	2017-04-28		3.2
12.10	Quantal Quetzal	2012-10-18	2014-05-16		3.5
13.04	Raring Ringtail	2013-04-25	2014-01-27		3.8
13.10	Saucy Salamander	2013-10-17	2014-07-17		3.11
14.04 LTS	Trusty Tahr	2014-04-17	2019-04		3.13
14.10	Utopic Unicorn	2014-10-23	2015-07-23		3.16
15.04	Vivid Vervet	2015-04-23	2016-02-04		3.19
15.10	Wily Werewolf	2015-10-22	2016-07-28		4.2
16.04 LTS	Xenial Xerus	2016-04-21	2021-04		4.4
16.10	Yakkety Yak	2016-10-13	2017-07-20		4.8
17.04	Zesty Zapus	2017-04-13	2018-01-13		4.10
17.10	Artful Aardvark	2017-10-19	2018-07-19		4.13
18.04 LTS	Bionic Beaver	2018-04-26	2028-04		4.15
18.10	Cosmic Cuttlefish	2018-10-18	2019-07		4.18
19.04	Disco Dingo	2019-04-18	2020-01		TBA

2.4.2　Ubuntu Linux 的特点

LTS(长期支持)版本支持周期为 5 年,延续了 Ubuntu 的开源和安全性能以及最新的功能应用,默认使用中文开源字体,支持国际主流的 ARM64 架构。

(1) Ubuntu 所有系统相关的任务均需使用 sudo 指令是它的一大特色,这种方式比传统的以系统管理员账号进行管理工作的方式更为安全,此为 Linux、UNIX 系统的基本思维之一。

(2) Ubuntu 也相当注重系统的易用性,标准安装完成后(或 Live CD 启动完成后)就可以立即投入使用。简单地说,就是安装完成以后,用户无须再费神安装浏览器、Office 套装程序、多媒体播放程序等常用软件,一般也无须下载安装网卡、声卡等硬件设备的驱动(部分显卡需要额外下载驱动程序,且不一定能用包库中所提供的版本)。

(3) 为 Unity7 新增一套用户桌面,用户可将传统屏幕左边的 launcher 放到屏幕下边,并且添加了更加生动的应用图标。同时,还为 Unity7 新增了主题的登录及锁屏页面。

(4) Ubuntu 与 Debian 使用相同的 deb 软件包格式,可以安装绝大多数为 Debian 编译的软件包,虽然不能保证完全兼容,但大多数情况下是通用的。

(5) 优化升级 Dash,用户操作更加便利。16.04 版不但完善了 Dash 拼音搜索,还大幅提升了 Dash 在触摸屏下的便利操作体验,用户在使用拼音搜索时将会在最短的时间内搜索到自己想要的内容,可以使用 Page Up/Page Down 快捷键进行翻页操作。

(6) 新增微信网页版应用,用户在 Ubuntu Linux 下可以应用微信。

习　题

1. 判断题

（1）Linux 操作系统诞生于 1991 年 8 月。

（2）Linux 是一个开放源的操作系统。

（3）Linux 是一个类 UNIX 操作系统。

（4）Linux 是一个多用户系统，也是一个多任务操作系统。

（5）Ubuntu Linux 16.04 默认的桌面环境是 GNOME。

（6）Ubuntu Linux 每一年发布一个新版本。

（7）Ubuntu Linux 操作系统是用 C 语言写的。

2. 简答题

（1）什么是 Linux 系统？

（2）简述 Linux 系统的产生过程。

（3）简述 Linux 系统的组成。

（4）什么是 Linux 内核版本？举例说明版本号的格式。

（5）写出三个常用的 Linux 发行版。

（6）Ubuntu Linux 的特点是什么？

3. 实验题

（1）执行 uname -a 和 uname -r，比较两个命令的不同。

（2）显示 cp 命令的源代码。

（3）显示系统所使用的 Shell。

第3章 Ubuntu Linux 16.04 LTS 图形界面

本章学习目标：
- 了解 GNOME 桌面的使用。
- 掌握 Unity 桌面的使用。
- 掌握软件更新源的使用。

Ubuntu Linux 16.04.06 默认的图形界面是 Unity，Unity 是由开发 Ubuntu 的公司 Canonical 开发的一款外壳，Unity 在 GNOME 桌面环境上运行，使用所有核心的 GNOME 应用程序。

3.1 Unity 桌面环境

观看视频

3.1.1 Unity 概述

Ubuntu 在 2010 年 5 月为双启动、即时启动市场推出了一款新的桌面环境——Unity 桌面环境。在 Unity 中：

(1) 底部面板被移到了屏幕左侧，用于启动和切换应用程序。

(2) 移到左侧后的控制面板为触控操作优化后扩大尺寸提供大图标，Unity 控制台可以显示哪些应用程序正在运行，并支持应用程序间的快速切换和拖曳。

(3) 顶部的控制栏更加智能化，采用了一个单独的全局菜单键。

2010 年 10 月，Unity 做了更多改进，增加了支持搜索的 Dash，并且在当时成为 Ubuntu 10.10 Netbook Edition 的默认桌面。从 2011 年 4 月的 Ubuntu 11.04 起，Ubuntu 使用 Unity 作为默认的桌面环境。

3.1.2 Unity 桌面介绍

系统启动后出现的登录界面如图 3.1 所示，在登录界面上能够看到当前可以登录系统的用户。

在这里单击当前用户账户 malimei，然后输入密码，按回车键进入系统界面。Unity 最左侧部分是一条纵向的快速启动条，即 Launcher。快速启动条上的图标有三类：系统强制放置的功能图标(Dash 主页(应用管理和文件管理)、工作区切换器和回收站)，用户自定义放置的常用程序图标，以及正在运行的应用程序图标，如图 3.2 所示。

程序图标的左右两侧可以附加小三角形指示标志，正在运行的程序图标左侧有小三角

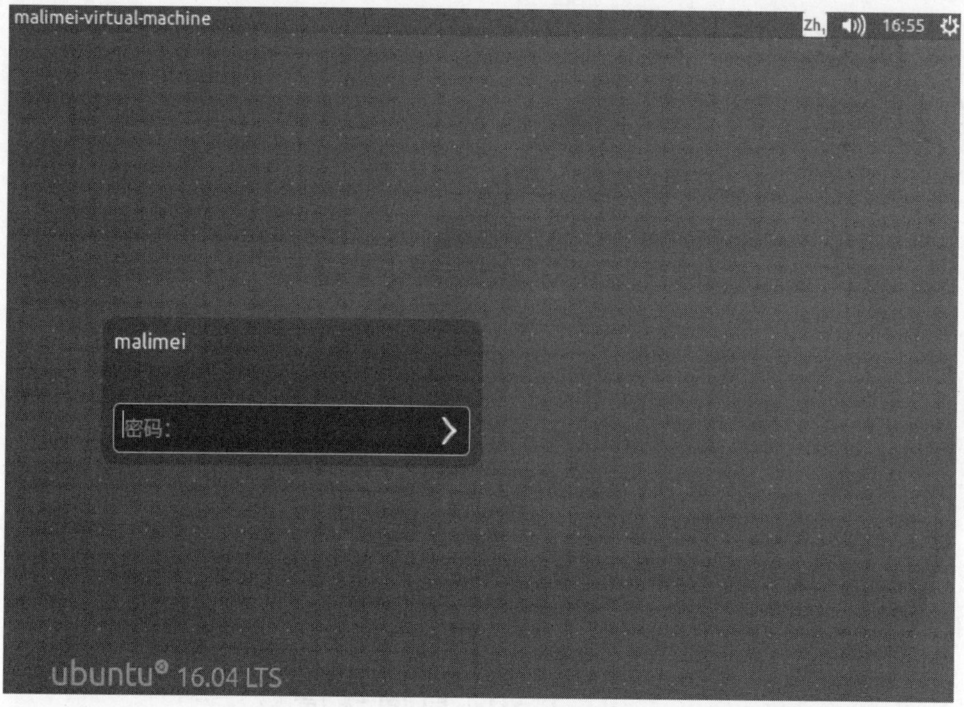

图 3.1　登录界面

图 3.2　Ubuntu 桌面

形指示,如果正在运行的程序包括多个窗口,则小三角形的数量也会随之变化,当前的活动窗口所属的程序,则同时还会在图标右侧显示一个小三角形进行指示,如图 3.3 所示。桌面顶端的顶面板则由应用程序 Indicator、窗口 Indicator,以及活动窗口的菜单栏组成。

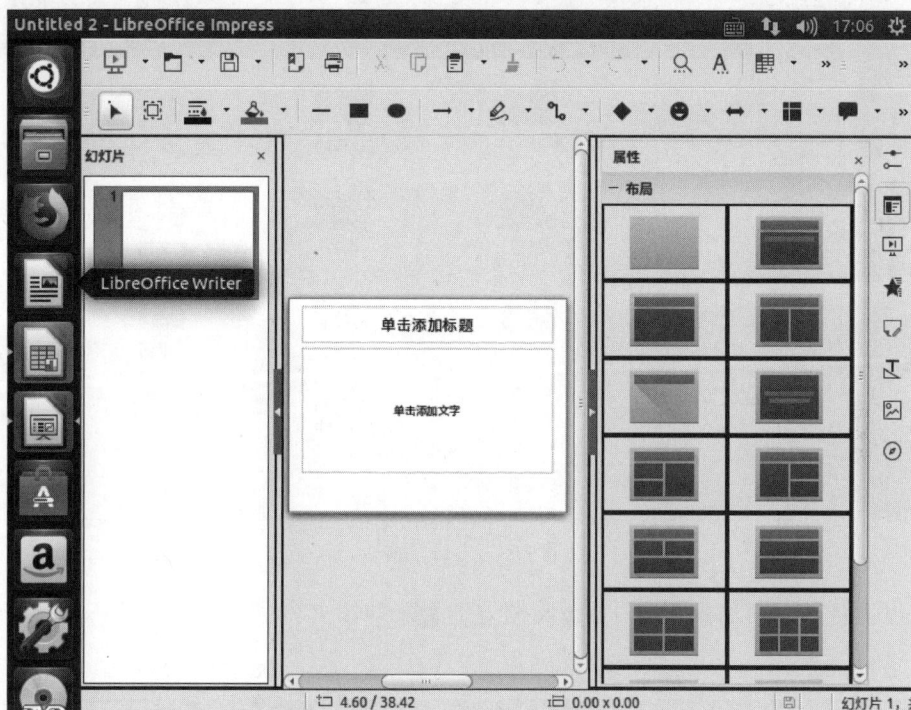

图 3.3　当前活动窗口

　　Dash 图标在快速启动条的左上角,是 Unity 的应用管理和文件管理界面。在首页上显示的是最近使用的应用、打开的文件和下载的内容。Dash 界面的下方是一行 Lens 图标,单击每个图标都可以切换到对应标签页,用于满足用户的一类特定需求,如图 3.4 所示。

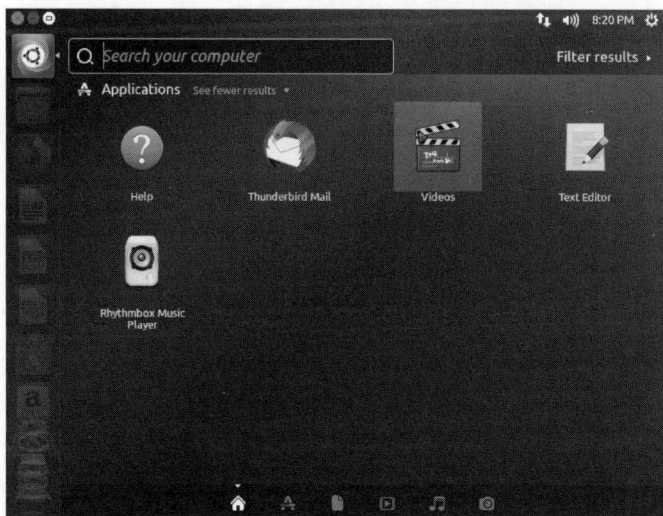

图 3.4　搜索窗口

　　Dash 图标下面是用户主目录图标,首先看到的是用户主目录中包含的目录和文件,可以切换到其他目录,如图 3.5 所示。

图 3.5　主目录窗口

　　用户主目录下面的图标是 Firefox 浏览器 ,如图 3.6 所示,用 Firefox 浏览器打开网页。

图 3.6　启动浏览器窗口

Firefox 浏览器图标下面的三个图标分别是 LibreOffice Writer 图标、LibreOffice Calc 图标、LibreOffice Impress 图标。LibreOffice 是与其他主要办公室软件相容的自由软件,可在 Windows、Linux、Macintosh 平台上运行。如图 3.7～图 3.9 所示分别为 LibreOffice Writer、LibreOffice Calc、LibreOffice Impress 窗口。

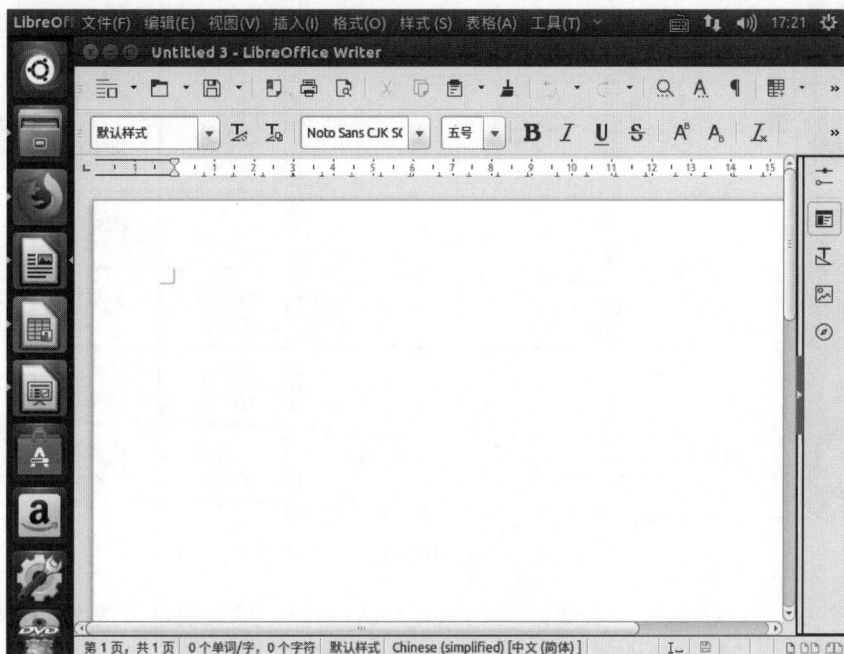

图 3.7 LibreOffice Writer 窗口

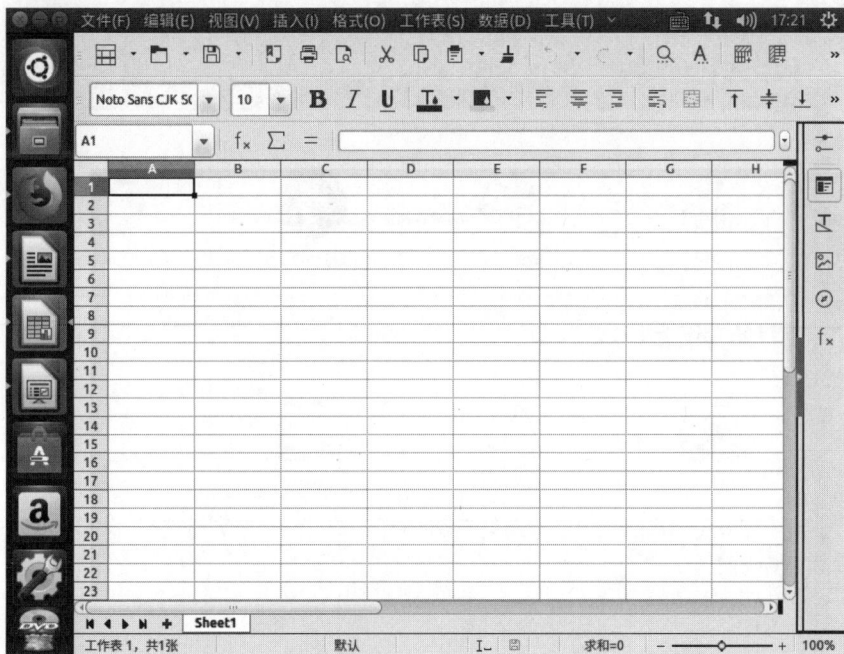

图 3.8 LibreOffice Calc 窗口

Ubuntu Linux 16.04 LTS 图形界面

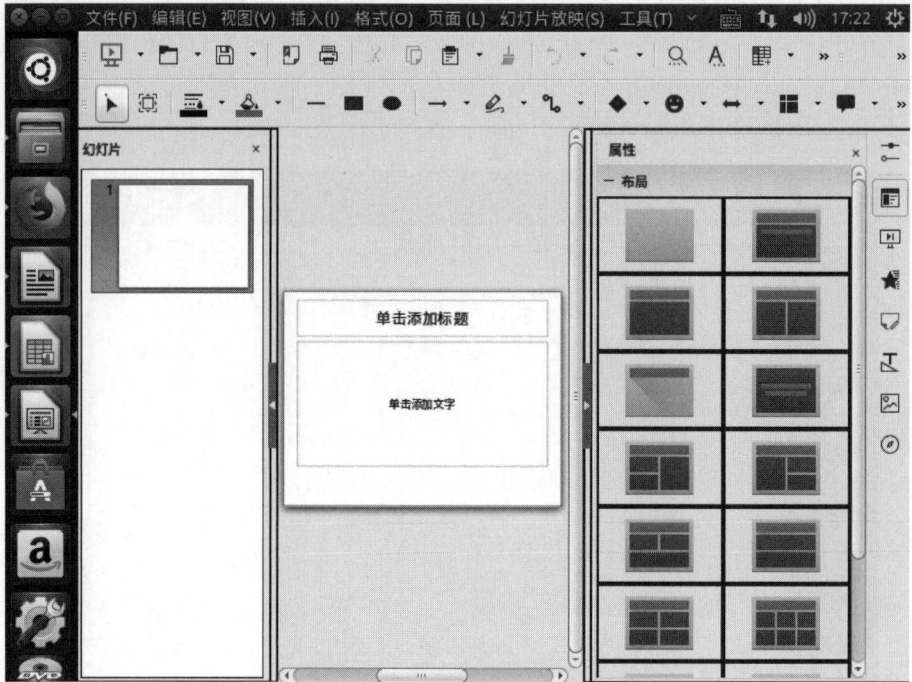

图 3.9　LibreOffice Impress 窗口

接下来是 Ubuntu 软件中心图标:安装和卸载软件包。可以通过关键字搜索想安装的软件包,或通过浏览给出的软件分类,选择应用程序。例如,要安装办公软件,可向下拖动鼠标,在"软件分类"中单击"办公"图标,如图 3.10 所示。

图 3.10　软件分类窗口

显示可以安装的办公软件,选择需要安装的软件后,单击"安装"按钮即可。例如,安装 LyX 办公软件,在办公软件中的"特色软件"下,单击 LyX 图标,如图 3.11 所示,显示"安装"按钮,单击"安装"按钮即可安装,如图 3.12 所示。

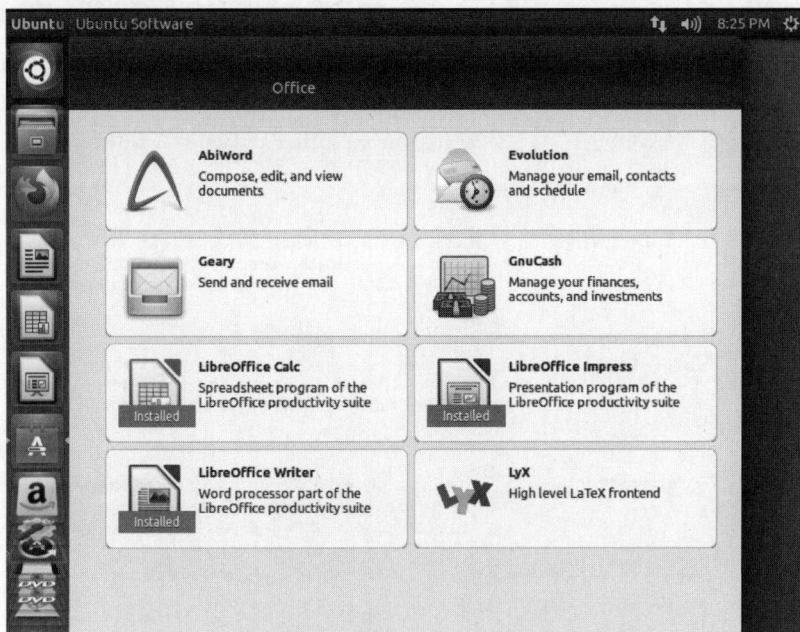

图 3.11　办公软件分类

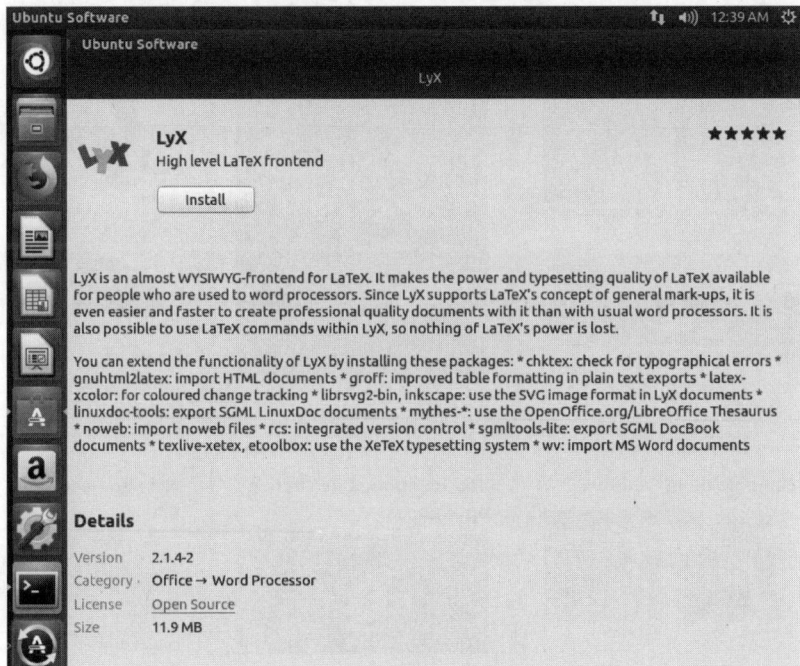

图 3.12　安装软件

Ubuntu Linux 16.04 LTS 图形界面

也可以在图 3.10 中直接输入软件的名字搜索软件,然后进行安装,如图 3.13 所示。

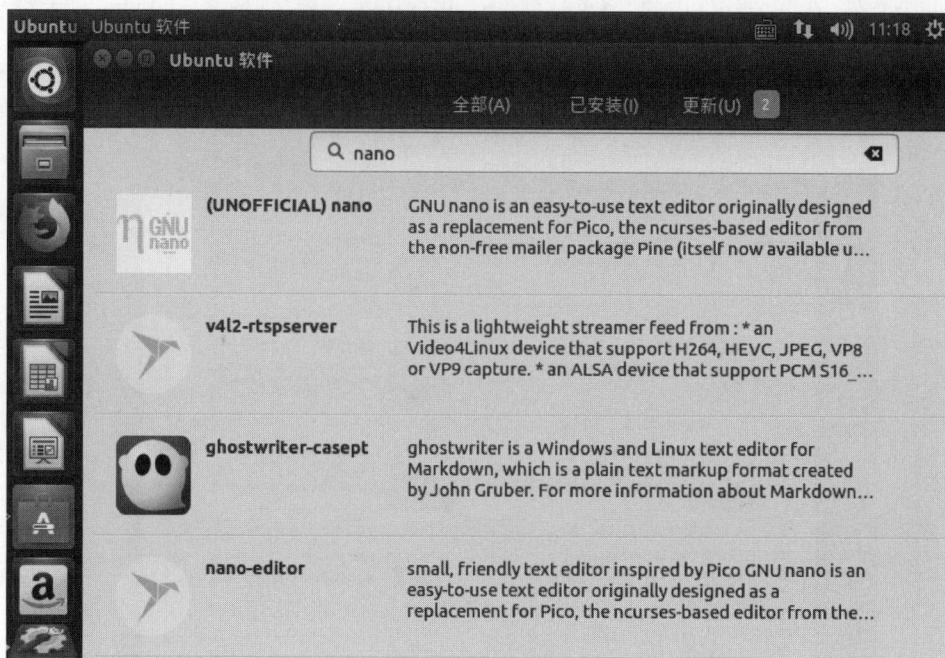

图 3.13　搜索软件

接下来是 Amazon(亚马逊)的图标 **a**,单击图标进入亚马逊网站,如图 3.14 所示。

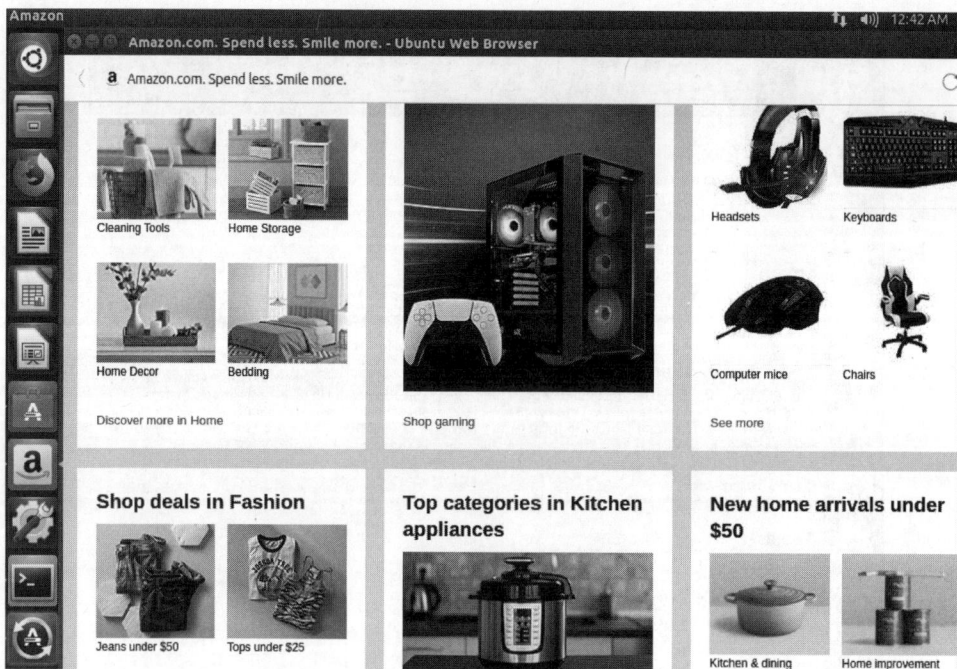

图 3.14　进入亚马逊网站

然后是系统设置图标，单击图标进入系统设置，如图 3.15 所示，设置桌面外观、语言支持、系统硬件管理等。

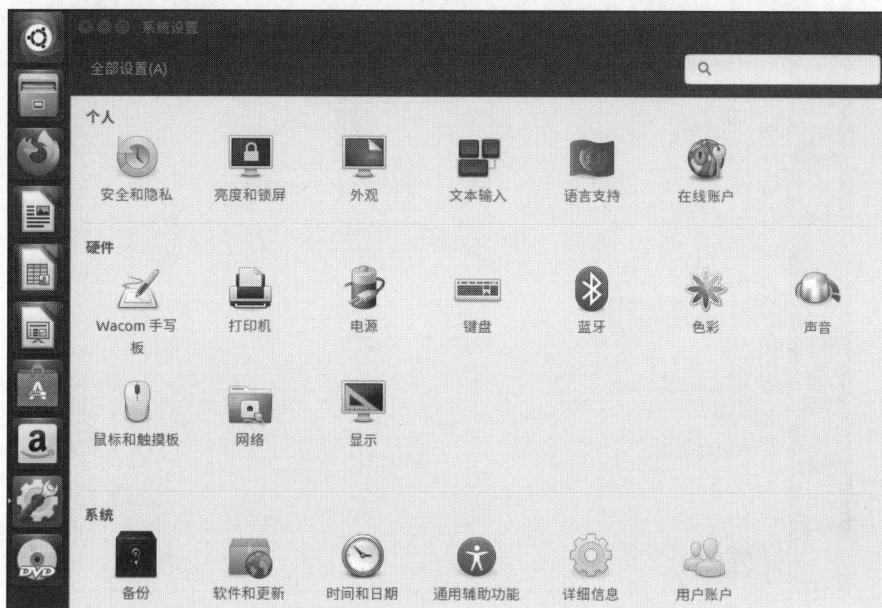

图 3.15　系统设置窗口

下面是进入终端的图标，单击图标进入命令方式，如图 3.16 所示。

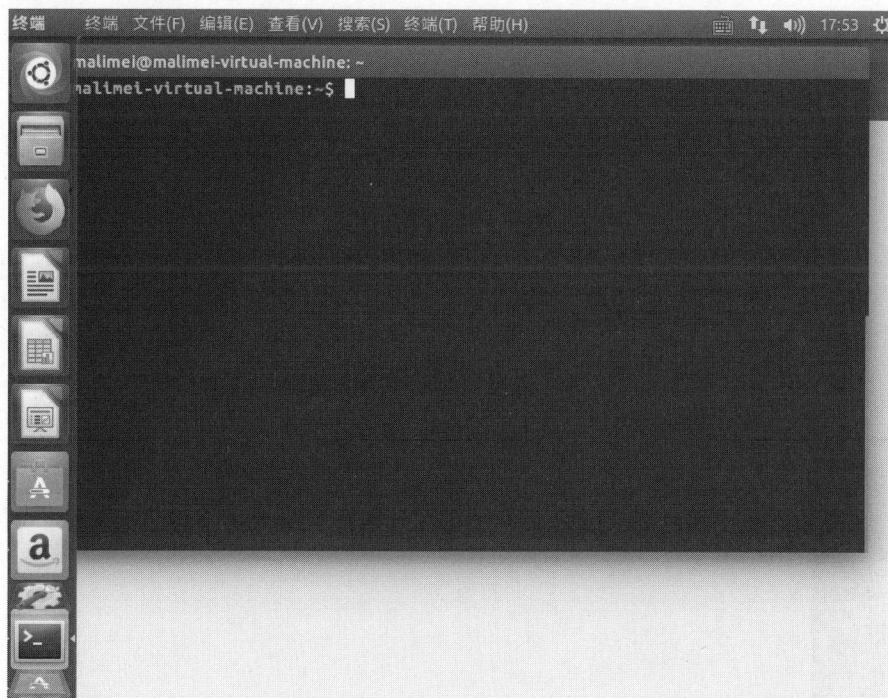

图 3.16　进入终端的图标

Ubuntu Linux 16.04 LTS 图形界面

接下来是回收站的图标,单击图标,如图 3.17 所示。

图 3.17　回收站

通过右上角的删除图标,可以完成网络参数调整、时间调整、切换用户、关机、重启等操作,如图 3.18 所示。

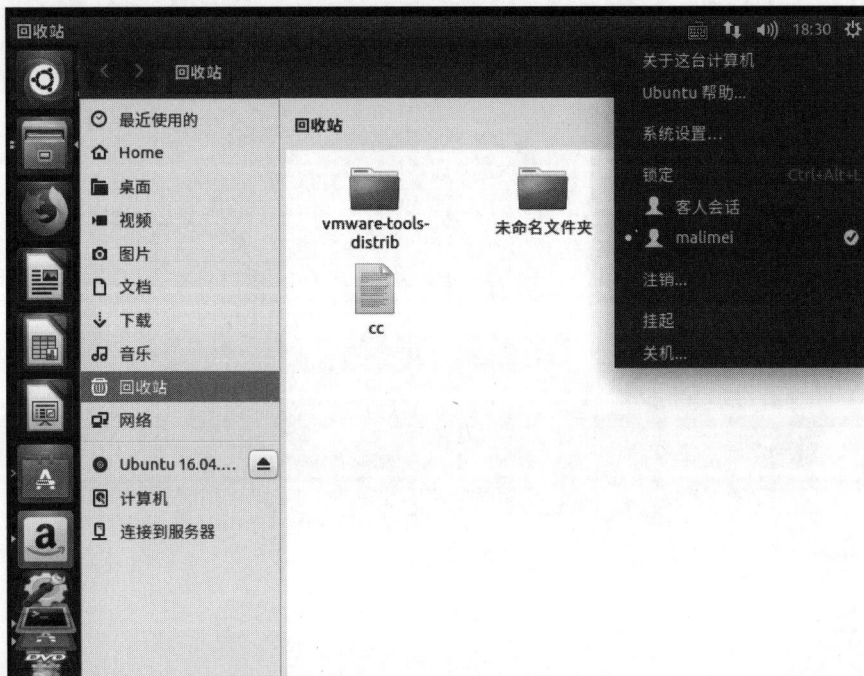

图 3.18　右上角图标的菜单

虽然 Unity 界面存在一些问题，但经过多个版本的更新，Unity 界面已逐步走向成熟，对于日常的操作，Unity 已足够稳定，也足够完整。而且 Unity 界面已经逐步形成了自己的特色，拥有了一部分独特的细节和创新功能。

3.2　GNOME 桌面环境

使用 Linux 系统的用户可以随时改变图形界面，这就是所谓的"集成式桌面环境"。GNOME 桌面是 Linux 系统的一大主流桌面环境。GNOME(GNU Network Object Model Environment)是 GNU 计划的一部分。

在 GNOME 桌面环境中，鼠标的基本操作和 Windows 中相同，包括单击、双击和右击。窗口的基本操作包括最大化、最小化、移动、置顶和调整窗口大小和位置等。

Ubuntu 16.04 默认采用 Unity 界面，如果需要使用 GNOME 桌面环境，需手动安装，系统要能够连接互联网，然后执行安装命令，如果不能安装，需先使用命令 sudo apt-get update 更新软件仓库，然后使用命令 sudo apt-get install gnome 安装 GHOME 桌面，如图 3.19 所示。

```
malimei@malimei-virtual-machine:~$ sudo apt-get update
命中:1 http://security.ubuntu.com/ubuntu xenial-security InRelease
命中:2 http://cn.archive.ubuntu.com/ubuntu xenial InRelease
命中:3 http://cn.archive.ubuntu.com/ubuntu xenial-updates InRelease
命中:4 http://cn.archive.ubuntu.com/ubuntu xenial-backports InRelease
正在读取软件包列表... 完成
malimei@malimei-virtual-machine:~$ sudo apt-get install gnome-shell
正在读取软件包列表... 完成
正在分析软件包的依赖关系树
正在读取状态信息... 完成
下列软件包是自动安装的并且现在不需要了：
  linux-headers-4.15.0-45 linux-headers-4.15.0-45-generic
  linux-image-4.15.0-45-generic linux-modules-4.15.0-45-generic
  linux-modules-extra-4.15.0-45-generic
使用'sudo apt autoremove'来卸载它(它们)。
将会同时安装下列软件：
  caribou chrome-gnome-shell dleyna-server folks-common
  gir1.2-accountsservice-1.0 gir1.2-caribou-1.0 gir1.2-clutter-1.0
  gir1.2-cogl-1.0 gir1.2-coglpango-1.0 gir1.2-gck-1 gir1.2-gcr-3
  gir1.2-gdesktopenums-3.0 gir1.2-gdm-1.0 gir1.2-gkbd-3.0
  gir1.2-gnomebluetooth-1.0 gir1.2-gnomedesktop-3.0 gir1.2-gweather-3.0
  gir1.2-mutter-3.0 gir1.2-networkmanager-1.0 gir1.2-nmgtk-1.0
  gir1.2-polkit-1.0 gir1.2-telepathyglib-0.12 gir1.2-telepathylogger-0.2
  gir1.2-upowerglib-1.0 gir1.2-xkl-1.0 gjs gnome-backgrounds gnome-contacts
  gnome-control-center gnome-control-center-data gnome-icon-theme
  gnome-icon-theme-symbolic gnome-online-accounts gnome-session
  gnome-settings-daemon gnome-shell-common gnome-themes-standard-data
```

图 3.19　安装 GNOME 桌面

安装成功后，注销系统，在登录界面单击用户名后面的按钮，选择 GNOME，如图 3.20 所示。

进入系统后即为 GNOME 桌面，如图 3.21 所示，单击左上角的"活动"按钮，显示如图 3.22 所示。

54

图 3.20　桌面的选择

图 3.21　GNOME 桌面

图 3.22　显示所有按钮

通过左边的按钮,能够完成相应的功能。GNOME 项目专注于桌面环境本身,由于软件少,运行速度快,稳定性出色,而且完全遵循 GPL 许可。GNOME 已经成为多数企业发行版的默认桌面。

3.3　软件更新源

Ubuntu 系统的软件在安装前需要先更新,提供更新软件的网站就是更新源,因此,首先选择更新源,系统会自动从这些网站下载所需的软件。更新源有很多,如 mirrors. shu. edu. cn,mirrors. ustc. edu. cn,mirrors. tuna. tsinghua. edu. cn 等。更新源的速度有快有慢,最好选择更新源快的网站。注意在设置更新源前,要确保机器连接上网络。

单击左侧快速启动条中的系统设置图标,显示如图 3.23 所示。

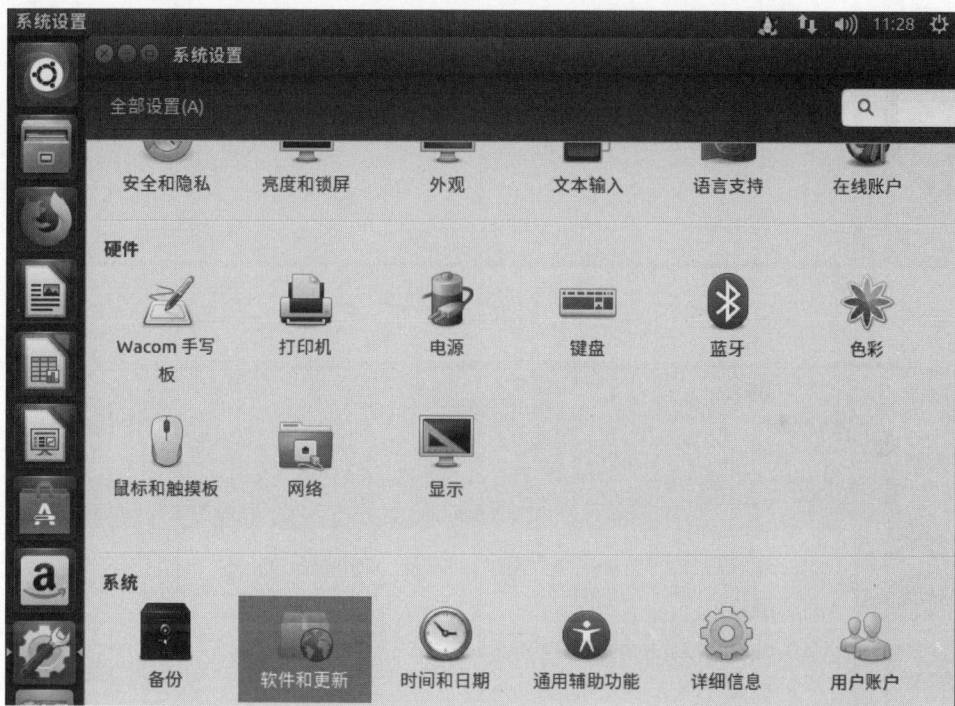

图 3.23　"系统设置"窗口

单击"软件和更新"图标,显示如图 3.24 所示。单击"下载自"右侧的下拉按钮,显示如图 3.25 所示。

选择"其他站点",显示如图 3.26 所示。

单击"选择最佳服务器"按钮,检测当前最佳软件源服务器,如图 3.27 所示。

检测结果如图 3.28 所示,经过测试,最佳服务器为 mirrors. tuna. tsinghua. edu. cn。

单击"选择服务器"按钮,输入授权的密码,即管理员的密码,如图 3.29 所示。

单击"授权"按钮,显示结果如图 3.30 所示。

单击"关闭"按钮,显示如图 3.31 所示。

单击"重新载入"按钮,如图 3.32 所示,完成更新源的设置,更新缓存。

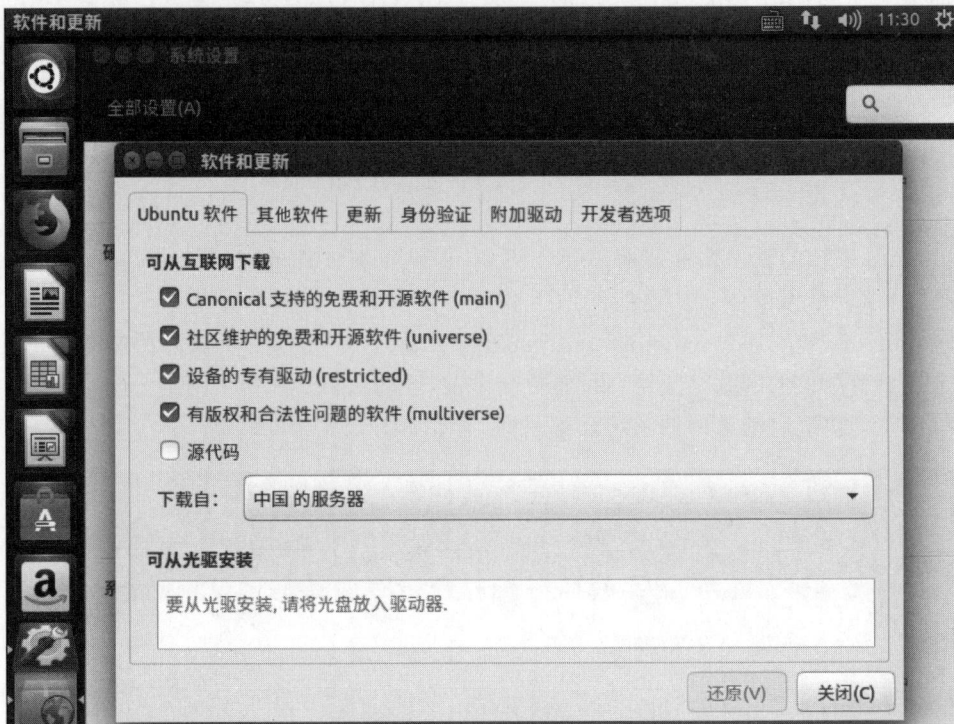

图 3.24 软件和更新

图 3.25 选择下载的站点

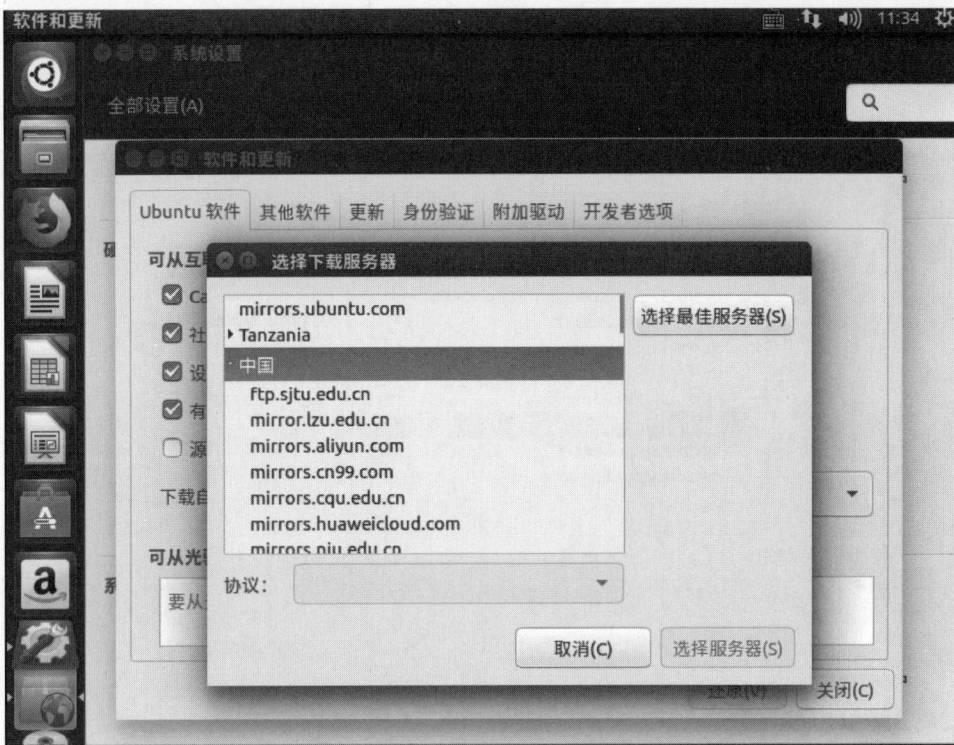

图 3.26　选择具体下载站点

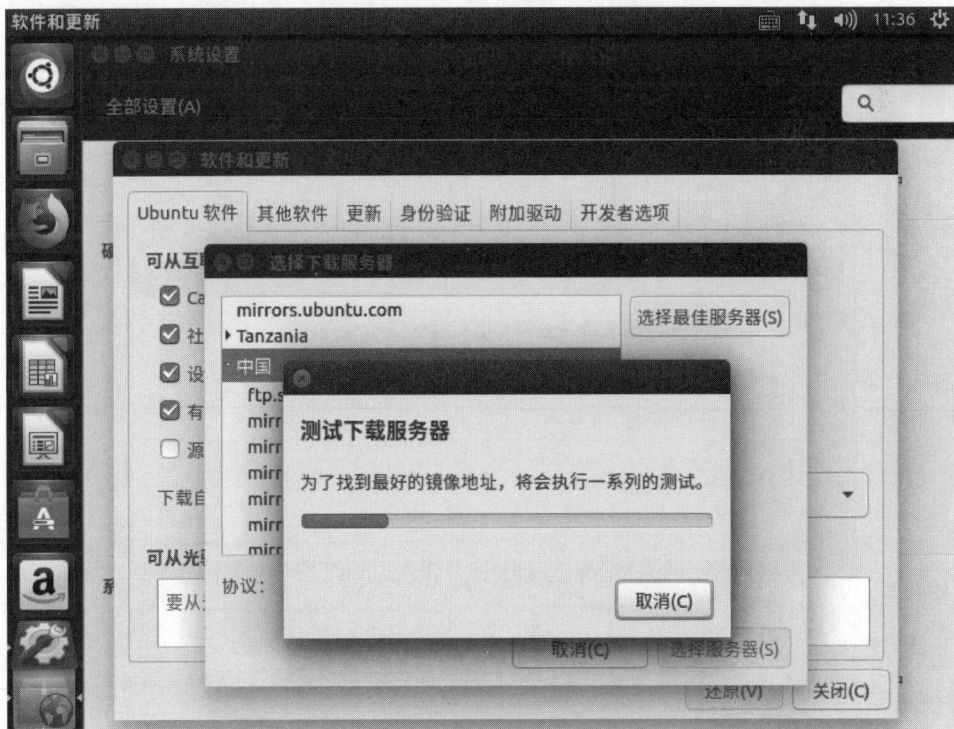

图 3.27　检测最佳服务器

58

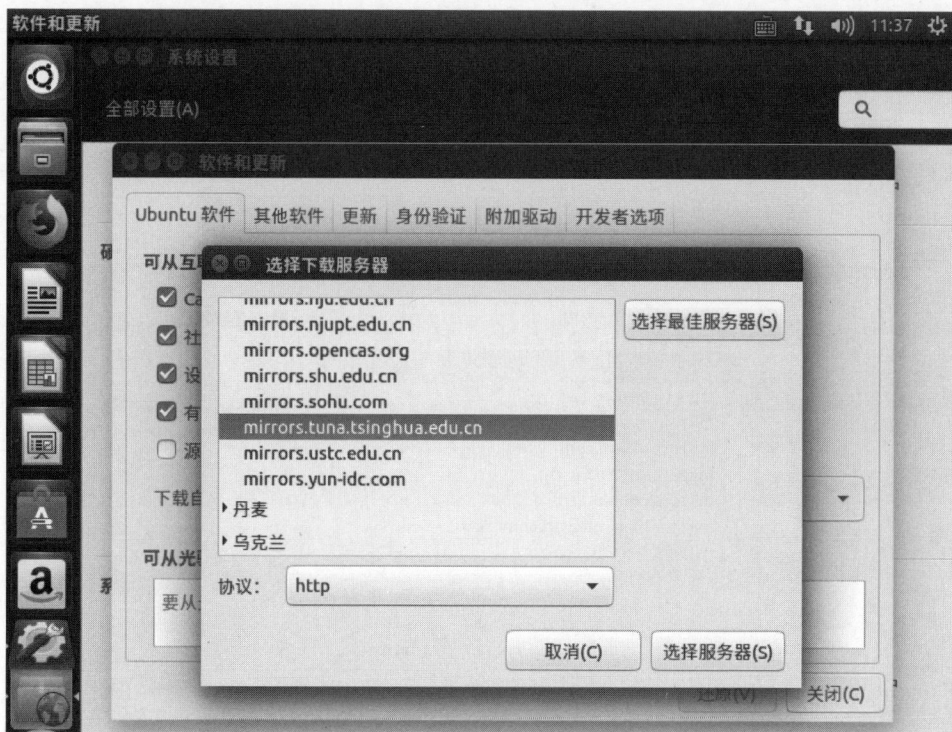

图 3.28　选择最佳服务器

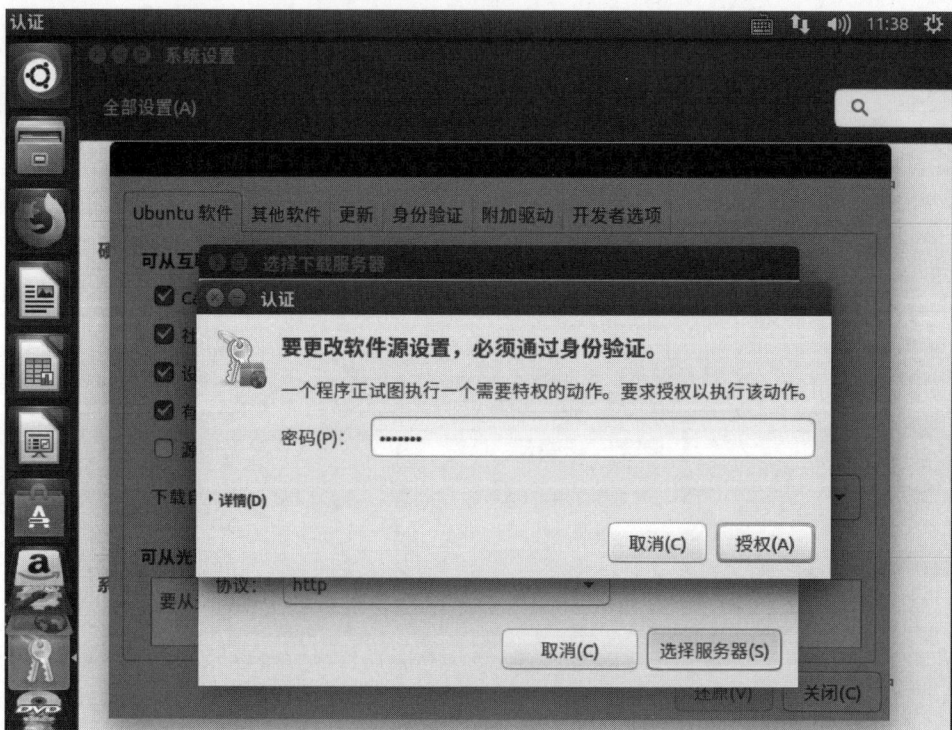

图 3.29　输入授权的密码

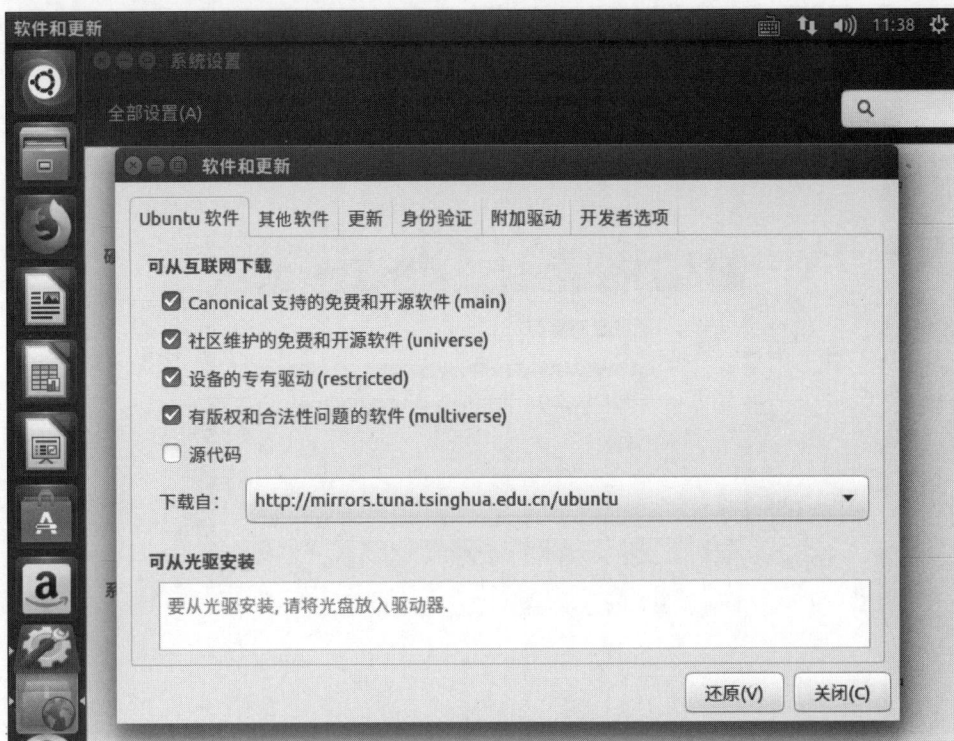

图 3.30   选择站点完成

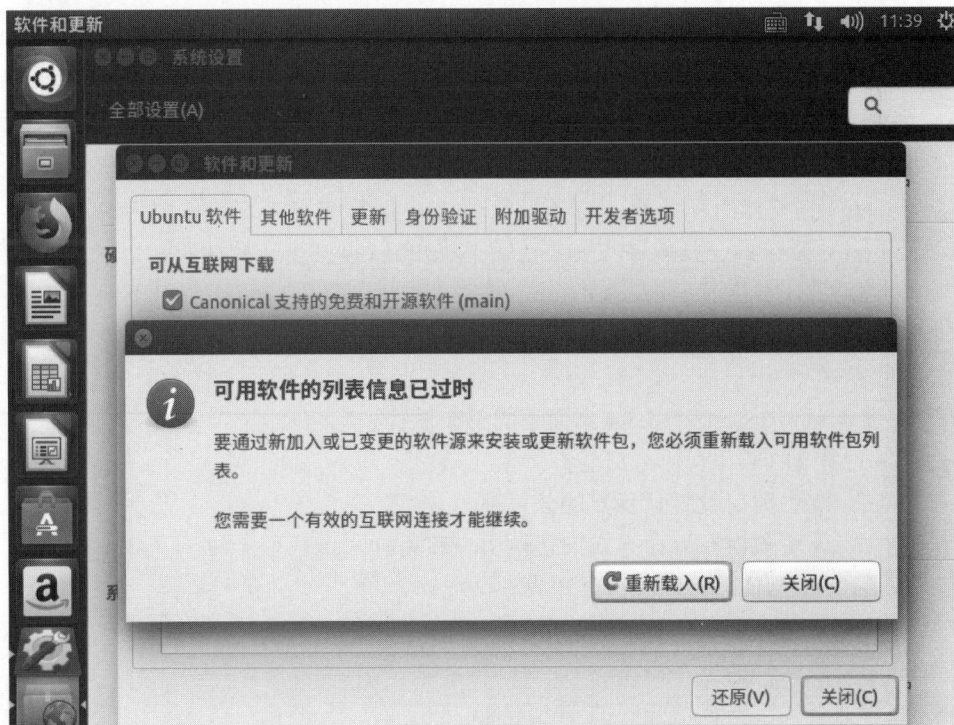

图 3.31   更新软件包

Ubuntu Linux 16.04 LTS 图形界面

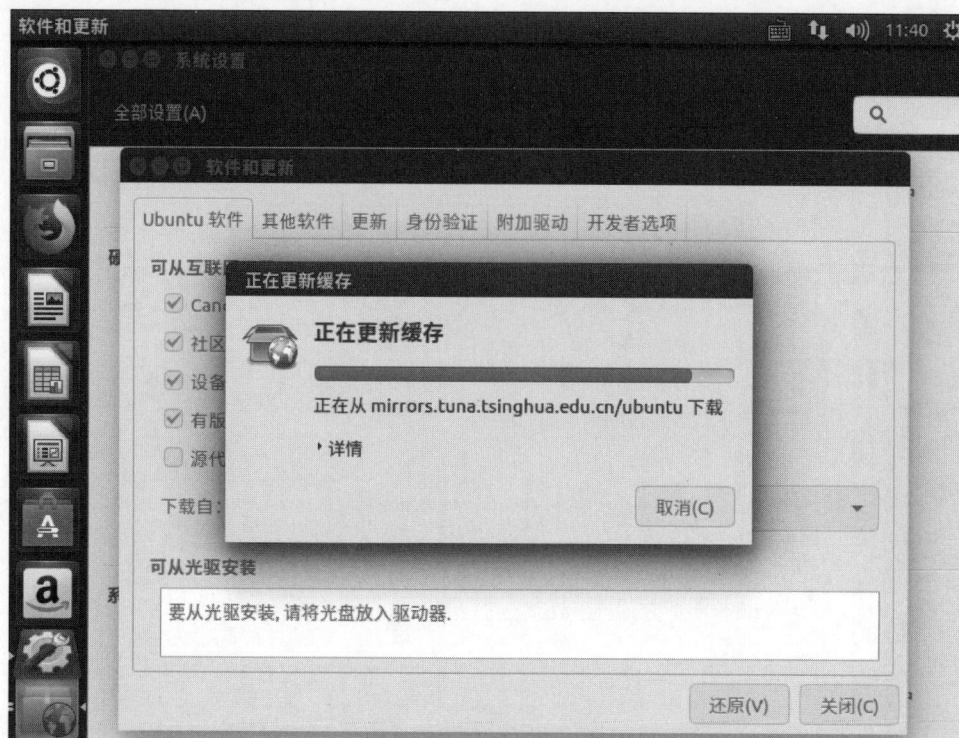

图 3.32　完成更新

习　　题

1. 判断题

（1）执行 sudo apt-get update 命令更新本地软件包列表时，必须连接上网络。

（2）Firefox 浏览器图标下的 LibreOffice Writer 图标相当于 Office 中的 Excel。

（3）Ubuntu 系统的工具软件在安装前需要先更新，提供更新软件的网站就是更新源。

（4）GNOME(GNU Network Object Model Environment)是 GNU 计划的一部分。

（5）在 Ubuntu Linux 16.04 的桌面中有一个默认浏览器，即 Firefox。

2. 实验题

（1）熟悉 Ubuntu Linux 16.04 桌面下的每个图标。

（2）Unity 中的 Dash 有什么功能？

（3）在 Unity 中如何设置显示器的分辨率？

（4）在 Unity 中如何在界面方式下切换用户和关机？

（5）安装 GNOME 桌面，登录，再卸载。

（6）使用 Unity 和 GNOME 桌面，比较各自的特点。

（7）如何修改软件的更新源？

（8）在界面方式下安装增强版的 vi 编辑器。

第 4 章 Ubuntu Linux 16.04.01 LTS 字符界面使用

本章学习目标:
- 掌握 Shell 常用命令。
- 掌握 apt-get 管理软件。
- 掌握 Ubuntu 的运行级别,关机和重启。
- 了解 Putty 软件的使用。

4.1 字符界面

观看视频

字符界面与图形界面一样,也是一种操作系统的输入和输出界面。字符界面命令行因具有占用系统资源少、性能稳定且安全等特点,发挥着重要作用。特别是在服务器领域中字符界面一直广泛应用,利用命令行对系统进行各种配置。

4.1.1 进入字符界面

在 Ubuntu 16.04 操作系统中,在桌面上右击,选择打开终端方式,如图 4.1 所示。

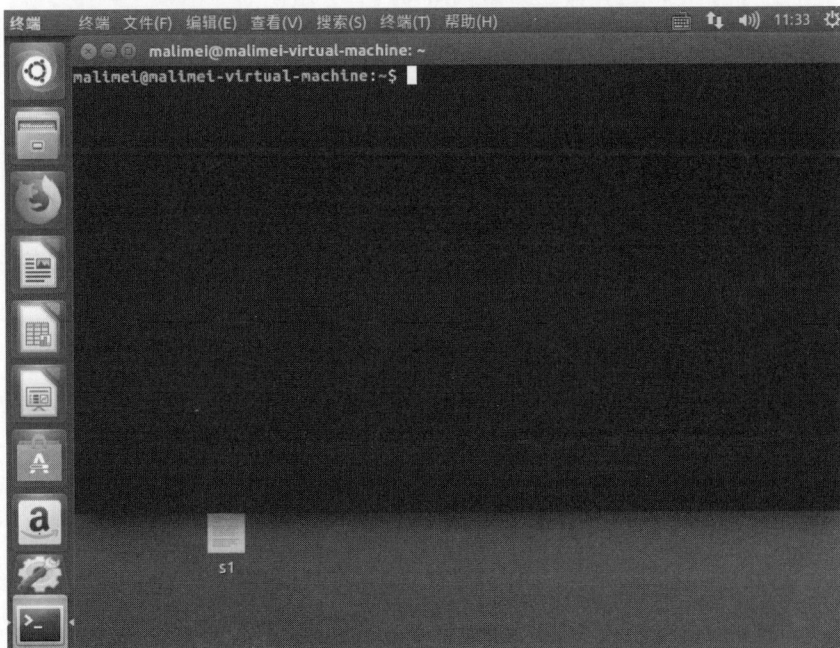

图 4.1 字符界面

4.1.2　Shell 功能

打开一个终端窗口时,首先看到的是 Shell 的提示符。Ubuntu 16.04 系统的标准提示符包括用户登录名、机器名、当前所在的工作目录和提示符号。

以普通用户 malimei 登录名为 malimei-virtual-machine 的主机,当前的工作目录是～,表示当前用户 malimei 的主目录,即/home/malimei 目录,提示符号为 $,如图 4.2 所示。

```
malimei@malimei-virtual-machine:~$
malimei@malimei-virtual-machine:~$
malimei@malimei-virtual-machine:~$ hostname
malimei-virtual-machine
malimei@malimei-virtual-machine:~$ pwd
/home/malimei
malimei@malimei-virtual-machine:~$ █
```

图 4.2　$ 为普通用户的提示符

由普通用户转到超级用户需要超级用户的密码,由超级用户转到普通用户不需要密码。超级用户的用户名为 root,提示符号为♯,在普通用户下执行 su 命令,并输入超级用户的密码转到超级用户,如图 4.3 所示。

```
❌ ▬ ◻   root@malimei-virtual-machine: /home/malimei
malimei@malimei-virtual-machine:~$ su
密码：
root@malimei-virtual-machine:/home/malimei# █
```

图 4.3　♯ 为超级用户的提示符

普通用户和超级用户除了登录的用户名和提示符不同以外,它们的权限也是不同的,超级用户对文件和目录具有全权,而普通用户的权限是有限的。

常用的命令和功能如下。

1. date 显示日期和时间

终端显示提示符后,用户就可以输入命令请示系统执行。这里所谓的命令就是请示调用某个程序。例如,当用户输入 date 命令时,系统调用 date 程序显示当前的日期和时间,终端屏幕上会显示如图 4.4 所示的信息。

```
root@malimei-virtual-machine:vmware$date
2019年 09月 24日 星期二 17:15:32 CST
```

图 4.4　显示日期和时间

当命令输入完毕后,一定不要忘记按回车键,因为系统只有收到回车键命令才认为命令行结束。

2. who 查看登录系统的用户

who 命令用于询问当前有哪些用户登录在系统中,命令执行结果如图 4.5 所示。

```
root@malimei-virtual-machine:vmware$who
malimei  tty7          2019-09-24 16:57 (:0)
```

图 4.5　查看终端登录的用户

3. whoami 查看当前使用者的信息

whoami 命令用于查看当前使用者的信息。命令执行结果如图 4.6 所示。

```
root@malimei-virtual-machine:vmware$whoami
root
root@malimei-virtual-machine:vmware$
```

图 4.6　查看当前的登录用户

4. Tab 命令补齐

命令补齐是指当输入的字符足以确定目录中一个唯一的文件时，只须按 Tab 键就可以自动补齐该文件名的剩下部分。例如，要从当前目录改变到 vmware-tools-distrib 目录，当输入到 cd v(小写)时，如果此文件是该目录下唯一以 v 开头的文件，这时就可以按 Tab 键，命令会被自动补齐为 cd vmware-tools-distrib，非常方便，如图 4.7 所示。

```
malimei@malimei-virtual-machine:~/vmware$ ls
vmware-tools-distrib  VMWARETO.TGZ
malimei@malimei-virtual-machine:~/vmware$ cd vmware-tools-distrib/
```

图 4.7　命令补齐

5. alias 别名

命令别名通常是其他命令的缩写，用来减少键盘输入。

命令格式为：

alias　[alias – name = 'original – command']

其中，alias-name 是用户给命令取的别名，original-command 是原来的命令和参数。在使用命令的时候，如果经常要使用加参数命令，可以给命令加参数取一个新的名字，这个名字就是别名。例如，输入 alias 显示系统已经定义的别名，给 ls -A 取别名为 la，输入 la 就是 ls -A 的功能，如图 4.8 所示。

```
malimei@malimei-virtual-machine:~/vmware$ alias
alias alert='notify-send --urgency=low -i "$([ $? = 0 ] && echo terminal || echo
 error)" "$(history|tail -n1|sed -e '\''s/^\s*[0-9]\+\s*//;s/[;&|]\s*alert$//'\'
')"'
alias egrep='egrep --color=auto'
alias fgrep='fgrep --color=auto'
alias grep='grep --color=auto'
alias l='ls -CF'
alias la='ls -A'
alias ll='ls -alF'
alias ls='ls --color=auto'
malimei@malimei-virtual-machine:~/vmware$ ls -A
vmware-tools-distrib  VMWARETO.TGZ
malimei@malimei-virtual-machine:~/vmware$ la
vmware-tools-distrib  VMWARETO.TGZ
malimei@malimei-virtual-machine:~/vmware$
```

图 4.8　别名

别名的定义有两种，一种是临时别名，关机后不再起作用。例如，定义 copy 的别名为 cp。

$ alias copy = 'cp'

另一种是永久别名，一直起作用。首先进入用户的主目录/home/malimei，编辑器 nano 编辑 .bashrc 文件(bashrc 是隐含文件，因此文件名为 .bashrc)，在文件中加入要定义的永久

别名,如把 ls 的别名定义为 dir,如图 4.9 所示,在终端模式输入 dir 和 ls 的功能一样,显示
当前目录下的文件和子目录。

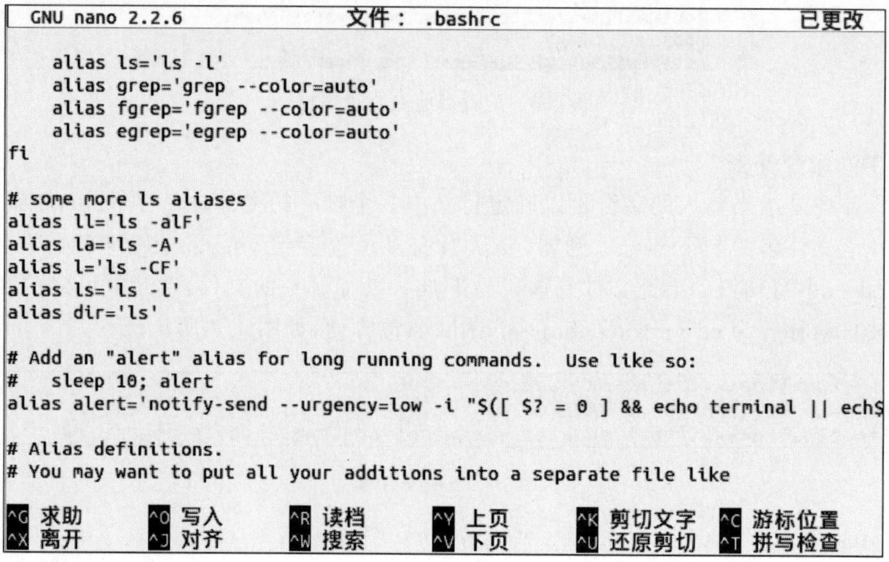

64

```
GNU nano 2.2.6                文件: .bashrc                         已更改

    alias ls='ls -l'
    alias grep='grep --color=auto'
    alias fgrep='fgrep --color=auto'
    alias egrep='egrep --color=auto'
fi

# some more ls aliases
alias ll='ls -alF'
alias la='ls -A'
alias l='ls -CF'
alias ls='ls -l'
alias dir='ls'

# Add an "alert" alias for long running commands.  Use like so:
#   sleep 10; alert
alias alert='notify-send --urgency=low -i "$([ $? = 0 ] && echo terminal || ech$

# Alias definitions.
# You may want to put all your additions into a separate file like

^G 求助    ^O 写入    ^R 读档    ^Y 上页    ^K 剪切文字    ^C 游标位置
^X 离开    ^J 对齐    ^W 搜索    ^V 下页    ^U 还原剪切    ^T 拼写检查
```

图 4.9 永久别名的定义

6. history 显示历史命令

使用 history 命令,可以显示使用过的命令。

命令格式为:

```
history [n]
```

当 history 命令没有参数时,整个历史命令列表的内容将被显示出来。使用 n 参数的作
用是仅有最后 n 个历史命令会被列出。

执行 history 不加参数,显示一共执行了 88 个命令,history 5 显示刚执行的 5 个命令,
如图 4.10 所示。

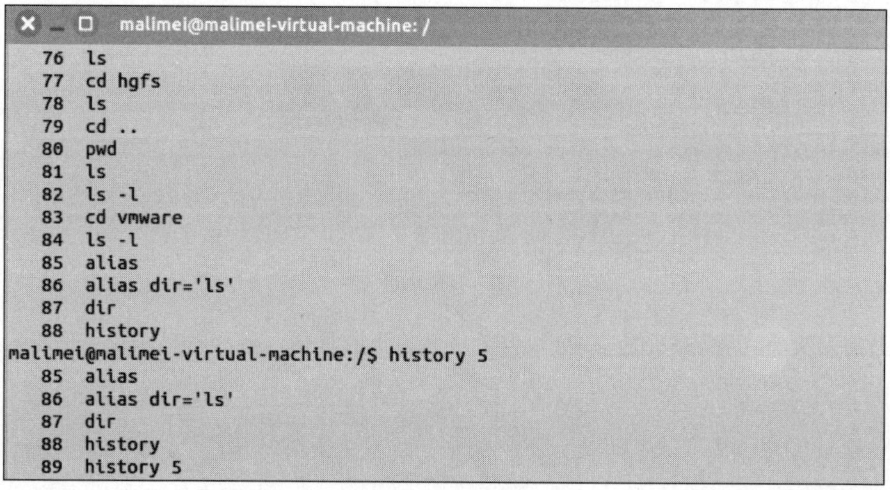

```
malimei@malimei-virtual-machine: /
    76  ls
    77  cd hgfs
    78  ls
    79  cd ..
    80  pwd
    81  ls
    82  ls -l
    83  cd vmware
    84  ls -l
    85  alias
    86  alias dir='ls'
    87  dir
    88  history
malimei@malimei-virtual-machine:/$ history 5
    85  alias
    86  alias dir='ls'
    87  dir
    88  history
    89  history 5
```

图 4.10 历史命令

7. PS1、PS2 更改提示符

Bash 有两级提示符,第一级提示符的默认值是 $ 符号。如果用户自己定义提示符,只需修改 PS1 变量的值,注意 PS1 和 PS2 要大写。例如,将其改为:

PS1 = "输入一个命令: "

第二级提示符是当 Bash 为执行某条命令需要用户输入更多信息时显示的。第二级提示符默认为">"。如果自己定义该提示符,只需改变 PS2 变量的值。例如,将其改为:

PS2 = "更多信息: "

用户也可以使用一些事先已经定义好的特殊字符,如表 4.1 所示。

表 4.1　特殊字符

特 殊 字 符	说　　　明
\!	显示该命令的历史编号
\#	显示 Shell 激活后,当前命令的历史编号
\$	显示一个 $ 符号,如果当前用户是 root 则显示 # 符号
\\	显示一个反斜杠
\d	显示当前日期
\h	显示运行该 Shell 的计算机主机名
\n	打印一个换行符,这将导致提示符跨行
\s	显示正在运行的 Shell 的名称
\t	显示当前时间
\u	显示当前用户的用户名
\W	显示当前工作目录基准名
\w	显示当前工作目录

例 4.1　把当前提示符更改为%,再使用特殊字符更改回原提示符\u@\h:\w\ $。注意\w 和\W 的区别,\w 显示全部路径,\W 只显示最后一个目录。~表示当前工作目录是用户的主目录。更改提示符的命令如图 4.11 所示。

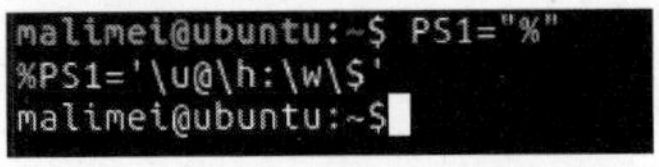

图 4.11　更改提示符的命令

4.2　在字符界面下安装软件

软件的安装是操作系统最基本的任务,Ubuntu 操作系统对软件包中文件的安装和管理、维护,使用 APT 管理软件和 dpkg 命令。

4.2.1 APT-GET 管理软件

APT 是 Advanced Packaging Tool 的缩写,即高级包管理工具。下面介绍常用 APT 类的命令,使用 APT 时,要确保系统连接上网络。

1. 软件的更新、升级

在安装软件之前,从软件源更新、升级本地系统的软件列表,以确保可以获取到最新版本的软件包,如图 4.12 所示,使用命令如下:

```
$ sudo apt - get update    //使用软件源更新
```

或者

```
$ sudo apt - get upgrade    //使用软件源升级
```

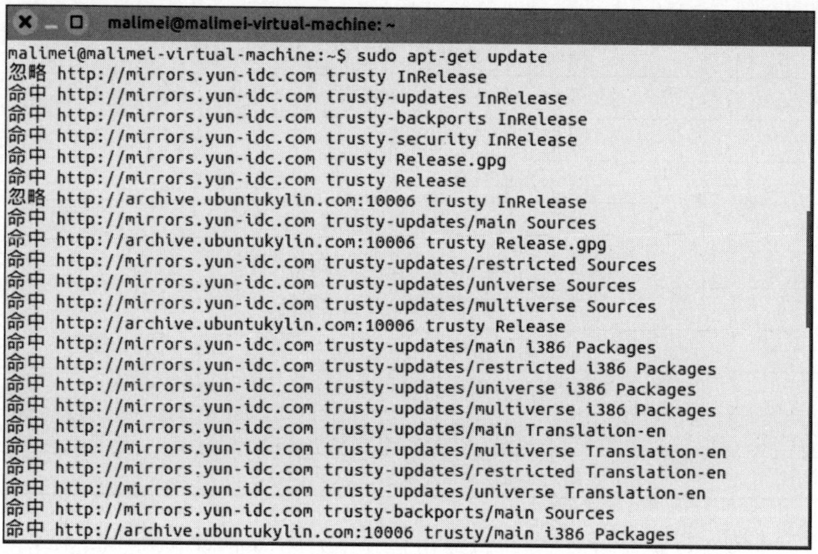

图 4.12 软件更新

2. 软件的安装

使用命令如下:

```
$ sudo apt - get install 软件包名
```

apt-get update(upgrade)工具从软件源更新、升级后,会从软件源服务器上下载 deb 包,下载完后安装。例如在 Ubuntu 系统上安装 VLC 播放器,在终端中执行命令 sudo apt-get install vlc,然后输入用户密码就可以了,如图 4.13 所示。

3. 软件的移除

不使用的软件需要移除,因为会占用硬盘的空间,如图 4.14 所示。

使用命令如下:

```
$ sudo apt - get remove 软件包名
```

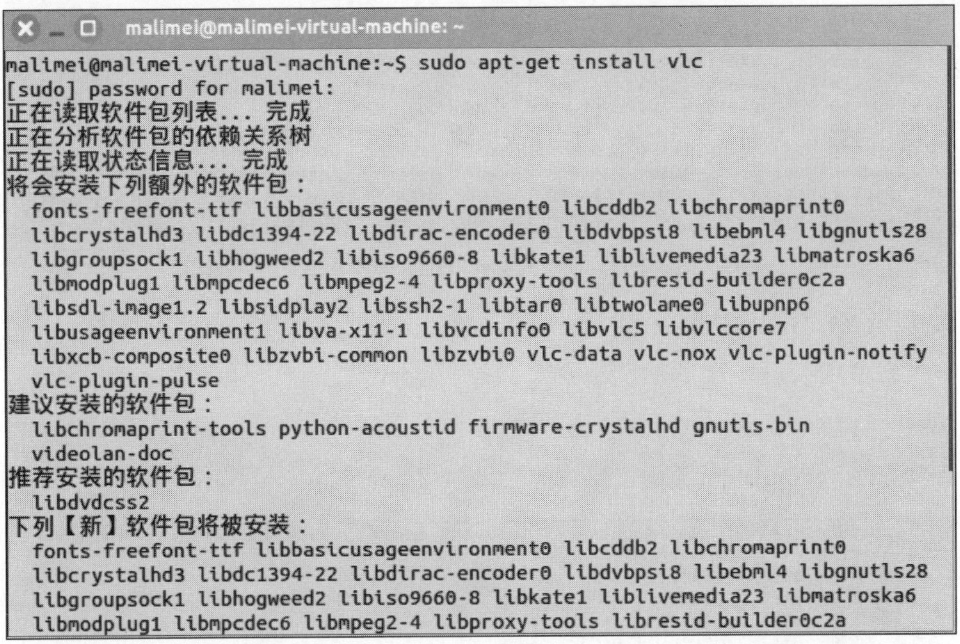

图 4.13 软件的安装

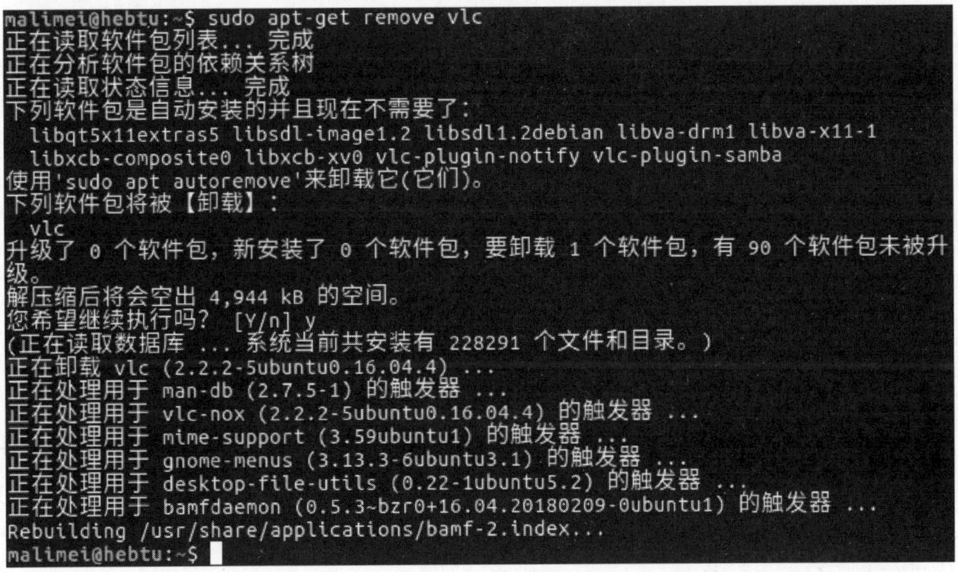

图 4.14 软件的移除

4. 搜索软件包

命令如下：

$ sudo apt – cache search 软件包名

例如，搜索 gnom-shell 的软件包，如图 4.15 所示。

```
root@malimei-virtual-machine:~# sudo apt-cache search gnome-shell|more
gnome-shell - GNOME 桌面的图形化 Shell
gnome-shell-extensions - Extensions to extend functionality of GNOME Shell
libmutter0g - window manager library from the Mutter window manager
cinnamon - Innovative and comfortable desktop
cinnamon-common - Innovative and comfortable desktop (Common data files)
cinnamon-dbg - Innovative and comfortable desktop (Debugging symbols)
cinnamon-doc - Innovative and comfortable desktop (Documentation)
gir1.2-gpaste-4.0 - GObject introspection data for the libgpaste4 library
gnome-shell-common - common files for the GNOME graphical shell
```

图 4.15　搜索 gnom-shell 的软件包

5. 显示该软件包的依赖信息

命令如下：

$ sudo apt – cache depends 软件包名

例如，显示 gnom-shell 包的依赖信息，如图 4.16 所示。

```
root@malimei-virtual-machine:~# sudo apt-cache depends gnome-shell|more
gnome-shell
  依赖: gir1.2-clutter-1.0
  依赖: gir1.2-glib-2.0
  依赖: gir1.2-gtk-3.0
  依赖: gir1.2-mutter-3.0
  依赖: gir1.2-networkmanager-1.0
  依赖: gir1.2-soup-2.4
  依赖: gir1.2-telepathyglib-0.12
  依赖: adwaita-icon-theme
 |依赖: dconf-gsettings-backend
  依赖: <gsettings-backend>
    dconf-gsettings-backend
  依赖: libatk-bridge2.0-0
  依赖: libatk1.0-0
  依赖: libc6
  依赖: libcairo2
  依赖: libcanberra-gtk3-0
  依赖: libcanberra0
```

图 4.16　显示 gnom-shell 包的依赖信息

4.2.2　dpkg 命令

dpkg 用来安装.deb 文件，但不会解决模块的依赖关系，且不会关心 Ubuntu 的软件仓库内的软件，用于安装本地的 deb 文件，实现手动安装软件包文件(如网络不通或安装软件源不存在)。

如果自己下载了 deb 包，可以直接双击 deb 包文件，用 Ubuntu 软件中心进行安装，也可以用 dpkg 命令行工具安装。

下面介绍 dpkg 命令。

(1) 安装 deb 包。

使用命令如下：

$ sudo dpkg – i deb 包名

可以先使用 find 命令查找 deb 包，如图 4.17 所示。

找到后再进行安装，如图 4.18 所示。

(2) 列出系统所有安装的软件包，如图 4.19 所示。

```
malimei@ubuntu:~$ sudo find / -name *.deb
/var/cache/apt/archives/libdvdread4_5.0.3-1_amd64.deb
/var/cache/apt/archives/libavformat-ffmpeg56_7%3a2.8.17-0ubuntu0.1_amd64.deb
/var/cache/apt/archives/thunderbird-locale-it_1%3a68.10.0+build1-0ubuntu0.16.04.1_amd64.deb
/var/cache/apt/archives/open-vm-tools_2%3a10.2.0-3~ubuntu0.16.04.1_amd64.deb
/var/cache/apt/archives/libdumbnet1_1.12-7_amd64.deb
/var/cache/apt/archives/libdc1394-22_2.2.4-1_amd64.deb
/var/cache/apt/archives/vlc-plugin-notify_2.2.2-5ubuntu0.16.04.4_amd64.deb
/var/cache/apt/archives/libxmlsec1_1.2.20-2ubuntu4_amd64.deb
/var/cache/apt/archives/libssh-gcrypt-4_0.6.3-4.3ubuntu0.6_amd64.deb
/var/cache/apt/archives/libgme0_0.6.0-3ubuntu0.16.04.1_amd64.deb
/var/cache/apt/archives/libsnappy1v5_1.1.3-2_amd64.deb
/var/cache/apt/archives/libcrystalhd3_1%3a0.0-git20110715.fdd2f19-11build1_amd64.deb
/var/cache/apt/archives/libxvidcore4_2%3a1.3.4-1_amd64.deb
/var/cache/apt/archives/vlc_2.2.2-5ubuntu0.16.04.4_amd64.deb
/var/cache/apt/archives/libmad0_0.15.1b-9ubuntu16.04.1_amd64.deb
/var/cache/apt/archives/libkate1_0.4.1-7_amd64.deb
/var/cache/apt/archives/thunderbird-locale-ru_1%3a68.10.0+build1-0ubuntu0.16.04.1_amd64.deb
/var/cache/apt/archives/thunderbird_1%3a68.10.0+build1-0ubuntu0.16.04.1_amd64.deb
/var/cache/apt/archives/libgsm1_1.0.13-4_amd64.deb
/var/cache/apt/archives/libcddb2_1.3.2-5fakesync1_amd64.deb
```

图 4.17 find 命令查找 deb 包

```
malimei@ubuntu:~$ sudo dpkg -i /var/cache/apt/archives/libsoxr0_0.1.2-1_amd64.deb
(Reading database ... 178496 files and directories currently installed.)
Preparing to unpack .../libsoxr0_0.1.2-1_amd64.deb ...
Unpacking libsoxr0:amd64 (0.1.2-1) over (0.1.2-1) ...
Setting up libsoxr0:amd64 (0.1.2-1) ...
Processing triggers for libc-bin (2.23-0ubuntu11) ...
malimei@ubuntu:~$
```

图 4.18 安装.deb 文件

```
malimei@ubuntu:~$ sudo dpkg -l
Desired=Unknown/Install/Remove/Purge/Hold
| Status=Not/Inst/Conf-files/Unpacked/halF-conf/Half-inst/trig-aWait/Trig-pend
|/ Err?=(none)/Reinst-required (Status,Err: uppercase=bad)
||/ Name              Version            Architecture   Description
+++-=================-==================-============-==================================
ii  a11y-profile-manager 0.1.10-0ubuntu3  amd64         Accessibility Profile Manager - Unity desktop
ii  account-plugin-faceb 0.12+16.04.2016  all           GNOME Control Center account plugin for single
ii  account-plugin-flick 0.12+16.04.2016  all           GNOME Control Center account plugin for single
ii  account-plugin-googl 0.12+16.04.2016  all           GNOME Control Center account plugin for single
ii  accountsservice      0.6.40-2ubuntu1  amd64         query and manipulate user account information
ii  acl                  2.2.52-3         amd64         Access control list utilities
ii  acpi-support         0.142            amd64         scripts for handling many ACPI events
ii  acpid                1:2.0.26-1ubunt  amd64         Advanced Configuration and Power Interface eve
ii  activity-log-manager 0.9.7-0ubuntu23  amd64         blacklist configuration user interface for Zei
ii  adduser              3.113+nmu3ubunt  all           add and remove users and groups
ii  adium-theme-ubuntu   0.3.4-0ubuntu1.  all           Adium message style for Ubuntu
ii  adwaita-icon-theme   3.18.0-2ubuntu3  all           default icon theme of GNOME (small subset)
ii  aisleriot            1:3.18.2-1ubunt  amd64         GNOME solitaire card game collection
ii  alsa-base            1.0.25+dfsg-0ub  all           ALSA driver configuration files
ii  alsa-utils           1.1.0-0ubuntu5   amd64         Utilities for configuring and using ALSA
ii  amd64-microcode      3.20180524.1-ub  amd64         Processor microcode firmware for AMD CPUs
ii  anacron              2.3-23           amd64         cron-like program that doesn't go by time
ii  apg                  2.2.3.dfsg.1-2u  amd64         Automated Password Generator - Standalone vers
ii  app-install-data     15.10            all           Ubuntu applications (data files)
```

图 4.19 显示所有安装的软件包

使用命令如下：

```
$ sudo dpkg -l
```

（3）列出软件包详细的状态信息，如图 4.20 所示。

使用命令如下：

```
$ sudo dpkg -S 包名
```

（4）列出属于软件包的文件，如图 4.21 所示。

使用命令如下：

```
$ sudo dpkg -L 包名
```

APT 会解决和安装模块的依赖问题，并从软件源上更新软件包，但不会安装本地的
deb 文件，而 dpkg 用来安装本地软件包。

第 4 章

```
malimei@malimei-virtual-machine:~$
malimei@malimei-virtual-machine:~$ sudo dpkg -S xterm
xterm: /usr/bin/xterm
xterm: /usr/share/man/man1/koi8rxterm.1.gz
app-install-data: /usr/share/app-install/icons/roxterm.svg
xterm: /usr/share/doc/xterm/xterm.terminfo.gz
xterm: /usr/share/man/man1/lxterm.1.gz
xterm: /usr/share/pixmaps/xterm-color_48x48.xpm
xterm: /usr/bin/koi8rxterm
app-install-data: /usr/share/app-install/desktop/xxxterm:xxxterm.desktop
humanity-icon-theme: /usr/share/icons/Humanity/apps/24/gnome-xterm.svg
xterm: /usr/share/pixmaps/filled-xterm_32x32.xpm
humanity-icon-theme: /usr/share/icons/Humanity/apps/48/gnome-xterm.svg
app-install-data: /usr/share/app-install/desktop/roxterm-gtk2:roxterm.desktop
xterm: /usr/share/applications/debian-uxterm.desktop
humanity-icon-theme: /usr/share/icons/Humanity/apps/64/gnome-xterm.svg
grub-pc-bin: /usr/lib/grub/i386-pc/gfxterm_menu.mod
xcursor-themes: /usr/share/icons/redglass/cursors/xterm
xterm: /usr/share/doc/xterm/xterm.faq.gz
gdm: /usr/share/gdm/greeter/applications/xterm.desktop
xterm: /usr/share/doc/xterm/NEWS.Debian.gz
app-install-data: /usr/share/app-install/icons/_usr_share_xxxterm_xxxtermicon64.
png
xterm: /usr/share/man/man1/xterm.1.gz
```

图 4.20 显示软件包的详细信息

```
malimei@malimei-virtual-machine:~$ sudo dpkg -L xterm
/.
/etc
/etc/X11
/etc/X11/app-defaults
/etc/X11/app-defaults/UXTerm
/etc/X11/app-defaults/KOI8RXTerm
/etc/X11/app-defaults/KOI8RXTerm-color
/etc/X11/app-defaults/XTerm
/etc/X11/app-defaults/UXTerm-color
/etc/X11/app-defaults/XTerm-color
/usr
/usr/share
/usr/share/menu
/usr/share/menu/xterm
/usr/share/man
/usr/share/man/man1
/usr/share/man/man1/xterm.1.gz
/usr/share/man/man1/lxterm.1.gz
/usr/share/man/man1/uxterm.1.gz
/usr/share/man/man1/resize.1.gz
/usr/share/man/man1/koi8rxterm.1.gz
/usr/share/doc
/usr/share/doc/xterm
```

图 4.21 列出属于软件包的文件

观看视频

4.3 字符界面下的关机和重启

4.3.1 Ubuntu 的运行级别

Ubuntu 16.04 系统默认的开机运行级别是 5,是图形界面,可以用 runlevel 命令查看当前的默认运行级别,如图 4.22 所示。

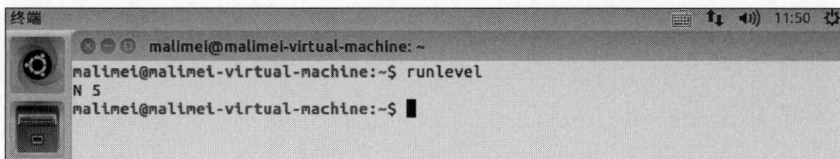

图 4.22　默认的运行级别

4.3.2　从图形界面转入命令界面

如果要每次开机直接进入命令行模式,使用文本编辑器 nano 或 vi(第 8 章介绍),修改 /etc/default/grub 文件。将 GRUB_CMDLINE_LINUX_DEFAULT 一行中的"quiet splash",修改为"quiet splash text",修改后保存退出,如图 4.23 所示。

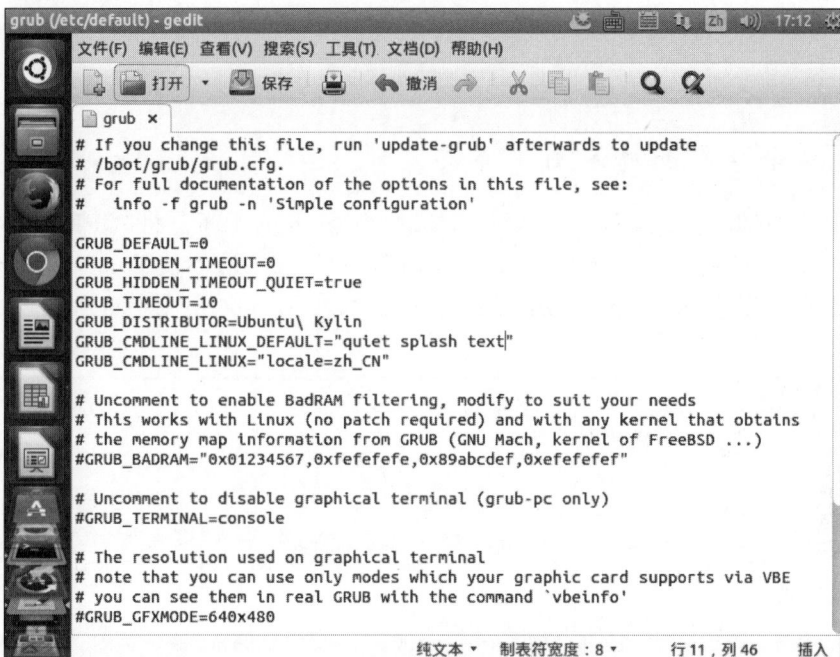

图 4.23　打开/etc/default/grub 文件

修改/etc/default/grub 文件后,使用 update-grub 命令,基于这些更改重新生成/boot 下的 GRUB2 配置文件,如图 4.24 所示。重启即可进入命令行模式,如图 4.25 所示。

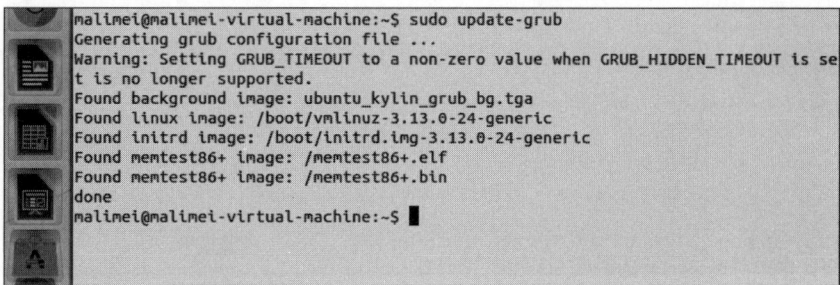

图 4.24　重新生成 GRUB 的启动配置文件

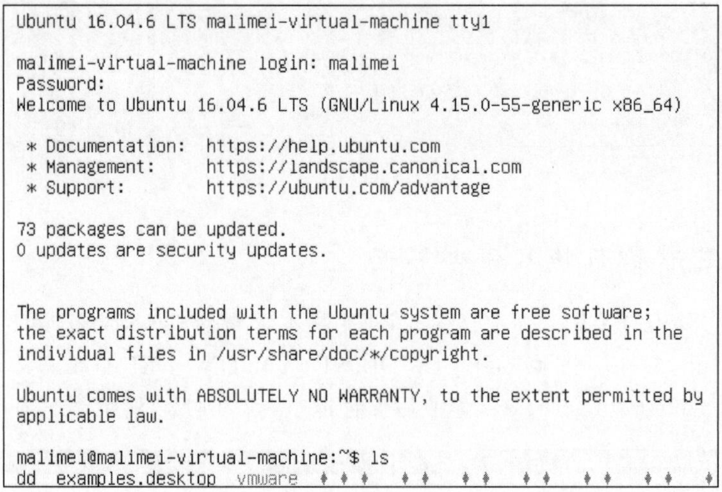

```
Ubuntu 16.04.6 LTS malimei-virtual-machine tty1

malimei-virtual-machine login: malimei
Password:
Welcome to Ubuntu 16.04.6 LTS (GNU/Linux 4.15.0-55-generic x86_64)

 * Documentation:  https://help.ubuntu.com
 * Management:      https://landscape.canonical.com
 * Support:         https://ubuntu.com/advantage

73 packages can be updated.
0 updates are security updates.


The programs included with the Ubuntu system are free software;
the exact distribution terms for each program are described in the
individual files in /usr/share/doc/*/copyright.

Ubuntu comes with ABSOLUTELY NO WARRANTY, to the extent permitted by
applicable law.

malimei@malimei-virtual-machine:~$ ls
dd  examples.desktop  vmware
```

图 4.25　重启后进入命令方式

4.3.3　从命令界面转入图形界面

如果要改回图形方式,则修改文件/etc/default/grub 的配置。将"GRUB_CMDLINE_LINUX_DEFAULT="后的代码改为"quiet splash",如图 4.26 所示,使用 update-grub 命令,基于这些更改重新生成/boot 下的 GRUB2 配置文件,使用 reboot 命令重启即可进入图形模式。

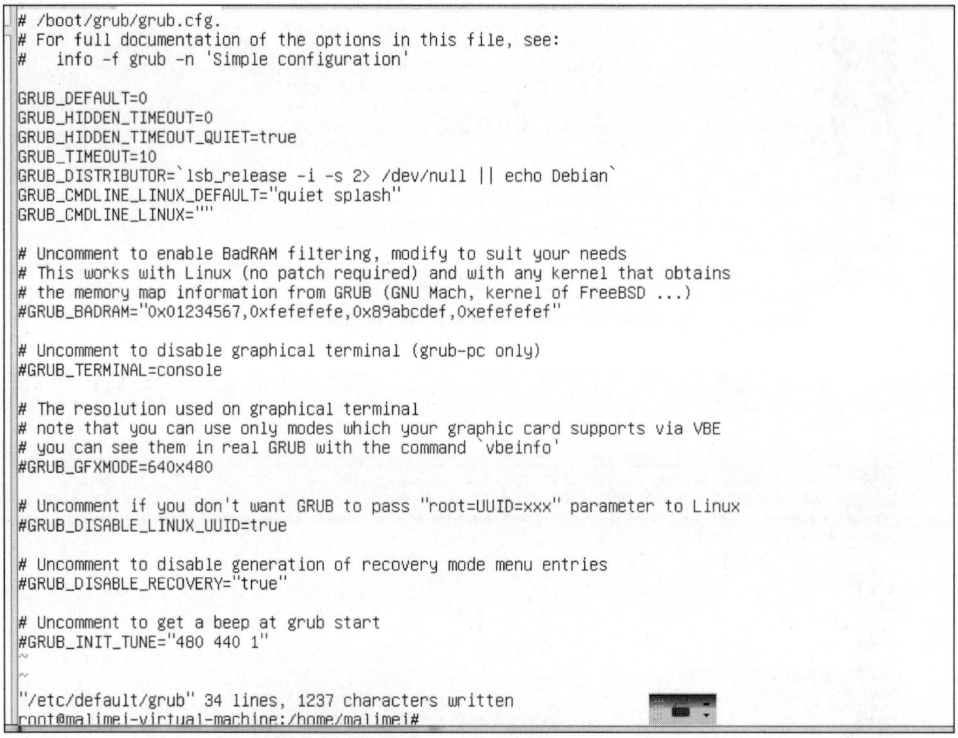

```
# /boot/grub/grub.cfg.
# For full documentation of the options in this file, see:
#   info -f grub -n 'Simple configuration'

GRUB_DEFAULT=0
GRUB_HIDDEN_TIMEOUT=0
GRUB_HIDDEN_TIMEOUT_QUIET=true
GRUB_TIMEOUT=10
GRUB_DISTRIBUTOR=`lsb_release -i -s 2> /dev/null || echo Debian`
GRUB_CMDLINE_LINUX_DEFAULT="quiet splash"
GRUB_CMDLINE_LINUX=""

# Uncomment to enable BadRAM filtering, modify to suit your needs
# This works with Linux (no patch required) and with any kernel that obtains
# the memory map information from GRUB (GNU Mach, kernel of FreeBSD ...)
#GRUB_BADRAM="0x01234567,0xfefefefe,0x89abcdef,0xefefefef"

# Uncomment to disable graphical terminal (grub-pc only)
#GRUB_TERMINAL=console

# The resolution used on graphical terminal
# note that you can use only modes which your graphic card supports via VBE
# you can see them in real GRUB with the command `vbeinfo'
#GRUB_GFXMODE=640x480

# Uncomment if you don't want GRUB to pass "root=UUID=xxx" parameter to Linux
#GRUB_DISABLE_LINUX_UUID=true

# Uncomment to disable generation of recovery mode menu entries
#GRUB_DISABLE_RECOVERY="true"

# Uncomment to get a beep at grub start
#GRUB_INIT_TUNE="480 440 1"
~
~
"/etc/default/grub" 34 lines, 1237 characters written
root@malimei-virtual-machine:/home/malimei#
```

图 4.26　修改/etc/default/grub 文件

4.3.4 关机和重启

在 Linux 系统下,常用的关机/重启命令有 shutdown、halt、reboot、poweroff,它们都可以达到关机或重启系统的目的,但每个命令的内部工作过程是不同的,下面分别介绍。

1. shutdown 安全的关机命令

使用直接断掉电源的方式来关闭 Linux 是十分危险的,因为其后台运行着许多进程,有很多客户端正登录到服务器上,所以强制关机可能会导致进程的数据丢失,使系统处于不稳定的状态,甚至在有的系统中会损坏硬件设备。而系统使用 shutdown 命令关机,系统管理员会通知所有登录的用户系统将要关闭,并且 login 指令会被冻结,即新的用户不能再登录。这种关机方式也是我们使用系统右上角的电源管理项里面的 shutdown,是最安全的一种关机方式。根据使用的参数不同,可以直接关机或者延迟一定的时间关机,还可以重新启动。

格式为:shutdown [参数]

shutdown 参数说明如下。

-H:等价于 halt。

-P:等价于 poweroff。

-h:关闭计算机,等价于 halt 或者 poweroff。

-k:仅发送警告消息,注销登录用户,并没有关机(仅 root 用户可用)。

-c:取消正在执行的关机,这个选项没有时间参数。

-t mins:过几分钟关机,默认为 1min。

(1) 加参数-h,默认 1min 10s 后关机,如图 4.27 所示。

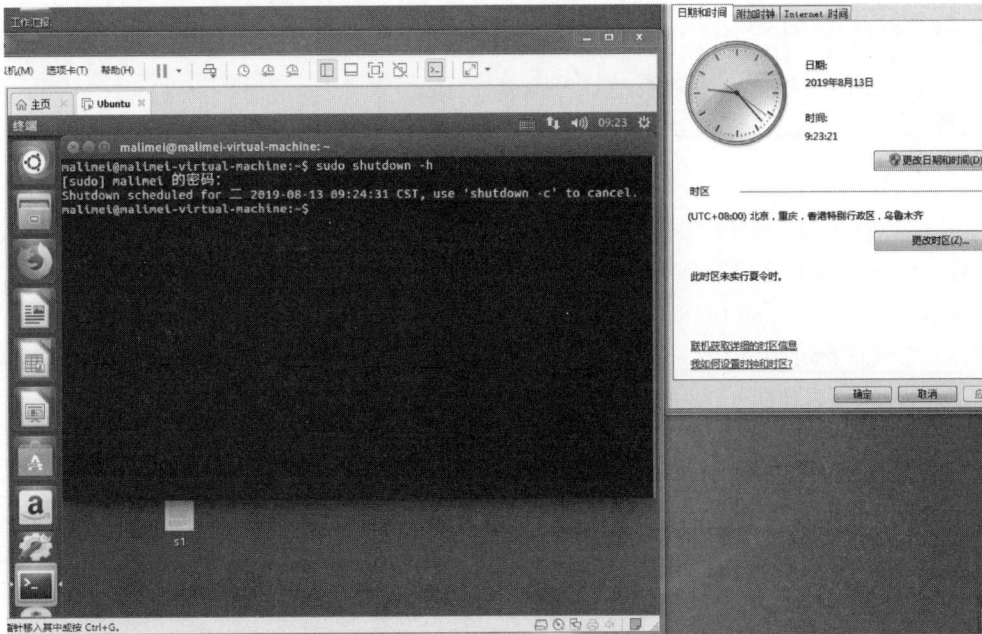

图 4.27　shutdown -h 命令

（2）加参数-H，默认 1min 10s 后关机，如图 4.28 所示。

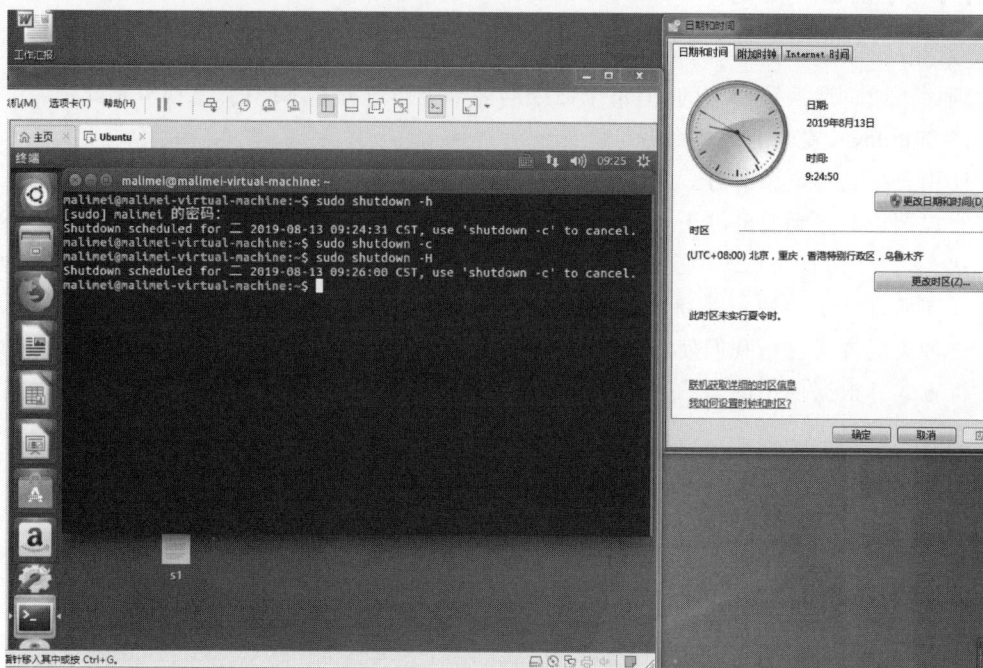

图 4.28　shutdown -H 命令

（3）指定关机的时间，系统在 16：00 关机，如图 4.29 所示。

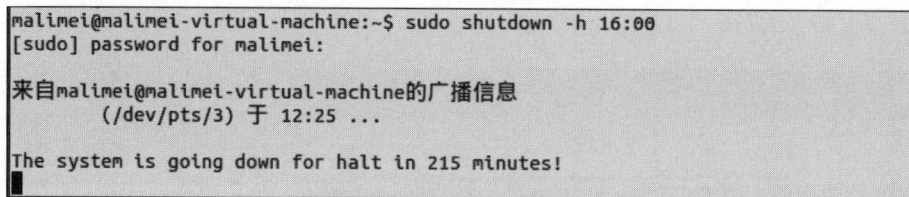

图 4.29　指定关机的时间

（4）系统 10min 后关机，并且有自定义的提示信息"I'm going to shut down the server"，所有登录到服务器的客户端都可以收到关机和提示信息，这里的客户端使用的是 putty，将在 4.4 节介绍，如图 4.30 所示。

（5）立刻重新启动，如图 4.31 所示。

（6）立即关机，如图 4.32 所示。

（7）取消正在执行的关机，如图 4.33 所示。

2. halt 立即关机命令

使用 halt 命令就是调用 shutdown -h 命令。执行 halt 命令时，将杀死应用进程，执行 sync 系统调用，文件系统写操作完成后就会停止内核。sync 意为"同步"，指同步内存与磁盘的数据。内核在正常运行时把数据保持在内存里而不使用磁盘读写，是为了提高速度及性能，但危险在于如果计算机 down 掉，数据会丢失，或损坏文件系统。sync 可以保证关机/重启/关电源前把内存中的数据写入磁盘。

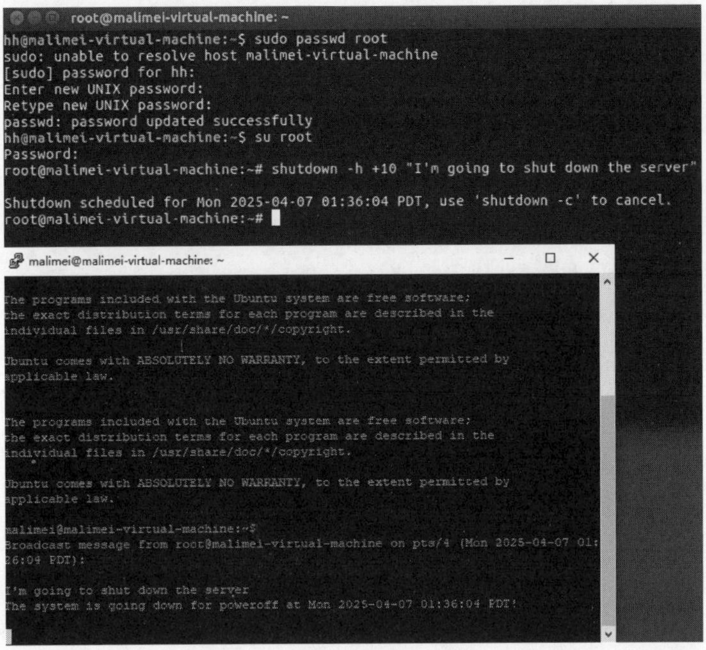

图 4.30 客户端收到关机的提示信息

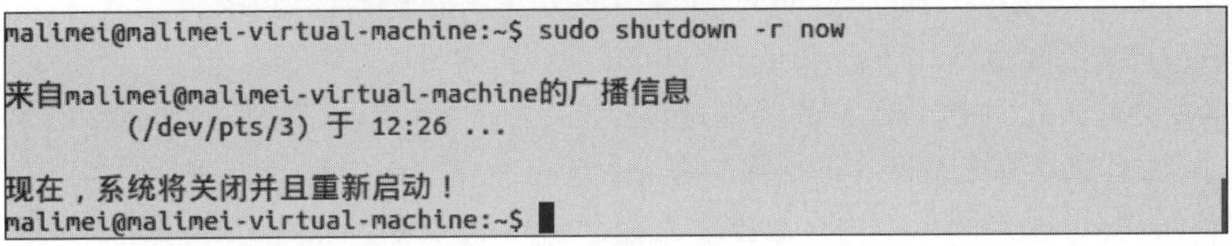

图 4.31 立即重新启动

图 4.32 立即关机

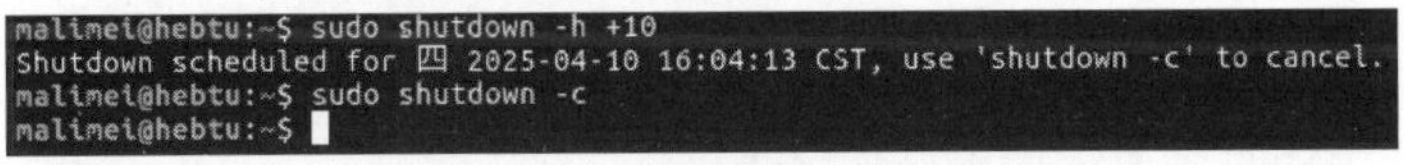

图 4.33 取消正在执行的关机

格式为：halt [参数]。

halt 参数说明如下。

-n：在关机前不执行同步内存与磁盘数据的 sync 动作。

-f：没有调用 shutdown 而强制关闭系统。

-w：并不是真的关机，只是把记录写入/var/log/wtmp 文件。

-d：不把记录写入/var/log/wtmp 文件。

-i：在关机之前，先关闭所有的网络接口。

-p：该选项为默认选项，当关机的时候，调用关闭电源（poweroff）的动作。

使用 halt 关闭系统的命令如下。

$ sudo halt -n：在关机前不执行同步内存与磁盘数据的 sync 动作。

$ sudo halt -f：强制直接关机,不需要安全关机过程运行。

$ sudo halt -p：当直接关机的命令给出时,关闭电源。

$ sudo halt -w：并不是直接关机,只是执行 wtmp 记录的写入动作(/var/log/wtmp)。以上命令不建议读者使用。

建议使用不加参数 halt 命令,把内存数据写入磁盘,然后关闭系统,如图 4.34 所示。

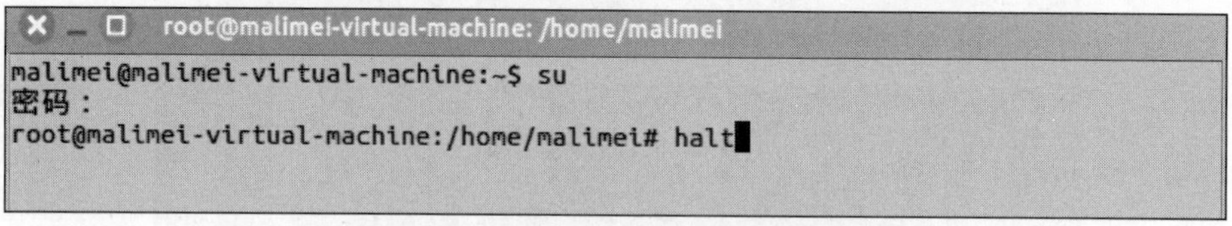

图 4.34　使用 halt 命令立即关闭系统

3. reboot 重新启动机器命令

reboot 的工作过程和 halt 一样,不过它是主机重启,而 halt 是关机。

格式为：reboot [参数]。

reboot 参数说明如下。

-n：不调用 sync 系统调用,即不将缓存中的数据写入磁盘,这个选项最好不要使用,可能会导致数据丢失。

-w：记录一条日志到/var/log/wtmp 文件中,表示系统请求重启,但实际不会真的重新启动。

-d：不把记录写入/var/log/wtmp 文件(-n 参数包含-d)。

-f：强制重开机,不进行正常的关机过程。

-i：在重开机之前先把所有网络接口停止。

建议使用 reboot 命令,把内存数据写入磁盘,然后重新启动系统,如图 4.35 所示。

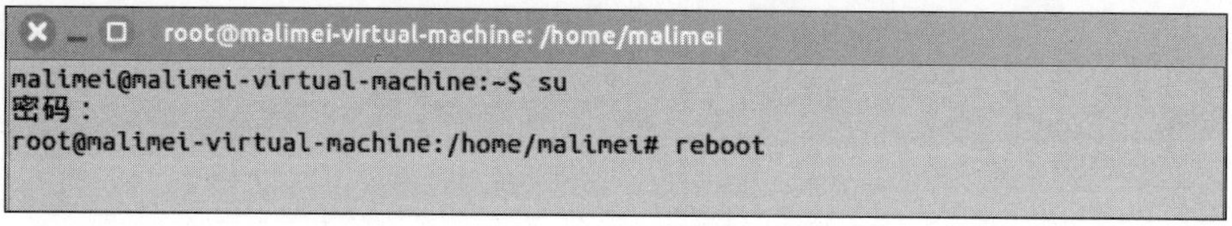

图 4.35　主机重启

4. poweroff 关闭系统后关闭电源命令

poweroff 命令用来关闭计算机操作系统并且关闭系统电源。

格式为：poweroff [参数]。

poweroff 参数说明如下。

--halt：停止机器。

--reboot：重新启动机器。

-p：关闭电源。

-f：强制关闭操作系统。

-w：不真正关闭操作系统,仅记录在日志文件/var/log/wtmp 中。

-d：关闭操作系统时,不将操作写入日志文件/var/log/wtmp 中。

poweroff 和 halt 命令一样,都是指向/bin/systemctl 的软链接,如图 4.36 所示。关于软链接将在 5.5 节介绍。

```
root@malimei-virtual-machine:/home/malimei# which poweroff
/sbin/poweroff
root@malimei-virtual-machine:/home/malimei# ls /sbin/poweroff
/sbin/poweroff
root@malimei-virtual-machine:/home/malimei# ls -l /sbin/poweroff
lrwxrwxrwx 1 root root 14 4月  3 19:27 /sbin/poweroff -> /bin/systemctl
root@malimei-virtual-machine:/home/malimei# ls -lhtr /sbin/halt
lrwxrwxrwx 1 root root 14 4月  3 19:27 /sbin/halt -> /bin/systemctl
root@malimei-virtual-machine:/home/malimei#
```

图 4.36 指向 halt 的软链接

5. init

init 是 Linux 系统操作中不可缺少的程序之一,它是一个由内核启动的用户级进程。内核自行启动(已经被载入内存,开始运行,并已初始化所有的设备驱动程序和数据结构等)之后,通过启动一个用户级程序 init 的方式完成引导进程。所以,init 是所有进程的祖先,它的进程号始终为 1,发送 TERM 信号给 init 会终止所有的用户进程、守护进程等。shutdown 就是使用这种机制。init 定义了 7 个运行级别(runlevel),init 0 为直接关机,init 6 为直接重启,不建议使用 init 0 和 init 6。

多用户、多任务的操作系统在其关闭时系统所要进行的处理操作与单用户、单任务的操作系统有很大的区别,后台运行着许多进程,非正常关机对 Linux 操作系统的损害非常大,会使系统处于不稳定的状态,甚至在有的系统中会损坏硬件设备,因此要养成良好的系统重启和关机习惯。

建议使用 shutdown 命令加参数,指定时间重启或关机,这样用户客户端能够收到重启或关机的提示。

4.4 Putty 远程登录

观看视频

随着 Linux 在服务器端的广泛应用,Linux 系统管理越来越依赖于远程。由于没有了图形界面的显示,Linux 系统节约了很多资源,提高了系统的运行速度。在各种远程登录工具中,Putty 是出色的工具之一。

Putty 的功能如下。

(1)支持 IPv6 连接。

(2)可以控制 SSH 连接时加密协定的种类。

(3)目前支持 3DES、AES、Blowfish、DES 及 RC4 加密算法。CLI 版本的 SCP 及 SFTP Client,分别叫作 pscp 与 psftp。

(4)自带 SSH Forwarding 的功能,包括 X11 Forwarding。

(5)完全模拟 XTerm、VT102 及 ECMA-48 终端机的能力。

(6)支持公钥认证。

下面介绍 Putty 远程登录 Linux 系统的步骤。

1. 在服务器端中安装 openssh-server

OpenSSH 服务器组件 sshd 持续监听来自任何客户端工具的连接请求。当一个连接请求发生时,sshd 根据客户端连接的类型来设置当前连接。例如,如果远程计算机通过 SSH 客户端应用程序连接 OpenSSH 服务器,则 OpenSSH 服务器将在认证之后设置一个远程控制会话。如果一个远程用户通过 scp 连接 OpenSSH 服务器,则 OpenSSH 服务器将在认证

77

第
4
章

之后开始服务器和客户机之间的安全文件复制。OpenSSH 可以支持多种认证模式,包括纯密码、公钥以及 Kerberos 票据。

默认情况下,在 Ubuntu 中没有安装远程连接的服务器端软件 openssh-server,可以用图形方式安装,也可以用命令方式安装,下面以命令方式安装。

命令: sudo apt-get install openssh-server

如图 4.37 所示。

```
malimei@malimei-virtual-machine:~$ sudo apt-get install openssh-server
[sudo] malimei 的密码:
正在读取软件包列表... 完成
正在分析软件包的依赖关系树
正在读取状态信息... 完成
下列软件包是自动安装的并且现在不需要了:
  linux-headers-4.15.0-45 linux-headers-4.15.0-45-generic
  linux-image-4.15.0-45-generic linux-modules-4.15.0-45-generic
  linux-modules-extra-4.15.0-45-generic
使用'sudo apt autoremove'来卸载它(们)。
将会同时安装下列软件:
  ncurses-term openssh-sftp-server ssh-import-id
建议安装:
  ssh-askpass rssh molly-guard monkeysphere
下列【新】软件包将被安装:
  ncurses-term openssh-server openssh-sftp-server ssh-import-id
升级了 0 个软件包,新安装了 4 个软件包,要卸载 0 个软件包,有 91 个软件包未被升
级。
需要下载 633 kB 的归档。
解压缩后会消耗 5,136 kB 的额外空间。
您希望继续执行吗? [Y/n]
```

图 4.37　安装 openssh-server

2. 测试 ssh-server 是否启动

安装完成后,使用 netstat -tl 命令,确认 ssh-server 是否已经启动,显示如图 4.38 所示,ssh 处于监听状态,随时准备接受客户端的连接,说明 ssh-server 已经启动。

```
2048 SHA256:z7SN6DW3Re23BNob8Mdsr5zb1lFr7nR+hgFnQ4yvq6w root@malimei-virtual-mac
hine (RSA)
Creating SSH2 DSA key; this may take some time ...
1024 SHA256:T7ZZLPtoe/cQzb1Dx6j14A9bne73ETfjFGMbcQtTFl0 root@malimei-virtual-mac
hine (DSA)
Creating SSH2 ECDSA key; this may take some time ...
256 SHA256:V4V/ZAyrNubByt8nkPwp7vEKdc2zjNUfbD93fxyPCIA root@malimei-virtual-mach
ine (ECDSA)
Creating SSH2 ED25519 key; this may take some time ...
256 SHA256:QAv1k3x+sdQEKusmNgH1l0rCFfR5CuP6aD/jQS0GE70 root@malimei-virtual-mach
ine (ED25519)
正在设置 ssh-import-id (5.5-0ubuntu1) ...
正在处理用于 systemd (229-4ubuntu21.21) 的触发器 ...
正在处理用于 ureadahead (0.100.0-19) 的触发器 ...
正在处理用于 ufw (0.35-0ubuntu2) 的触发器 ...
malimei@malimei-virtual-machine:~$ netstat -tl
激活Internet连接 (仅服务器)
Proto Recv-Q Send-Q Local Address           Foreign Address         State
tcp        0      0 malimei-virtual-:domain *:*                     LISTEN
tcp        0      0 *:ssh                    *:*                     LISTEN
tcp        0      0 localhost:ipp            *:*                     LISTEN
tcp6       0      0 [::]:ssh                 [::]:*                  LISTEN
tcp6       0      0 ip6-localhost:ipp        [::]:*                  LISTEN
malimei@malimei-virtual-machine:~$
```

图 4.38　确认 ssh-server 已经启动

3. 在客户端配置 Putty

我们在虚拟机下安装的 Ubuntu Linux 服务器,因此,在 Windows 系统下安装 Putty。用 Putty 来远程管理 Linux 十分好用,其主要优点如下。

(1) 完全免费。

(2) 在 Windows、Linux 系统下运行得都非常好。

(3) 全面支持 SSH1 和 SSH2。

(4) 体积很小,仅 484KB(0.63 版本);本书使用的是 0.72 版本,大小为 4.48MB。

（5）操作简单，所有的操作都在一个控制面板中实现。

Putty 的安装简单，解压缩后双击 putty-0.72-installer.msi 文件名，安装即可，如图 4.39 所示。安装完成后，在程序中生成菜单项，运行即可。

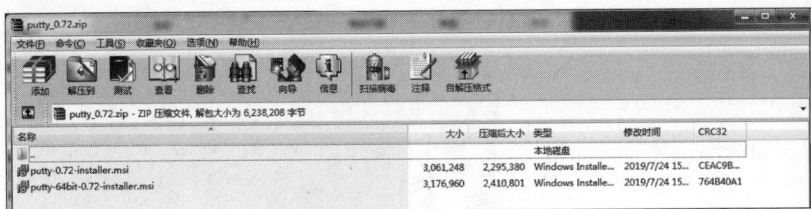

图 4.39　Putty 的安装文件

执行界面如图 4.40 所示，输入服务器的 IP 地址（查看服务器 IP 地址的方法是在服务器下输入命令 ifconfig，第 10 章介绍）和端口号 22，单击 Open 按钮，回答用户名和密码，正确后连接上服务器，这样就在字符方式下远程连接到服务器上了，如图 4.41 所示。

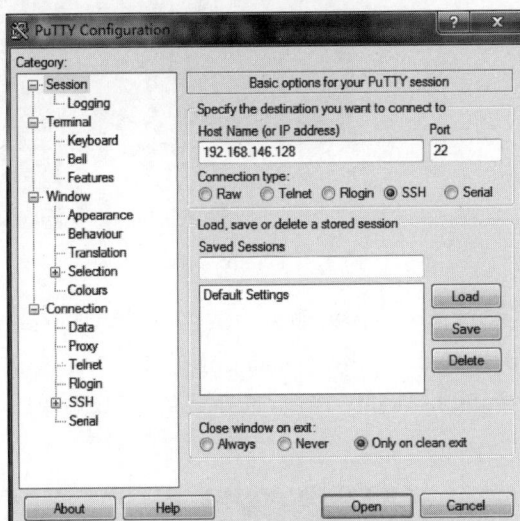

图 4.40　PuTTY 运行和配置

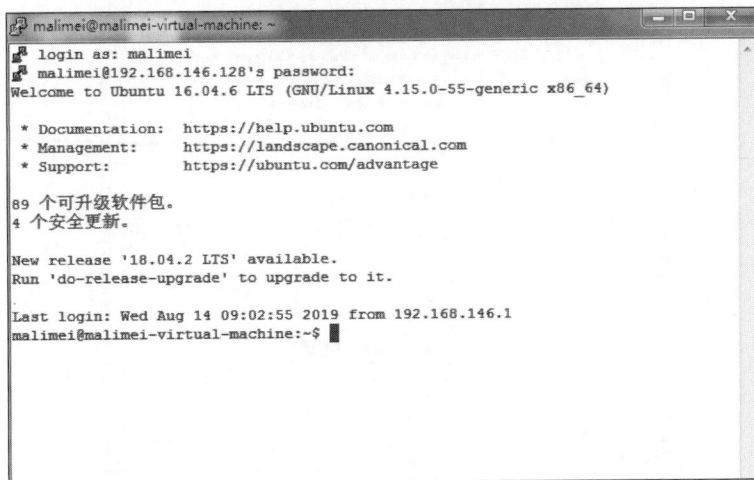

图 4.41　连接上服务器

4. 设置颜色、字体、字的大小等

如果要修改光标、文件名颜色和显示字体的大小,可以单击左上角计算机的图标,显示下拉菜单,选择 Change Settings 菜单项,如图 4.42 所示。

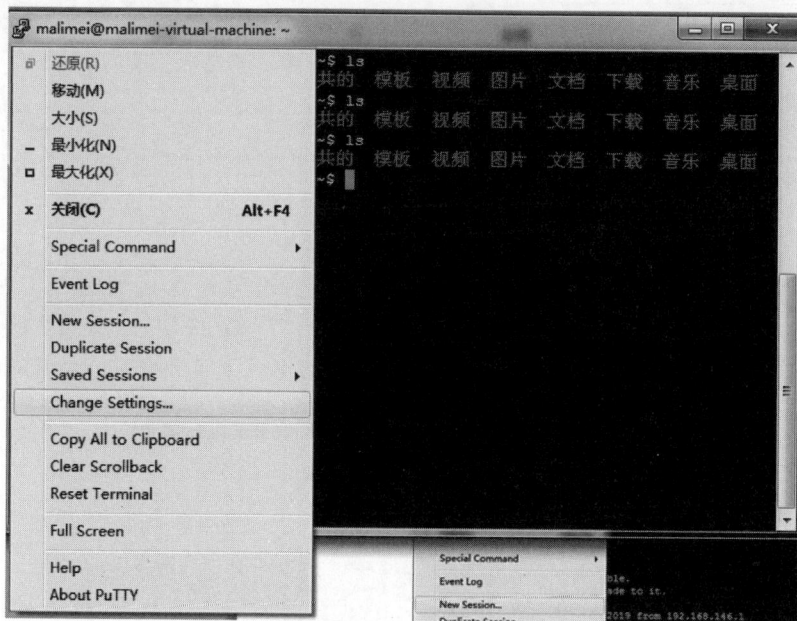

图 4.42　下拉菜单

例 4.2　设置文件名和目录名字体的颜色为黄色,选择 Change Settings 菜单项 Window 下的 Colours 选项,Indicate bolded text by changing 选择 The font 单选按钮,Select a colour to adjust 选择 ANSI Blue,然后单击 Modify 按钮,选择黄色,完成后单击 Apply 按钮,如图 4.43 所示。

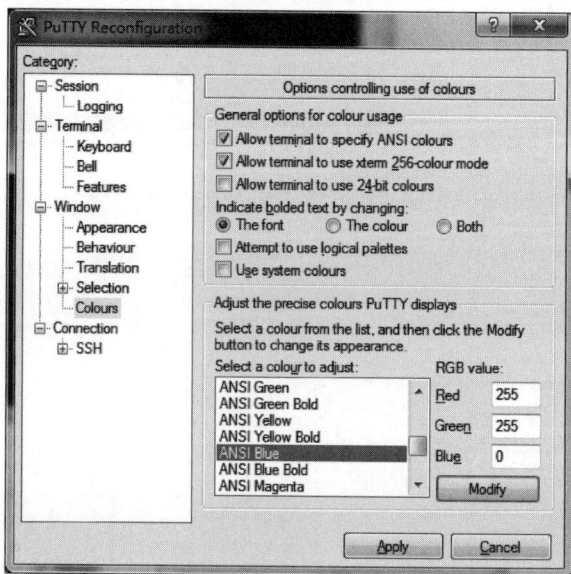

图 4.43　设置文件名和目录名的颜色为黄色

例 4.3 设置光标颜色为红色,选择 Change Settings 菜单项 Window 下的 Colours 选项,颜色选择 Cursor Colour,Red 255,单击 Apply 按钮,如图 4.44 所示。

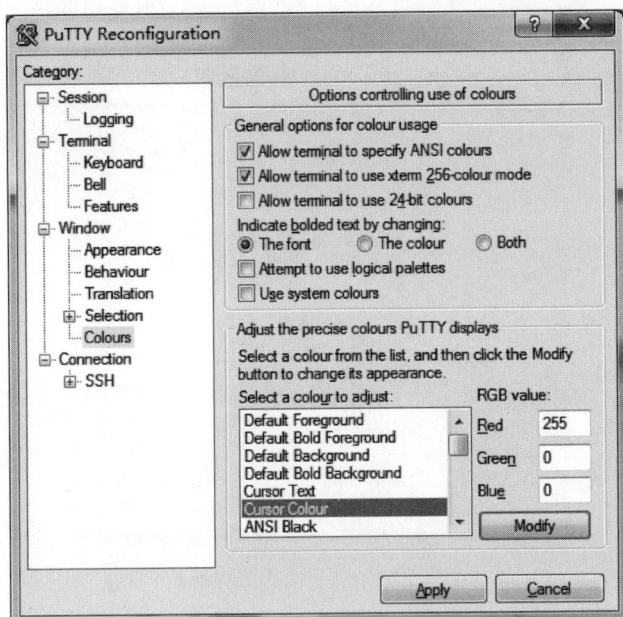

图 4.44　设置光标的颜色

例 4.4 设置字体大小,选择 Change Settings 菜单项 Window 下的 Appearance 选项,单击 Change 按钮,如图 4.45 所示。选择字体为仿宋,字形为粗体,字号为 20,如图 4.46 所示。

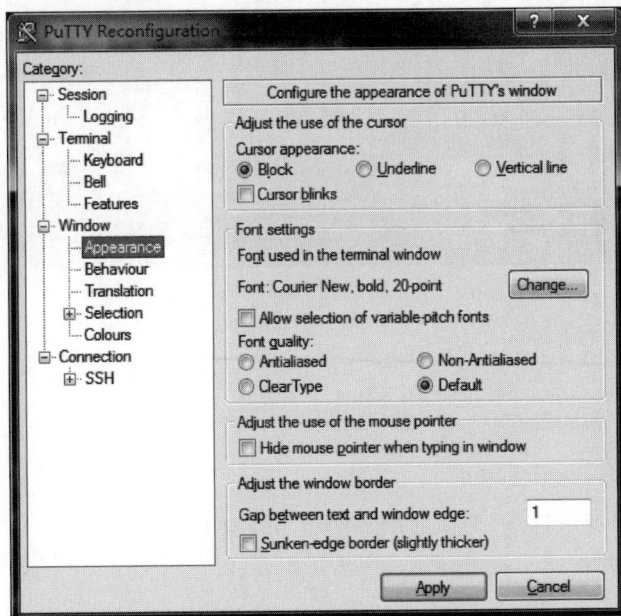

图 4.45　设置字体和字号

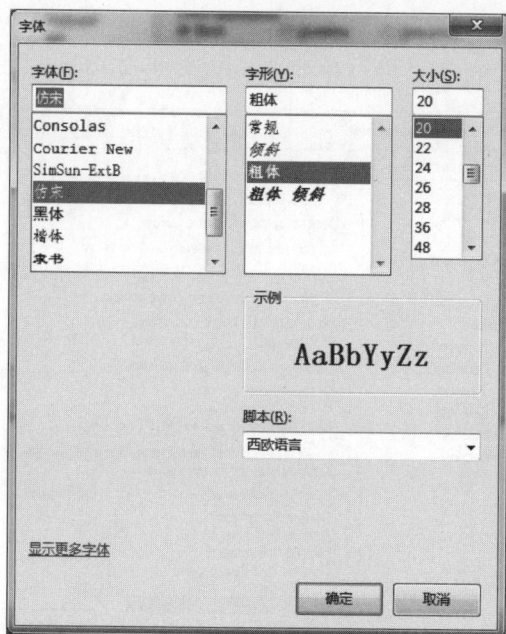

图 4.46　选择字体和字号

　　客户端上所有的操作都是对服务器的操作,如图 4.47 所示。在客户端 Putty 上建立目录 jsj24 和文件 f1,在服务器上显示相同内容。

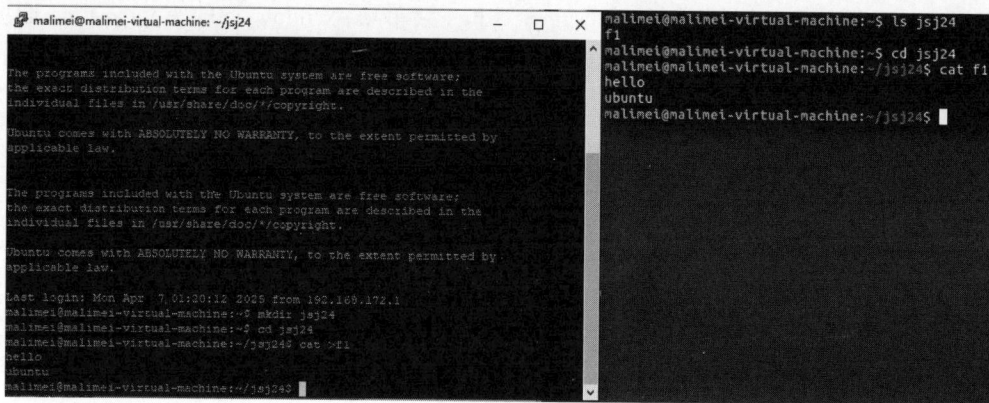

图 4.47　客户端对服务器的操作

习　　题

1. 判断题

(1) 超级用户的提示符是 $,普通用户的提示符是 ♯ 。

(2) init 0 可以重新启动机器。

(3) init 6 可以关闭机器。

(4) init 1 进入图形界面。

(5) Putty 不支持 IPv6 连接,只支持 IPv4 连接。

（6）OpenSSH 可以支持多种认证模式，包括纯密码、公钥以及 Kerberos 票据。

2. 实验题

（1）显示机器当前的日期和时间。

（2）查看当前登录系统的用户。

（3）查看当前使用者的用户名。

（4）练习使用命令补齐功能。

（5）显示机器已经定义的别名，永久定义 cp 的别名为 copy。

（6）更改机器的提示符为 &，再更改回来。

（7）定义 ls 的临时别名为 dir。

（8）使用 Putty 远程登录 Ubuntu，设置颜色、字体、字号等。

（9）在 Ubuntu Linux 16.04 下安装远程登录服务器，在 Windows 下安装 Putty 客户端，客户端登录服务器。

（10）验证在服务器端发出 15 分钟关机的指令，客户端能够收到；在客户端用户的主目录下建立目录和文件，在服务器端对应客户端用户的主目录下，显示建立目录和文件。

3. 简答题

（1）简述 shutdown、halt、reboot、init 命令的相同点与不同点。

（2）简述字符界面的优点。

第 5 章　Ubuntu 文件管理

本章学习目标：
- 了解文件系统的含义。
- 掌握 Ubuntu 文件系统的结构。
- 掌握 Ubuntu 文件系统的管理方法。
- 掌握文件管理的命令。

文件和目录管理是 Linux 系统运行维护的基础工作，在 Linux 系统下用户的数据和程序都是以文件的形式保存的，所以在使用 Linux 的过程中，经常要对文件和目录进行操作。

5.1　文件系统概述

文件系统是操作系统最重要的组成部分之一，操作系统之所以能够找到磁盘上的文件，是因为有磁盘上的文件名与存储位置的记录。文件系统是解决如何在存储设备上存储数据的一套方法，包括存储布局、文件命名、空间管理、安全控制等，用于对磁盘进行存储管理及输入输出。Linux 操作系统支持很多现代的流行文件系统，其中，Ext2、Ext3 和 Ext4 最普遍。Ext2 文件系统是伴随着 Linux 一起发展起来的，在 Ext2 的基础上增加日志就是 Ext3，Ext4 是第 4 代扩展文件系统，是 Linux 系统下的日志文件系统，是 Ext3 文件系统的后继版本。

2008 年 12 月 25 日，Linux Kernel 2.6.28 的正式版本发布。随着这一新内核的发布，Ext4 文件系统也结束实验期，成为稳定版。Ext4 在功能上与 Ext3 非常相似，但支持大文件系统，提高了对碎片的抵抗力，有更高的性能以及更好的时间戳。

目前的大部分 Linux 文件系统都默认采用 Ext4 文件系统。

5.1.1　文件系统

观看视频

1. Ext2

第 2 代扩展文件系统（second extended filesystem，Ext2）是 Linux 内核所用的文件系统。它由 Rémy Card 设计，用于代替 Ext，于 1993 年 1 月加入 Linux 核心支持之中。Ext2 的经典实现为 Linux 内核中的 Ext2fs 文件系统驱动，最大可支持 2TB 的文件系统，到 Linux 核心 2.6 版时，扩展到可支持 32TB。Ext2 为 Debian、Red Hat Linux 等 Linux 发行版的默认文件系统。

Ext2 文件系统具有以下特点。

(1) 当创建 Ext2 文件系统时,系统管理员可以根据预期的文件平均长度来选择最佳的块大小(1024～4096B)。例如,当文件的平均长度小于几千字节时,块的大小为 1024B 是最佳的,因为这会产生较少的内部碎片——也就是文件长度与存放块的磁盘分区有较少的不匹配。另外,大的块对于大于几千字节的文件通常比较合适,因为这样的磁盘传送较少,因而减轻了系统的开销。

(2) 当创建 Ext2 文件系统时,系统管理员可以根据在给定大小的分区上预计存放的文件数来选择给该分区分配多少个索引节点。这可以有效地利用磁盘的空间。

(3) 文件系统把磁盘块分为组。每组包含存放在相邻磁道上的数据块和索引节点。正是这种结构,使得可以用较少的磁盘平均寻道时间对存放在一个单独块组中的文件并行访问。

(4) 在磁盘数据块被实际使用之前,文件系统就把这些块预分配给普通文件。因此当文件的大小增加时,因为物理上相邻的几个块已被保留,就减少了文件的碎片。

(5) 支持快速符号链接。如果符号链接表示一个短路径名(小于或等于 60 个字符),就把它存放在索引节点中而不用通过由一个数据块进行转换。

其单一文件大小与文件系统本身的容量上限与文件系统本身的簇大小有关,在一般常见的 x86 计算机系统中,簇最大为 4KB,则单一文件大小上限为 2048GB,而文件系统的容量上限为 16 384GB。

但由于目前 Linux 2.4 所能使用的单一分区最大只有 2048GB,实际上能使用的文件系统容量最多也只有 2048GB。

2. Ext3

第 3 代扩展文件系统(third extended filesystem,Ext3)是一个日志文件系统,常用于 Linux 操作系统。它是很多 Linux 发行版的默认文件系统。Stephen Tweedie 在 1999 年 2 月的内核邮件列表中,最早显示了他使用扩展的 Ext2,该文件系统从 2.4.15 版本的内核开始,合并到内核主线中。

Ext3 日志文件系统的特点如下。

(1) 高可用性。

系统使用了 Ext3 文件系统后,即使在非正常关机后,系统也不需要检查文件系统。宕机发生后,恢复 Ext3 文件系统只要数十秒钟。

如果在文件系统尚未 shutdown 前就关机(如停电)时,下次重新开机后会造成文件系统的资料不一致,因此,需做文件系统的重整工作,将不一致与错误的地方修复。然而,此项重整工作是相当耗时的,特别是容量大的文件系统,而且也不能百分之百保证所有的资料都不会损失。

为了解决此问题,使用所谓的"日志式文件系统(Journal File System)"。此类文件系统最大的特色是会将整个磁盘的写入动作完整记录在磁盘的某个区域上,以便有需要时可以回溯追踪。

在日志式文件系统中,由于详细记录了每个细节,故当在某个过程中被中断时,系统可以根据这些记录直接回溯并重整被中断的部分,而不必花时间去检查其他的部分,故重整的工作速度相当快,几乎不需要花时间。

(2) 数据的完整性。

Ext3 文件系统能够极大地提高文件系统的完整性,避免了意外宕机对文件系统的破坏。在保证数据完整性方面,Ext3 文件系统有两种模式可供选择。其中之一就是"同时保持文件系统及数据的一致性"模式。采用这种方式,用户永远不再会看到由于非正常关机而存储在磁盘上的垃圾文件。

(3) 文件系统的速度。

尽管使用 Ext3 文件系统时,有时在存储数据时可能要多次写数据,但是从总体上来看,Ext3 比 Ext2 的性能还要好一些。这是因为 Ext3 的日志功能对磁盘的驱动器读写头进行了优化。所以,文件系统的读写性能较之 Ext2 文件系统来说并没有降低。

(4) 数据转换。

由 Ext2 文件系统转换成 Ext3 文件系统非常容易,只要简单地输入两条命令即可完成整个转换过程,用户不用花时间备份、恢复、格式化分区等。用一个 Ext3 文件系统提供的小工具 tune2fs,可以将 Ext2 文件系统轻松转换为 Ext3 日志文件系统。另外,Ext3 文件系统可以不经任何更改,而直接加载成为 Ext2 文件系统。

(5) 多种日志模式。

Ext3 有多种日志模式,一种工作模式是对所有的文件数据及 metadata(定义文件系统中数据的数据,即元数据)进行日志记录(data=journal 模式);另一种工作模式则是只对 metadata 记录日志,而不对数据进行日志记录,也即所谓的 data=ordered 或者 data=writeback 模式。系统管理人员可以根据系统的实际工作要求,在系统的工作速度与文件数据的一致性之间做出选择。

3. Ext4

第 4 代扩展文件系统(fourth extended filesystem,Ext4)是 Linux 系统下的日志文件系统,是 Ext3 文件系统的后继版本。

Ext4 是由 Ext3 的维护者 Theodore Tso 领导的开发团队实现的,并引入 Linux 2.6.19 内核中。

Ext4 的产生原因是开发人员在 Ext3 中加入了新的高级功能,但在实现的过程出现了以下几个重要问题。

(1) 一些新功能违背向后兼容性。

(2) 新功能使 Ext3 代码变得更加复杂并难以维护。

(3) 新加入的更改使原来十分可靠的 Ext3 变得不可靠。

由于这些原因,从 2006 年 6 月开始,开发人员决定把 Ext4 从 Ext3 中分离出来进行独立开发。Ext4 的开发工作从那时起开始进行,但大部分 Linux 用户和管理员都没有太关注这件事情,直到 2.6.19 内核在 2006 年 11 月发布,Ext4 第一次出现在主流内核里,但是它当时还处于实验阶段,因此很多人都忽视了它。

2008 年 12 月 25 日,Linux Kernel 2.6.28 的正式版本发布。随着这一新内核的发布,Ext4 文件系统也结束实验期,成为稳定版。

Linux Kernel 自 2.6.28 开始正式支持新的文件系统 Ext4。Ext4 是 Ext3 的改进版,修改了 Ext3 中部分重要的数据结构,增加了日志功能,还提供更佳的性能和可靠性,和更为丰富的功能。

Ext4 文件系统具有以下特点。

（1）更大的文件系统和更大的文件。

Ext3 文件系统最多只能支持 32TB 的文件系统和 2TB 的文件，根据使用的具体架构和系统设置，实际容量上限可能比这个数字还要低，即只能容纳 2TB 的文件系统和 16GB 的文件。而 Ext4 文件系统容量达到 1EB，文件容量则达到 16TB，这是一个非常大的数字。对一般的台式计算机和服务器而言，这可能并不重要，但对于大型磁盘阵列的用户而言，这就非常重要了。

（2）更多的子目录数量。

Ext3 目前只支持 32 000 个子目录，而 Ext4 取消了这一限制，理论上支持无限数量的子目录。

（3）更多的块和 i-节点数量。

Ext3 文件系统使用 32 位空间记录块数量和 i-节点数量，而 Ext4 文件系统将它们扩充到 64 位。

（4）多块分配。

当数据写入 Ext3 文件系统中时，Ext3 的数据块分配器每次只能分配一个 4KB 的块，如果写一个 100MB 的文件就要调用 25 600 次数据块分配器，而 Ext4 的多块分配器 Multiblock Allocator(MBAlloc)支持一次调用分配多个数据块。

（5）持久性预分配。

如果一个应用程序需要在实际使用磁盘空间之前对它进行分配，大部分文件系统都是通过向未使用的磁盘空间写入 0 来实现分配，如 P2P 软件。为了保证下载文件有足够的空间存放，常常会预先创建一个与所下载文件大小相同的空文件，以免未来的数小时或数天之内磁盘空间不足导致下载失败。而 Ext4 在文件系统层面实现了持久预分配并提供相应的 API，比应用软件自己实现更有效率。

（6）延迟分配。

Ext3 的数据块分配策略是尽快分配，而 Ext4 的策略是尽可能地延迟分配，直到文件在缓冲中写完才开始分配数据块并写入磁盘，这样就能优化整个文件的数据块分配，显著提升性能。

（7）盘区结构。

Ext3 文件系统采用间接映射地址，当操作大文件时，效率极其低下。例如，一个 100MB 大小的文件，在 Ext3 中要建立 25 600 个数据块(以每个数据块大小为 4KB 为例)的映射表；而 Ext4 引入了盘区的概念，每个盘区为一组连续的数据块，上述文件可以通过盘区的方式表示为"该文件数据保存在接下来的 25 600 个数据块中"，提高了访问效率。

（8）新的 i-节点结构。

Ext4 支持更大的 i-节点。之前的 Ext3 默认的 i-节点大小为 128B，Ext4 为了在 i-节点中容纳更多的扩展属性，默认 i-节点大小为 256B。另外，Ext4 还支持快速扩展属性和 i-节点保留。

（9）日志校验功能。

日志是文件系统最常用的结构，日志也很容易损坏，而从损坏的日志中恢复数据会导致更多的数据损坏。Ext4 给日志数据添加了校验功能，日志校验功能可以很方便地判断日志数据是否损坏。而且 Ext4 将 Ext3 的两阶段日志机制合并成一个阶段，在增加安全性的同时提高了性能。

(10) 支持"无日志"模式。

日志总归会占用一些开销。Ext4 允许关闭日志,以便某些有特殊需求的用户可以借此提升性能。

(11) 默认启用 Barrier。

磁盘上配有内部缓存,以便重新调整批量数据的写操作顺序,优化写入性能,因此文件系统必须在日志数据写入磁盘之后才能写 Commit 记录。若 Commit 记录写入在先,而日志有可能损坏,那么就会影响数据完整性。Ext4 文件系统默认启用 Barrier,只有当 Barrier 之前的数据全部写入磁盘,才能写 Barrier 之后的数据。

(12) 在线碎片整理。

尽管延迟分配、多块分配和盘区功能可以有效减少文件的碎片,但碎片还是不可避免会产生。Ext4 支持在线碎片整理,并提供 e4defrag 工具进行个别文件或整个文件系统的碎片整理。

(13) 支持快速 fsck。

以前的文件系统版本执行 fsck 时速度很慢,因为它要检查所有的 i-节点,而 Ext4 给每个块组的 i-节点表中都添加了一份未使用 i-节点的列表,所以 Ext4 文件系统做一致性检查时就可以跳过它们而只去检查那些在使用的 i-节点,从而提高了速度。

(14) 支持纳秒级时间戳。

Ext4 之前的扩展文件系统的时间戳都是以秒为单位的,这已经能够应付大多数设置,但随着处理器的速度和集成程度(多核处理器)不断提升,以及 Linux 开始向其他应用领域发展,它将时间戳的单位提升到纳秒。

Ext4 给时间范围增加了两个位,从而让时间寿命再延长 500 年。Ext4 的时间戳支持的日期到 2514 年 4 月 25 日,而 Ext3 只到 2038 年 1 月 18 日。

例 5.1 显示分区的文件系统的类型、分区的使用和剩余情况及挂载点,如图 5.1 所示。

```
$ df -T -l
```

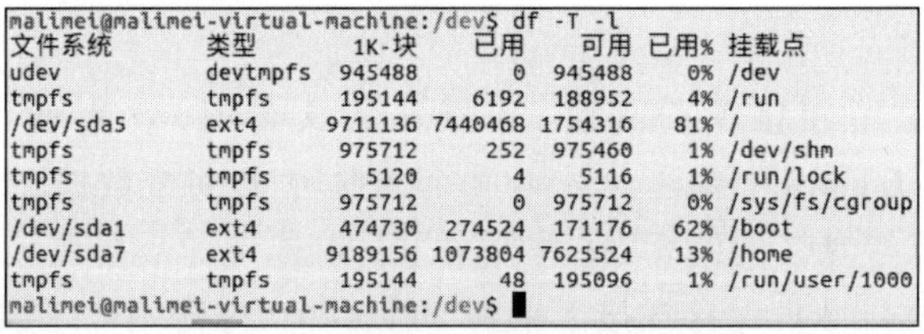

```
malimei@malimei-virtual-machine:/dev$ df -T -l
文件系统         类型        1K-块      已用      可用  已用% 挂载点
udev             devtmpfs   945488         0   945488    0% /dev
tmpfs            tmpfs      195144      6192   188952    4% /run
/dev/sda5        ext4      9711136   7440468  1754316   81% /
tmpfs            tmpfs      975712       252   975460    1% /dev/shm
tmpfs            tmpfs        5120         4     5116    1% /run/lock
tmpfs            tmpfs      975712         0   975712    0% /sys/fs/cgroup
/dev/sda1        ext4       474730    274524   171176   62% /boot
/dev/sda7        ext4      9189156   1073804  7625524   13% /home
tmpfs            tmpfs      195144        48   195096    1% /run/user/1000
malimei@malimei-virtual-machine:/dev$
```

图 5.1 显示分区的文件系统的类型等

说明:

(1) tmpfs 是 Linux/UNIX 系统上的一种基于内存的虚拟文件系统。tmpfs 可以使用我们的内存或 swap 分区来存储文件。

(2) devtmpfs 是在 Linux 核心启动早期建立一个初步的/dev,使一般启动程序不用等待 udev(udev 是 Linux Kernel 2.6 系列的设备管理器),它主要的功能是管理/dev 目录底下的设备节点,缩短 GNU/Linux 的开机时间。

5.1.2 文件系统概念

在 Linux 系统中有一个重要的概念:一切都是文件,实现了设备无关性。其实这是 UNIX 哲学的一种体现,而 Linux 是重写 UNIX 而来,所以这个概念也就传承了下来。在 UNIX 系统中,把一切资源都看作文件,包括硬件设备。UNIX 系统把每个硬件都看成一个文件,通常称为设备文件,这样用户就可以用读写文件的方式实现对硬件的访问,UNIX 权限模型也是围绕文件的概念来建立的,所以对设备也就可以同样处理了。

下面来详细地了解 Linux 文件系统的几个要点。

1. 物理磁盘到文件系统

我们知道文件最终是保存在硬盘上的。硬盘最基本的组成部分是由坚硬金属材料制成的涂以磁性介质的盘片,不同容量硬盘的盘片数不等。每个盘片有两面,都可记录信息。盘片被分成许多扇形的区域,每个区域叫一个扇区,每个扇区可存储 $128 \times 2^N (N=0,1,2,3)$ 字节信息。在 DOS 中每扇区是 $128 \times 2^2 = 512$ 字节,盘片表面上以盘片中心为圆心,不同半径的同心圆称为磁道。硬盘中,不同盘片相同半径的磁道所组成的圆柱称为柱面。磁道与柱面都表示不同半径的圆,在许多场合,磁道和柱面可以互换使用。每个磁盘有两个面,每个面都有一个磁头,人们习惯用磁头号来区分。扇区、磁道(或柱面)和磁头数构成了硬盘结构的基本参数,通过这些参数可以得到硬盘的容量,其计算公式为:

$$存储容量 = 磁头数 \times 磁道(柱面)数 \times 每道扇区数 \times 每扇区字节数$$

要点:

(1)硬盘有数个盘片,每个盘片两个面,每个面一个磁头。

(2)盘片被划分为多个扇形区域即扇区。

(3)同一盘片不同半径的同心圆为磁道。

(4)不同盘片相同半径构成的圆柱面即柱面。

(5)公式:存储容量=磁头数×磁道(柱面)数×每道扇区数×每扇区字节数。

(6)信息记录可表示为:××磁道(柱面),××磁头,××扇区。

那么这些空间又是怎么管理起来的呢? UNIX/Linux 使用了一个简单的方法,如图 5.2 所示。

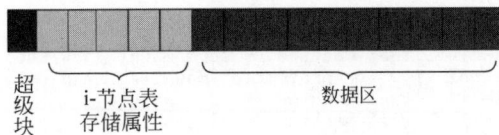

图 5.2 文件系统存储空间示意图

它将磁盘块分为以下三部分。

(1)超级块。文件系统中第一个块被称为超级块。这个块存放文件系统本身的结构信息。例如,超级块记录了每个区域的大小,超级块也存放未被使用的磁盘块的信息。

(2)i-节点表。超级块的下一个部分就是 i-节点表。每个 i-节点就是一个对应文件/目录的结构,这个结构包含一个文件的长度、创建及修改时间、权限、所属关系、磁盘中的位置等信息。一个文件系统维护了一个索引节点的数组,每个文件或目录都与索引节点数组中的一个元素一一对应。系统给每个索引节点分配了一个号码,也就是该节点在数组中的索引号,称为索引节点号。

(3) 数据区。文件系统的第 3 个部分是数据区。文件的内容保存在这个区域。磁盘上所有块的大小都一样。如果文件包含超过一个块的内容,则文件内容会存放在多个磁盘块中。一个较大的文件很容易分布在上千个独立的磁盘块中。

2. 存储介质

用于存储数据的物理设备称为存储介质,如硬盘、光盘、Flash 盘、磁带、网络存储设备等。

3. 磁盘分区

对于容量较大的存储介质来说(通常指硬盘),在使用时需要合理地规划分区,因而牵涉到磁盘的分区。常用的 Linux 磁盘分区命令有 fdisk、cfdisk、parted 等。还有一些工具不是操作系统自带的,称为第三方工具,如 PQ 等。利用磁盘分区工具,能在不破坏硬盘数据的情况下创建新分区,还可对已有分区进行删除,调整容量、合并、复制等,方便用户灵活调整硬盘分区布局。

4. 格式化

创建新的文件系统是一个过程,通常称为初始化或格式化,这个过程是针对存储介质进行的。一般情况下,各种操作系统都有自己的相应工具,Ubuntu 下格式化分区的命令是mkfs,有时也可以借助第三方工具来完成此过程。而此过程是建立在磁盘分区的基础之上,也就是说先进行磁盘分区,再进行文件系统的创建格式化。

5. 挂载

在使用磁盘分区前,需要挂载该分区,这相当于激活一个文件系统。

Windows 将磁盘分为若干逻辑分区,如 C 盘、D 盘,在各分区中挂载文件系统。这个过程是使用其内部机制完成的,用户无法探知其过程。

Linux 系统中,没有磁盘的逻辑分区(即没有 C 盘、D 盘等),任何一个种类的文件系统被创建后都需要挂载到某个特定的目录才能使用。

Linux 使用 mount 和 umount 命令来对文件系统进行挂载和卸载,挂载文件系统时需要明确挂载点。如图 5.3 所示,把 U 盘/dev/sdb1(系统识别)挂载到 /mnt/usb 下;图 5.4中则把 U 盘卸载。

```
malimei@malimei-virtual-machine:/$ sudo mount /dev/sdb1 /mnt/usb
mount: /dev/sdb1 is write-protected, mounting read-only
malimei@malimei-virtual-machine:/$ cd /mnt/usb
malimei@malimei-virtual-machine:/mnt/usb$ ls
02-竞赛模型图.jpg
02-竞赛模型图.vsd
03155413g3kk.rar
03.pdf
```

图 5.3　挂载 U 盘

```
malimei@malimei-virtual-machine:/mnt/usb$ cd /
malimei@malimei-virtual-machine:/$ sudo umount /dev/sdb1
malimei@malimei-virtual-machine:/$ ▮
```

图 5.4　卸载 U 盘

注意,不能在当前目录卸载,应到上一级目录、根目录或其他目录卸载。

5.1.3 文件与目录的定义

Linux 操作系统中,以文件来表示所有的逻辑实体与非逻辑实体。逻辑实体指文件与目录;非逻辑实体泛指硬盘、终端机、打印机等。一般而言,Linux 文件名由字母、标点符号、数字等构成,中间不能有空格、路径名称符号"/"或"♯、*、%、&、{}、[]"等与 Shell 有关的特殊字符。

Linux 文件系统中,结构上以根文件系统最为重要。根文件系统是指开机时将 root partition 挂载在根目录(/),若无法挂载根目录,开机时就无法进入 Linux 系统中。根目录下有 /etc、/dev、/boot、/home、/lib、/lost+found、/mnt、/opt、/proc、/root、/bin、/sbin、/tmp、/var、/usr 等重要目录。

下面分别使用图形界面和命令终端查看各目录,如图 5.5 和图 5.6 所示。

图 5.5　图形界面下查看文件目录

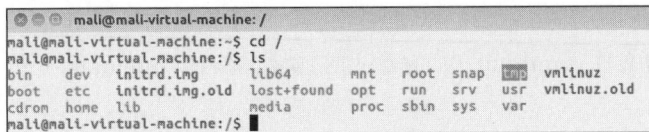

图 5.6　Shell 终端下查看文件目录

1. /etc

本目录下存放着许多系统所需的重要配置与管理文件,如/etc/hostname 存放配置主机名字的文件,/etc/network/interfaces 存放配置修改网络接口的 IP 地址、子网掩码、网关的文件,/etc/resolv.conf 存放指定 DNS 服务器的文件等。图 5.7 显示了配置文件 hostname 和 resolv.conf 的内容。通常在修改/etc 目录下的配置文件内容后,只需重新启动相关服务,一般不用重启系统。

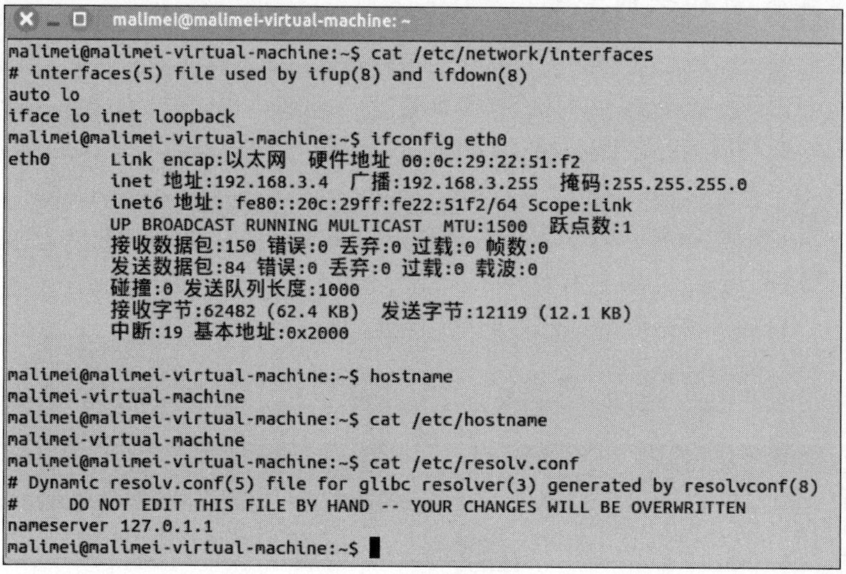

```
malimei@malimei-virtual-machine:~$ cat /etc/network/interfaces
# interfaces(5) file used by ifup(8) and ifdown(8)
auto lo
iface lo inet loopback
malimei@malimei-virtual-machine:~$ ifconfig eth0
eth0      Link encap:以太网  硬件地址 00:0c:29:22:51:f2
          inet 地址:192.168.3.4  广播:192.168.3.255  掩码:255.255.255.0
          inet6 地址: fe80::20c:29ff:fe22:51f2/64 Scope:Link
          UP BROADCAST RUNNING MULTICAST  MTU:1500  跃点数:1
          接收数据包:150 错误:0 丢弃:0 过载:0 帧数:0
          发送数据包:84 错误:0 丢弃:0 过载:0 载波:0
          碰撞:0 发送队列长度:1000
          接收字节:62482 (62.4 KB)  发送字节:12119 (12.1 KB)
          中断:19 基本地址:0x2000

malimei@malimei-virtual-machine:~$ hostname
malimei-virtual-machine
malimei@malimei-virtual-machine:~$ cat /etc/hostname
malimei-virtual-machine
malimei@malimei-virtual-machine:~$ cat /etc/resolv.conf
# Dynamic resolv.conf(5) file for glibc resolver(3) generated by resolvconf(8)
#     DO NOT EDIT THIS FILE BY HAND -- YOUR CHANGES WILL BE OVERWRITTEN
nameserver 127.0.1.1
malimei@malimei-virtual-machine:~$
```

图 5.7 查看配置文件

2. /dev

/dev 目录中存放了 device file(装置文件),使用者可以经由核心存取系统中的硬设备,当使用装置文件时内核会辨识出输入输出请求,并传递到相应装置的驱动程序以便完成特定的动作。

该目录包含所有在 Linux 系统中使用的外部设备,每个设备在/dev 目录下均有一个相应的项目,如图 5.8 所示。注意,Linux 与 Windows/DOS 不同,不是存放外部设备的驱动程序,而是一个访问这些外部设备的端口。对于大多数用户来说,直接与/dev 目录下的文件交互的需求较少,更多的是通过挂载文件系统、使用系统调用等方式来访问硬件。

目录下还有一些项目是没有的装置,这通常是在安装系统时所建立的,它不一定对应到实体的硬件装置。此外还有一些虚拟的装置,不对应到任何实体装置,例如空设备的/dev/null,任何写入该设备的请求均会被执行,但被写入的资料均会如进入空设备般消失。

3. /boot

该目录下存放与系统激活相关的文件,是系统启动时用到的程序。如图 5.9 所示,initrd. img、vmlinuz、System. map 均为重要文件,不可任意删除。其中,initrd. img 为系统激活时最先加载的文件;vmlinuz 为 Kernel 的镜像文件;System. map 包括 Kernel 的功能及位置。

4. /home

登录用户的主目录就放在此目录下,以用户的名称作为/home 目录下各子目录的名称。如果建立一个用户,用户名是"malimei",那么在/home 目录下就有一个对应的/home/malimei 路径,当用户 malimei 登录时,其所在的默认目录就是/home/malimei,如图 5.10 所示。

也可以在图形管理界面中查看/home 用户目录,如图 5.11 所示,其下存放了三个用户各自的目录。双击图标 user1,进入用户 user1 的主目录,该用户的文件都存放在其中,如图 5.12 所示。

```
malimei@malimei:/dev$ ls
agpgart            loop-control        rtc0        tty25      tty57      ttyS3
autofs             lp0                 sda         tty26      tty58      ttyS30
block              mapper              sda1        tty27      tty59      ttyS31
bsg                mcelog              sda2        tty28      tty6       ttyS4
btrfs-control      mem                 sda5        tty29      tty60      ttyS5
bus                midi                sg0         tty3       tty61      ttyS6
cdrom              net                 sg1         tty30      tty62      ttyS7
char               network_latency     sg2         tty31      tty63      ttyS8
console            network_throughput  shm         tty32      tty7       ttyS9
core               null                snapshot    tty33      tty8       uhid
cpu                parport0            snd         tty34      tty9       uinput
cpu_dma_latency    port                sr0         tty35      ttyprintk  urandom
cuse               ppp                 sr1         tty36      ttyS0      vcs
disk               psaux               stderr      tty37      ttyS1      vcs1
dmmidi             ptmx                stdin       tty38      ttyS10     vcs2
dri                pts                 stdout      tty39      ttyS11     vcs3
ecryptfs           ram0                tty         tty4       ttyS12     vcs4
fb0                ram1                tty0        tty40      ttyS13     vcs5
fd                 ram10               tty1        tty41      ttyS14     vcs6
```

(a) 查看/dev下的所有文件

```
malimei@malimei:/dev/bus$ ls -R
.:
usb

./usb:
001   002

./usb/001:
001

./usb/002:
001   002   003   004
```

(b) 查看/dev/bus下的文件

```
malimei@malimei:/dev/input$ ls -R
.:
by-id  by-path  event0  event1  event2  event3  mice  mouse0  mouse1

./by-id:
usb-VMware_VMware_Virtual_USB_Mouse-event-mouse
usb-VMware_VMware_Virtual_USB_Mouse-mouse

./by-path:
pci-0000:02:00.0-usb-0:1:1.0-event-mouse   platform-i8042-serio-1-event-mouse
pci-0000:02:00.0-usb-0:1:1.0-mouse         platform-i8042-serio-1-mouse
platform-i8042-serio-0-event-kbd
```

(c) 查看/dev/input下的文件

图 5.8　查看外部设备文件

```
malimei@malimei-virtual-machine:/mnt$ cd /boot
malimei@malimei-virtual-machine:/boot$ ls
config-4.15.0-45-generic      memtest86+.elf
config-4.15.0-54-generic      memtest86+_multiboot.bin
config-4.15.0-55-generic      System.map-4.15.0-45-generic
grub                          System.map-4.15.0-54-generic
initrd.img-4.15.0-45-generic  System.map-4.15.0-55-generic
initrd.img-4.15.0-54-generic  vmlinuz-4.15.0-45-generic
initrd.img-4.15.0-55-generic  vmlinuz-4.15.0-54-generic
lost+found                    vmlinuz-4.15.0-55-generic
memtest86+.bin
malimei@malimei-virtual-machine:/boot$ 
```

图 5.9　/boot 下的文件

93

第 5 章

Ubuntu 文件管理

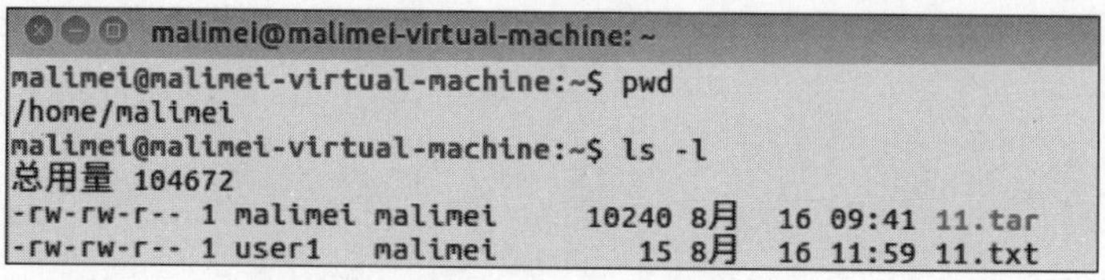

图 5.10　查看/home 下的用户目录

图 5.11　图形界面下查看/home 下的用户目录

图 5.12　用户 user1 的工作目录/home/user1

　　说明：创建用户的命令是 adduser 和 useradd,将在第 6 章介绍。

5. /lib

　　本目录存放了许多系统激活时所需要的重要的共享函数库,lib 是 library(库)的英文缩写。几乎所有的应用程序都会用到这个目录下的共享库。例如,文件名为 library.so.version 的共享函数库就放在/lib 目录下,该函数库包含很多像 GNU C library(C 编译程序)这样的重要部分。在图 5.13 中,用命令 ls 查看了该目录下的库文件(该命令是在/lib 目录下使用的)。

　　Linux 下的库分为动态库和静态库,一般情况下,.so 为共享库,用于动态连接,.a 为静态库,用于静态连接。

```
malimei@malimei:/lib$ ls
apparmor                                libip4tc.so.0          modules
brltty                                  libip4tc.so.0.1.0      modules-load.d
cpp                                     libip6tc.so.0          plymouth
crda                                    libip6tc.so.0.1.0      recovery-mode
firmware                                libiptc.so.0           resolvconf
hdparm                                  libiptc.so.0.0.0       systemd
i386-linux-gnu                          libxtables.so.10       terminfo
ifupdown                                libxtables.so.10.0.0   udev
init                                    linux-sound-base       ufw
klibc-SDKhWJaiUdo40xxZ-mvprY1CZus.so    lsb                    xtables
ld-linux.so.2                           modprobe.d
```

图 5.13　查看/lib 下的库文件

6. /usr/lib

本目录下存放一些应用程序的共享函数库,例如 Netscape、X Server 等。图 5.14 中使用 ls 命令查看了该目录下的文件。其中,最重要的函数库为 libc 或 glibc(glibc 2.x 便是 libc 6.x 版本,标准 C 语言函数库),几乎所有的程序都会用到 libc 或 glibc,因为这两个程序提供了对于 Linux Kernel 的标准接口。还有文件名为 library.a 的静态函数库,也放在 /user/lib 下。

```
malimei@malimei:/$ cd usr
malimei@malimei:/usr$ ls
bin  games  include  lib  local  sbin  share  src
malimei@malimei:/usr$ cd lib
malimei@malimei:/usr/lib$ ls
2013.com.canonical.certification:checkbox
2013.com.canonical.certification:plainbox-resources
accountsservice
apg
apt
aspell
at-spi2-core
avahi
```

图 5.14　查看/usr/libs 下的共享函数库文件

7. /mnt

这个目录在一般情况下是空的,安装完 VMtools 后,系统自动在/mnt 目录下产生子目录 hgfs,hgfs 目录的作用是在虚拟机 Linux 和主机 Windows 之间共享文件和文件夹。也是系统默认的挂载点,可以临时将别的文件系统挂在这个目录下,如图 5.15 所示。如果要挂载额外的文件系统到/mnt 目录,需要在该目录下建立任一目录作为挂载目录。如新建 /mnt/usb 目录,作为 USB 移动设备的挂载点。

```
malimei@malimei-virtual-machine: /mnt
malimei@malimei-virtual-machine:~$ cd /mnt
malimei@malimei-virtual-machine:/mnt$ ls
hgfs  usb
malimei@malimei-virtual-machine:/mnt$
```

图 5.15　查看/mnt 下的文件

8. /proc

本目录为一个虚拟文件系统,它不占用硬盘空间,该目录下的文件均放置于内存中。 /proc 会记录系统正在运行的进程、硬件状态、内存使用的多少等信息,这些信息是在内存中由系统自己产生的。每当存取/proc 文件系统时,Kernel 会拦截存取动作并获取相关信息再动态地产生目录与文件内容,如图 5.16 所示。

```
malimei@malimei:/proc$ ls
1      140   168   2169   28     3041   471   asound        modules
10     141   169   22     2811   3053   472   buddyinfo     mounts
1091   142   17    222    2814   3064   473   bus           mpt
1098   143   170   2251   2816   3072   485   cgroups       mtrr
11     144   171   23     2818   3083   5     cmdline       net
1112   145   172   230    2822   3137   50    consoles      pagetypeinfo
1127   146   173   231    2823   3144   508   cpuinfo       partitions
1129   147   174   2312   2829   3158   536   crypto        sched_debug
1131   148   175   24     2830   3163   545   devices       schedstat
12     149   176   2545   2835   3170   552   diskstats     scsi
1234   15    177   2564   2857   3178   557   dma           self
124    150   178   2568   2870   3195   561   driver        slabinfo
125    151   179   26     2882   3260   647   execdomains   softirqs
1253   152   18    2633   29     361    65    fb            stat
126    153   180   2644   2915   3670   670   filesystems   swaps
127    1530  181   2655   2926   3677   7     fs            sys
1278   154   182   2660   2966   3678   71    interrupts    sysrq-trigger
```

图 5.16   查看/proc 下的进程文件

9. /root

/root 是系统管理用户 root 的主目录,如果用户是以超级用户的身份登录的,这个就是超级用户的主目录,如图 5.17 所示。

```
root@malimei-virtual-machine:~# pwd
/root
root@malimei-virtual-machine:~# █
```

图 5.17   超级用户的主目录/root

10. /bin

本目录存放一些系统启动时所需要的普通程序和系统程序,及一些经常被其他程序调用的程序,是 Linux 常用的外部命令存放的目录。例如 ls、cat、cp、mkdir、rm、su、tar 等,和外部命令相对应的还有内部命令,只要 Linux 系统启动起来,内部命令就可以应用,如 cd 等,如图 5.18 所示。

```
malimei@hebtu: /bin
malimei@hebtu:/bin$ ls
bash              fusermount    networkctl        stty
bunzip2           getfacl       nisdomainname     su
busybox           grep          ntfs-3g           sync
bzcat             gunzip        ntfs-3g.probe     systemctl
bzcmp             gzexe         ntfs-3g.secaudit  systemd
bzdiff            gzip          ntfs-3g.usermap   systemd-ask-password
bzegrep           hciconfig     ntfscat           systemd-escape
bzexe             hostname      ntfscluster       systemd-hwdb
bzfgrep           ip            ntfscmp           systemd-inhibit
bzgrep            journalctl    ntfsfallocate     systemd-machine-id-setup
bzip2             kbd_mode      ntfsfix           systemd-notify
bzip2recover      kill          ntfsinfo          systemd-tmpfiles
bzless            kmod          ntfsls            systemd-tty-ask-password-agent
bzmore            less          ntfsmove          tail
cat               lessecho      ntfstruncate      tar
chacl             lessfile      ntfswipe          tempfile
chgrp             lesskey       open              touch
chmod             lesspipe      openvt            true
chown             ln            pidof             udevadm
chvt              loadkeys      ping              ulockmgr_server
cp                login         ping6             umount
cpio              loginctl      plymouth          uname
dash              lowntfs-3g    ps                uncompress
```

图 5.18   查看/bin 目录下的外部文件

11. /tmp

该目录存放系统启动时产生的临时文件。有时某些应用程序执行中产生的临时文件也会暂放在此目录下,如图 5.19 所示。

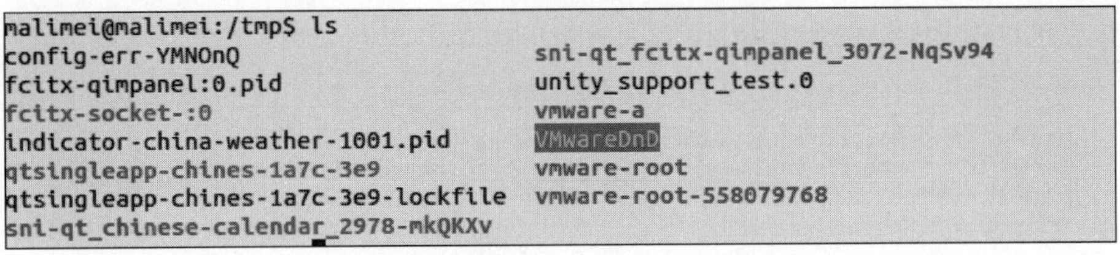

图 5.19　查看/tmp 下的临时文件

12. /var

该目录存放被系统修改过的数据,是日志文件所在的目录,在这个目录下的重要目录有 /var/log、/var/spool、/var/run 等,分别用于存放记录文件、新闻邮件、运行时信息,在图形界面的搜索按钮中输入 log,显示日志文件,如图 5.20 所示。

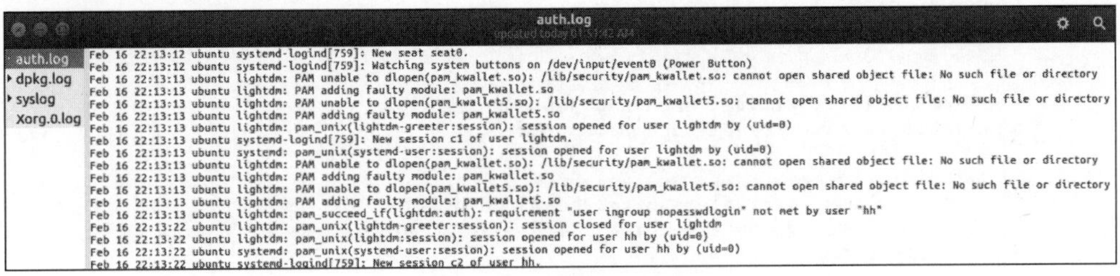

图 5.20　日志文件内容

5.1.4　文件的结构、类型和属性

1. 文件结构

文件结构是文件存放在磁盘等存储设备上的组织方法,主要体现在对文件和目录的组织上。目录提供了管理文件的一个方便而有效的途径。Linux 使用标准的目录结构,在安装的时候,安装程序就已经为用户创建了文件系统和完整而固定的目录组成形式,并指定了每个目录的作用和其中的文件类型。

Linux 采用的是树形结构。最上层是根目录,其他的所有目录都是从根目录出发而生成的。微软的 DOS 和 Windows 也是采用树形结构,但是在 DOS 和 Windows 中这样的树形结构的根是磁盘分区的盘符,有几个分区就有几个树形结构,它们之间的关系是并列的。但是在 Linux 中,无论操作系统管理几个磁盘分区,这样的目录树只有一个。从结构上讲,各磁盘分区上的树形目录不一定是并列的,因为 Linux 是一个多用户系统,一个固定的目录规划有助于对系统文件和不同的用户文件进行统一管理。

Linux 中对文件路径的表达有两种方法——绝对路径和相对路径。

绝对路径:从根目录/开始的路径。如"/home/malimei/Documents/test1"这一路径与当前处于哪个目录没有关系,表达式是固定的。

相对路径:以"."或".."开始的,"."表示用户当前操作所处的位置,而".."表示上级目录。如"./Documents/test1",与当前目录相关。

下面举例说明这两种路径,在 home 下存在用户 malimei 和用户 user1,当前用户为 malimei,即当前目录为/home/malimei。现有 malimei/Documents 下的 test1 文件和 user1/Documents 下的 test2 文件,使用 cat 命令查看这两个文件时,可分别使用这两种不同的路径方式。如图 5.21 所示使用的是绝对路径方式,如图 5.22 所示使用的是相对路径的方式。

```
malimei@malimei-virtual-machine:~$ cd /home/malimei
malimei@malimei-virtual-machine:~$ cat /home/malimei/documents/test1
Good morning!
How are you!

malimei@malimei-virtual-machine:~$ cat /home/user1/documents/test2
Good afternoon!
How are you!
```

图 5.21 用绝对路径的方法显示文件 test1 和 test2

```
malimei@malimei-virtual-machine:~$ cd documents
malimei@malimei-virtual-machine:~/documents$ cat test1
Good morning!
How are you!

malimei@malimei-virtual-machine:~/documents$ cd ..
malimei@malimei-virtual-machine:~$ pwd
/home/malimei
malimei@malimei-virtual-machine:~$ cd ..
malimei@malimei-virtual-machine:/home$ cd user1
malimei@malimei-virtual-machine:/home/user1$ cat ./documents/test2
Good afternoon!
How are you!

malimei@malimei-virtual-machine:/home/user1$ cat documents/test2
Good afternoon!
How are you!
```

图 5.22 用相对路径的方法显示文件 test1 和 test2

说明:请比较一下,对于这个例子用哪种路径的方法显示文件比较好? 为什么?

2. 文件类型

在 Linux 系统中主要根据文件头信息来判断文件类型,Linux 系统的文件类型有以下几种。

(1) 普通文件。

普通文件就是用户通常访问的文件,由 ls -l 命令显示出来的属性中,第一个属性为"-"。

可以使用 ls -l 来查看文件属性,如图 5.23 所示,显示了/bin 下的各个文件,其中的第一个"bash"就是一个普通文件,其属性(左侧第一列)的第一位是"-"。

```
malimei@malimei:/$ cd bin
malimei@malimei:/bin$ ls -l
total 9468
-rwxr-xr-x 1 root root  986672 Oct  7  2014 bash
-rwxr-xr-x 1 root root   30240 Oct 21  2013 bunzip2
-rwxr-xr-x 1 root root 1713424 Nov 14  2013 busybox
-rwxr-xr-x 1 root root   30240 Oct 21  2013 bzcat
lrwxrwxrwx 1 root root       6 Aug  5 20:23 bzcmp -> bzdiff
-rwxr-xr-x 1 root root    2140 Oct 21  2013 bzdiff
lrwxrwxrwx 1 root root       6 Aug  5 20:23 bzegrep -> bzgrep
-rwxr-xr-x 1 root root    4877 Oct 21  2013 bzexe
lrwxrwxrwx 1 root root       6 Aug  5 20:23 bzfgrep -> bzgrep
-rwxr-xr-x 1 root root    3642 Oct 21  2013 bzgrep
```

图 5.23 查看普通文件

（2）纯文本文件。

普通文件中，有些文件内容可以直接读取，如文本文件，文件的内容一般是字母、数字以及一些符号等。可以使用 cat、vi 命令直接查看文件内容，如图 5.24 所示。有些文件是为系统准备的，如二进制文件，可执行的文件就是这种格式，如命令 cat 就是二进制文件。还有些文件是为运行中的程序准备的，如数据格式的文件，Linux 用户在登录系统时，会将登录数据记录在/var/log/wtmp 文件内，这个文件就是数据文件。

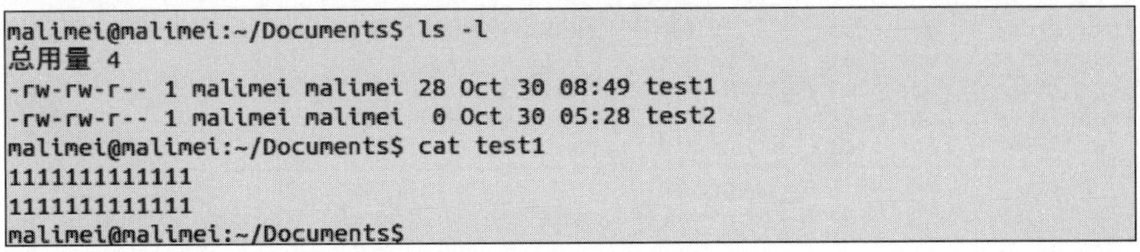

```
malimei@malimei:~/Documents$ ls -l
总用量 4
-rw-rw-r-- 1 malimei malimei 28 Oct 30 08:49 test1
-rw-rw-r-- 1 malimei malimei  0 Oct 30 05:28 test2
malimei@malimei:~/Documents$ cat test1
1111111111111
1111111111111
malimei@malimei:~/Documents$
```

图 5.24　用 cat 查看纯文本文件内容

（3）目录文件。

目录文件就是目录，相当于 Windows 中的文件夹。

可以使用 ls -l 命令显示文件的属性，其中第一个属性为 d 的是目录文件，如图 5.25 所示，根目录下的 bin、boot、dev 等都是目录。

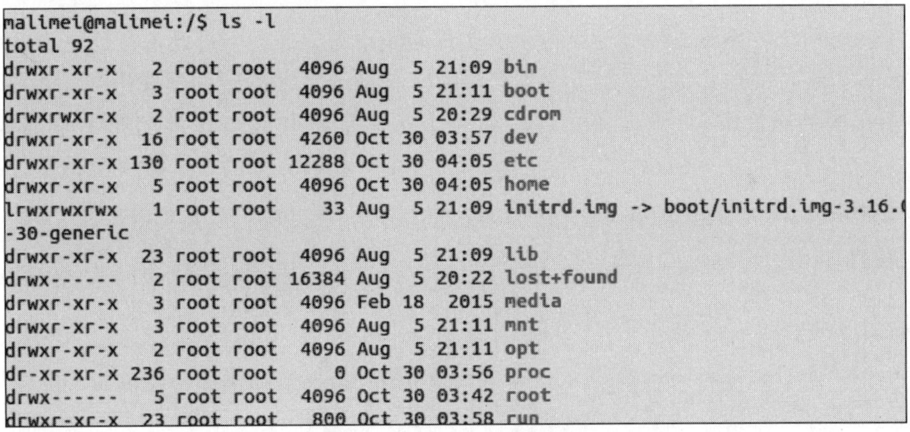

```
malimei@malimei:/$ ls -l
total 92
drwxr-xr-x   2 root root  4096 Aug  5 21:09 bin
drwxr-xr-x   3 root root  4096 Aug  5 21:11 boot
drwxrwxrwx   2 root root  4096 Aug  5 20:29 cdrom
drwxr-xr-x  16 root root  4260 Oct 30 03:57 dev
drwxr-xr-x 130 root root 12288 Oct 30 04:05 etc
drwxr-xr-x   5 root root  4096 Oct 30 04:05 home
lrwxrwxrwx   1 root root    33 Aug  5 21:09 initrd.img -> boot/initrd.img-3.16.0
-30-generic
drwxr-xr-x  23 root root  4096 Aug  5 21:09 lib
drwx------   2 root root 16384 Aug  5 20:22 lost+found
drwxr-xr-x   3 root root  4096 Feb 18  2015 media
drwxr-xr-x   3 root root  4096 Aug  5 21:11 mnt
drwxr-xr-x   2 root root  4096 Aug  5 21:11 opt
dr-xr-xr-x 236 root root     0 Oct 30 03:56 proc
drwx------   5 root root  4096 Oct 30 03:42 root
drwxr-xr-x  23 root root   800 Oct 30 03:58 run
```

图 5.25　查看目录文件

（4）链接文件。

在 Linux 中有两种链接方式：符号链接和硬链接。符号链接相当于 Windows 中的快捷方式。可用 ls -l 命令查看文件属性，符号链接文件的第一个属性用 l 表示，只有符号链接才会显示属性 l。如图 5.26 所示，bzcmp 就是一个链接文件，其指向 bzdiff（5.5 节将详细介绍链接文件）。

（5）设备文件。

设备文件是 Linux 系统中最特殊的文件。Linux 系统为外部设备提供一种标准接口，将外部设备视为一种特殊的文件，即设备文件。它能够在系统设备初始化时动态地在/dev 目录下创建好各种设备的文件节点，如图 5.27 所示，在设备卸载后自动删除/dev 下对应的文件节点。

```
malimei@malimei:/$ cd bin
malimei@malimei:/bin$ ls -l
total 9468
-rwxr-xr-x 1 root root  986672 Oct  7  2014 bash
-rwxr-xr-x 1 root root   30240 Oct 21  2013 bunzip2
-rwxr-xr-x 1 root root 1713424 Nov 14  2013 busybox
-rwxr-xr-x 1 root root   30240 Oct 21  2013 bzcat
lrwxrwxrwx 1 root root       6 Aug  5 20:23 bzcmp -> bzdiff
-rwxr-xr-x 1 root root    2140 Oct 21  2013 bzdiff
lrwxrwxrwx 1 root root       6 Aug  5 20:23 bzegrep -> bzgrep
-rwxr-xr-x 1 root root    4877 Oct 21  2013 bzexe
lrwxrwxrwx 1 root root       6 Aug  5 20:23 bzfgrep -> bzgrep
-rwxr-xr-x 1 root root    3642 Oct 21  2013 bzgrep
-rwxr-xr-x 1 root root   30240 Oct 21  2013 bzip2
-rwxr-xr-x 1 root root    9624 Oct 21  2013 bzip2recover
lrwxrwxrwx 1 root root       6 Aug  5 20:23 bzless -> bzmore
```

图 5.26　查看链接文件

```
brw-rw----  1 root disk     8,  0 Oct 30 03:57 sda
brw-rw----  1 root disk     8,  1 Oct 30 03:57 sda1
brw-rw----  1 root disk     8,  2 Oct 30 03:57 sda2
brw-rw----  1 root disk     8,  5 Oct 30 03:57 sda5
crw-rw----  1 root disk    21,  0 Oct 30 03:57 sg0
crw-rw----+ 1 root cdrom   21,  1 Oct 30 03:57 sg1
crw-rw----+ 1 root cdrom   21,  2 Oct 30 03:57 sg2
```

图 5.27　查看各分区对应的设备文件

在 Linux 系统中设备文件分为字符设备文件和块设备文件。字符设备文件是指设备发送和接收数据以字符的形式进行;而块设备文件则以整个数据缓冲区的形式进行。由 ls -l/dev 命令显示出来的属性中,字符设备文件的第一个属性是 c,块设备文件的第一个属性是 b。在图 5.28 中,第一行的 agpgart 是字符设备文件,而倒数第二行的 fd0 是块设备文件。

```
malimei@malimei:/$ cd dev
malimei@malimei:/dev$ ls -l
total 0
crw-rw----  1 root video    10, 175 Oct 30 03:57 agpgart
crw-------  1 root root     10, 235 Oct 30 03:57 autofs
drwxr-xr-x  2 root root         660 Oct 30 03:56 block
drwxr-xr-x  2 root root         100 Oct 30 03:56 bsg
crw-------  1 root root     10, 234 Oct 30 03:57 btrfs-control
drwxr-xr-x  3 root root          60 Oct 30 03:56 bus
lrwxrwxrwx  1 root root           3 Oct 30 03:57 cdrom -> sr0
drwxr-xr-x  2 root root        3580 Oct 30 03:57 char
crw-------  1 root root      5,   1 Oct 30 03:57 console
lrwxrwxrwx  1 root root          11 Oct 30 03:56 core -> /proc/kcore
drwxr-xr-x  2 root root          60 Oct 30 03:56 cpu
crw-------  1 root root     10,  60 Oct 30 03:57 cpu_dma_latency
crw-------  1 root root     10, 203 Oct 30 03:57 cuse
drwxr-xr-x  5 root root         100 Oct 30 03:56 disk
crw-rw----+ 1 root audio    14,   9 Oct 30 03:57 dmmidi
drwxr-xr-x  2 root root          80 Oct 30 03:57 dri
crw-------  1 root root     10,  61 Oct 30 03:57 ecryptfs
crw-rw----  1 root video    29,   0 Oct 30 03:57 fb0
lrwxrwxrwx  1 root root          13 Oct 30 03:56 fd -> /proc/self/fd
brw-rw----  1 root floppy    2,   0 Oct 30 03:57 fd0
crw-rw-rw-  1 root root      1,   7 Oct 30 03:57 full
```

图 5.28　查看设备文件

执行 ls -l /dev/ | grep "^c",这条命令的意思就是在/dev 目录下查找以 c 开头的文件,这里以 c 开头的文件就是字符设备文件,如图 5.29 所示。

```
malimei@malimei-virtual-machine:/dev$ ls -l /dev/|grep "^c"
crw-------  1 root root      10, 175 8月  15 08:23 agpgart
crw-r--r--  1 root root      10, 235 8月  15 08:23 autofs
crw-------  1 root root      10, 234 8月  15 08:23 btrfs-control
crw-------  1 root root       5,   1 8月  15 08:24 console
crw-------  1 root root      10,  59 8月  15 08:23 cpu_dma_latency
crw-------  1 root root      10, 203 8月  15 08:23 cuse
crw-rw----+ 1 root audio     14,   9 8月  15 08:23 dmmidi
crw-------  1 root root      10,  61 8月  15 08:23 ecryptfs
crw-rw----  1 root video     29,   0 8月  15 08:23 fb0
crw-rw-rw-  1 root root       1,   7 8月  15 08:23 full
crw-rw-rw-  1 root root      10, 229 8月  15 08:23 fuse
crw-------  1 root root     244,   0 8月  15 08:23 hidraw0
crw-------  1 root root      10, 228 8月  15 08:23 hpet
crw-------  1 root root      10, 183 8月  15 08:23 hwrng
crw-r--r--  1 root root       1,  11 8月  15 08:23 kmsg
crw-rw----  1 root disk      10, 237 8月  15 08:23 loop-control
crw-------  1 root root      10, 227 8月  15 08:23 mcelog
crw-r-----  1 root kmem       1,   1 8月  15 08:23 mem
crw-------  1 root root      10,  56 8月  15 08:23 memory_bandwidth
crw-rw----+ 1 root audio     14,   2 8月  15 08:23 midi
crw-------  1 root root      10,  58 8月  15 08:23 network_latency
```

图 5.29　查找以 c 开头的字符设备文件

（6）套接字文件。

套接字文件通常用于网络数据连接。由 ls -l 命令显示出来的属性中,套接字文件的第一个属性用 s 表示,如图 5.30 所示的 acpid.socket 文件。

```
malimei@malimei:/var/run$ ls -l
total 52
-rw-r--r-- 1 root       root          4 Oct 30 03:57 acpid.pid
srw-rw-rw- 1 root       root          0 Oct 30 03:57 acpid.socket
drwxr-xr-x 2 root       root         40 Oct 30 03:57 alsa
drwxr-xr-x 2 avahi      avahi        80 Oct 30 08:00 avahi-daemon
```

图 5.30　查看套接字文件

（7）管道文件。

包含有名管道和无名管道,有名管道以文件的形式存在于系统中可以访问,而无名管道是一种特殊的文件类型,用于在进程之间通信,一个进程的输出作为下一个进程的输入。由 ls -l 命令显示出来的属性中,管道文件的第一个属性用 p 表示,是有名管道,管道一般的权限是:所属者有读写权限,而所属组与其他用户都只有读的权限,管道文件一般都是存放在/dev 目录下面,可以执行下面的命令去查看一下它的属性位: ls -l /dev/| grep "^p"。"|"表示无名管道,这条命令的意思就是:在/dev/目录下查找以 p 开头的文件并显示,如图 5.31 所示。

```
malimei@malimei-virtual-machine:/dev$ ls -l *.pipe
prw-r--r-- 1 root root 0 8月  17 09:39 1.pipe
malimei@malimei-virtual-machine:/dev$ ls -l /dev/ | grep "^p"
prw-r--r--  1 root root           0 8月  17 09:39 1.pipe
malimei@malimei-virtual-machine:/dev$ ▋
```

图 5.31　管道文件

3. 文件属性

对于 Linux 系统的文件来说,其基本的属性有三种:读(r/4)、写(w/2)、执行(x/1)。不同用户对于文件拥有不同的读、写和执行权限。

（1）读权限：具有读取目录结构的权限，可以查看和阅读文件，禁止对其做任何的更改操作，用 r 或 4 表示。

（2）写权限：可以新建、删除、重命名、移动目录或文件（不过写权限受父目录权限控制），用 w 或 2 表示。

（3）执行权限：文件拥有执行权限才可以运行，如二进制文件和脚本文件。有执行权限才可以进入目录文件，用 x 或 1 表示。

文件被创建时，文件所有者自动拥有对该文件的读、写和可执行权限，以便于对文件的阅读和修改。用户也可根据需要把访问权限设置为需要的任何组合。

5.2 文件操作命令

5.2.1 显示文件内容

1. cat

功能描述：用来显示文件内容和连接文件，也可以从标准输入设备读取数据并将其结果重定向到一个新的文件中，达到创建新文件的目的。

格式：cat [选项] [文件名]。

选项：cat 命令中的常用选项如表 5.1 所示。

表 5.1 cat 命令中的常用选项

选　　项	作　　用
-n 或 -number	由 1 开始对所有输出的行数编号
-b	和-n 相似，只不过对于空白行不编号
-s	当遇到有连续两行以上的空白行时，就代换为一行空白行
-E	--show-ends，在每行结束处显示 $

1）显示文件内容到屏幕

例 5.2 查看文件/etc/network/interfaces 的内容，带行号，如图 5.32 所示。

```
$ cd  /etc/network              //更改当前目录为/etc/network
$ cat  - n  interfaces          //加行号显示该目录下文件 interfaces 的内容
```

```
malimei@malimei-virtual-machine:/dev$ cd /etc/network
malimei@malimei-virtual-machine:/etc/network$ cat -n interfaces
     1 # interfaces(5) file used by ifup(8) and ifdown(8)
     2 auto lo
     3 iface lo inet loopback
malimei@malimei-virtual-machine:/etc/network$
```

图 5.32 查看文件内容

2）连接文件

cat 命令可以用于输出重定向，可以将现有文件的内容重定向到新文件。

格式一：cat a1.txt a2.txt > a3.txt

其中，">"表示输出重定向，将 a1.txt 和 a2.txt 的内容输出到 a3.txt。如果 a3.txt 不存在，就新建一个 a3.txt 文件，如果 a3.txt 文件存在就覆盖 a3.txt 文件。

格式二：cat a1.txt a2.txt >> a3.txt

其中，"≫"表示追加重定向，将 a1.txt 和 a2.txt 的内容添加到 a3.txt 的尾部，如果 a3.txt 不存在，就新建一个 a3.txt 文件，如果 a3.txt 存在，a1.txt 和 a2.txt 的内容添加到 a3.txt 的尾部。

3）从标准输入设备输入数据输出到已有文件或新建文件

格式一：cat > a.txt   cat - > a.txt

格式二：cat ≫ a.txt   cat - ≫ a.txt

从标准输入设备，如键盘，输入内容到文件 a.txt，使用 Ctrl+D 组合键退出输入。如果 a.txt 不存在则新建一个 a.txt 文件。如果 a.txt 存在，对于格式一，输入的内容覆盖原文件，对于格式二，输入的内容添加到 a.txt 文件的尾部。

例 5.3   用输出重定向的方法，建立文件。比较输出重定向和追加输出重定向生成文件。

```
$ cat  > test1            //从标准输入设备输入数据,用输出重定向的方法生成文件 test1
$ cat  test1 > test2       //将 test1 内容重定向到 test2
$ cat  test1 ≫ test2       //将 test1 内容追加输出重定向到 test2 的尾部,如图 5.33 所示
$ cat  test1  test2 > test3  //将 test1 和 test2 输出重定向 test3,如图 5.34 所示
$ cat  - ≫ test3           //键盘输入内容,追加输出重定向到 test3(使用 Ctrl+D 组合键退
                          //出输入),如图 5.35 所示
```

图 5.33　输出重定向创建文件

图 5.34　输出重定向生成文件

图 5.35　追加输出重定向生成文件

例 5.4   用输出重定向的方法创建文件，遇到结束标志 EOF 退出编辑，如图 5.36 所示。

```
$ cat > textfile ≪ EOF       //创建 textfile 文件
> This is a text file.       //输入内容
> I like it.                 //输入内容
> EOF                        //退出编辑
```

图 5.36　从键盘输入到新文件

例 5.5 用追加输出重定向的方法,对已存在文件追加内容,遇到结束标志 EOF 退出编辑,如图 5.37 所示。

```
$ cat >> textfile << EOF          //向 textfile 文件追加内容
> really?                         //所追加的内容
> yes!                            //所追加的内容
> EOF                             //退出编辑
```

```
malimei@malimei:~/Documents$ cat >>textfile << EOF
> really?
> yes!
> EOF
malimei@malimei:~/Documents$ cat textfile
This is a textfile.
I like it.
really?
yes!
```

图 5.37 从键盘输入到已有文件

例 5.6 连接多个文件内容并输出到一个文件中,如图 5.38 所示。

```
$ cat text1 text2 text3 > text0          //将 text1、text2、text3 文件内容存入 text0 文件
```

```
malimei@malimei:~/Documents$ cat text1
abcde
malimei@malimei:~/Documents$ cat text2
fghijkl
malimei@malimei:~/Documents$ cat text3
mnopqrst
malimei@malimei:~/Documents$ cat text1 text2 text3 > text0
malimei@malimei:~/Documents$ cat text0
abcde
fghijkl
mnopqrst
```

图 5.38 复制多个文件内容到 text0

在该例中,如果输出的文件已存在则会删除原文件。

例 5.7 将一个或多个已存在的文件内容追加到一个已存在的文件中,不影响原文件内容,如图 5.39 所示。

```
$ cat text1 text2 text3 >> text4          //将 text1、text2、text3 文件内容追加到 text4 文件中
```

```
malimei@malimei:~/Documents$ cat text1
abcde
malimei@malimei:~/Documents$ cat text2
fghijkl
malimei@malimei:~/Documents$ cat text3
mnopqrst
malimei@malimei:~/Documents$ cat text4
uvwxyz
malimei@malimei:~/Documents$ cat text1 text2 text3 >> text4
malimei@malimei:~/Documents$ cat text4
uvwxyz
abcde
fghijkl
mnopqrst
```

图 5.39 复制多个文件内容到 text4 尾部

2. more

功能描述：显示输出的内容，然后根据窗口的大小进行分页显示，在终端底部打印出
"--More--"及已显示文本占全部文本的百分比。

格式：more [选项][文件名]。

选项：more 命令的常用选项如表 5.2 所示。

表 5.2 more 命令的常用选项

选　　项	作　　用
f 或<空格>	显示下一页
<回车>	显示下一行
q 或 Q	退出 more
+num	从第 num 行开始显示
-num	定义屏幕大小为 num 行
+/pattern	从 pattern 前两行开始显示
-c	从顶部清屏然后开始显示
-d	提示按空格键继续，按 Q 键退出，禁止响铃功能
-l	忽略换页(Ctrl+L)字符
-p	通过清除窗口而不是滚屏来对文件进行换页
-s	把连续的多个空行显示为一行
-u	把文件内容中的下画线去掉

例 5.8 查看文件内容，如图 5.40 所示。

```
$ more  isolat1.ent          //分页显示文件 isolat1.ent 的内容
```

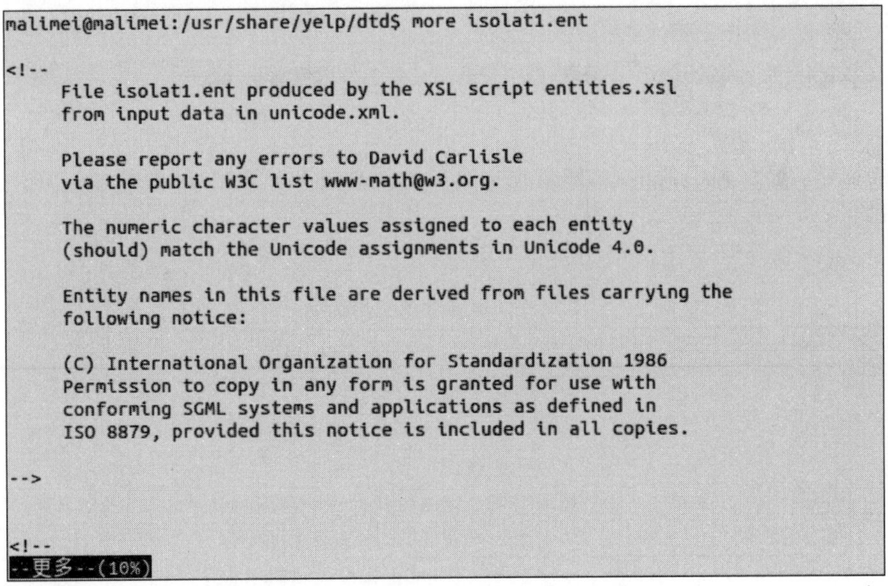

图 5.40 使用 more 命令查看文件内容

当文件较大时，文本内容会在屏幕上快速显示，more 命令解决了这个问题，一次只显示
一屏的文本。输入命令后显示的是文本内容的第一页，按 Enter 键显示下一行，按 F 键或空

格键显示下一页,按 Ctrl+B 组合键返回上一屏,按 Q 键退出显示。

例 5.9 带选项查看文件内容,如图 5.41 所示。

```
$ more +5   test3          //从文件的第 5 行开始显示
$ more - 4  test3          //每屏只显示 4 行
$ more +/2  test3          //从文件中的第一个"2"的前两行开始显示
$ more - dc test3          //显示提示,并从终端或控制台顶部显示
```

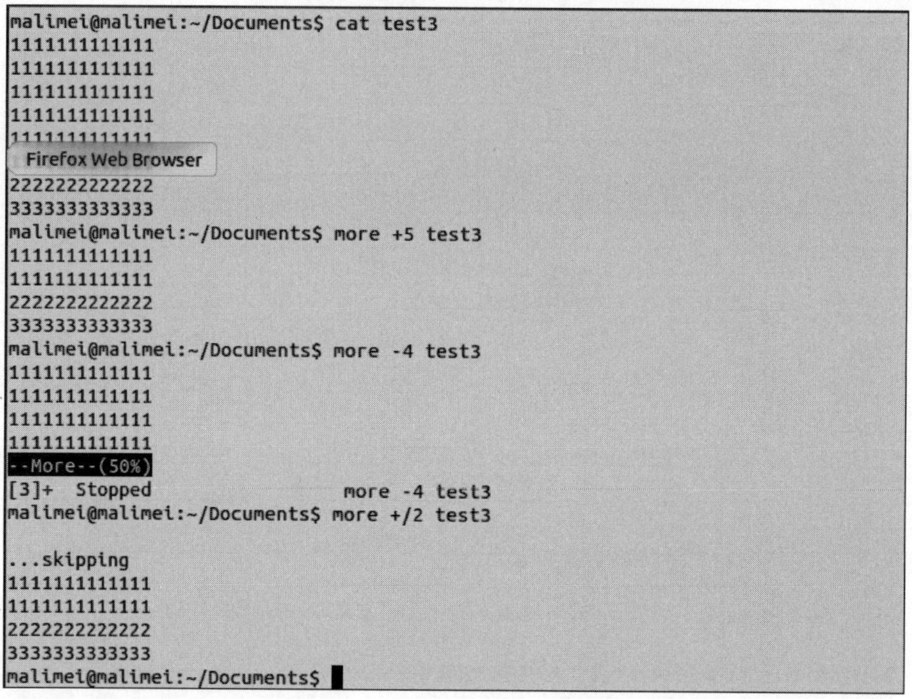

图 5.41 带选项查看文件内容

3. less

功能描述:显示输出的内容,然后根据窗口的大小进行分页显示。

格式:less [选项] [文件名]

选项:less 命令的常用选项如表 5.3 所示。

表 5.3 **less 命令的常用选项**

选 项	作 用
-m	显示读取文件的百分比
-M	显示读取文件的百分比、行号及总行数
-N	在每行前输出行号
-s	把连续多个空白行作为一个空白行显示
-c	从上到下刷新屏幕,并显示文件内容
-f	强制打开文件,禁止文件显示时不提示警告
-i	搜索时忽略大小写,除非搜索串中包含大写字母
-I	搜索时忽略大小写,除非搜索串中包含小写字母
-p	搜索 pattern

例 5.10 使用 less 命令查看文件内容,如图 5.42 所示。

```
$ less  - N  English          //显示文件 English 的内容时显示行号
```

```
1 The air we breathe is so freely available that we take it for granted. Y
1 et without it we could not survive more than a few minutes. For the most
1  part, the same air is available to everyone, and everyone needs it. Som
1 e people use the air to sustain them while they sit around and feel sorr
1 y for themselves. Others breathe in the air and use the energy it provid
1 es to make a magnificent life for themselves.
2
3 Opportunity is the same way. It is everywhere. Opportunity is so freely
3 available that we take it for granted. Yet opportunity alone is not enou
3 gh to create success. Opportunity must be seized and acted upon in order
3  to have value. So many people are so anxious to "get in" on a "ground f
3 loor opportunity", as if the opportunity will do all the work. That's im
3 possible.
4
```

图 5.42 使用 less 命令查看文件内容

在 Ubuntu 中还有一些类似的命令,如 head、tail。

4. head

功能描述:显示文件的前 n 行/段,不带选项时,默认显示文件的前 10 行。

格式:head [选项] [文件名]

选项:head 命令的常用选项如表 5.4 所示。

表 5.4 **head 命令的常用选项**

选　　项	作　　用
-n	显示文件的前 n 行,系统默认值是 10
-c	显示文件的前 n 字节

例 5.11 按照行/段查看文件内容,如图 5.43 所示。

```
$ head  - n  3  English          //显示 English 文件的前 3 行/段内容
```

```
malimei@malimei:~/Documents$ head -n 3 English
The air we breathe is so freely available that we take it for granted. Yet witho
ut it we could not survive more than a few minutes. For the most part, the same
air is available to everyone, and everyone needs it. Some people use the air to
sustain them while they sit around and feel sorry for themselves. Others breathe
 in the air and use the energy it provides to make a magnificent life for themse
lves.
Opportunity is the same way. It is everywhere. Opportunity is so freely availabl
e that we take it for granted. Yet opportunity alone is not enough to create suc
cess. Opportunity must be seized and acted upon in order to have value. So many
people are so anxious to "get in" on a "ground floor opportunity", as if the opp
ortunity will do all the work. That's impossible.
Just as you need air to breathe, you need opportunity to succeed. It takes more
than just breathing in the fresh air of opportunity, however. You must make use
of that opportunity. That's not up to the opportunity. That's up to you. It does
n't matter what "floor" the opportunity is on. What matters is what you do with
it.
```

图 5.43 显示文件的前 3 行/段内容

从例 5.10 和例 5.11 中可以看到,这里显示的其实是段,在 Ubuntu 中行是以回车或换行符来隔开的。

第 5 章

Ubuntu 文件管理

108

例 5.12 按照行查看文件,如图 5.44 所示。

```
$ head － 2 test3          //显示文件的前 2 行
$ head － n 2 test3        //显示文件的前 2 行
$ head － n － 5 test3       //显示文件除后 5 行以外的所有内容
```

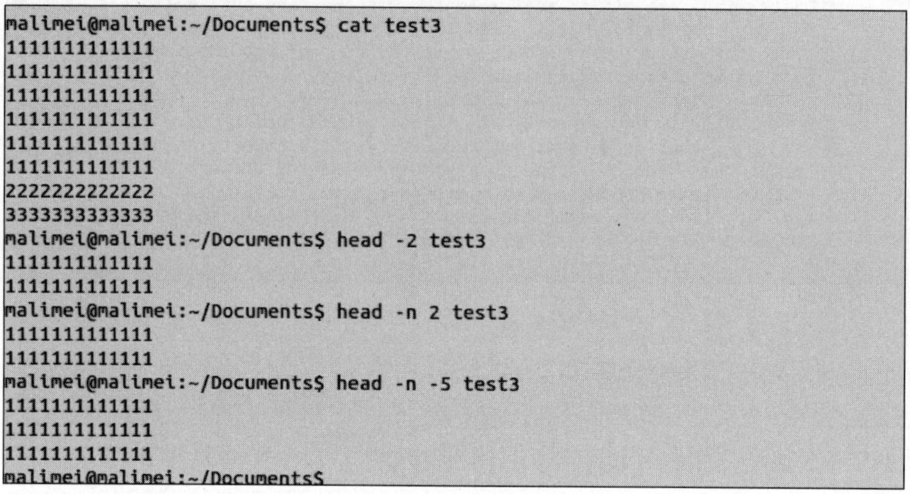

```
malimei@malimei:~/Documents$ cat test3
1111111111111
1111111111111
1111111111111
1111111111111
1111111111111
1111111111111
2222222222222
3333333333333
malimei@malimei:~/Documents$ head -2 test3
1111111111111
1111111111111
malimei@malimei:~/Documents$ head -n 2 test3
1111111111111
1111111111111
malimei@malimei:~/Documents$ head -n -5 test3
1111111111111
1111111111111
1111111111111
malimei@malimei:~/Documents$
```

图 5.44　按照行查看文件

例 5.13 显示文件的前 n 字节,如图 5.45 所示。

```
$ head    － c  25  test3      //显示文件的前 25 字节,不换行
$ head    － c  － 50  test3     //显示文件除最后 50 字节以外的内容
```

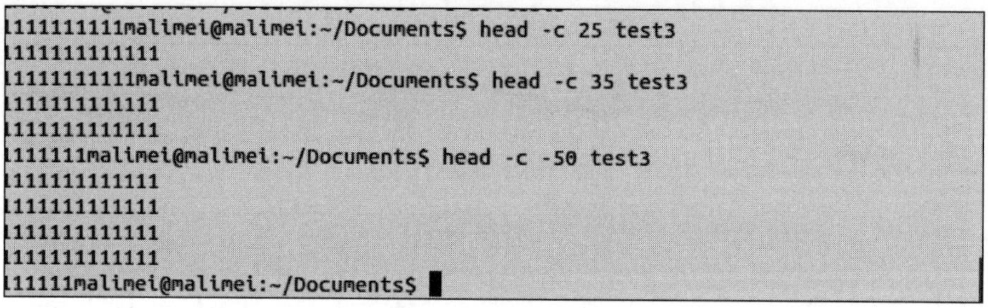

```
1111111111malimei@malimei:~/Documents$ head -c 25 test3
1111111111111
1111111111malimei@malimei:~/Documents$ head -c 35 test3
1111111111111
1111111111111
1111111malimei@malimei:~/Documents$ head -c -50 test3
1111111111111
1111111111111
1111111111111
1111111111111
111111malimei@malimei:~/Documents$ █
```

图 5.45　按照字节查看文件

5. tail

功能描述:显示文件的最后 n 行。

格式:tail [选项] [文件名]

选项:tail 命令的常用选项如表 5.5 所示。

表 5.5　tail 命令的常用选项

选　　项	作　　用
-n	显示文件的最后 n 行,系统默认值是 10
-f	不断读取文件的最新内容,达到实时监控的目的

例 5.14 使用 tail 命令查看文件内容，如图 5.46 所示。

```
$ tail  - 3  test3          //显示文件的最后 3 行
$ tail  - n  2  test3       //显示文件的最后 2 行
$ tail  - f  test3          //显示文件内容,并且不断刷新。按 Ctrl + Z 组合键退出实时监控
```

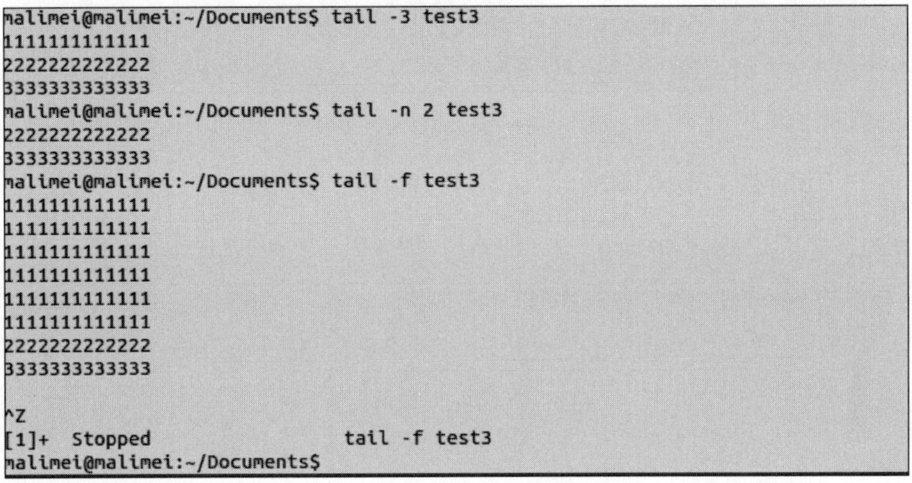

```
malimei@malimei:~/Documents$ tail -3 test3
1111111111111
2222222222222
3333333333333
malimei@malimei:~/Documents$ tail -n 2 test3
2222222222222
3333333333333
malimei@malimei:~/Documents$ tail -f test3
1111111111111
1111111111111
1111111111111
1111111111111
1111111111111
1111111111111
2222222222222
3333333333333

^Z
[1]+  Stopped                  tail -f test3
malimei@malimei:~/Documents$
```

图 5.46　使用 tail 命令查看文件内容

6. echo

功能描述：输出字符串到基本输出,通常是在显示器上输出,输出的字符串间以空白字符隔开。

echo 命令的功能是在显示器上显示一段文字,一般起到提示的作用。该命令在 Shell 编程中极为常用,如检查变量 value 的取值时,可以利用 echo 命令将 value 值显示到显示器上。

格式：echo[选项] 字符串

选项：echo 命令的常用选项如表 5.6 所示。

表 5.6　echo 命令的常用选项

选　项	作　　用	选　项	作　　用
-n	不输出末尾的换行符	\b	退格
-e	启用反斜线转义	\\	输出一个"\"反斜线
\a	发出警告声	\n	另起一行
\c	最后不加上换行符号	\r	回车
\f	换行但光标仍旧停留在原来的位置	\t	插入 Tab
\nnn	插入 nnn(八进制)所代表的 ASCII 字符	\v	垂直制表符

如图 5.47 所示,在 echo 命令中选项 n 表示输出文字后不换行;用 echo 命令输出加引号的字符串时,将字符串原样输出;用 echo 命令输出不加引号的字符串时,将字符串中的各单词作为字符串输出,各字符串之间用一个空格分隔。

```
malimei@malimei-virtual-machine:~$ echo oo
oo
malimei@malimei-virtual-machine:~$ echo -n oo
oomalimei@malimei-virtual-machine:~$ echo oo nn mm
oo nn mm
malimei@malimei-virtual-machine:~$ echo "oo nn mm"
oo nn mm
malimei@malimei-virtual-machine:~$ echo oo        nn mm
oo nn mm
malimei@malimei-virtual-machine:~$ echo "oo        nn mm"
oo        nn mm
malimei@malimei-virtual-machine:~$ ▮
```

图 5.47   echo 命令输出内容

例 5.15   加参数-e,启用\转义,\n 表示换行,如图 5.48 所示。

```
$ echo   - e   "I \nlike\nyou!"          //输入"I like you!",\n 表示换行
```

```
malimei@malimei:~/Documents$ echo -e "I\nlike\nyou!"
I
like
you!
```

图 5.48   echo -e 输出内容

7. od

功能描述:od 命令用于输出文件的八进制、十六进制或其他格式编码的字节,通常用于显示或查看文件中不能直接显示在终端的字符。

格式:od   [选项] 字符串

选项:od 命令的常用选项如表 5.7 所示。

表 5.7   od 命令的常用选项

选　项	作　用
-b,-t o1 file	输出文件 file 中对应字符的八进制数
-a/-c /-tc file	输出文件 file 中 ASCII 码字符
-t d1 file	输出文件 file 中对应字符的十进制数
-t x1 file	输出文件 file 中对应字符的十六进制数

例 5.16   按照八进制、ASCII 码字符、十进制、十六进制输出文件 file,如图 5.49 所示。

```
$ od − b text1.doc                    //使用单字节八进制进行输出
```

```
mali@mali-virtual-machine: ~
mali@mali-virtual-machine:~$ cat>f1
abcdef
mali@mali-virtual-machine:~$ od -t o1 f1
0000000 141 142 143 144 145 146 012
0000007
mali@mali-virtual-machine:~$ od -tc f1
0000000   a   b   c   d   e   f  \n
0000007
mali@mali-virtual-machine:~$ od -t d1 f1
0000000   97  98  99 100 101 102  10
0000007
mali@mali-virtual-machine:~$ od -t x1 f1
0000000 61 62 63 64 65 66 0a
0000007
mali@mali-virtual-machine:~$ ▮
```

图 5.49   od 命令加相应参数输出文件

说明：0000000 表示位数，占 7 位。0000007 表示个数，6 个字符加回车符共 7 个。

5.2.2 显示目录及文件

1. ls

功能描述：列出目录的内容，是 list 的简写形式。

格式：ls ［选项］［文件或目录］

选项：ls 命令的常用选项如表 5.8 所示。

表 5.8　ls 命令的常用选项

选　　项	作　　用
-a	显示所有文件，包括隐藏文件（以"."开头的文件和目录是隐藏的），还包括本级目录"."和上一级目录".."
-A	显示所有文件，包括隐藏文件，但不列出"."和".."
-b	显示当前工作目录下的目录
-l	使用长格式显示文件的详细信息，包括文件状态、权限、拥有者，以及文件大小和文件名等
-F	附加文件类别，符号在文件名最后
-d	如果参数是目录，只显示其名称而不显示其下的各文件
-t	将文件按照建立时间的先后次序列出
-r	将文件以相反次序显示（默认按英文字母顺序排序）
-R	递归显示目录，若目录下有文件，则以下的文件也会被依序列出
-i	显示文件的 inode（索引节点）信息

例 5.17 -l 使用长格式显示文件的详细信息，包括文件状态、权限、拥有者，以及文件大小和文件名等，如图 5.50 所示。

```
$ ls  -l  work            //显示 work 目录下的详细信息
```

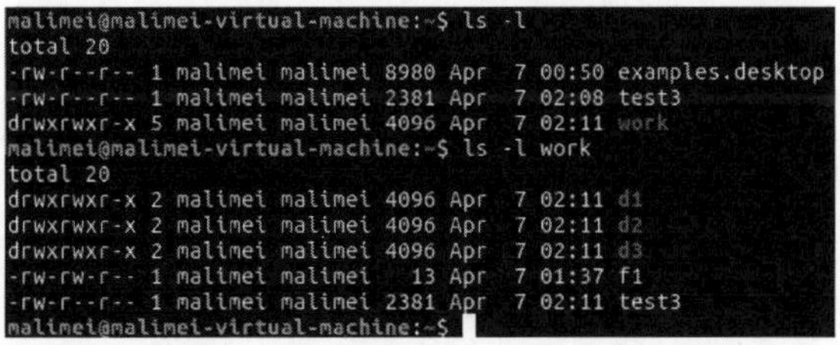

图 5.50　查看目录下的详细信息

选项-l 会显示文件的详细信息，各列的含义如下。

第 1 列表示是文件还是目录（d 开头的为目录）。

第 2 列表示如果是目录，则是目录下的子目录和文件数目；如果是文件，则是文件的数目或文件的链接数。

第 3 列表示文件的所有者名字。

第 4 列表示所属的组名字。

第 5 列表示文件的大小，如果是目录的话，大小为 4096。

第 6～8 列表示上一次修改的时间。

第 9 列表示文件名或目录名。

例 5.18 带参数显示目录下的内容,如图 5.51 所示。

```
$ ls   - a                //列出当前目录下的所有文件和目录,包括隐藏文件
$ ls   - A                //列出当前目录下的所有文件和目录,包括隐藏文件,不包括 . 和 ..
$ ls   - R                //递归显示,若目录下还有目录,则其下的文件也会被依序列出
$ ls   - R  - l           //以递归的形式显示当前目录下文件或目录的详细信息
$ ls   Documents          //列出 /Documents 下的文件和目录
$ ls   - F  Documents     //列出 /Documents 下的文件和目录,在目录后加斜线以区分
```

```
malimei@malimei:~$ ls
a.txt  Documents
malimei@malimei:~$ ls -a
.  ..  a.txt  .bash_history  .bash_logout  .bashrc  Documents  .profile
malimei@malimei:~$ ls -A
a.txt  .bash_history  .bash_logout  .bashrc  Documents  .profile
malimei@malimei:~$ ls -l
总用量 4
-rw-rw-r-- 1 malimei malimei    0 Oct 31 05:13 a.txt
drwxrwxr-x 2 malimei malimei 4096 Oct 31 03:14 Documents
malimei@malimei:~$ ls -R
.:
a.txt  Documents

./Documents:
test1  test2  test3
malimei@malimei:~$ ls -R -l
.:
总用量 4
-rw-rw-r-- 1 malimei malimei    0 Oct 31 05:13 a.txt
drwxrwxr-x 2 malimei malimei 4096 Oct 31 03:14 Documents

./Documents:
总用量 12
-rw-rw-r-- 1 malimei malimei  28 Oct 30 08:49 test1
-rw-rw-r-- 1 malimei malimei  56 Oct 31 03:11 test2
-rw-rw-r-- 1 malimei malimei 112 Oct 31 03:15 test3
malimei@malimei:~$ ls Documents
English~  text1~  text2~  text3~  text4~  textfile~  work
malimei@malimei:~$ ls -F Documents
English~  text1~  text2~  text3~  text4~  textfile~  work/
```

图 5.51 带参数查看当前目录下的内容

例 5.19 /bin 目录下显示的是 Linux 的命令,命令包括内部命令和外部命令。在 /bin 下显示文件名的是外部命令,没有显示的是内部命令。如图 5.52 所示,pwd、ls、touch 是外部命令,cd 是内部命令。

例 5.20 显示文件的 inode 索引节点的信息,如图 5.53 所示。

```
$ ls   - il               //显示当前目录下每个文件的索引节点号
```

这里所说的 inode,中文译名为"索引节点",与文件的存储有关。

文件存储在硬盘上,硬盘的最小存储单位叫作"扇区"(sector)。每个扇区存储 512 字节。操作系统读取硬盘的时候,不会一个个扇区地读取,这样效率太低,而是一次性连续读取多个扇区,即一次性读取一个"块"(block)。这种由多个扇区组成的"块",是文件存取的最小单位。"块"的大小最常见的是 4096 字节,即连续 8 个 sector 组成一个 block。文件数据都存储在"块"中,那么很显然,我们还必须找到一个地方存储文件的元信息,如文件的创

```
dbus-uuidgen          lsblk       plymouth                   whiptail
dd                    lsmod       plymouth-upstart-bridge    ypdomainname
df                    mkdir       ps                         zcat
dir                   mknod       pwd                        zcmp
dmesg                 mktemp      rbash                      zdiff
dnsdomainname         more        readlink                   zegrep
domainname            mount       red                        zfgrep
dumpkeys              mountpoint  rm                         zforce
echo                  mt          rmdir                      zgrep
ed                    mt-gnu      rnano                      zless
egrep                 mv          running-in-container       zmore
false                 nano        run-parts                  znew
malimei@malimei-virtual-machine:/bin$ ls pwd
pwd
malimei@malimei-virtual-machine:/bin$ ls cd
ls: 无法访问cd: 没有那个文件或目录
malimei@malimei-virtual-machine:/bin$ ls ls
ls
malimei@malimei-virtual-machine:/bin$ ls touch
touch
malimei@malimei-virtual-machine:/bin$ cd ~
malimei@malimei-virtual-machine:~$ pwd
/home/malimei
malimei@malimei-virtual-machine:~$ 
```

图 5.52　查看/bin 目录下的命令文件

```
malimei@malimei-virtual-machine:~$ ls -il
总用量 76
134885 -rw-rw-r-- 1 malimei malimei    4 12月 17 16:33 a
134896 lrwxrwxrwx 1 malimei malimei    1 12月 17 16:47 a1 -> a
134909 drwxrwxr-x 2 malimei malimei 4096 3月  31 15:20 c1
134923 -rw-rw-r-- 1 malimei malimei  344 3月  31 15:50 d1.tar
131421 drwxrwxr-x 5 malimei malimei 4096 3月  31 16:13 d3
129962 -rw-rw-r-- 1 malimei malimei    0 7月  19  2019 dd
129794 -rw-r--r-- 1 malimei malimei 8980 7月  19  2019 examples.desktop
134891 lrwxrwxrwx 1 malimei malimei    1 12月 17 16:38 rss -> a
130286 drwxrwxrwx 2 malimei malimei 4096 12月 10 16:21 share
134890 drwxrwxr-x 2 malimei malimei 4096 12月 17 16:48 ss
130027 drwxrwxr-x 3 malimei malimei 4096 7月  20  2019 vmware
134924 -rw-rw-r-- 1 malimei malimei 1774 3月  31 15:51 zd1.zip
129807 drwxr-xr-x 2 malimei malimei 4096 7月  19  2019 公共的
129806 drwxr-xr-x 2 malimei malimei 4096 7月  19  2019 模板
129811 drwxr-xr-x 2 malimei malimei 4096 7月  19  2019 视频
129810 drwxr-xr-x 2 malimei malimei 4096 4月   3 16:49 图片
129808 drwxr-xr-x 2 malimei malimei 4096 7月  19  2019 文档
129805 drwxr-xr-x 2 malimei malimei 4096 7月  19  2019 下载
129809 drwxr-xr-x 2 malimei malimei 4096 7月  19  2019 音乐
129804 drwxr-xr-x 2 malimei malimei 4096 7月  21  2019 桌面
```

图 5.53　查看文件的信息及索引节点号

建者、文件的创建日期、文件的大小等。这种存储文件元信息的区域就叫作 inode，ls -i 则显示了文件的这一信息。

inode 包含文件的元信息，具体来说有以下内容。

（1）文件的字节数。

（2）文件拥有者的 User ID。

（3）文件的 Group ID。

（4）文件的读、写、执行权限。

（5）文件的时间，共有三个：ctime 指 inode 上一次变动的时间，mtime 指文件内容上一次变动的时间，atime 指文件上一次打开的时间。

(6) 链接数,即有多少文件名指向这个 inode,即硬链接数。

(7) 文件数据 block 的位置。

可以用 stat 命令查看某个文件的 inode 信息,文件的字节数是 112,文件所有者的 uid 是 1000,gid 是 1002,权限是-rw-rw--,硬链接数是 1,索引节点号是 264254,如图 5.54 所示。总之,除了文件名以外的所有文件信息,都存在 inode 中。

```
malimei@malimei:~/Documents$ stat test3
  文件 : "test3"
  大小 : 112          块 : 8          IO 块 : 4096     普通文件
设备 : 801h/2049d       Inode : 264254      硬链接 : 1
权限 : (0664/-rw-rw-r--)  Uid : ( 1000/ malimei)   Gid : ( 1002/ malimei)
最近访问 : 2015-10-31 03:18:46.620786704 -0700
最近更改 : 2015-10-31 03:15:28.252795191 -0700
最近改动 : 2015-10-31 03:15:28.252795191 -0700
创建时间 : -
malimei@malimei:~/Documents$
```

图 5.54　查看文件的 indoe 信息

2. pwd

功能描述:显示当前工作目录的完整路径。

格式:pwd

选项:pwd 命令的常用选项如表 5.9 所示。

表 5.9　pwd 命令的常用选项

选　　项	作　　用
-P(大写)	如果目录是链接,则显示出实际路径,而非使用链接(link)路径

例 5.21　查看当前工作路径。创建目录的软链接,显示源目录,如图 5.55 所示。

```
$ pwd              //查看目录的完整路径
$ ln  - s  d1  d2  //创建目录 d1 的软链接 d2
$ cd  d2           //改变到 d2 目录下
$ pwd  - P         //显示的是实际路径 d1
```

```
mali@mali-virtual-machine:~$ pwd
/home/mali
mali@mali-virtual-machine:~$ cd ..
mali@mali-virtual-machine:/home$ pwd
/home
mali@mali-virtual-machine:/home$ cd
mali@mali-virtual-machine:~$ ln -s f1 rf1
mali@mali-virtual-machine:~$ pwd
/home/mali
mali@mali-virtual-machine:~$ cd ..
mali@mali-virtual-machine:/home$ pwd
/home
mali@mali-virtual-machine:/home$ cd
mali@mali-virtual-machine:~$ mkdir d1
mali@mali-virtual-machine:~$ ln -s d1 d2
mali@mali-virtual-machine:~$ cd d2
mali@mali-virtual-machine:~/d2$ pwd -P
/home/mali/d1
mali@mali-virtual-machine:~/d2$
```

图 5.55　pwd 和 pwd -P

说明:关于链接的内容将在 5.5 节讲解。

3. cd

功能描述:改变当前工作目录。把希望进入的目录名称作为参数,从而在目录间进行移动,目录名称可以是工作目录下的子目录名称,也可以是系统中任何目录的全路径名。想要回到主目录,只需要直接输入 cd 或 cd～。

格式：cd［目录］

例 5.22 返回上一级目录,如图 5.56 所示。

```
$ cd ..                        //返回上一级路径
```

```
malimei@malimei:~$ pwd
/home/malimei
malimei@malimei:~$ cd ..
malimei@malimei:/home$ pwd
/home
malimei@malimei:/home$ cd ..
malimei@malimei:/$ pwd
/
```

图 5.56　返回上一级路径

例 5.23 切换到当前用户的主目录,如图 5.57 所示。

```
$ cd ～  或 cd           回到用户的主目录
```

```
mali@mali-virtual-machine:/mnt$ cd ~
mali@mali-virtual-machine:~$ pwd
/home/mali
mali@mali-virtual-machine:~$ cd /bin
mali@mali-virtual-machine:/bin$ cd
mali@mali-virtual-machine:~$ pwd
/home/mali
mali@mali-virtual-machine:~$ █
```

图 5.57　使用 cd 命令切换到当前用户的主目录

5.2.3　文件创建、删除命令

1. touch

功能描述：创建空文件和修改文件存取时间。当执行了 touch 命令后,文件的创建时间或修改时间会更新为当前系统的时间,如果文件不存在,就会自动创建一个空文件。

格式：touch ［选项］ ［文件名］

选项：touch 命令的常用选项如表 5.10 所示。

表 5.10　touch 命令的常用选项

选　　项	作　　用
-d	以"yyyymmddhh:mm:ss"的形式给出要修改的时间,而非现在的时间
-a	只更改存取时间
-c	不建立任何文档
-f	此参数将忽略不予处理,仅负责解决 BSD 版本指令的兼容性问题
-m	只更改变动时间
-r	把指定文档或目录的日期时间设成参考文档或目录的日期时间
-t	以 yyyymmddhhmm.ss 的形式给出要修改的时间

例 5.24 创建新的空文件,如图 5.58 所示。

```
$ touch t1  t2              //创建新的空文件 t1 和 t2
```

例 5.25 修改文件的时间,如图 5.59 所示。

```
$ touch －r a t1              //将 t1 的文件时间更改为和文件 a 一样的文件时间
```

116

```
malimei@malimei-virtual-machine:~/ss$ touch t1 t2
malimei@malimei-virtual-machine:~/ss$ ls -l
总用量 4
-rw-rw-r-- 1 malimei malimei 4 12月 17 16:48 a
lrwxrwxrwx 1 malimei malimei 1 12月 17 16:48 a1 -> a
-rw-rw-r-- 1 malimei malimei 0 5月   13 16:10 t1
-rw-rw-r-- 1 malimei malimei 0 5月   13 16:10 t2
malimei@malimei-virtual-machine:~/ss$ █
```

图 5.58　创建新的空文件

```
malimei@malimei-virtual-machine:~/ss$ touch -r a t1
malimei@malimei-virtual-machine:~/ss$ ls -l
总用量 4
-rw-rw-r-- 1 malimei malimei 4 12月 17 16:48 a
lrwxrwxrwx 1 malimei malimei 1 12月 17 16:48 a1 -> a
-rw-rw-r-- 1 malimei malimei 0 12月 17 16:48 t1
-rw-rw-r-- 1 malimei malimei 0 5月   13 16:10 t2
malimei@malimei-virtual-machine:~/ss$ █
```

图 5.59　修改文件的时间

例 5.26　修改文件的日期,如图 5.60 所示。

```
$ touch  -d  time  filename        //将 filename 的文件时间更改为指定的时间
$ touch  -t  time  filename        //将 filename 的文件时间更改为指定的时间
```

```
mali@mali-virtual-machine:~$ ls --full-time f1
-rw-rw-r-- 1 mali mali 3 2024-08-28 10:33:53.867174522 +0800 f1
mali@mali-virtual-machine:~$ touch -d "20200820 20:25:30" f1
mali@mali-virtual-machine:~$ ls --full-time f1
-rw-rw-r-- 1 mali mali 3 2020-08-20 20:25:30.000000000 +0800 f1
mali@mali-virtual-machine:~$ touch -t 201809161020.32 f1
mali@mali-virtual-machine:~$ ls --full-time f1
-rw-rw-r-- 1 mali mali 3 2018-09-16 10:20:32.000000000 +0800 f1
mali@mali-virtual-machine:~$ █
```

图 5.60　修改文件的时间

说明:注意参数-d 和-t 的格式。

2. rm

功能描述:删除文件或目录。在默认情况下,rm 命令只能删除指定的文件,而不能删除目录,如果删除目录必须加参数-r。

注意:一旦用命令删除文件,很难恢复。

格式:rm　[选项]　[文件或目录]

选项:rm 命令的常用选项如表 5.11 所示。

表 5.11　rm 命令的常用选项

选　　项	作　　用
-f	强制删除。忽略不存在的文件,不提示确认
-i	在删除前会有提示,需要确认
-I	在删除超过 3 个文件时或在递归删除前需要确认
-r(R)	递归删除目录及其内容(无该选项时只删除文件)

例 5.27　删除文件,删除前确认,如图 5.61 所示。

```
$ rm  -i  *.doc                //删除所有.doc 文件,执行前系统会先询问是否删除
```

```
malimei@malimei:~/Documents/test$ ll
total 8
drwxrwxr-x 2 malimei malimei 4096 Nov 10 17:48 ./
drwxr-xr-x 4 malimei malimei 4096 Nov 10 17:44 ../
-rw-rw-r-- 1 malimei malimei    0 2015 touch
-rw-rw-r-- 1 malimei malimei    0 Nov 10 17:45 touch1.doc
-rw-rw-r-- 1 malimei malimei    0 Nov 10 17:48 touch2.doc
malimei@malimei:~/Documents/test$ rm -i *.doc
rm: remove regular empty file 'touch1.doc'? y
rm: remove regular empty file 'touch2.doc'? y
malimei@malimei:~/Documents/test$ ll
total 8
drwxrwxr-x 2 malimei malimei 4096 Nov 10 17:51 ./
drwxr-xr-x 4 malimei malimei 4096 Nov 10 17:44 ../
-rw-rw-r-- 1 malimei malimei    0 Nov 11 2015 touch
```

图 5.61　删除文件前确认

例 5.28　删除目录及其下的子目录和文件-r,删除前确认-i,如图 5.62 所示。

$ rm　- ri　documents　　　　　　　//删除目录 documents 及其下的子目录 d1 和 d1 目录中的文件

```
malimei@malimei-virtual-machine:~$ cd /home/malimei/documents
malimei@malimei-virtual-machine:~/documents$ ls -l
总用量 8
drwxrwxr-x 2 malimei malimei 4096 8月  15 17:24 d1
-rw-rw-r-- 1 malimei malimei   29 7月  20 00:00 test1
malimei@malimei-virtual-machine:~/documents$ cd d1
malimei@malimei-virtual-machine:~/documents/d1$ ls -l
总用量 0
-rw-rw-r-- 1 malimei malimei 0 8月  15 17:24 file1
malimei@malimei-virtual-machine:~/documents/d1$ cd ~
malimei@malimei-virtual-machine:~$ rm -ri documents
rm: 是否进入目录'documents'? y
rm: 是否进入目录'documents/d1'? y
rm: 是否删除普通空文件 'documents/d1/file1'? y
rm: 是否删除目录 'documents/d1'? y
rm: 是否删除普通文件 'documents/test1'? y
rm: 是否删除目录 'documents'? y
malimei@malimei-virtual-machine:~$ cd documents
bash: cd: documents: 没有那个文件或目录
malimei@malimei-virtual-machine:~$ █
```

图 5.62　删除目录及其下的子目录和文件

例 5.29　I 和 i 的区别。I 删除子目录前一次性确认,i 删除子目录前逐个确认,如图 5.63 所示。删除子目录时,i 比 I 更安全。

$ rm　- ri　cc　　　　　　　　　//逐个确认删除 cc 子目录
$ rm　- rI　cc　　　　　　　　　//一次性确认删除 cc 子目录

```
malimei@malimei-virtual-machine:~$ cd cc
malimei@malimei-virtual-machine:~/cc$ ls
cc
malimei@malimei-virtual-machine:~/cc$ cd ..
malimei@malimei-virtual-machine:~$ rm -ri cc
rm: 是否进入目录"cc"? y
rm: 是否进入目录"cc/cc"? y
rm: 是否删除目录 "cc/cc/[c1,c2]"? y
rm: 是否删除目录 "cc/cc"? y
rm: 是否删除目录 "cc"? y
malimei@malimei-virtual-machine:~$ cd ww
malimei@malimei-virtual-machine:~/ww$ ls
malimei@malimei-virtual-machine:~/ww$ mkdir bb
malimei@malimei-virtual-machine:~/ww$ cd bb
malimei@malimei-virtual-machine:~/ww/bb$ mkdir cc
malimei@malimei-virtual-machine:~/ww/bb$ cd ..
malimei@malimei-virtual-machine:~/ww$ cd ..
malimei@malimei-virtual-machine:~$ rm -rI ww
rm: 递归删除所有参数? y
malimei@malimei-virtual-machine:~$
```

图 5.63　I 和 i 的区别

5.2.4 目录创建、删除命令

1. mkdir

功能描述：mkdir 命令用来创建指定名称的目录,要求创建目录的用户在当前目录中具有写权限,并且指定的目录名不能是当前目录中已有的目录。

格式：mkdir [选项] [目录名]

选项：mkdir 命令的常用选项如表 5.12 所示。

表 5.12 mkdir 命令的常用选项

选 项	作 用
-p	依次创建目录,需要时创建目标目录的上级目录
-m	设置权限模式,在建立目录时按模式指定设置目录权限
-v	每次创建新目录都显示执行过程信息

其中的-m 选项用来设置目录的权限。对目录的读权限是 4、写权限是 2、执行权限是 1,这三个数字的和表达了对该目录的权限,如 7 代表同时具有读、写和执行权限,6 代表具有读和写的权限,4 则代表只有读的权限。

-m 的格式为 mkdir -m [参数][目录名],这里的参数由三位如上所述的数字组成,分别代表目录所有者的权限、组中其他人对目录的权限和系统中其他人对目录的权限。-m 参数及其含义如表 5.13 所示。

表 5.13 -m 参数的含义

参 数	含 义
600	只有所有者有读和写的权限
644	所有者有读和写的权限,组用户只有读的权限
666	每个人都有读和写的权限
700	只有所有者有读和写以及执行的权限
777	每个人都有读和写以及执行的权限

例 5.30 默认方式创建一个或多个目录,多个目录间用空格分开如图 5.64 所示。

```
$ mkdir  d11 d12 d13          //在当前目录下创建多个子目录 d11、d12、d13
```

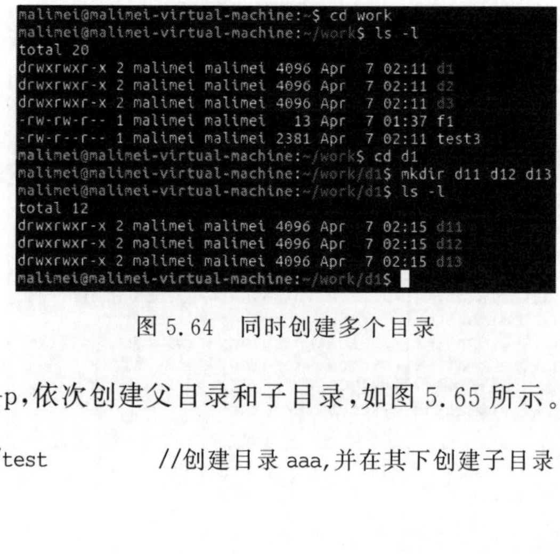

图 5.64 同时创建多个目录

例 5.31 加参数-p,依次创建父目录和子目录,如图 5.65 所示。

```
$ mkdir  -p  aaa/test          //创建目录 aaa,并在其下创建子目录 test
```

```
malimei@malimei:~$ ls
a.txt       Desktop     Downloads   Pictures   Templates
c-language  Documents   Music       Public     Videos
malimei@malimei:~$ mkdir aaa/test
mkdir: cannot create directory 'aaa/test': No such file or directory
malimei@malimei:~$ mkdir -p aaa/test
malimei@malimei:~$ ls
aaa     c-language  Documents  Music     Public      Videos
a.txt   Desktop     Downloads  Pictures  Templates
malimei@malimei:~$ cd aaa
malimei@malimei:~/aaa$ ls
test
```

图 5.65　创建目标及父目录

例 5.32　同时创建多个目录,也可以用下面的方式表示{,},如图 5.66 所示。

```
$ mkdir - vp scf/{lib/,bin/,doc/{info,product}}  //创建目录 scf; scf 下创建目录 lib、bin、doc;
                                                 //doc 下创建目录 info、product,并显示过程
```

```
malimei@malimei-virtual-machine:~$ mkdir -vp scf/{lib/,bin/,doc/{info,product}}
mkdir: 已创建目录 'scf'
mkdir: 已创建目录 'scf/lib/'
mkdir: 已创建目录 'scf/bin/'
mkdir: 已创建目录 'scf/doc'
mkdir: 已创建目录 'scf/doc/info'
mkdir: 已创建目录 'scf/doc/product'
malimei@malimei-virtual-machine:~$ ls -R
.:
dd                   scf      公共的  视频  文档  音乐
examples.desktop     vmware   模板    图片  下载  桌面

./scf:
bin  doc  lib

./scf/bin:

./scf/doc:
info  product

./scf/doc/info:

./scf/doc/product:
```

图 5.66　逐层创建、查看创建的多级目录

例 5.33　创建新目录,同时设置访问权限,如图 5.67 所示。

```
$ mkdir - m 777 test4       //创建目录 test4,每个人对该目录都有读、写和执行的权限
```

```
malimei@malimei:~/Documents/test$ mkdir -m 777 test4
malimei@malimei:~/Documents/test$ ll
total 20
drwxrwxr-x 5 malimei malimei 4096 Nov 10 17:55 ./
drwxr-xr-x 4 malimei malimei 4096 Nov 10 17:44 ../
drwxrwxr-x 2 malimei malimei 4096 Nov 10 17:53 test1/
drwxrwxr-x 3 malimei malimei 4096 Nov 10 17:54 test2/
drwxrwxrwx 2 malimei malimei 4096 Nov 10 17:55 test4/
-rw-rw-r-- 1 malimei malimei    0 Nov 11  2015 touch
```

图 5.67　创建新目录并设置访问权限

例 5.34　只能在自己的工作目录下创建子目录,否则,必须具有超级用户权限,用超级用户创建的目录,所有者为超级用户 root,如图 5.68 所示。

```
$ sudo mkdir - m 700   d11  //在根目录下创建子目录 d11,只有超级用户才可以创建
```

120

```
mali@mali-virtual-machine:~$ pwd
/home/mali
mali@mali-virtual-machine:~$ mkdir -m 700 d11
mali@mali-virtual-machine:~$ cd /
mali@mali-virtual-machine:/$ mkdir -m 700 d11
mkdir: 无法创建目录"d11": 权限不够
mali@mali-virtual-machine:/$ sudo mkdir -m 700 d11
[sudo] mali 的密码：
mali@mali-virtual-machine:/$ ls -l
总用量 101
drwxr-xr-x   2 root root 4096 11月 16  2023 bin
drwxr-xr-x   4 root root 1024 11月 16  2023 boot
drwxrwxr-x   2 root root 4096 10月 27  2023 cdrom
drwx------   2 root root 4096 8月  28 16:42 d11
```

图 5.68　root 权限创建目录

2. rmdir

功能描述：删除空目录。在操作系统中,有时会出现比较多的空目录,这是可以使用目录删除命令 rmdir 将它们都删除。rmdir 命令只能删除空目录,如果其下有文件,应先删除文件。

格式：rmdir　[选项]　[目录列表]

选项：rmdir 命令的常用选项如表 5.14 所示。

表 5.14　rmdir 命令的常用选项

选　　项	作　　用
-p	当子目录被删除后其父目录为空目录时,也一起被删除
-v	显示详细的进行步骤

可使用空格来分隔多个目录名(称为目录列表),可同时删除多个目录。注意,要删除的目录必须为空,如果其下有文件,应先将文件删除。

例 5.35　删除空目录,如图 5.69 所示。

$ rmdir d11　　　　　　　　//删除当前目录下的空的子目录 d11

```
mali@mali-virtual-machine:~$ ls
d11                 f1    test1 test3  模板 图片 下载 桌面
examples.desktop    rf1   test2 公共的 视频 文档 音乐
mali@mali-virtual-machine:~$ cd d11
mali@mali-virtual-machine:~/d11$ ls
mali@mali-virtual-machine:~/d11$ cd ..
mali@mali-virtual-machine:~$ rmdir d11
mali@mali-virtual-machine:~$ ls
examples.desktop  rf1    test2  公共的 视频 文档 音乐
f1                       test1 test3  模板   图片 下载 桌面
mali@mali-virtual-machine:~$
```

图 5.69　删除空目录

例 5.36　删除目标目录,删除后如果上级目录成为空目录,则同时删除,如图 5.70 所示。

$ rmdir - p aaa/test　　　　　//删除目标目录 test 和上级目录 aaa(aaa 下只有 test 一个子目录)

```
malimei@malimei:~$ ls
aaa    Desktop   Downloads  Pictures   Templates
a.txt  Documents Music      Public     Videos
malimei@malimei:~$ cd aaa
malimei@malimei:~/aaa$ ls
test
malimei@malimei:~/aaa$ cd
malimei@malimei:~$ rmdir -p aaa/test
malimei@malimei:~$ ls
a.txt   Documents  Music      Public     Videos
Desktop Downloads  Pictures   Templates
malimei@malimei:~$
```

图 5.70　删除目标及上级目录

例 5.37 删除带文件目录,如图 5.71 所示。

```
$ rm *                  //删除目录 test2 下的所有文件
$ rmdir  test2          //删除目录 test2
```

```
malimei@malimei-virtual-machine:/home$ sudo rmdir test2
rmdir: 删除 "test2" 失败: 目录非空
malimei@malimei-virtual-machine:/home$ cd test2
malimei@malimei-virtual-machine:/home/test2$ ls
wj  wj1  wj1~  wj21
malimei@malimei-virtual-machine:/home/test2$ sudo rm *.*
rm: 无法删除"*.*": 没有那个文件或目录
malimei@malimei-virtual-machine:/home/test2$ sudo rm *
malimei@malimei-virtual-machine:/home/test2$ ls
malimei@malimei-virtual-machine:/home/test2$ cd ..
malimei@malimei-virtual-machine:/home$ sudo rmdir test2
malimei@malimei-virtual-machine:/home$ ▉
```

图 5.71 先删文件后删目录

从图 5.71 中可以看出,rmdir 只能删除空白目录,如果目录不空(如 test2),则不能删除,应先删除文件再删除目录。

例 5.38 显示删除的详细过程,如图 5.72 所示。

```
malimei@malimei:~/Documents/test$ rmdir -v test2
rmdir: removing directory, 'test2'
rmdir: failed to remove 'test2': Directory not empty
malimei@malimei:~/Documents/test$ rmdir -v test1
rmdir: removing directory, 'test1'
malimei@malimei:~/Documents/test$ ll
total 20
drwxrwxr-x 5 malimei malimei 4096 Nov 10 18:02 ./
drwxr-xr-x 4 malimei malimei 4096 Nov 10 17:44 ../
drwxrwxr-x 5 malimei malimei 4096 Nov 10 18:00 scf/
drwxrwxr-x 3 malimei malimei 4096 Nov 10 17:54 test2/
drwxrwxrwx 2 malimei malimei 4096 Nov 10 17:55 ████/
-rw-rw-r-- 1 malimei malimei    0 Nov 11  2015 touch
```

图 5.72 删除目录并显示过程

```
$ rmidr  - v  test2    //删除目录 test2 并显示过程(test2 不是空白目录不能删除)
$ rmidr  - v  test1    //删除目录 test1 并显示详细步骤
```

5.2.5 复制、移动命令

1. cp

功能描述:将文件或目录复制到另一个文件或目录中。如同时指定两个以上的文件或目录,且最后的目的地是一个已经存在的目录,则它会把前面指定的文件或目录复制到此目录中。若同时指定多个文件或目录,而最后的目的地并非一个已存在的目录,则会出现错误信息。

语法:cp [选项] [源文件或目录] [目的文件或目录]

        cp [选项] 源文件组 目标目录

cp 命令可以复制多个文件,将要复制的多个文件用空格分隔,所形成的列表称为源文件组。

选项:cp 命令的常用选项如表 5.15 所示。

表 5.15 cp 命令的常用选项

选　　项	作　　用
-b	将要覆盖的文件做备份,但不接受参数递归时特殊文本的副本内容
-i	覆盖前查询,提示是否覆盖已存在的目标文件
-f	强制复制文件,若目标文件无法打开则将其移除并重试
-p	保留源文件或目录的属性,如日期
-R	复制所有文件及目录
-a	不进行文件数据复制,只对每一个现有目标文件的属性进行备份
-H	跟踪源文件中的命令行符号链接
-l	不复制文件,只是生成链接文件,和源文件的索引结点号一样
-L	总是跟随源文件中的符号链接
-n	不要覆盖已存在的文件
-P	不跟随源文件中的符号链接
-s	只创建符号链接而不复制文件
-t	将所有参数指定的源文件/目录复制到目标目录下
-T	将目标目录视为普通文件
-u	只在源文件比目标文件新或目标文件不存在时才进行复制
-v	显示详细的进行步骤
-x	不跨越文件系统进行操作
-d	复制时保留符号链接

例 5.39　复制文件,如图 5.73 所示。

```
$ cp  test1/file1  test2          //将 test1 文件夹下的 file1 文件复制到目录 test2 中
```

```
malimei@malimei:~/Documents/test$ ls test1
file1
malimei@malimei:~/Documents/test$ ls test2
test3
malimei@malimei:~/Documents/test$ cp test1/file1 test2
malimei@malimei:~/Documents/test$ ls test1
file1
malimei@malimei:~/Documents/test$ ls test2
file1  test3
```

图 5.73　复制文件

例 5.40　复制并备份已有文件,如图 5.74 所示。

```
$ cp － i a1 a2              //复制文件 a1 为 a2,如果文件 a2 存在,则询问是否覆盖 a2
$ cp － b a1 a2              //复制文件 a1 为 a2,若 a2 存在,则将 a2 备份为 a2～
```

例 5.41　复制文件,如果目标目录不存在则无法复制,如图 5.75 所示。

```
$ cp f1 f2 dir1            //复制文件 f1 和 f2 到目录 dir1
$ cp f1 f2 dir2            //复制文件 f1 和 f2 到目录 dir2,若该目录不存在,则报错
```

说明:使用 cp 命令,如果源文件是多个,目标必须是存在的目录。

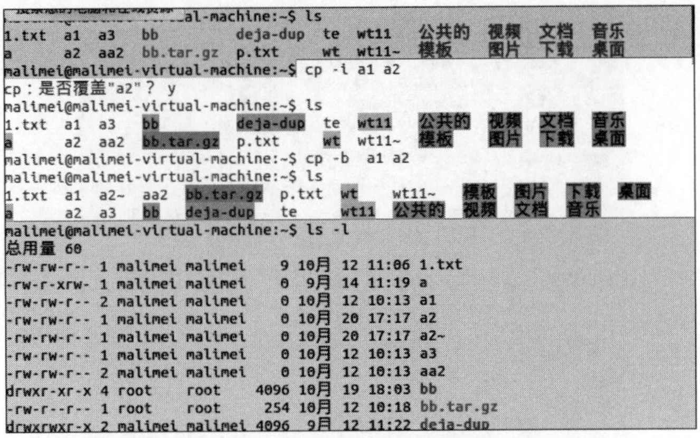

图 5.74   复制文件并覆盖原文件

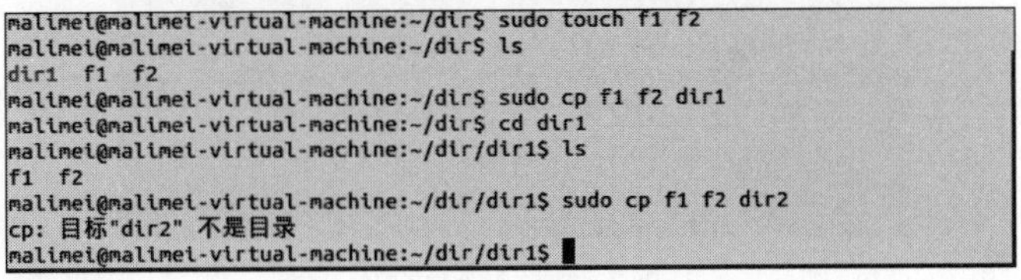

图 5.75   复制文件到目标目录

2. mv

功能描述：将文件或目录改名，或将文件由一个目录移入另一个目录。

格式：mv [选项] [源文件或目录] [目的文件或目录]

选项：mv 命令的常用选项如表 5.16 所示。

表 5.16   mv 命令的常用选项

选　　项	作　　用
-f	禁止交互模式，本选项会使 mv 命令执行移动而不给出提示（在权限足够的情况下直接执行；如果目标文件存在但用户没有写权限时，mv 会给出提示）
-i	交互模式，当移动的目录已存在同名的目标文件名时，用覆盖方式写文件，但在写入之前系统会询问用户是否重写，要求用户回答 y 或者 n，这样可以避免误覆盖文件
-n	不要覆盖已存在的文件
-u	只在源文件比目标文件新或者目标文件不存在时才进行移动
-v	显示详细的进行步骤

例 5.42   加选项-R 复制目录，如图 5.76 所示。

```
$ cp - R lx1 lx2          //把 lx1 目录复制到 lx2 目录下，lx1 目录下的子目录、链接文件一同复制
```

例 5.43   加选项-d，复制时带符号链接，如图 5.77 所示。

```
$ cp - d l* dr          //把 lx1 目录 l 开头的所有文件复制到 dr 目录，链接文件一同复制
```

例 5.44   加选项-l，不复制文件，只是生成硬链接，复制后，文件的索引节点号和源文件的索引节点号一样，如图 5.78 所示。

```
$ cp  -l  *  ../d2    //复制当前目录下的所有文件到 d2 目录
```

Ubuntu 文件管理

```
malimei@malimei-virtual-machine:~/lx/lx1$ ls -l
总用量 28
-rw-rw-r-- 1 malimei malimei   12 10月 17 18:05 a
drwxrwxr-x 2 malimei malimei 4096 10月 19 09:08 dr
-rw-rw-r-- 2 malimei malimei   12 10月 17 18:11 llx4
-rw-rw-r-- 2 malimei malimei   12 10月 17 18:11 lx4
-rw-rw-r-- 1 malimei malimei   12 10月 17 18:08 lx4~
lrwxrwxrwx 1 malimei malimei    3 10月 17 18:32 lx44 -> lx4
-rw-rw-r-- 1 malimei malimei    5 10月 17 18:18 lx5
-rw-rw-r-- 1 malimei malimei    5 10月 17 18:24 lx6
-rw-rw-r-- 1 malimei malimei    0 10月 17 17:57 test
malimei@malimei-virtual-machine:~/lx/lx1$ cd ..
malimei@malimei-virtual-machine:~/lx$ ls -l
总用量 8
drwxrwxr-x 3 malimei malimei 4096 10月 19 09:08 lx1
drwxrwxr-x 3 malimei malimei 4096 10月 19 08:55 lx2
malimei@malimei-virtual-machine:~/lx$ cp -R lx1 lx2
malimei@malimei-virtual-machine:~/lx$ cd lx2
malimei@malimei-virtual-machine:~/lx/lx2$ ls -l
总用量 28
-rw-rw-r-- 1 malimei malimei   12 10月 17 18:05 a
drwxrwxr-x 3 malimei malimei 4096 10月 19 09:14 lx1
-rw-rw-r-- 1 malimei malimei   12 10月 17 18:11 lx4
malimei@malimei-virtual-machine:~/lx/lx2$ cd lx1
malimei@malimei-virtual-machine:~/lx/lx2/lx1$ ls -l
总用量 28
-rw-rw-r-- 1 malimei malimei   12 10月 19 09:14 a
drwxrwxr-x 2 malimei malimei 4096 10月 19 09:14 dr
-rw-rw-r-- 1 malimei malimei   12 10月 19 09:14 llx4
-rw-rw-r-- 1 malimei malimei   12 10月 19 09:14 lx4
-rw-rw-r-- 1 malimei malimei   12 10月 19 09:14 lx4~
lrwxrwxrwx 1 malimei malimei    3 10月 19 09:14 lx44 -> lx4
-rw-rw-r-- 1 malimei malimei    5 10月 19 09:14 lx5
-rw-rw-r-- 1 malimei malimei    5 10月 19 09:14 lx6
-rw-rw-r-- 1 malimei malimei    0 10月 19 09:14 test
```

图 5.76　复制目录

```
malimei@malimei-virtual-machine:~/lx/lx1$ ls -il
总用量 28
136685 -rw-rw-r-- 1 malimei malimei   12 10月 17 18:05 a
136691 drwxrwxr-x 2 malimei malimei 4096 10月 19 09:03 dr
136687 -rw-rw-r-- 2 malimei malimei   12 10月 17 18:11 llx4
136687 -rw-rw-r-- 2 malimei malimei   12 10月 17 18:11 lx4
136684 -rw-rw-r-- 1 malimei malimei   12 10月 17 18:08 lx4~
136690 lrwxrwxrwx 1 malimei malimei    3 10月 17 18:32 lx44 -> lx4
136686 -rw-rw-r-- 1 malimei malimei    5 10月 17 18:18 lx5
136689 -rw-rw-r-- 1 malimei malimei    5 10月 17 18:24 lx6
134889 -rw-rw-r-- 1 malimei malimei    0 10月 17 17:57 test
malimei@malimei-virtual-machine:~/lx/lx1$ cp -d l* dr
malimei@malimei-virtual-machine:~/lx/lx1$ cd dr
malimei@malimei-virtual-machine:~/lx/lx1/dr$ ls -l
总用量 20
-rw-rw-r-- 2 malimei malimei 12 10月 19 09:08 llx4
-rw-rw-r-- 2 malimei malimei 12 10月 19 09:08 lx4
-rw-rw-r-- 1 malimei malimei 12 10月 19 09:08 lx4~
lrwxrwxrwx 1 malimei malimei  3 10月 19 09:08 lx44 -> lx4
-rw-rw-r-- 1 malimei malimei  5 10月 19 09:08 lx5
-rw-rw-r-- 1 malimei malimei  5 10月 19 09:08 lx6
malimei@malimei-virtual-machine:~/lx/lx1/dr$
```

图 5.77　复制时带链接符号

```
malimei@hebtu:~/d1$ ls -il
总用量 8
260496 -rw-rw-r-- 2 malimei malimei 7 4月  8 08:48 a1
260647 lrwxrwxrwx 1 malimei malimei 2 4月  8 08:49 ra1 -> a1
260496 -rw-rw-r-- 2 malimei malimei 7 4月  8 08:48 ya1
malimei@hebtu:~/d1$ cp -l * ../d2
malimei@hebtu:~/d1$ cd ../d2
malimei@hebtu:~/d2$ ls -il
总用量 12
260496 -rw-rw-r-- 5 malimei malimei 7 4月  8 08:48 a1
260496 -rw-rw-r-- 5 malimei malimei 7 4月  8 08:48 ra1
260496 -rw-rw-r-- 5 malimei malimei 7 4月  8 08:48 ya1
malimei@hebtu:~/d2$ cd ..
malimei@hebtu:~$ cat >a1
lianxi
malimei@hebtu:~$ cd d2
malimei@hebtu:~/d2$ cat a1
lianxi
malimei@hebtu:~/d2$ cat ra1
lianxi
malimei@hebtu:~/d2$ cat ya1
lianxi
malimei@hebtu:~/d2$
```

图 5.78　选项-l 不复制文件只是生成硬链接

例 5.45 移动文件，如图 5.79 所示。

```
$ mv - v  test1/file2  test2      //将 test1 目录中的 file2 文件移动到目录 test2 中
```

```
malimei@malimei:~/Documents/test$ ls test1
file1  file2
malimei@malimei:~/Documents/test$ ls test2
file1  test3
malimei@malimei:~/Documents/test$ mv -v test1/file2 test2
'test1/file2' -> 'test2/file2'
malimei@malimei:~/Documents/test$ ls test1
file1
malimei@malimei:~/Documents/test$ ls test2
file1  file2  test3
```

图 5.79　移动文件

例 5.46 更改文件名字，如图 5.80 所示。

```
$ mv  1.txt  11.txt          //将文件 1.txt 更名为 11.txt
$ mv  2.txt  11.txt          //将文件 2.txt 更名为 11.txt,原 11.txt 被覆盖
$ mv  - i  3.txt  11.txt     //将文件 3.txt 更名为 11.txt,覆盖原 11.txt 之前询问
```

```
malimei@malimei-virtual-machine:~$ touch 1.txt
malimei@malimei-virtual-machine:~$ touch 2.txt
malimei@malimei-virtual-machine:~$ touch 3.txt
malimei@malimei-virtual-machine:~$ mv 1.txt 11.txt
malimei@malimei-virtual-machine:~$ mv 2.txt 11.txt
malimei@malimei-virtual-machine:~$ mv -i 3.txt 11.txt
mv: 是否覆盖'11.txt'?  y
malimei@malimei-virtual-machine:~$ ls -l
总用量 64
-rw-rw-r-- 1 malimei malimei    0 8月  15 18:12 11.txt
drwx------ 2 malimei malimei 4096 8月  15 17:52 cc
```

图 5.80　移动并覆盖同名文件

5.2.6　压缩、备份命令

1. tar 压缩、解压缩

功能描述：tar 命令是在 Ubuntu 中广泛应用的压缩解压命令，可以把许多文件打包成一个归档文件或者把它们写入备份文件。tar 可以对文件和目录进行打包，能支持的格式为 tar、gz 等。

格式：tar　[选项] [目标文件名]　[源文件名]

选项：tar 命令的选项如表 5.17 所示。

表 5.17　tar 命令的选项

选　　项	作　　用
-z	使用 gzip 或者 gunzip 压缩格式处理备份文件。配合选项 c 使用是压缩，配合选项 x 使用是解压缩
-c	创建一个新的压缩文件,格式为 .tar
-v	显示过程
-f	指定压缩后的文件名
-x	从压缩文件中还原文件
-u	仅转换比压缩文件新的内容
-r	新增文件至已存在的压缩文件中结尾部分

观看视频

例 5.47 压缩小文件,如图 5.81 所示。

```
$ tar  - zcf  111.tar  11.txt  //将 11.txt 文件压缩成 tar 格式,并命名为 111.tar
```

```
malimei@malimei-virtual-machine:~/d1$ tar -czf 111.tar 11.txt
malimei@malimei-virtual-machine:~/d1$ ls -l
总用量 24
-rw-rw-r-- 1 malimei malimei    147 8月  16 09:45 111.tar
-rw-rw-r-- 1 malimei malimei 10240 8月  16 09:43 11.tar
-rw-rw-r-- 1 malimei malimei    84 8月  16 09:42 11.txt
drwxrwxr-x 2 malimei malimei  4096 8月  15 17:53 ss
```

图 5.81 压缩小文件

对于很小的文件,在进行 tar 打包并压缩时,其占用的磁盘空间会比源文件大很多(11.txt 大小为 84KB 压缩后 111.tar 为 147KB)。

例 5.48 压缩多个文件,并显示过程,如图 5.82 所示。

```
$ tar  - czvf  doc.tar.gz  *.doc  //将目录中所有 doc 文件打包成 doc.tar 后并用 gzip 压缩,
                                   //生成一个 gzip 压缩的文件,命名为 doc.tar.gz,显示过程
```

```
malimei@malimei:~/Documents$ tar -czvf doc.tar.gz  *.doc
tar1.doc
tar2.doc
malimei@malimei:~/Documents$ ll
total 36
drwxr-xr-x  4 malimei malimei 4096 Nov 10 18:22 ./
drwxr-xr-x 16 malimei malimei 4096 Nov 10 17:33 ../
-rw-rw-r--  1 malimei malimei  132 Nov 10 18:22 doc.tar.gz
-rw-rw-r--  1 malimei malimei 5746 Nov 10 05:42 English~
-rw-rw-r--  1 malimei malimei    0 Nov 10 18:21 tar1.doc
-rw-rw-r--  1 malimei malimei    0 Nov 10 18:21 tar2.doc
```

图 5.82 压缩多个文件

例 5.49 压缩大于 500MB 的文件,如图 5.83 所示。

```
$ tar  - czf  VM.tar  VMware - workstation - full - 15.1.0 - 13591040.exe      //将大文件压缩
```

```
malimei@malimei-virtual-machine:~/cc$ tar -czvf VM.tar  VMware-workstation-full-
15.1.0-13591040.exe
VMware-workstation-full-15.1.0-13591040.exe
malimei@malimei-virtual-machine:~/cc$ ls -l
总用量 1212664
-rw-rw-r-- 1 malimei malimei        25 8月  16 09:32 cc1
drwxrwxr-x 2 malimei malimei      4096 8月  16 10:23 d1
-rw-rw-r-- 1 malimei malimei 107070761 8月  16 10:25 d11.tar
-rw-r--r-- 1 malimei malimei      8980 8月  16 09:31 examples.desktop
-rw-rw-r-- 1 malimei malimei   1584023 8月  16 10:42 u.tar
-rw-rw-r-- 1 malimei malimei 485456668 8月  16 10:59 VM.tar
-rw-rw-r-- 1 malimei malimei 107704942 8月  16 09:37 VMWARETO.TGZ
-rwxr-xr-x 1 malimei malimei 538195976 8月  16 10:54 VMware-workstation-full-15.
1.0-13591040.exe
```

图 5.83 压缩大于 500MB 的文件

压缩大文件(500MB 以上)时,压缩比例在 10% 左右,源文件类型不同,压缩比也不同。

例 5.50 压缩、打包目录,如图 5.84 所示。

```
$ tar  - czvf  d11.tar  d1              //将目录 d1 打包压缩成 d11.tar 文件
```

```
malimei@malimei-virtual-machine:~/cc$ cd d1
malimei@malimei-virtual-machine:~/cc/d1$ ls -l
总用量 105196
-rw-r--r-- 1 malimei malimei      8980 8月   16 10:23 examples.desktop
-rw-rw-r-- 1 malimei malimei 107704942 8月   16 10:23 VMWARETO.TGZ
malimei@malimei-virtual-machine:~/cc/d1$ cd ..
malimei@malimei-virtual-machine:~/cc$ ls -l
总用量 105204
-rw-rw-r-- 1 malimei malimei        25 8月   16 09:32 cc1
drwxrwxr-x 2 malimei malimei      4096 8月   16 10:23 d1
-rw-r--r-- 1 malimei malimei      8980 8月   16 09:31 examples.desktop
-rw-rw-r-- 1 malimei malimei 107704942 8月   16 09:37 VMWARETO.TGZ
malimei@malimei-virtual-machine:~/cc$ tar -czvf d11.tar d1
d1/
d1/VMWARETO.TGZ
d1/examples.desktop
malimei@malimei-virtual-machine:~/cc$ ls -l
总用量 209768
-rw-rw-r-- 1 malimei malimei        25 8月   16 09:32 cc1
drwxrwxr-x 2 malimei malimei      4096 8月   16 10:23 d1
-rw-rw-r-- 1 malimei malimei 107070761 8月   16 10:25 d11.tar
-rw-r--r-- 1 malimei malimei      8980 8月   16 09:31 examples.desktop
-rw-rw-r-- 1 malimei malimei 107704942 8月   16 09:37 VMWARETO.TGZ
malimei@malimei-virtual-machine:~/cc$ █
```

图 5.84　压缩、打包目录

例 5.51　解压缩文件，如图 5.85 所示。

```
$ tar  - xzvf  e1.tar              //将压缩包 e1.tar 解压缩到当前目录
$ tar  - xzvf  e1.tar  - C  doc    //将压缩包 e1.tar 解压缩到 doc 目录下
```

```
mali@mali-virtual-machine:~$ ls -l
总用量 72
drwxrwxr-x 2 mali mali 4096 8月   28 17:19 doc
-rw-rw-r-- 1 mali mali 4118 8月   28 17:13 e1.tar
-rw-r--r-- 1 mali mali 8980 10月  27  2023 examples.desktop
-rw-rw-r-- 1 mali mali    3 9月   16  2018 f1
lrwxrwxrwx 1 mali mali    2 8月   28 10:46 rf1 -> f1
-rw-rw-r-- 1 mali mali    7 8月   25 11:46 test1
-rw-rw-r-- 1 mali mali   14 8月   25 11:48 test2
-rw-rw-r-- 1 mali mali   34 8月   25 11:52 test3
drwxr-xr-x 2 mali mali 4096 10月  31  2023 公共的
drwxr-xr-x 2 mali mali 4096 10月  31  2023 模板
drwxr-xr-x 2 mali mali 4096 10月  31  2023 视频
drwxr-xr-x 2 mali mali 4096 10月  31  2023 图片
drwxr-xr-x 2 mali mali 4096 10月  31  2023 文档
drwxr-xr-x 2 mali mali 4096 10月  31  2023 下载
drwxr-xr-x 2 mali mali 4096 10月  31  2023 音乐
drwxr-xr-x 5 mali mali 4096 8月   15 11:09 桌面
mali@mali-virtual-machine:~$ tar -xzvf e1.tar
examples.desktop
mali@mali-virtual-machine:~$ tar -xzvf e1.tar -C doc
examples.desktop
mali@mali-virtual-machine:~$ cd doc
mali@mali-virtual-machine:~/doc$ ls -l
总用量 12
-rw-r--r-- 1 mali mali 8980 10月  27  2023 examples.desktop
mali@mali-virtual-machine:~/doc$
```

图 5.85　文件解压缩

　　这里注意，如果不加参数，解压缩到当前目录下。如果要解压到其他目录，必须在其他目录前加参数-C(大写)。

　　一般情况下，小于 0.5MB 的文件在进行 tar 打包并压缩时，其占用的磁盘空间会比源文件大很多；大于 0.5MB 的文件，在进行 tar 打包并压缩时，其占用的磁盘空间大小不变；

中等文件(100MB 左右的 PDF 文件),在进行 tar 打包并压缩时,可节省 20%～30%的空间;对于大文件(500MB),大约节省 10%的空间,也会由于文件类型不同,压缩比例有所不同。

2. gzip 只压缩不打包

功能描述:gzip 是在 Linux 系统中经常使用的一个对文件进行压缩和解压缩的命令,用 Lempel-Ziv coding(LZ77)技术压缩文件,压缩后文件格式为.gz,只压缩不打包。gzip 不仅可以用来压缩大的、较少使用的文件以节省磁盘空间,还可以和 tar 命令一起构成 Linux 操作系统中比较流行的压缩文件格式。据统计,gzip 命令对文本文件有 60%～70% 的压缩率。

格式:gzip [选项] 要压缩的源文件名

选项:gzip 命令的常用选项如表 5.18 所示。

表 5.18　gzip 命令的常用选项

选　项	作　用
-1	数字 1,表示快速压缩
-9	9 代表最佳状况压缩
-r	递归式地查找指定目录并压缩其中的所有文件或者是解压缩
-c	压缩结果写入标准输入,源文件保持不变
-v	对每一个压缩和解压的文件,显示文件名和压缩比
-d	解压缩指定文件
-t	测试压缩文件的完整性
-l	对每个压缩文件,显示压缩文件的大小、未压缩文件的大小、压缩比、未压缩文件的名字等详细信息

例 5.52　压缩、解压缩文件,如图 5.86 所示。

```
$ gzip  -9  a.txt              //以最佳压缩比压缩文件 a.txt,生成 a.txt.gz
$ gzip  -d  a.txt.gz           //将压缩包 a.txt.gz 解压缩到当前目录
```

图 5.86　压缩、解压缩文件

例 5.53　压缩多个文件,如图 5.87 所示。

```
$ gzip  *                      //压缩当前目录下的所有文件为.gz 文件
```

例 5.54　压缩目标目录下的文件并解压缩,如图 5.88 所示。

```
malimei@malimei:~/Documents/work$ gzip *
malimei@malimei:~/Documents/work$ ll
total 36
drwxrwxr-x 2 malimei malimei 4096 Nov 10 18:27 ./
drwxr-xr-x 4 malimei malimei 4096 Nov 10 18:25 ../
-rw-rw-r-- 1 malimei malimei 2534 Nov 10 05:45 English.gz
-rw-rw-r-- 1 malimei malimei   49 Nov 10 08:22 text0.gz
-rw-rw-r-- 1 malimei malimei   32 Nov  9 16:11 text1.gz
-rw-rw-r-- 1 malimei malimei   34 Nov  9 16:12 text2.gz
-rw-rw-r-- 1 malimei malimei   35 Nov  9 16:12 text3.gz
-rw-rw-r-- 1 malimei malimei   56 Nov 10 08:24 text4.gz
-rw-rw-r-- 1 malimei malimei   71 Nov 10 08:11 textfile.gz
```

图 5.87　压缩多个文件

```
$ gzip  - r  Documents          //压缩 Documents 下的所有文件为.gz 文件
$ gzip  - dr  Documents         //解压缩 Documents 下的所有文件
```

```
malimei@malimei:~$ ls Documents
a.txt  scf  test1  test2  test3
malimei@malimei:~$ gzip -r Documents
malimei@malimei:~$ ls
a.txt     Documents  Music     Public    Templates
Desktop   Downloads  Pictures  tar.tar   Videos
malimei@malimei:~$ ls Documents
a.txt.gz  scf  test1.gz  test2.gz  test3.gz
malimei@malimei:~$ gzip -d Documents
gzip: Documents is a directory -- ignored
malimei@malimei:~$ gzip -dr Documents
malimei@malimei:~$ ls Documents
a.txt  scf  test1  test2  test3
```

图 5.88　解压缩目标目录下的文件

3. gunzip

功能描述：解压缩以 gzip 压缩的.gz 文件。

格式：gunzip　[选项]　[文件或目录]

选项：gunzip 命令的常用选项如表 5.19 所示。

表 5.19　gunzip 命令的常用选项

选　项	作　用
-a	使用 ASCII 文字模式
-d	解压缩文件
-c	把解压缩后的文件输出到标准输出设备
-f	强行解压压缩文件,不理会文件名称或硬链接是否存在
-h	在线帮助
-l	列出压缩文件的相关信息
-L	显示版本与版权信息
-n	解压文件时,若压缩文件内容含有原来的文件名称及时间戳记,则将其忽略不予处理
-p	不显示警告信息
-r	递归处理,将指定目录下的所有文件及子目录一并处理
-S	更改压缩字尾字符串
-t	测试压缩文件是否正确无误
-v	显示指令执行过程

例 5.55 解压缩文件,如图 5.89 所示。

```
$ gunzip  - dr  Documents          //解压缩 Documents 下的所有.gz 文件
```

```
malimei@malimei:~$ ls Documents
a.txt  scf  test1  test2  test3
malimei@malimei:~$ gzip -r Documents
malimei@malimei:~$ ls Documents
a.txt.gz  scf  test1.gz  test2.gz  test3.gz
malimei@malimei:~$ gunzip -d Documents
gzip: Documents is a directory -- ignored
malimei@malimei:~$ gunzip -dr Documents
malimei@malimei:~$ ls Documents
a.txt  scf  test1  test2  test3
```

图 5.89 解压缩指定目录下的.gz 文件

对于文件,如果不加任何参数,gzip 是压缩,gunzip 是解压缩。

4. zip 压缩打包

功能描述:zip 是一个压缩和打包工具,压缩文件时使用 zip 命令。会创建一个带.zip 扩展名的 zip 文件,如果没有指定文件,则 zip 会将压缩数据输出到标准输出。

格式:zip [选项] 压缩后生成的目标文件名 源文件名

选项:zip 命令的常用选项如表 5.20 所示。

表 5.20 **zip 命令的常用选项**

选　　项	作　　用
-f	以新文件取代现有文件
-u	只更新改变过的文件和新文件
-d	从 zip 文件中移出一个文件
-m	将特定文件移入 zip 文件中,并且删除特定文件
-r	递归压缩子目录下的所有文件,包括子目录
-j	只存储文件的名称,不含目录
-1	最快压缩,压缩率最差
-9	表示最慢速度的压缩(最佳压缩)
-q	安静模式,不会显示相关信息和提示
-v	显示详细信息

例 5.56 压缩文件,如图 5.90 所示。

```
$ zip  d1.zip  a*        //将当前目录下第一个字母是 a 的所有文件、把包压缩生成 d1.zip 文件
```

```
malimei@hebtu:~/d1$ zip d1.zip a*
  adding: a1 (stored 0%)
  adding: a1.sh (deflated 14%)
  adding: a2 (stored 0%)
  adding: a2~ (deflated 57%)
  adding: a47.sh (deflated 17%)
  adding: a48.sh (deflated 46%)
  adding: aa.sh (deflated 27%)
  adding: a.sh (deflated 32%)
  adding: atest.sh (stored 0%)
  adding: a.txt (deflated 65%)
malimei@hebtu:~/d1$
```

图 5.90 压缩单个文件

例 5.57 递归压缩，如图 5.91 所示。

```
$ zip  - r  d3.zip d3              //将 d3 目录下的所有文件和子目录压缩后的文件名为 d3.zip
```

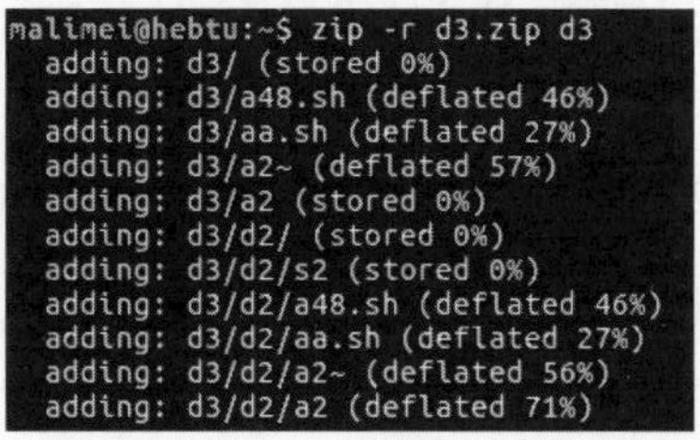

图 5.91 压缩 d3 目录下的所有文件和子目录

例 5.58 删除压缩文件中的部分文件，如图 5.92 所示。

```
$ zip  - d  d3.zip  d3/d2/a2      //删除 d3.zip 中的文件 a2,d3.zip 变小
```

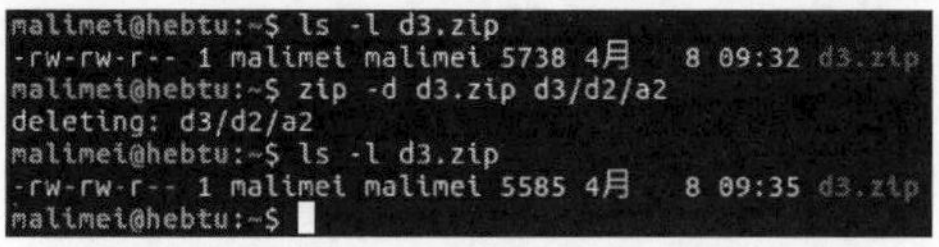

图 5.92 删除压缩文件中的一个文件

例 5.59 向压缩文件中添加文件，如图 5.93 所示。

```
$ zip  - m  d3.zip  d3/d2/a2      //向压缩文件 d3.zip 中添加 a2 文件,d3.zip 变大
```

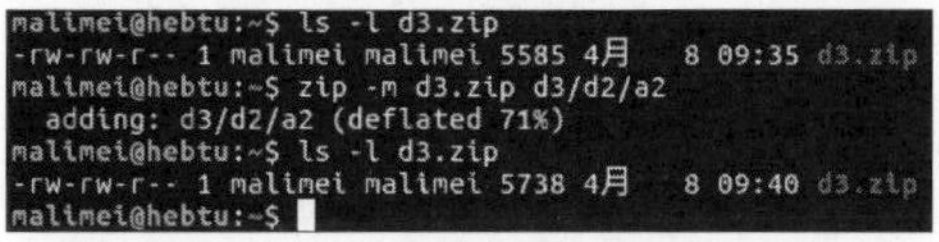

图 5.93 添加文件到压缩文件

例 5.60 压缩文件时排除某个文件，如图 5.94 所示。

```
$ zip  - r  d3.zip  d3  - x  d3/d2/a2    //压缩 d3 目录,但不包括 d3/d2/a2 文件
```

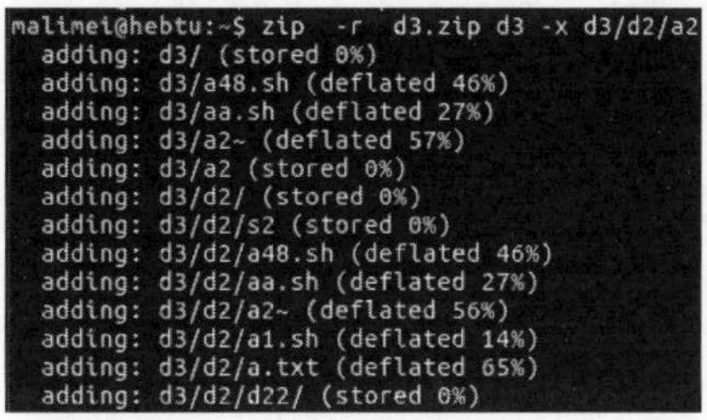

图 5.94 设置压缩的范围

5.unzip

功能描述：解压缩 ZIP 文件。

格式：unzip [选项] 压缩文件名

选项：unzip 命令的常用选项见表 5.21。

表 5.21   unzip 命令的常用选项

选　　项	作　　　用
-x	"文件列表"解压文件,但不包含文件列表中指定的文件
-t	测试压缩文件有无损坏,并不解压
-v	查看压缩文件的详细信息,具体包括压缩文件中包含的文件大小、文件名和压缩比等,并不解压
-n	解压时不覆盖已经存在的文件
-o	解压时覆盖已经存在的文件,并且不要求用户确认
-d	按目录名把压缩文件解压到指定目录下

例 5.61   解压缩文件,如图 5.95 所示。

```
# unzip  test.zip                          //将 test.zip 压缩文件直接解压到当前目录
```

```
root@malimei:/home/malimei/Documents/test# unzip test.zip
Archive:  test.zip
replace test2/file1? [y]es, [n]o, [A]ll, [N]one, [r]ename: y
 extracting: test2/file1
```

图 5.95   解压缩文件

例 5.62   解压缩文件到指定目录,如图 5.96 所示。

```
# unzip  - n  test.zip  - d  /home/malimei/Documents   //将 test.zip 压缩文件解压到目录
                                                       // /home/malimei/Documents 下
```

```
root@malimei:/home/malimei/Documents/test# unzip -n test.zip -d /home/malimei/Do
cuments
Archive:  test.zip
 extracting: /home/malimei/Documents/test2/file1
   creating: /home/malimei/Documents/test1/
```

图 5.96   解压缩文件到指定目录

例 5.63   解压缩并覆盖已有文件,如图 5.97 所示。

```
$ unzip  - o  test.zip  - d  /home/malimei/Documents   //将压缩文件 test.zip 解压到目录
                                                       // /home/malimei/Documents 下,如有相同文件则覆盖
```

```
root@malimei:/home/malimei/Documents/test# unzip -o test.zip -d /home/malimei/Do
cuments
Archive:  test.zip
 extracting: /home/malimei/Documents/test2/file1
```

图 5.97   解压缩并覆盖已有文件

例 5.64   查看压缩文件的压缩比,如图 5.98 所示,压缩比为 4%。

```
$ unzip  - v  cc1.zip                          //查看压缩文件 cc1.zip 的详细信息
```

```
malimei@malimei-virtual-machine:~/cc$ unzip -v cc1.zip
Archive:  cc1.zip
 Length   Method    Size  Cmpr    Date    Time   CRC-32   Name
--------  -------  -----  ----  ---------- ----- --------  ----
      25  Defl:N      24    4% 2019-08-16 09:32 6361b56e  cc1
--------           -----  ---                              -------
      25              24    4%                            1 file
malimei@malimei-virtual-machine:~/cc$
```

图 5.98   查看压缩文件

5.2.7 权限管理命令

1. chgrp

功能描述：chgrp 命令是 change group 的缩写，改变文件或目录的所属组。在 Linux 系统中，文件或者目录的权限由拥有者和所属群组来管理，用群组名称或者群组 gid 来标记不同权限，只有具有 root 权限才能执行此命令。新的组名必须在/etc/group 文件内存在才可以。

格式：chgrp ［选项］［群组］［文件或目录］

选项：chgrp 命令的常用选项见表 5.22。

表 5.22　chgrp 命令的常用选项

选　　项	作　　用
-R	处理指定目录以及其子目录下的所有文件
-c	当发生改变时输出调试信息
-f	不显示错误信息
-v	运行时显示详细的处理信息
-dereference	作用于符号链接的指向，而不是符号链接本身
--no-dereference	作用于符号链接本身
--reference	＝文件 1，文件 2，改变文件 2 所属群组，使其与文件 1 相同

例 5.65　改变文件的群组属性并显示过程，如图 5.99 所示。

$ chgrp － v　bin　tar1.doc　　　　　　　//将 tar1.doc 文件由 malimei 群组改为 bin

```
root@malimei:/home/malimei/Documents/test# ll
total 16
drwxrwxr-x 4 malimei malimei 4096 Nov 11 00:09 ./
drwxr-xr-x 5 malimei malimei 4096 Nov 11 00:09 ../
-rw-rw-r-- 1 malimei malimei    0 Nov 10 18:21 tar1.doc
-rw-rw-r-- 1 malimei malimei    0 Nov 10 18:21 tar2.doc
drwxrwxr-x 2 root    root    4096 Nov 10 18:14 test1/
drwxrwxr-x 3 root    root    4096 Nov 10 19:58 test2/
root@malimei:/home/malimei/Documents/test# chgrp -v bin tar1.doc
changed group of 'tar1.doc' from malimei to bin
root@malimei:/home/malimei/Documents/test# ll
total 16
drwxrwxr-x 4 malimei malimei 4096 Nov 11 00:09 ./
drwxr-xr-x 5 malimei malimei 4096 Nov 11 00:09 ../
-rw-rw-r-- 1 malimei bin        0 Nov 10 18:21 tar1.doc
-rw-rw-r-- 1 malimei malimei    0 Nov 10 18:21 tar2.doc
drwxrwxr-x 2 root    root    4096 Nov 10 18:14 test1/
drwxrwxr-x 3 root    root    4096 Nov 10 19:58 test2/
```

图 5.99　更改文件所属的群组

例 5.66　根据指定文件改变文件的群组属性，如图 5.100 所示。

$ chgrp －－ reference＝tar2.doc　tar1.doc　//改变 tar1.doc 文件所属群组，使其与 tar2.doc 相同

例 5.67　递归改变目录及目录中文件的群组属性，如图 5.101 所示。

$ chgrp － R　malimei　test1　//递归改变目录 test1 及其下文件的所属群组为 malimei

从该例可以看出，添加了参数-R 后，test1 目录及目录中的文件所属的组都改变为

```
root@malimei:/home/malimei/Documents/test# ll
total 16
drwxrwxr-x 4 malimei malimei 4096 Nov 11 00:09 ./
drwxr-xr-x 5 malimei malimei 4096 Nov 11 00:09 ../
-rw-rw-r-- 1 malimei bin        0 Nov 10 18:21 tar1.doc
-rw-rw-r-- 1 malimei malimei    0 Nov 10 18:21 tar2.doc
drwxrwxr-x 2 root    root    4096 Nov 10 18:14 test1/
drwxrwxr-x 3 root    root    4096 Nov 10 19:58 test2/
root@malimei:/home/malimei/Documents/test# chgrp --reference=tar2.doc tar1.doc
root@malimei:/home/malimei/Documents/test# ll
total 16
drwxrwxr-x 4 malimei malimei 4096 Nov 11 00:09 ./
drwxr-xr-x 5 malimei malimei 4096 Nov 11 00:09 ../
-rw-rw-r-- 1 malimei malimei    0 Nov 10 18:21 tar1.doc
-rw-rw-r-- 1 malimei malimei    0 Nov 10 18:21 tar2.doc
drwxrwxr-x 2 root    root    4096 Nov 10 18:14 test1/
drwxrwxr-x 3 root    root    4096 Nov 10 19:58 test2/
```

图 5.100　改变文件群组属性与指定文件相同

```
root@malimei-virtual-machine:/home/test1# cd ..
root@malimei-virtual-machine:/home# chgrp -R  malimei test1
root@malimei-virtual-machine:/home# ls -l
总用量 105216
drwx------  2 root    root        4096 10月  7 10:53 bc
drwx------  2 root    root       16384  8月 29 17:29 lost+found
drwxr-xr-x 18 malimei malimei     4096 10月  7 16:11 malimei
drwxr-xr-x  2 root    malimei     4096 10月  7 12:06 test1
drwxr-xr-x  2 root    root        4096 10月  7 11:17 test2
-rw-r--r--  1 root    malimei        0 10月  7 10:46 text
-rw-r--r--  1 root    root    107704942  9月 19 09:52 VMWARETO.TGZ
root@malimei-virtual-machine:/home# cd test1
root@malimei-virtual-machine:/home/test1# ls -l
总用量 16
-rw-r--r-- 1 root malimei  0 10月  7 00:00 ax
-rw-r--r-- 1 root malimei 25 10月  7 11:16 wj1~.gz
-rw-r--r-- 1 root malimei 24 10月  7 11:16 wj1.gz
-rw-r--r-- 1 root malimei 25 10月  7 11:15 wj21.gz
-rw-r--r-- 1 root malimei 23 10月  7 10:57 wj.gz
root@malimei-virtual-machine:/home/test1#
```

图 5.101　递归改变目录及其下文件的群组属性

malimei 组,这是一种递归改变。如果不添加参数-R,仅改变目录 test1 的组,则目录中的文件所属的组不变,如图 5.102 所示。

```
drwxr-xr-x  2 root    root        4096 10月  7 12:06 test1
drwxr-xr-x  2 root    root        4096 10月  7 11:17 test2
-rw-r--r--  1 root    malimei        0 10月  7 10:46 text
-rw-r--r--  1 root    root    107704942  9月 19 09:52 VMWARETO.TGZ
root@malimei-virtual-machine:/home# chgrp malimei test1
root@malimei-virtual-machine:/home# ls -l
总用量 105216
drwx------  2 root    root        4096 10月  7 10:53 bc
drwx------  2 root    root       16384  8月 29 17:29 lost+found
drwxr-xr-x 18 malimei malimei     4096 10月  7 16:11 malimei
drwxr-xr-x  2 root    malimei     4096 10月  7 12:06 test1
drwxr-xr-x  2 root    root        4096 10月  7 11:17 test2
-rw-r--r--  1 root    malimei        0 10月  7 10:46 text
-rw-r--r--  1 root    root    107704942  9月 19 09:52 VMWARETO.TGZ
root@malimei-virtual-machine:/home# cd test1
root@malimei-virtual-machine:/home/test1# ls
ax  wj1~.gz  wj1.gz  wj21.gz  wj.gz
root@malimei-virtual-machine:/home/test1# ls -l
总用量 16
-rw-r--r-- 1 root root  0 10月  7 00:00 ax
-rw-r--r-- 1 root root 25 10月  7 11:16 wj1~.gz
-rw-r--r-- 1 root root 24 10月  7 11:16 wj1.gz
-rw-r--r-- 1 root root 25 10月  7 11:15 wj21.gz
-rw-r--r-- 1 root root 23 10月  7 10:57 wj.gz
```

图 5.102　仅改变目录的群组属性

2. chown

功能描述：chown 是 change owner 的简写，将文件或目录的所有者改变为指定用户，还可以修改文件所属组群。只有具有 root 权限才能执行此命令。新的用户名必须在/etc/passwd 文件内存在才可以，即必须是合法的用户。

格式：chown [选项] [用户[：群组]] [文件或目录]

选项：chown 命令的常用选项见表 5.23。

表 5.23　chown 命令的常用选项

选　　项	作　　用
-c	显示更改的部分信息
-f	忽略错误信息
-R	处理指定目录以及其子目录下的所有文件，递归式地改变指定目录及其下的所有子目录和文件的拥有者
-v	显示详细的处理信息
-reference=<目录或文件>	把指定的目录/文件作为参考，把操作的目录/文件设置成参考文件/目录相同所有者和群组

例 5.68　改变文件所有者及所属群组，如图 5.103 所示。

```
$ chown  root:bin  file1              //将 file1 文件的所有者改为 root,所属群组为 bin
```

```
root@malimei:/home/malimei/Documents/file# ll
total 12
drwxrwxr-x 2 malimei malimei 4096 Nov 11 18:19 ./
drwxr-xr-x 6 malimei malimei 4096 Nov 11 18:12 ../
-rw-rw-r-- 1 malimei bin        0 Nov 11 18:12 file1
-rw-rw-r-- 1 malimei malimei    6 Nov  9 16:11 text1
root@malimei:/home/malimei/Documents/file# chown root:bin file1
root@malimei:/home/malimei/Documents/file# ll
total 12
drwxrwxr-x 2 malimei malimei 4096 Nov 11 18:19 ./
drwxr-xr-x 6 malimei malimei 4096 Nov 11 18:12 ../
-rw-rw-r-- 1 root    bin        0 Nov 11 18:12 file1
-rw-rw-r-- 1 malimei malimei    6 Nov  9 16:11 text1
```

图 5.103　改变文件所有者及所属群组

例 5.69　更改目录及子目录所有者，如图 5.104 所示。

```
$ chown  - R  malimei  test1          //将 test1 目录及其下文件的所有者更改为 malimei
```

```
drwxr-xr-x 18 malimei malimei    4096 10月  7 16:11 malimei
drwxr-xr-x  2 root    malimei    4096 10月  7 12:06 test1
drwxr-xr-x  2 root    root       4096 10月  7 11:17 test2
-rw-r--r--  1 root    malimei       0 10月  7 10:46 text
-rw-r--r--  1 root    root    107704942 9月  19 09:52 VMWARETO.TGZ
root@malimei-virtual-machine:/home# cd test1
root@malimei-virtual-machine:/home/test1# ls -l
总用量 16
-rw-r--r-- 1 root malimei  0 10月  7 00:00 ax
-rw-r--r-- 1 root malimei 25 10月  7 11:16 wj1~.gz
-rw-r--r-- 1 root malimei 24 10月  7 11:16 wj1.gz
-rw-r--r-- 1 root malimei 25 10月  7 11:15 wj21.gz
-rw-r--r-- 1 root malimei 23 10月  7 10:57 wj.gz
root@malimei-virtual-machine:/home/test1# cd ..
root@malimei-virtual-machine:/home# chown -R malimei test1
root@malimei-virtual-machine:/home# cd test1
root@malimei-virtual-machine:/home/test1# ls -l
总用量 16
-rw-r--r-- 1 malimei malimei  0 10月  7 00:00 ax
-rw-r--r-- 1 malimei malimei 25 10月  7 11:16 wj1~.gz
-rw-r--r-- 1 malimei malimei 24 10月  7 11:16 wj1.gz
-rw-r--r-- 1 malimei malimei 25 10月  7 11:15 wj21.gz
-rw-r--r-- 1 malimei malimei 23 10月  7 10:57 wj.gz
root@malimei-virtual-machine:/home/test1#
```

图 5.104　更改目录及子目录所有者

从例 5.69 可以看出,chown 命令是在超级用户下执行的,需要 root 权限。

例 5.70 更改所有者实例。

文件 11.txt 的所有者是 malimei,更改所有者为 user1,转到 user1 用户下,user1 用户就可以对 11.txt 文件进行编辑、修改,如图 5.105 所示。如果不是这个文件的所有者,也不是同组人,就是其他人,那么就不能修改文件,如 user2 用户就不能修改 11.txt 文件,如图 5.106 所示。

```
malimei@malimei-virtual-machine:~$ sudo chown user1 11.txt
malimei@malimei-virtual-machine:~$ su user1
密码:
user1@malimei-virtual-machine:/home/malimei$ nano 11.txt
user1@malimei-virtual-machine:/home/malimei$ ls -l 11.txt
-rw-rw-r-- 1 user1 malimei 27 5月  14 11:19 11.txt
user1@malimei-virtual-machine:/home/malimei$
```

图 5.105 更改文件的所有者

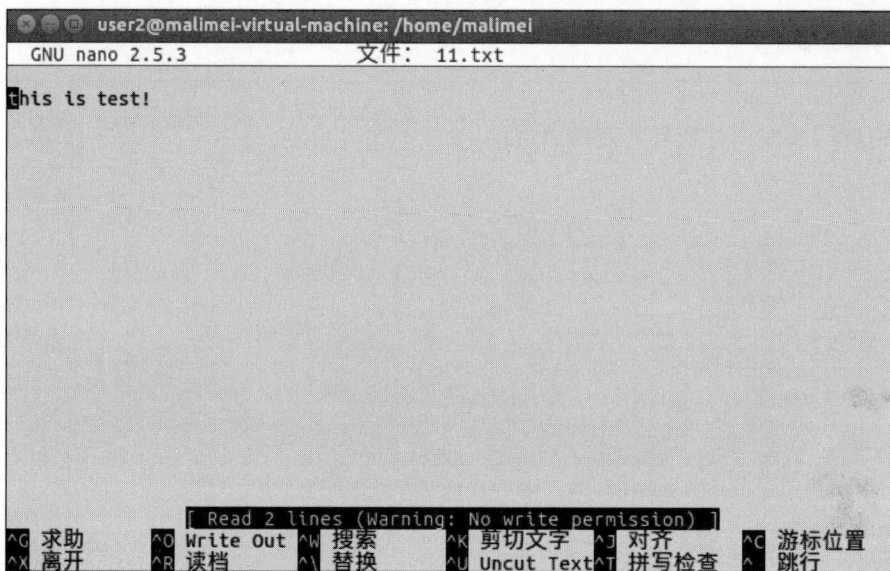

图 5.106 其他人不能修改文件

3. chmod

功能描述:改变文件或目录的访问权限。

在 Linux 系统中,用户设定文件权限控制使其他用户不能访问、修改。但在系统应用中,有时需要让其他用户使用某个原来其不能访问的文件或目录,这时就需要重新设置文件的权限,使用的是 chmod 命令。并不是谁都可改变文件和目录的访问权限,只有文件和目录的所有者才有权限修改其权限。另外,超级用户可对所有文件或目录进行权限设置。

文件或目录的访问权限分为只读、只写和可执行三种。文件所有者拥有对该文件的读、写和可执行权限,超级用户也可根据需要把访问权限设置为需要的任何组合。访问文件的用户有三种类型:文件所有者、组成员用户和普通用户,他们都有各自的文件访问权限。

格式：chmod[选项]〔模式〕文件

chmod 命令有两种模式：符号模式和绝对模式。

选项：chmod 命令的常用选项如表 5.24 所示。

表 5.24　chmod 命令的常用选项

选　　项	作　　用
-v	运行时显示详细的处理信息
-c	显示改变部分的命令执行过程
-f	不显示错误信息
-R	将指定目录下的所有文件和子目录做递归处理
-reference=<目录或者文件>	设置成与指定目录或者文件具有相同的权限

下面分别介绍该命令的两种不同模式。

1）符号模式

```
chmod 〔选项〕〔who〕operator〔permission〕files
```

其中，who、operator 和 permission 的选项如表 5.25～表 5.27 所示。

表 5.25　chmod 命令的 who 选项

选　　项	作　　用
-a	所有用户均具有的权限
-o	除了目录或者文件的当前用户或群组以外的用户或者群组
-u	文件或目录的当前所有者
-g	文件或者目录的当前群组

表 5.26　chmod 命令的 operator 选项

选　　项	作　　用
+	增加权限
—	取消权限
=	设定权限

表 5.27　chmod 命令的 permission 选项

选　　项	作　　用
r	读权限
w	写权限
x	执行权限

2）绝对模式

```
chmod 〔选项〕mode files
```

其中，mode 代表权限等级，由三个八进制数表示。

这三位数的每一位都表示一个用户类型的权限设置，取值是 0～7，即二进制的[000]～[111]。这个三位二进制数的每一位分别表示读、写、执行权限，如 000 表示三项权限均无，100 表示只读。这样，就有了下面的对应。

0 [000]：无任何权限。

1 [001]：执行权限。

2 [010]：写权限。

3 [011]：写、执行权限。

4 [100]：只读权限。

5 [101]：读、执行权限。

6 [110]：读、写权限。

7 [111]：读、写、执行权限。

三个如上所示的二进制字符串([000]～[111])构成了模式,第一位表示所有者的权限,第二位表示组用户的权限,第三位表示其他用户的权限。常用的模式如下。

600：只有所有者有读和写的权限。

644：所有者有读和写的权限,组用户和其他用户只有读的权限。

700：只有所有者有读和写以及执行的权限。

666：每个人都有读和写的权限。

777：每个人都有读、写以及执行的权限。

例 5.71 查看文件的权限,如图 5.107 所示。

```
$ ls  -l                   //查看当前目录下所有文件及子目录的详细信息
```

```
malimei@malimei:~/Documents$ ll
total 24
drwxrwxr-x  3 malimei malimei 4096 Nov 28 00:36 ./
drwxr-xr-x 15 malimei malimei 4096 Nov 28 00:14 ../
-rw-rw-r--  1 malimei malimei    0 Oct 31 05:13 a.txt
drwxrwxr-x  5 malimei malimei 4096 Nov 27 19:10 scf/
-rw-rw-r--  1 malimei malimei   28 Oct 30 08:49 test1
-rw-rw-r--  1 malimei malimei   56 Oct 31 03:11 test2
-rw-rw-r--  1 malimei malimei  112 Oct 31 03:15 test3
```

图 5.107 查看文件的权限

在图 5.107 中,ls 命令显示了文件或目录的详细信息,其中最左边一列(第一个字母除外)为文件的访问权限。具体如下。

r：表示文件可以被读(read)。

w：表示文件可以被写(write)。

x：表示文件可以被执行(如果它是程序)。

—：表示相应的权限还没有被授予。

例 5.72 符号模式下添加可执行权限,如图 5.108 所示。

```
#chmod  a+x  file1          //给 file1 文件所有用户增加可执行权限
```

```
root@malimei:/home/malimei/Documents/file# ls -al file1
-rw-rw-r-- 1 root bin 0 Nov 11 18:12 file1
root@malimei:/home/malimei/Documents/file# chmod a+x file1
root@malimei:/home/malimei/Documents/file# ls -al file1
-rwxrwxr-x 1 root bin 0 Nov 11 18:12 file1
```

图 5.108 设置文件权限为所有用户可执行

例 5.73 符号模式下设置文件仅可执行,如图 5.109 所示。

```
#chmod  u=x  file1          //设置文件 file1 所有者的权限为可执行
```

从图 5.109 可以看到,使用"=x"选项时,文件 file1 所有者的权限从"rwx"变为"--x",即原有的权限被撤销,重新设置为仅可执行。这与"+"选项不同。

```
root@malimei:/home/malimei/Documents/file# ls -al file1
-rwxrwxr-- 1 root bin 0 Nov 11 18:12 file1
root@malimei:/home/malimei/Documents/file# chmod u=x file1
root@malimei:/home/malimei/Documents/file# ls -al file1
---xrwxr-- 1 root bin 0 Nov 11 18:12 file1
```

图 5.109　设置文件权限为只可读

例 5.74　符号模式下设置文件的多重权限,如图 5.110 所示。

＃chmod　ug＋w,o-x　file1　　　　　　//给 file1 文件的所有者和文件属群增加写权限,删除其他用
　　　　　　　　　　　　　　　　　　　//户的执行权限

```
root@malimei:/home/malimei/Documents/file# ls -al file1
-r-xr-xr-x 1 root bin 0 Nov 11 18:12 file1
root@malimei:/home/malimei/Documents/file# chmod ug+w,o-x file1
root@malimei:/home/malimei/Documents/file# ls -al file1
-rwxrwxr-- 1 root bin 0 Nov 11 18:12 file1
```

图 5.110　设置文件的多重权限

从例 5.74 可以看出,在符号模式下可以使用“,”来连接多个选项,为所有者、所属群和其他用户分别设置不同的权限。

例 5.75　符号模式下设置文件的多重权限,如图 5.111 所示。

＄sudo chmod　u＋x,g-r,o+w　cc1　//为所有者添加执行权限,同组人去掉读权限,其他人(普通
　　　　　　　　　　　　　　　　　//人)加上写的权限

```
malimei@malimei-virtual-machine: ~/cc
搜索您的计算机  -virtual-machine:~/cc$ ls -l
总用量 581904
-rw-rw-r-- 1 malimei malimei       25 8月  16 09:32 cc1
-rw-rw-r-- 1 malimei malimei      180 8月  16 11:33 cc1.zip
drwxrwxr-x 2 malimei malimei     4096 8月  16 11:35 d1
drwxrwxr-x 2 malimei malimei     4096 8月  16 11:14 d11
drwxrwxr-x 3 malimei malimei     4096 8月  16 11:16 d111
-rw-rw-r-- 1 malimei malimei 107070761 8月  16 10:25 d11.tar
-rw-r--r-- 1 malimei malimei     8980 8月  16 09:31 examples.desktop
-rw-rw-r-- 1 malimei malimei  1584023 8月  16 10:42 u.tar
-rw-rw-r-- 1 malimei malimei 485456668 8月  16 10:59 VM.tar
-rw-r--r-- 1 malimei malimei  1719632 8月  16 10:42 下载ubuntu.docx
malimei@malimei-virtual-machine:~/cc$ sudo chmod u+x,g-r,o+w cc1
[sudo] malimei 的密码:
malimei@malimei-virtual-machine:~/cc$ ls -l
总用量 581904
-rwx-w-rw- 1 malimei malimei       25 8月  16 09:32 cc1
```

图 5.111　设置文件的多重权限

例 5.76　绝对模式下设置对文件的权限,如图 5.112 所示。

＄chmod　712　cc1　　　　　//设置 a 的权限:所有者具有读、写和执行权限,同组人具有可执行权限,
　　　　　　　　　　　　　　//其他人具有写权限

从例 5.76 中可以看出,文件的所有者不使用 sudo 命令,可以更改文件的权限。

注意:符号模式和绝对模式不能混着用,要遵循各自的格式。如图 5.113 所示的命令“chmod u-w　g＋7　o＋1　a”,既然使用了符号模式,那么 permission 选项只能使用“r”“w”“x”,不能采用绝对模式中用数字表示权限的方法。

Ubuntu 文件管理

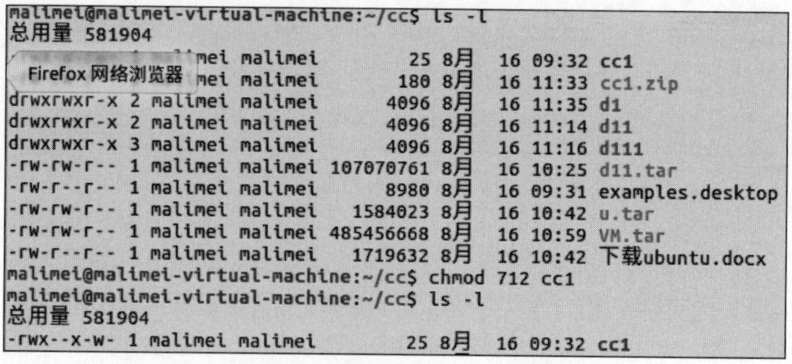

图 5.112　绝对模式下设置文件的权限

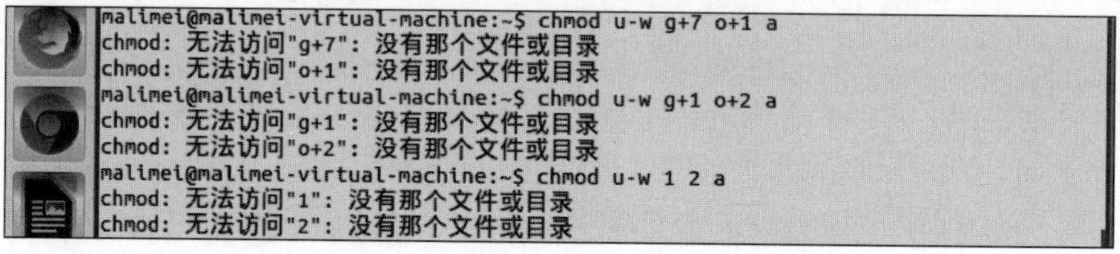

图 5.113　符号模式和绝对模式不能混淆

例 5.77　文件 lx 属于 mali 用户,我们看到同组人对文件 lx 有 rw 的权限,把 user2 用户加入 mali 组中,就是同组人,如图 5.114 所示,user2 就可以修改 mali 用户的文件 lx 了,如图 5.115 所示。

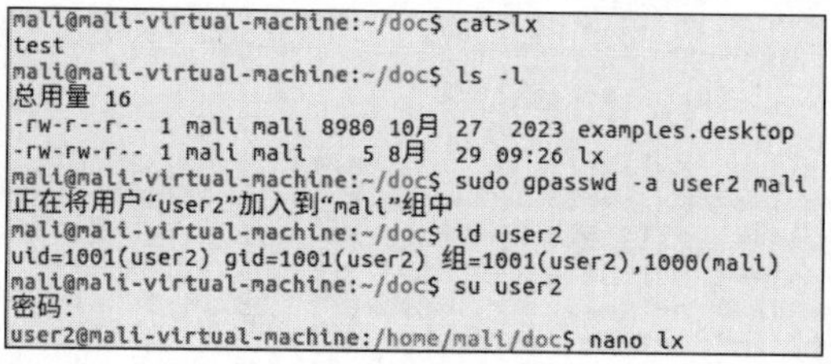

图 5.114　user2 加入 mali 组中

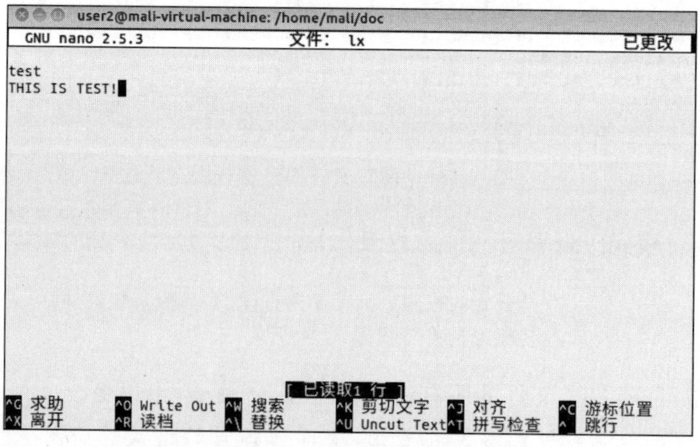

图 5.115　user2 修改属于 mali 用户组的文件 lx

5.2.8 文件查找命令

文件查找命令有 whereis、find 和 locate。和 find 相比,whereis 查找的速度非常快,当使用 whereis 和 locate 时会从 Linux 的数据库中查找数据,但是该数据库并不是实时更新的,默认情况下是一星期更新一次。因此,在用 whereis 和 locate 查找文件时,有时会找到已经被删除的数据,或者刚刚创建文件却无法查找到,原因就是数据库文件没有被更新。

1. whereis

功能描述:寻找命令的二进制文件,同时也会找到其帮助文件。

这个程序的主要功能是寻找一个命令所在的位置,例如,最常用的 ls 命令,它是在/bin 这个目录下的。如果希望知道某个命令存在哪一个目录下,可以用 whereis 命令来查询。但是 whereis 命令只能用于程序名的搜索,而且只搜索二进制文件(参数-b)、帮助文件(参数-m)和源代码文件(参数-s)。如果省略参数,则返回所有信息。

格式:whereis [选项] [文件名]

选项:whereis 命令的常用选项如表 5.28 所示。

表 5.28 whereis 命令的常用选项

选　　项	作　　用
-b	定位可执行文件
-m	定位帮助文件
-s	定位源代码文件
-u	搜索默认路径下除可执行文件、源代码文件、帮助文件以外的其他文件
-B	指定搜索可执行文件的路径
-M	指定搜索帮助文件的路径

例 5.78　搜索命令,如图 5.116 所示。

```
$ whereis ls            //搜索 ls 命令位置和其帮助文件的路径
$ whereis find          //搜索 find 命令位置和其帮助文件的路径
$ whereis tar           //搜索 tar 命令位置和其帮助文件的路径
```

```
malimei@malimei:~$ whereis ls
ls: /bin/ls /usr/share/man/man1/ls.1.gz
malimei@malimei:~$ whereis find
find: /usr/bin/find /usr/bin/X11/find /usr/share/man/man1/find.1.gz
malimei@malimei:~$ whereis tar
tar: /bin/tar /usr/lib/tar /usr/include/tar.h /usr/share/man/man1/tar.1.gz
malimei@malimei:~$
```

图 5.116　搜索命令的路径

例 5.79　搜索命令的帮助文件,如图 5.117 所示。

```
$ whereis  -m  ls       //搜索 ls 的帮助文件
$ whereis  -m  find     //搜索 find 的帮助文件
$ whereis  -m  tar      //搜索 tar 的帮助文件
```

141

第
5
章

Ubuntu 文件管理

```
malimei@malimei:~$ whereis -m ls
ls: /usr/share/man/man1/ls.1.gz
malimei@malimei:~$ whereis -m find
find: /usr/share/man/man1/find.1.gz
malimei@malimei:~$ whereis -m tar
tar: /usr/share/man/man1/tar.1.gz
malimei@malimei:~$
```

图 5.117　搜索命令的帮助文件(man)的路径

2. help

功能描述：查看命令的内容和使用方法。

whereis 只查找命令文件的路径,要想查看命令的内容和使用方法,则可以使用 help 命令,help 用于查看所有 Shell 命令。

格式：help　[选项]　[命令]

选项：help 命令的常用选项见表 5.29。

表 5.29　help 命令的常用选项

选　　项	作　　　用
-s	输出短格式的帮助信息,仅包括命令格式
-d	输出命令的简短描述,仅包括命令的功能
-m	仿照 man 格式显示命令的功能、格式及用法

例 5.80　查看命令的帮助文件,如图 5.118 所示。

```
$ help  help              //查看 help 命令的帮助文件,显示该命令的内容和使用方法
```

```
malimei@malimei:~$ help help
help: help [-dms] [pattern ...]
    Display information about builtin commands.

    Displays brief summaries of builtin commands.  If PATTERN is
    specified, gives detailed help on all commands matching PATTERN,
    otherwise the list of help topics is printed.

    Options:
      -d        output short description for each topic
      -m        display usage in pseudo-manpage format
      -s        output only a short usage synopsis for each topic matching
        PATTERN

    Arguments:
      PATTERN    Pattern specifiying a help topic

    Exit Status:
    Returns success unless PATTERN is not found or an invalid option is given.
malimei@malimei:~$
```

图 5.118　查看 help 命令的内容和使用方法

例 5.81　查看内部命令 cd 的格式、功能和详细帮助信息,如图 5.119 所示。

```
$ help  - s  cd            //查看 cd 命令的格式
$ help  - d  cd            //查看 cd 命令的功能
$ help  cd                 //查看 cd 命令的帮助信息
```

```
malimei@malimei:~$ help -s cd
cd: cd [-L|[-P [-e]] [-@]] [dir]
malimei@malimei:~$ help -d cd
cd - Change the shell working directory.
malimei@malimei:~$ help cd
cd: cd [-L|[-P [-e]] [-@]] [dir]
    Change the shell working directory.

    Change the current directory to DIR.  The default DIR is the value of the
    HOME shell variable.

    The variable CDPATH defines the search path for the directory containing
    DIR.  Alternative directory names in CDPATH are separated by a colon (:).
    A null directory name is the same as the current directory.  If DIR begins
    with a slash (/), then CDPATH is not used.

    If the directory is not found, and the shell option `cdable_vars' is set,
    the word is assumed to be  a variable name.  If that variable has a value,
    its value is used for DIR.

    Options:
      -L        force symbolic links to be followed: resolve symbolic links in
        DIR after processing instances of `..'
      -P        use the physical directory structure without following symbolic
```

图 5.119　带参数查看命令 cd 的帮助

例 5.82　查看外部命令 ls 的帮助信息,如图 5.120 所示。

```
$ ls -- help                    //查看 ls 命令的帮助信息,给出了用法和各选项
```

```
malimei@malimei:~$ help ls
bash: help: no help topics match `ls'. Try `help help' or `man -k ls' or `info
ls'.
malimei@malimei:~$ ls --help
Usage: ls [OPTION]... [FILE]...
List information about the FILEs (the current directory by default).
Sort entries alphabetically if none of -cftuvSUX nor --sort is specified.

Mandatory arguments to long options are mandatory for short options too.
  -a, --all                  do not ignore entries starting with .
  -A, --almost-all           do not list implied . and ..
      --author               with -l, print the author of each file
  -b, --escape               print C-style escapes for nongraphic characters
```

图 5.120　查看 ls 命令的帮助信息

注意:使用 help 查看命令的帮助信息时需要区分是内部命令还是外部命令:对于内部命令格式为 help <命令>,如前面的例 5.81;而外部命令需要使用<命令>　--help 格式,如例 5.82。

3. man

功能描述:查看命令的帮助手册。

查找命令的帮助信息更常用的是 man 命令。man 用来查看帮助手册,通常使用者只要在命令 man 后输入想要获取的帮助命令的名称(例如 ls),man 就会列出一份完整的说明,其内容包括命令语法、各选项的意义以及相关命令等。

格式:man　[选项]　命令名称

选项:man 命令的常用选项见表 5.30。

表 5.30　man 命令的常用选项

选　　项	作　　用
-s	根据章节显示,具体见后面的说明
-f	只显示出命令的功能而不显示其中详细的说明文件
-w	不显示手册页,只显示将被格式化和显示的文件所在位置
-a	显示所有的手册页,而不是只显示第一个
-E	在每行的末尾显示 $ 符号

其中,选项-s 是根据章节显示帮助,常用的章节选项见表 5.31。

表 5.31　选项-s 的章节参数

章 节 参 数	作　　用
1	一般使用者的命令
2	系统调用的命令
3	C 语言函数库的命令
4	有关驱动程序和系统设备的解释
5	配置文件的解释
6	游戏程序的命令
7	其他的软件或程序的命令和有关系统维护的命令

例 5.83　查看 ls 命令的帮助手册,如图 5.121 所示。

```
$ man  -s  1  ls          查看 ls 命令的帮助手册
```

```
malimei@malimei:~$ man -s 1 ls
malimei@malimei:~$ man -s 2 ls
No manual entry for ls
See 'man 7 undocumented' for help when manual pages are not available.
```

图 5.121　查看 ls 命令的帮助手册

从例 5.83 中可以看出,ls 是一般使用者的命令,加-s 参数时用"1"选项。如果用其他章节参数,则会提示错误。

使用 man 命令后会显示所查看命令的 man 文件。如图 5.122 所示,可以使用鼠标上下滑动来翻页,按 Q 键退出帮助手册返回命令界面。

4. find

功能描述:寻找文件或目录的位置。

如果有大量的文件保存在许多不同的目录中,可能需要搜索它们,以便能找出某种类型的一个或者多个文件,这就需要 find 命令。find 命令可以按照文件名、类型、所有者甚至最后更新的时间来搜索文件。

格式:find [搜索路径] [常用选项] [文件或目录]

选项:find 命令的常用选项如表 5.32 所示。

观看视频

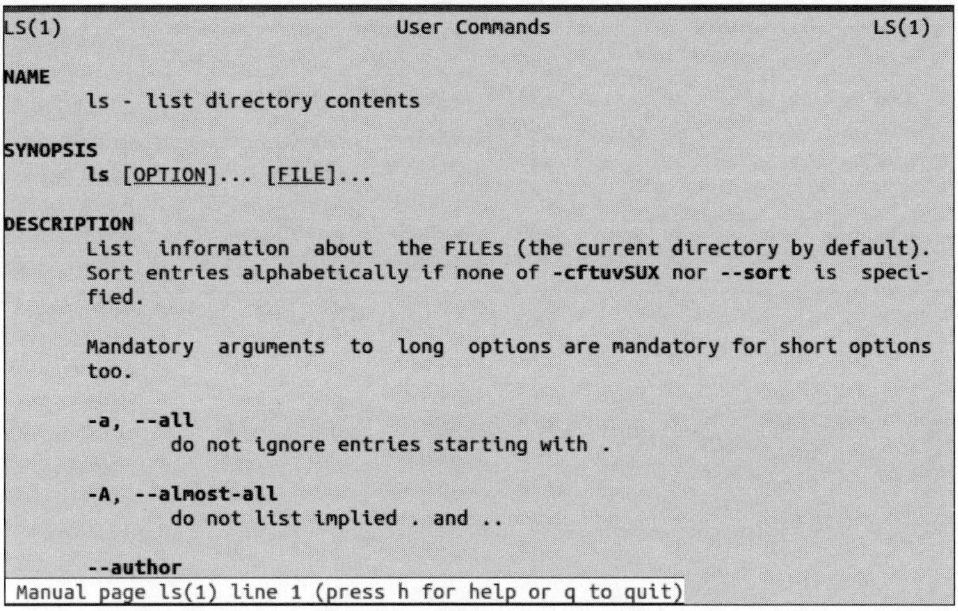

```
LS(1)                          User Commands                          LS(1)

NAME
       ls - list directory contents

SYNOPSIS
       ls [OPTION]... [FILE]...

DESCRIPTION
       List  information  about  the  FILEs (the current directory by default).
       Sort entries alphabetically if none of -cftuvSUX nor --sort is  speci-
       fied.

       Mandatory  arguments  to  long  options are mandatory for short options
       too.

       -a, --all
              do not ignore entries starting with .

       -A, --almost-all
              do not list implied . and ..

       --author
Manual page ls(1) line 1 (press h for help or q to quit)
```

图 5.122　命令 ls 的帮助手册

表 5.32　find 命令的常用选项

选　　项	作　　用
-type	查找某一类型的文件,具体参数见后面说明
-name	按照文件名来查找文件
-group	按照文件所属的组来查找文件
-user	按照文件所有者来查找文件
-print	find 命令将匹配的文件输出到标准输出,显示到屏幕上
-link	按照文件的链接数来查找文件
-size n：[c]	查找文件长度为 n 块的文件,带有 c 时表示文件长度以字节计算
-newer file1 ！file2	查找更改时间比文件 file1 新,但比文件 file2 旧的文件
-perm	按照文件权限来查找文件
-depth	在查找文件时,首先查找当前目录中的文件,然后在其子目录中查找
-prune	不在指定的目录中查找,如同时使用-depth 选项,-prune 将被忽略
-nogroup	查找无有效属主的文件,即该文件所属的组在/etc/groups 中不存在
-nouser	查找无有效属主的文件,即该文件的属主在/etc/passwd 中不存在

其中,选项-type 表示按照文件类型查找文件,具体的参数见表 5.33。

表 5.33　-type 选项参数

type 参数	作　　用	type 参数	作　　用
b	块设备文件	p	管道文件
d	目录	l	符号链接文件
c	字符设备文件	f	普通文件

另外,find 命令还可以利用时间特征来查找文件,其参数见表 5.34。

表 5.34　时间特征参数

时 间 参 数	作　　用
amin n	查找 n 分钟以内被访问过的所有文件
atime n	查找 n 天以内被访问过的所有文件
cmin n	查找 n 分钟以内文件状态被修改过的所有文件
ctime n	查找 n 天以内文件状态被修改过的所有文件
mmin n	查找 n 分钟以内文件内容被修改过的所有文件
mtime n	查找 n 天以内文件内容被修改过的所有文件

下面详细说明 find 的用法。

(1) 通过文件名查找。

知道了某个文件的文件名,却不知道它存于哪个目录下,从根/目录下开始查找,此时可通过查找命令找到该文件,命令如下:

```
#find / - name httpd.conf - print
```

(2) 根据部分文件名查找。

当要查找某个文件时,又不知道该文件的全名,只知道这个文件包含几个特定的字母,此时用查找命令也可找到相应文件。这时在查找文件名时可使用通配符" * ""?"。例如,还是查找文件 httpd.conf,但仅记得该文件名包含"http"字符串,可使用如下命令查找。

```
#find / - name * http* - print
```

(3) 根据文件的特征查询。

如果仅知道某个文件的大小、修改日期等特征,也可使用 find 命令查找出该文件。例如,知道一个文件大小为 2500 字节,可使用如下命令查找:

```
#find /etc - size 2500c - print
```

例 5.84　按照文件名查找文件,如图 5.123 所示。

```
$ find   ~   - name   " * .doc"   - print //查找当前目录及子目录中扩展名为.doc 的文件并显示
$ find   .   - name   "[A-F]* " - print //查找以大写字母 A~F 开头的文件并显示
$ find /etc  - name  'f????'          //查找/etc 下所有以 f 开头后面有 4 个字符的文件
```

例 5.85　按照文件权限模式查找文件,如图 5.124 所示。

```
$ find  .   - perm  777  - print      //在当前目录下查找文件权限为 777 的文件,即查找每
                                      //个人都有可读写可执行权限的文件
```

例 5.86　忽略某个子目录查找文件,如图 5.125 所示。

```
$ find  cc  - path  "cc/d1"  - prune  - o  - print //查找 cc 文件夹及子文件夹的文件,忽
                                                   //略子文件夹 d1
```

例 5.87　按文件所有者、用户组等查找文件,如图 5.126 所示。

```
$ find  work  - user  malimei  - print 在 work 文件夹下查找所有者为 malimei 的文件并输出。
$ find  /home/malimei/Documents  - group  malimei  - print //在 Documents 文件夹下查找属
                                                           //于 malimei 用户组的文件
```

```
malimei@malimei:~$ find ~ -name "*.doc" -print
/home/malimei/Documents/test/tar1.doc
/home/malimei/Documents/test/tar2.doc
/home/malimei/Documents/tar1.doc
/home/malimei/Documents/tar2.doc
malimei@malimei:~$ find . -name "[A-F]*" -print
./Desktop
./Desktop/vmware-tools-distrib/FILES
./Downloads
./Documents
./Documents/English~
./Documents/English
././.gconf/apps/gnome-terminal/profiles/Default
././.local/share/Trash/info/English.zip.trashinfo
././.local/share/Trash/files/English.zip
malimei@malimei:~$ find /etc -iname 'f????'
find: `/etc/polkit-1/localauthority': Permission denied
/etc/fstab
find: `/etc/ppp/peers': Permission denied
find: `/etc/ssl/private': Permission denied
find: `/etc/chatscripts': Permission denied
/etc/X11/xinit/xinput.d/fcitx
/etc/X11/fonts
find: `/etc/cups/ssl': Permission denied
/etc/apparmor.d/abstractions/fonts
/etc/fonts
```

图 5.123　按照文件名查找文件

```
root@malimei:/home/malimei# find . -perm 777 -print
./Desktop/vmware-tools-distrib/INSTALL
./Desktop/vmware-tools-distrib/vmware-install.pl
././.local/share/Trash/files/test4
```

图 5.124　按照文件权限模式查找文件

```
malimei@malimei-virtual-machine: ~
malimei@malimei-virtual-machine:~/cc$ ls -l
总用量 581908
-rwx--x-w- 1 malimei malimei        25 8月   16 09:32 cc1
-rw-rw-r-- 1 malimei malimei       180 8月   16 11:33 cc1.zip
drwxrwxr-x 2 malimei malimei      4096 8月   16 11:35 d1
drwxrwxr-x 2 malimei malimei      4096 8月   16 12:23 d11
drwxrwxr-x 3 malimei malimei      4096 8月   16 11:16 d111
-rw-rw-r-- 1 malimei malimei 107070761 8月   16 10:25 d11.tar
-rw-r--r-- 1 malimei malimei      8980 8月   16 09:31 examples.desktop
-rw-rw-r-- 1 malimei malimei        16 8月   16 12:18 lx
-rw-rw-r-- 1 malimei malimei   1584023 8月   16 10:42 u.tar
-rw-rw-r-- 1 malimei malimei 485456668 8月   16 10:59 VM.tar
-rw-r--r-- 1 malimei malimei   1719632 8月   16 10:42 下载ubuntu.docx
malimei@malimei-virtual-machine:~/cc$ cd ..
malimei@malimei-virtual-machine:~$ find cc -path "cc/d1" -prune -o -print
cc
cc/d11.tar
cc/lx
cc/d111
cc/d111/d1
cc/d111/d1/VMWARETO.TGZ
cc/d111/d1/examples.desktop
cc/cc1
cc/examples.desktop
cc/cc1.zip
cc/VM.tar
cc/下载ubuntu.docx
cc/d11
cc/d11/lx
cc/d11/.lx.swp
cc/u.tar
malimei@malimei-virtual-machine:~$
```

图 5.125　忽略某个子目录查找文件

Ubuntu 文件管理

148

```
malimei@malimei:~/Documents$ find work -user malimei -print
work
work/text3
work/text1
work/text2
work/file
work/file/text1
malimei@malimei:~$ find /home/malimei/Documents -group malimei -print
/home/malimei/Documents
/home/malimei/Documents/English~
/home/malimei/Documents/text3~
/home/malimei/Documents/work
/home/malimei/Documents/work/text3
/home/malimei/Documents/work/text1
/home/malimei/Documents/work/text2
/home/malimei/Documents/work/file2
/home/malimei/Documents/work/file1
/home/malimei/Documents/work/file1/text1
```

图 5.126　按照所有者、用户组等查找文件

例 5.88　按照时间查找文件,如图 5.127 所示。

```
$ find /home/malimei/Documents/work  - mtime  - 5  - print  //查找更改时间在 5 日内的/home/
                                                            //malimei/Documents/work 文件
```

```
malimei@malimei:~$ find /home/malimei/Documents/work -mtime -5 -print
/home/malimei/Documents/work
/home/malimei/Documents/work/text3
/home/malimei/Documents/work/text1
/home/malimei/Documents/work/text2
/home/malimei/Documents/work/file2
/home/malimei/Documents/work/file1
/home/malimei/Documents/work/file1/text1
/home/malimei/Documents/work/file1/file1
```

图 5.127　按照时间查找文件

例 5.89　按照文件类型查找文件,如图 5.128 所示。

```
$ find  /home/malimei/Documents - type d - print      //查找指定目录下所有的目录文件并显示
```

```
malimei@malimei:~$ find /home/malimei/Documents -type d -print
/home/malimei/Documents
/home/malimei/Documents/work
/home/malimei/Documents/work/file2
/home/malimei/Documents/work/file1
/home/malimei/Documents/test2
/home/malimei/Documents/test
/home/malimei/Documents/test/test1
/home/malimei/Documents/test/test2
/home/malimei/Documents/test/test2/test3
```

图 5.128　按照文件类型查找文件

例 5.90　按照文件长度查找文件,如图 5.129 所示。

```
$ find.  - size  +1M  - print       //在当前目录下查找文件长度大于 1MB 的文件
```

5. locate

功能描述:寻找文件或目录。

locate 命令用于在文件系统内通过搜寻数据库查找指定文件,相对 find 命令查找速度

观看视频

```
mali@mali-virtual-machine:/$ sudo find . -size +1M -print
[sudo] mali 的密码：
./var/lib/apt/lists/security.ubuntu.com_ubuntu_dists_xenial-security_universe_binary-amd64_Packages
./var/lib/apt/lists/security.ubuntu.com_ubuntu_dists_xenial-security_universe_binary-i386_Packages
./var/lib/apt/lists/cn.archive.ubuntu.com_ubuntu_dists_xenial_universe_i18n_Translation-en
./var/lib/apt/lists/cn.archive.ubuntu.com_ubuntu_dists_xenial-updates_universe_binary-amd64_Package
s
./var/lib/apt/lists/cn.archive.ubuntu.com_ubuntu_dists_xenial-updates_main_i18n_Translation-en
```

图 5.129 查找长度大于 1MB 的文件

快。数据库由 updatedb 程序来更新，updatedb 是由 crondaemon 周期性建立的，locate 命令在搜寻数据库时比由整个硬盘资料搜寻快，但若所找到的文件是最近才建立或刚更名的，locate 命令可能会找不到。updatedb 每天会更新一次，可以由修改 crontab 来更新设定值。

格式：locate [选项] [搜索关键字]

选项：locate 命令的常用选项见表 5.35。

表 5.35 locate 命令的常用选项

选　项	作　用	选　项	作　用
-a	输出所有匹配模式的文件	-h	显示辅助信息
-d	指定文件库的路径	-q	安静模式，不会显示任何错误信息
-e	将排除在寻找的范围之外	-V	显示程式的版本信息

例 5.91　查找文件名中包含"x"的文件，如图 5.130 所示。

```
$ locate  x|more                         //查找所有和"x"相关的文件,并用 more 命令显示
```

```
malimei@malimei-virtual-machine:/$ locate x|more
/bin/busybox
/bin/bzexe
/bin/gzexe
/bin/ntfsfix
/boot/grub/gfxblacklist.txt
/boot/grub/i386-pc/exfat.mod
/boot/grub/i386-pc/exfctest.mod
/boot/grub/i386-pc/ext2.mod
/boot/grub/i386-pc/extcmd.mod
/boot/grub/i386-pc/gettext.mod
/boot/grub/i386-pc/gfxmenu.mod
/boot/grub/i386-pc/gfxterm.mod
/boot/grub/i386-pc/gfxterm_background.mod
```

图 5.130 查找文件名中包含"x"的文件

例 5.92　查找指定目录下以"t"开头的文件，如图 5.131 所示。

```
# locate  /file1/t                        查找 file1 文件夹下以"t"开头的文件
```

```
root@malimei:/home/malimei/Documents/work# locate /file1/t
/home/malimei/Documents/work/file1/text1
```

图 5.131 查找以"t"开头的文件

相关命令还有如下几个。

whatis 命令：查询命令的功能。

which 命令：显示可执行命令所在的目录。

例 5.93 查询命令的功能和所在的目录,如图 5.132 所示。

```
$ whatis  ls                    //查询 ls 命令的功能
$ which  ls                     //查询 ls 命令的可执行路径
```

```
malimei@malimei-virtual-machine:/home$ whatis ls
ls (1)                - list directory contents
malimei@malimei-virtual-machine:/home$ which ls
/bin/ls
```

图 5.132　查询命令的功能和可执行路径

6. grep

功能描述:使用正则表达式查找文件内容。

格式:grep [选项] 匹配字符串 文件列表

选项:grep 命令的常用选项如表 5.36 所示。

表 5.36　grep 命令的常用选项

选　项	作　用
-v	列出不匹配串或正则表达式的行,即显示不包含匹配文本的所有行
-c	对匹配的行计数
-l	只显示包含匹配的文件的文件名
-h	查询多文件时不显示文件名,抑制包含匹配文件的文件名的显示
-n	每个匹配行只按照相对的行号显示
-i	产生不区分大小写的匹配,默认状态是区分大小写

正则表达式的参数如下。

\:忽略正则表达式中特殊字符的原有含义。

^x:匹配正则表达式的开始行,匹配一个字符 x。

$:匹配正则表达式的结束行。

\<:从匹配正则表达式的行开始。

\>:到匹配正则表达式的行结束。

[ ]:单个字符,如[A]即 A 符合要求。

[-]:范围,如[A-Z],即 A、B、C 一直到 Z 都符合要求。

[^x]:匹配一个字符,这个字符是除了 x 以外的所有字符。

* :所有字符,长度可以为 0。

例 5.94 搜索文件中包含"s"的行,如图 5.133 所示。

```
$ grep -n "s"  1.txt              //搜索文件 1.txt 中包含"s"的行,并显示行号
```

```
malimei@malimei-virtual-machine:~$ grep -n "s"  1.txt
1:ss
2:s
3:s
```

图 5.133　搜索文件中包含"s"的行

例 5.95 搜索文件的内容,如图 5.134 所示。

```
$ grep  -n'-'  a                 //搜索文件 a 中包含"-"的行,并显示行号
```

```
malimei@malimei:~/Documents/test$ grep -n '-' a
3:Sort entries alphabetically if none of -cftuvSUX nor --sort is specified.
6:   -a, --all                         do not ignore entries starting with .
7:   -A, --almost-all                  do not list implied . and ..
8:       --author                      with -l, print the author of each file
9:   -b, --escape                      print C-style escapes for nongraphic characters
10:      --block-size=SIZE             scale sizes by SIZE before printing them. E.g.,
11:                                     '--block-size=M' prints sizes in units of
13:   -B, --ignore-backups              do not list implied entries ending with ~
14:   -c                               with -lt: sort by, and show, ctime (time of last
16:                                     with -l: show ctime and sort by name
malimei@malimei:~/Documents/test$ grep -vn '-' a
1:Usage: ls [OPTION]... [FILE]...
2:List information about the FILEs (the current directory by default).
4:
5:Mandatory arguments to long options are mandatory for short options too.
12:                          1,048,576 bytes.  See SIZE format below.
15:                          modification of file status information)
17:                          otherwise: sort by ctime, newest first
20:                          or can be 'never' or 'auto'.  More info below
22:                          and do not dereference symbolic links
malimei@malimei:~/Documents/test$ grep -n '*' a
25:   -F, --classify                   append indicator (one of */=>@|) to entries
26:       --file-type                  likewise, except do not append '*'
101:SIZE is an integer and optional unit (example: 10M is 10*1024*1024). Units
malimei@malimei:~/Documents/test$ grep -n '[a-z]\{14\}' a
3:Sort entries alphabetically if none of -cftuvSUX nor --sort is specified.
70:   -R, --recursive                   list subdirectories recursively
95:   -X                               sort alphabetically by entry extension
```

图 5.134　搜索文件的内容

```
$ grep  - vn'-'  a                   //搜索文件 a 中不包含"-"的行,并显示行号
$ grep  - n'*'  a                    //搜索文件 a 中包含"*"的行,并显示行号
$ grep  - n'[a-z]\{5\}'  a           //搜索文件 a 中等于 5 个小写字符的字符串
```

例 5.96　在文件中搜索包含"li"的行,如图 5.135 所示。

```
$ grep  - n 'li'  c                  //搜索当前目录下文件 c 中包含"li"的行
```

```
malimei@malimei-virtual-machine:~$ ls -l > c
malimei@malimei-virtual-machine:~$ cat c
总用量 104652
-rw-rw-r-- 1 malimei malimei     10240 8月   16 09:41 11.tar
-rw-rw-r-- 1 user1   malimei        15 8月   16 11:59 11.txt
-rw-rw-r-- 1 malimei malimei         0 8月   16 17:10 c
drwx------ 5 malimei malimei      4096 8月   16 12:18 cc
-rw-rw-r-- 1 malimei malimei 107070810 8月   16 09:39 cc1.tar
-rw-rw-r-- 1 malimei malimei      4203 8月   16 09:34 cc.tar
drwxrwxrwx 3 malimei malimei      4096 8月   16 09:45 d1
drwxrwxrwx 2 malimei malimei      4096 8月   15 17:54 d11
-rw-r--r-- 1 malimei malimei         0 7月   19 18:34 dd
-rw-r--r-- 1 malimei malimei      8980 7月   19 17:59 examples.desktop
drwxrwxr-x 5 malimei malimei      4096 8月   15 17:43 scf
drwxrwxr-x 3 malimei malimei      4096 7月   20 11:27 vmware
drwxr-xr-x 2 malimei malimei      4096 7月   19 18:25 公共的
drwxr-xr-x 2 malimei malimei      4096 7月   19 18:25 模板
drwxr-xr-x 2 malimei malimei      4096 7月   19 18:25 视频
drwxr-xr-x 2 malimei malimei      4096 8月   12 17:50 图片
drwxr-xr-x 2 malimei malimei      4096 7月   19 18:25 文档
drwxr-xr-x 2 malimei malimei      4096 7月   19 18:25 下载
drwxr-xr-x 2 malimei malimei      4096 7月   19 18:25 音乐
drwxr-xr-x 2 malimei malimei      4096 7月   21 10:32 桌面
malimei@malimei-virtual-machine:~$ grep -n 'li' c
2:-rw-rw-r-- 1 malimei malimei     10240 8月   16 09:41 11.tar
3:-rw-rw-r-- 1 user1   malimei        15 8月   16 11:59 11.txt
4:-rw-rw-r-- 1 malimei malimei         0 8月   16 17:10 c
5:drwx------ 5 malimei malimei      4096 8月   16 12:18 cc
6:-rw-rw-r-- 1 malimei malimei 107070810 8月   16 09:39 cc1.tar
7:-rw-rw-r-- 1 malimei malimei      4203 8月   16 09:34 cc.tar
8:drwxrwxrwx 3 malimei malimei      4096 8月   16 09:45 d1
9:drwxrwxrwx 2 malimei malimei      4096 8月   15 17:54 d11
```

图 5.135　在文件中搜索字符串

例 5.97　搜索当前目录下的文件中包含"any"的行,如图 5.136 所示。

```
$ grep 'any'   *                     //搜索当前目录下的所有文件中包含"any"的行
```

151

第 5 章

Ubuntu 文件管理

```
malimei@malimei-virtual-machine:~$ grep 'any' *
a:              can  be  augmented  with  a  --sort  option,  but  any  use  of
a:              print any security context of each file
```

图 5.136　搜索多个文件的内容

例 5.98　搜索指定文件中第一个字符不是 d,后面是 bc 的字符串,如图 5.137 所示。

```
$ grep  - n '[^xiao]wang'  /etc/passwd      //搜索/etc/passwd 文件中第一个字符串不是 xiao,后
                                            //面是 wang 的字符串
```

```
malimei@hebtu:~$ grep -n '[^xiao]wang' /etc/passwd
42:wang:x:1002:1002:,,,:/home/wang:/bin/bash
malimei@hebtu:~$
```

图 5.137　搜索指定的字符串

[^]匹配一个不在指定范围内的字符,例如,'[^A-R T-Z]rep'匹配一个不包含 A~R 和 T~Z 的字母开头,紧跟 rep 的行。

(1) 使用与的条件搜索。

格式：grep 'key1' 文件名 |grep 'key2' |grep 'key3'

功能：搜索文件必须同时满足三个条件(key1、key2 和 key3)才匹配。

例 5.99　搜索/etc/passwd 文件,以 s 开始、以 e 结尾、包含 119 的行,如图 5.138 所示。

```
malimei@malimei-virtual-machine:~$ grep '^s' /etc/passwd|grep 'e$'|grep '119'
saned:x:119:127::/var/lib/saned:/bin/false
```

图 5.138　与的条件搜索

(2) 使用或的条件搜索。

格式：grep - E "key1|key2|key3|…|keyn" 文件名

功能：搜索文件满足多个条件 key1、key2 和 key3、……、keyn 中任何一个即匹配。

例 5.100　搜索以 r 开始或 n 结尾或有字符 122 的行,如图 5.139 所示。

```
malimei@malimei-virtual-machine:~$ grep -E '^r|n$|122' /etc/passwd
root:x:0:0:root:/root:/bin/bash
daemon:x:1:1:daemon:/usr/sbin:/usr/sbin/nologin
bin:x:2:2:bin:/bin:/usr/sbin/nologin
sys:x:3:3:sys:/dev:/usr/sbin/nologin
games:x:5:60:games:/usr/games:/usr/sbin/nologin
man:x:6:12:man:/var/cache/man:/usr/sbin/nologin
lp:x:7:7:lp:/var/spool/lpd:/usr/sbin/nologin
mail:x:8:8:mail:/var/mail:/usr/sbin/nologin
news:x:9:9:news:/var/spool/news:/usr/sbin/nologin
uucp:x:10:10:uucp:/var/spool/uucp:/usr/sbin/nologin
proxy:x:13:13:proxy:/bin:/usr/sbin/nologin
www-data:x:33:33:www-data:/var/www:/usr/sbin/nologin
backup:x:34:34:backup:/var/backups:/usr/sbin/nologin
list:x:38:38:Mailing List Manager:/var/list:/usr/sbin/nologin
irc:x:39:39:ircd:/var/run/ircd:/usr/sbin/nologin
gnats:x:41:41:Gnats Bug-Reporting System (admin):/var/lib/gnats:/usr/sbin/nologin
nobody:x:65534:65534:nobody:/nonexistent:/usr/sbin/nologin
rtkit:x:118:126:RealtimeKit,,,:/proc:/bin/false
sshd:x:121:65534::/var/run/sshd:/usr/sbin/nologin
statd:x:122:65534::/var/lib/nfs:/bin/false
malimei@malimei-virtual-machine:~$
```

图 5.139　或的条件搜索

5.2.9 统计命令 wc

功能描述：统计指定文件中的字节数、字数、行数，并将统计结果显示输出。

该命令统计给定文件中的字节数、单词数、行数。如果没有给出文件名，则从标准输入设备读取，字符数包括空格和回车键。

格式：wc [选项] 文件列表

选项：wc 命令的常用选项见表 5.37。

表 5.37 wc 命令的常用选项

选　　项	含　　义
-c	统计字节数
-w	统计字数，一个字被定义为由空白、跳格或换行字符分隔开的字符串
-l	统计行数
-L	统计最长行的长度
-m	统计字符数，不能与-c 一起使用

例 5.101 统计行数、字节数和字数，如图 5.140 所示。

```
$ wc   /etc/passwd              //统计/etc/passwd 文件的行数、字节数、字数
```

图 5.140 统计行数、字数和字节数

例 5.102 统计文件的字数等信息，如图 5.141 所示。

```
$ wc   - c   test1              //统计文件 test1 字节数
$ wc   - w   test1              //统计文件 test1 字数
$ wc   - l   test1              //统计文件 test1 行数
$ wc   - L   test1              //统计文件 test1 最长行长度
```

图 5.141 统计文件的字数等信息

注意：一个字被定义为由空白、跳格或换行字符分隔的字符串，如图 5.138 中 test1 的字数为 2，而不是 28。

5.3 输入、输出重定向

观看视频

5.3.1 标准输入、输出

执行一个 Shell 命令行时通常会自动打开三个标准文档：标准输入文档(stdin)、标准输出文档(stdout)和标准错误输出文档(stderr)。其中，标准输入对应终端的键盘，标准输出和标准错误输出对应终端的屏幕。进程将从标准输入文档中得到输入数据，将正常输出数据输出到标准输出文档，而将错误信息送到标准错误文档中。

以 cat 命令为例，如果命令"＄cat"中不带参数，就会从标准输入中读取数据，并将其送到标准输出上。

例 5.103 从键盘输入数据到显示屏，如图 5.142 所示。

```
$ cat                    //从标准输入到标准输出
Hello!                   //在键盘上输入"Hello!"
Welcome to Ubantu!       //在键盘上输入"Welcome to Ubantu!"
```

```
malimei@malimei:~$ cat
Hello!
Hello!
Welcome to Ubantu!
Welcome to Ubantu!


^Z
[1]+  Stopped                 cat
malimei@malimei:~$
```

图 5.142　标准输入输出

注意：图 5.142 中第一行"Hello!"是通过键盘输入(标准输入)，第二行是输出到屏幕(标准输出)。按 Ctrl＋Z 组合键退出输入模式。

5.3.2 输入重定向

从标准输入数据时，输入的数据系统没有保存，只能使用一次，下次再想使用这些数据就得重新输入。而且在终端输入时，如果输入错误修改起来也不方便。正是因为使用标准输入很不方便，需要将输入从标准输入重新定个方向转到其他位置，这就是输入重定向。

Linux 支持输入重定向，可以把命令的标准输入重定向到指定的文件中，也就是输入的数据不是来自键盘，而是来自一个指定的文件。也就是说，输入重定向主要用于改变一个命令的输入源，特别是那些需要大量数据输入的输入源。

在输入时，使用符号"<"和"<<"分别表示"输入"与"结束输入"。

例 5.104 将文档内容作为输入，如图 5.143 所示。

```
$ wc  <  /etc/passwd     //输入重定向，将/etc/passwd 文档内容传给 wc 命令
```

例 5.105 使用 <<结束输入，如图 5.144 所示。

```
$ cat  << end            //从控制台输入字符串，当输入为"end"时结束输入
```

```
malimei@malimei-virtual-machine:~$ wc < /etc/passwd
  41   66 2196
```

图 5.143　输入重定向文件

```
malimei@malimei:~$ cat <<end
> Hello
> Welcome to Ubantu
> Good luck
> end
Hello
Welcome to Ubantu
Good luck
malimei@malimei:~$ █
```

图 5.144　从键盘输入<<结束

从图 5.144 中可以看到,使用符号"<<"后,输入过程与仅使用 cat 不同:屏幕上显示的是键盘输入内容,直至输入 end,才结束输入开始显示输出。

5.3.3　输出重定向

因为输出到终端屏幕上的数据只能看,不能进行更多的处理,所以需要把输出从标准输出或标准错误输出重新定向到指定的文件,这就是输出重定向。Linux 支持输出重定向,可以将输出写入指定文件,而不是在屏幕上显示。用符号">"表示替换,符号">>"表示追加。

输出重定向有很多应用,如保存某个命令的输出,或者某个命令的输出内容很多,不能显示在屏幕的一页内,也可以将输出重定向到一个文档内,然后用文本编辑器打开这个文档查看输出信息。输出重定向还能把一个命令的输出作为另一个命令的输入,这就是 5.4 节要讲到的管道命令。

例 5.106　从键盘输入信息重定向输出到文件,如图 5.145 所示。

```
$ cat > c　//将屏幕输入的信息重定向输出到文件 c(c 初始为空文件),按 Ctrl+Z 组合键退出输入
```

```
malimei@malimei:~/Documents/test$ cat >c
Hello
Welcome
bye
^Z
[3]+  Stopped                 cat > c
malimei@malimei:~/Documents/test$ cat c
Hello
Welcome
bye
```

图 5.145　标准输入并保存到文件 c

例 5.107　将命令的输出重定向到文件,如图 5.146 所示。

```
$ ls -l >> c      //将命令 ls 的输出重定向追加到文件 c,即保存到文件的尾部,原内容不变
$ ls -l > c       //将命令 ls 的输出重定向到文件 c,如 c 不空,则覆盖原内容
```

例 5.108　将标准输入重定向输出至文件,如图 5.147 所示。

```
$ cat > ss.txt << eof  //从键盘输入字符串,当输入"eof"时结束输入,并把内容重定向输出到
                       //文件 ss.txt 中
```

155

第5章

Ubuntu 文件管理

```
malimei@malimei-virtual-machine:~/ss$ ls -l>>c
malimei@malimei-virtual-machine:~/ss$ cat c
Hello
Welcome
bye
总用量 8
-rw-rw-r-- 1 malimei malimei  4 12月 17 16:48 a
lrwxrwxrwx 1 malimei malimei  1 12月 17 16:48 a1 -> a
-rw-rw-r-- 1 malimei malimei 18 5月  13 16:25 c
-rw-rw-r-- 1 malimei malimei  0 12月 17 16:48 t1
-rw-rw-r-- 1 malimei malimei  0 5月  13 16:10 t2
malimei@malimei-virtual-machine:~/ss$ ls -l>c
malimei@malimei-virtual-machine:~/ss$ cat c
总用量 4
-rw-rw-r-- 1 malimei malimei 4 12月 17 16:48 a
lrwxrwxrwx 1 malimei malimei 1 12月 17 16:48 a1 -> a
-rw-rw-r-- 1 malimei malimei 0 5月  13 16:26 c
-rw-rw-r-- 1 malimei malimei 0 12月 17 16:48 t1
-rw-rw-r-- 1 malimei malimei 0 5月  13 16:10 t2
malimei@malimei-virtual-machine:~/ss$
```

图 5.146　命令输出重定向到文件 c

```
root@malimei-virtual-machine:/home# cat > ss.txt <<eof
> das
> das
> eof
root@malimei-virtual-machine:/home# cat ss.txt
das
das
root@malimei-virtual-machine:/home#
```

图 5.147　标准输入并保存至文件

例 5.109　将文件内容重定向输出到另一个文件,如图 5.148 所示。

```
$ cat  tmp > tmp1                //将文件 tmp 中的内容复制到文件 tmp1 中
```

```
malimei@malimei-virtual-machine:~$ cat tmp
abcccdbc
dbcnnnnabc

malimei@malimei-virtual-machine:~$ cat tmp>tmp1
malimei@malimei-virtual-machine:~$ cat tmp1
abcccdbc
dbcnnnnabc

malimei@malimei-virtual-machine:~$
```

图 5.148　文件内容输出重定向至文件

观看视频

5.4 管　　道

管道(Pipeline):这里管道指无名管道,一个由标准输入输出链接起来的进程集合,是一个连接两个进程的连接器,如图 5.149 所示。管道的命令操作符是"|",它将操作符左侧命令的输出信息(STDOUT)作为操作符右侧命令的输入信息(STDIN)。可以用下面的图形示意,Command1 正确输出,作为 Command2 的输入,然后 Command2 的输出作为 Command3 的输入,Command3 输出则会直接显示在屏幕上。

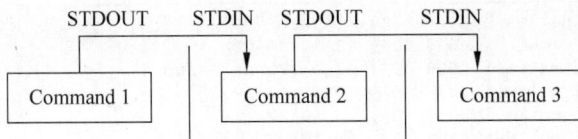

图 5.149　管道示意图

从功能上说,管道类似于输入输出重定向,但是管道触发的是两个子进程,分别执行"|"两边的程序,而重定向执行的是一个进程。一般如果是命令间传递参数,还是使用管道较好,如果处理输出结果需要重定向到文件,还是用输出重定向比较好。

使用管道时需要注意以下几点。

(1) 管道是单向的,一端只能输入,另一端只能用于输出,遵循"先进先出"原则。

(2) 管道命令只处理前一个命令的正确输出,如果输出的是错误信息,则不处理。

(3) 管道操作符右侧命令,必须能够接收标准输入流命令。

管道分为普通管道和命名管道两种。这里所讲的管道是普通管道。

例 5.110　查找文件内容并显示、统计,如图 5.150 所示。

```
$ cat  a1.txt|grep  "a"          //查找文件 a1.txt 中包含 a 的字符串并显示
$ cat  a1.txt|grep  "a"|wc  -l   //查找文件 a1.txt 中包含 a 的字符串并统计行数,随后显
                                 //示统计结果
```

```
malimei@malimei-virtual-machine:~$ cat a1.txt|grep "a"
asdfg
axdce
malimei@malimei-virtual-machine:~$ cat a1.txt|grep "a"|wc -l
2
```

图 5.150　查找、统计并显示文件内容

例 5.111　查找文件内容进行统计后显示,如图 5.151 所示。

```
$ cat  1.txt|grep  "s"|wc -l     //统计文件 1.txt 中包含 s 的字符串行数,并显示
$ cat  1.txt|grep  "s"|wc -w     //统计文件 1.txt 中包含 s 的字符串字数,并显示
$ cat  1.txt|grep  "s"|wc -c     //统计文件 1.txt 中包含 s 的字节数,并显示
```

```
malimei@malimei-virtual-machine:~$ wc -lcw  1.txt
4 4 9 1.txt
malimei@malimei-virtual-machine:~$ cat 1.txt
ss
s
s
d
malimei@malimei-virtual-machine:~$ cat 1.txt|grep "s"|wc -l
3
malimei@malimei-virtual-machine:~$ cat 1.txt|grep "s"|wc -w
3
malimei@malimei-virtual-machine:~$ cat 1.txt|grep "s"|wc -c
7
```

图 5.151　查找、统计并显示

例 5.112　查找命令的输出,如图 5.152 所示。

```
$ ls  -l | grep '^d'    //通过管道过滤 ls -l 输出的内容,只显示以 d 开头的行(即只显示当
                        //前目录中的目录/子目录)
```

Ubuntu 文件管理

```
malimei@malimei-virtual-machine:~$ ls -l |grep "^d"
drwxr-xr-x 3 root    root    4096 10月 12 10:44 bb
drwxrwxr-x 2 malimei malimei 4096 9月  12 11:22 deja-dup
drwxr-xr-x 2 malimei malimei 4096 9月   3 19:27 公共的
drwxr-xr-x 2 malimei malimei 4096 9月   3 19:27 模板
drwxr-xr-x 2 malimei malimei 4096 9月   3 19:27 视频
drwxr-xr-x 2 malimei malimei 4096 9月   3 19:27 图片
drwxr-xr-x 2 malimei malimei 4096 9月   3 19:27 文档
drwxr-xr-x 2 malimei malimei 4096 9月   3 19:27 下载
drwxr-xr-x 2 malimei malimei 4096 9月   3 19:27 音乐
drwxr-xr-x 2 malimei malimei 4096 9月   3 19:27 桌面
```

图 5.152　查找 ls 命令的输出内容

5.5　链　　接

5.5.1　什么是链接

链接是一种在共享文件和访问它的用户的若干目录项之间建立联系的方法。例如,当我们需要在不同的目录用到相同的文件时,不需要在每一个需要的目录下都放一个必须相同的文件,只要在某个固定的目录下存放该文件,然后在其他的目录下链接它就可以,不必重复地占用磁盘空间。

5.5.2　索引节点

要了解链接,首先得了解一个概念,即索引节点(inode)。在 Linux 系统中,内核为每一个新创建的文件分配一个 inode(索引节点),每个文件都有一个唯一的 inode 号。我们可以将 inode 简单理解成一个指针,它永远指向本文件的具体存储位置。文件属性保存在索引节点中,在访问文件时,索引节点被复制到内存里,从而实现文件的快速访问。系统是通过索引节点(而不是文件名)来定位每一个文件的。

5.5.3　两种链接

Linux 中包括两种链接:硬链接(Hard Link)和软链接(Soft Link)。软链接又称为符号链接(Symbolic Link)。

(1) 硬链接:硬链接就是一个指针,指向文件索引节点,但系统并不为它重新分配 inode,不占用实际空间。硬链接不能链接到目录和不同文件系统的文件。

ln 命令用来建立硬链接。

(2) 软链接:软链接又叫符号链接,这个文件包含另一个文件的路径名,系统会为其重新分配 inode,类似于 Windows 中的快捷方式。软链接可以是任意文件或目录,包括不同文件系统的文件和不存在的文件名。

ln -s 命令用来建立软链接。

硬链接记录的是目标的 inode,软链接记录的是目标的路径。软链接就像是快捷方式,而硬链接就像备份。软链接可以做跨分区的链接,而硬链接由于 inode 的缘故,只能在本分区中做链接,所以软链接使用更多。

5.5.4 链接命令 ln

功能描述：为某一个文件在另外一个位置建立一个同步的链接。ln 命令会保持每一处链接文件的同步性，也就是说，不论改动了哪一处，其他的文件都会发生相同的变化。

格式：ln [参数][源文件或目录][目标文件或目录]

选项：ln 命令的常用选项如表 5.38 所示。

表 5.38　ln 命令的常用选项

选　　项	作　　用
-s	软链接(符号链接)
-b	删除,覆盖以前建立的链接
-d	创建指向目录的硬链接(只适用于超级用户)
-f	强制执行
-i	交互模式,文件存在则提示用户是否删除
-n	把符号链接的目的目录视为一般文件
-v	显示详细的处理过程
-S	"-S<字尾备份字符串>"或"--suffix=<字尾备份字符串>"
-V	"-V<备份方式>"或"--version-control=<备份方式>"

例 5.113　在同一目录下,创建文件的符号链接和硬链接,如图 5.153 所示。

```
$ ln  - s  x.txt  xx.txt      //创建 x.txt 文件的符号链接 xx.txt
$ ln  x.txt  xxy.txt          //创建 x.txt 文件的硬链接 xxy.txt
```

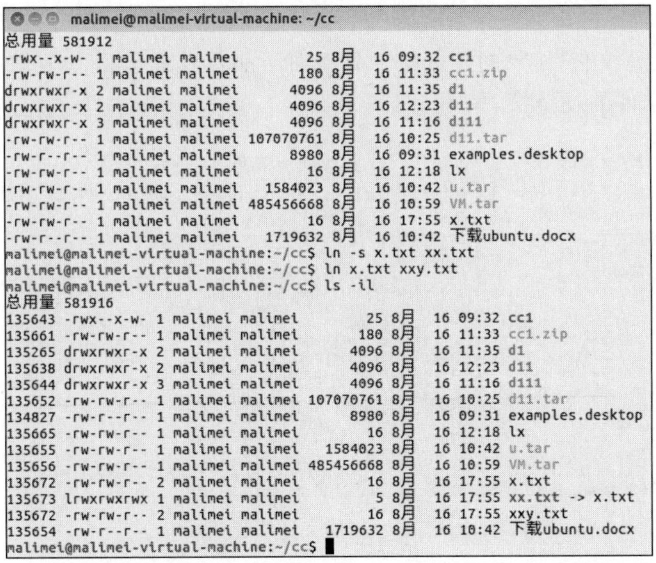

图 5.153　在同一目录里创建文件的符号链接和硬链接

从图 5.153 中可以看到创建符号链接的索引节点号(inode)的改变,原文件索引节点号为 135672,链接文件的索引节点号为 135673,属性链接数目变为 2,链接文件权限的第一位用 l 表示。创建硬链接的索引节点号(inode)不变,仍为 135672,链接数目变为 2。

例 5.114 创建文件-目录的符号链接。在不同目录下创建文件的符号链接(使用绝对路径),否则不能创建符号链接,会出错,如图 5.154 所示。

```
$ ln  -s  /home/mali/doc/lx  /mnt/rlx1  //用绝对路径的方法在不同的目录中创建软链接(成功)
$ ln  -s  lx  /mnt/rlx2  //源文件用相对路径的方法在不同的目录中创建软链接(失败)
```

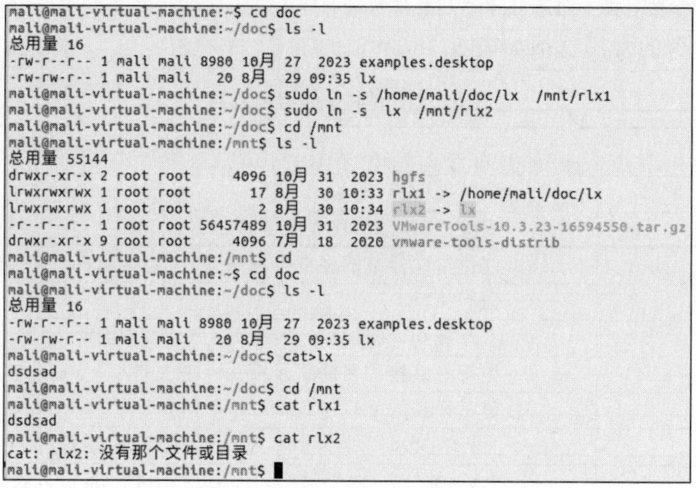

```
mali@mali-virtual-machine:~$ cd doc
mali@mali-virtual-machine:~/doc$ ls -l
总用量 16
-rw-r--r-- 1 mali mali 8980 10月 27  2023 examples.desktop
-rw-rw-r-- 1 mali mali   20 8月  29 09:35 lx
mali@mali-virtual-machine:~/doc$ sudo ln -s /home/mali/doc/lx  /mnt/rlx1
mali@mali-virtual-machine:~/doc$ sudo ln -s  lx  /mnt/rlx2
mali@mali-virtual-machine:~/doc$ cd /mnt
mali@mali-virtual-machine:/mnt$ ls -l
总用量 55144
drwxr-xr-x 2 root root    4096 10月 31  2023 hgfs
lrwxrwxrwx 1 root root      17 8月  30 10:33 rlx1 -> /home/mali/doc/lx
lrwxrwxrwx 1 root root       2 8月  30 10:34 rlx2 -> lx
-r--r--r-- 1 root root 56457489 10月 31  2023 VMwareTools-10.3.23-16594550.tar.gz
drwxr-xr-x 9 root root    4096 7月  18  2020 vmware-tools-distrib
mali@mali-virtual-machine:/mnt$ cd
mali@mali-virtual-machine:~$ cd doc
mali@mali-virtual-machine:~/doc$ ls -l
总用量 16
-rw-r--r-- 1 mali mali 8980 10月 27  2023 examples.desktop
-rw-rw-r-- 1 mali mali   20 8月  29 09:35 lx
mali@mali-virtual-machine:~/doc$ cat>lx
dsdsad
mali@mali-virtual-machine:~/doc$ cd /mnt
mali@mali-virtual-machine:/mnt$ cat rlx1
dsdsad
mali@mali-virtual-machine:/mnt$ cat rlx2
cat: rlx2: 没有那个文件或目录
mali@mali-virtual-machine:/mnt$ █
```

图 5.154　在不同的目录里创建符号链接

用绝对路径和相对路径的方法在不同的目录里,创建文件的软链接,我们看到用相对路径的方法创建的软链接,链接后文件的名字是红色的,不可用。修改源文件 lx,用绝对路径创建的软链接文件 rlx1 也跟着修改,用相对路径创建的链接文件 rlx2 没有修改,并且显示没有那个文件。

例 5.115 创建文件-目录的硬链接。只能在当前目录或子目录下创建文件的硬链接,不能跨目录创建文件的硬链接,如图 5.155 所示。

```
$ ln  lx  doc1/ylx  //在当前目录的子目录下创建文件 lx 的硬链接 ylx(成功)
$ sudo  ln  /home/mali/doc/lx  /mnt/ylx1  //在不同目录下创建文件 lx 的硬链接 ylx1(失败)
```

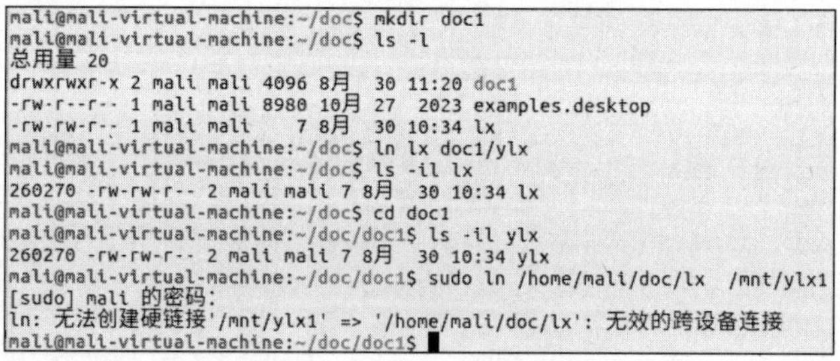

```
mali@mali-virtual-machine:~/doc$ mkdir doc1
mali@mali-virtual-machine:~/doc$ ls -l
总用量 20
drwxrwxr-x 2 mali mali 4096 8月  30 11:20 doc1
-rw-r--r-- 1 mali mali 8980 10月 27  2023 examples.desktop
-rw-rw-r-- 1 mali mali    7 8月  30 10:34 lx
mali@mali-virtual-machine:~/doc$ ln lx doc1/ylx
mali@mali-virtual-machine:~/doc$ ls -il lx
260270 -rw-rw-r-- 2 mali mali 7 8月  30 10:34 lx
mali@mali-virtual-machine:~/doc$ cd doc1
mali@mali-virtual-machine:~/doc/doc1$ ls -il ylx
260270 -rw-rw-r-- 2 mali mali 7 8月  30 10:34 ylx
mali@mali-virtual-machine:~/doc/doc1$ sudo ln /home/mali/doc/lx  /mnt/ylx1
[sudo] mali 的密码:
ln: 无法创建硬链接'/mnt/ylx1' => '/home/mali/doc/lx': 无效的跨设备连接
mali@mali-virtual-machine:~/doc/doc1$ █
```

图 5.155　创建文件的硬链接

例 5.116 创建目录的软链接和创建目录的硬链接。

同一目录下可以创建目录的软链接。

不同目录下(跨目录),可以创建目录的软链接,但是必须使用绝对路径。

目录不能创建硬链接,如图 5.156 所示。

```
$ ln  - s  doc1  rdoc1   //同一目录下可以创建目录 doc1 的软链接 rdoc1(成功)
$ sudo ln - s /home/mali/doc/doc1  /mnt/ydoc2   //使用绝对路径跨目录创建目录的软链接(成功)
$ ln doc1 ydoc1   //同一目录下可以创建目录 doc1 的硬链接 ydoc1(失败)
$ sudo  ln  /home/mali/doc/doc1  /mnt/ydoc3   //在不同目录下创建目录 doc1 的硬链接 ydoc3(失败)
```

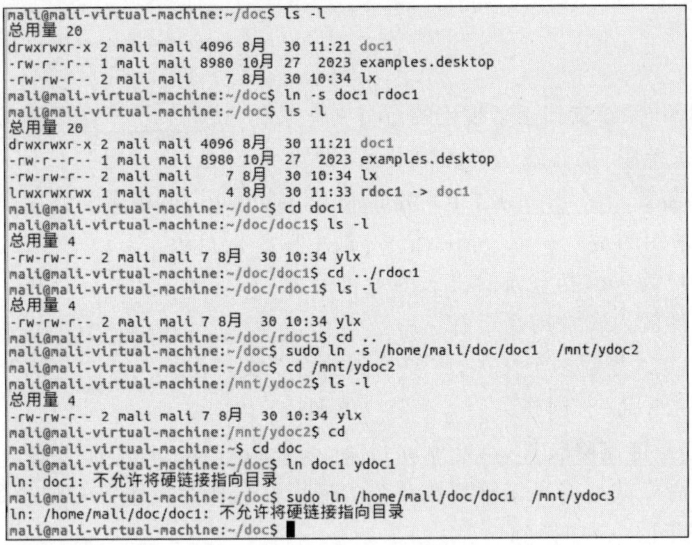

图 5.156 创建目录的软链接和硬链接

尽管硬链接节省空间,也是 Linux 系统整合文件系统的传统方式,但是存在一些不足之处。

(1) 不允许给目录创建硬链接。

(2) 不可以在不同文件系统的文件间建立硬链接。因为 inode 是这个文件在当前分区中的索引值,是相对于这个分区的,因此不能跨越文件系统。

软链接克服了硬链接的不足,没有任何文件系统的限制,任何用户可以创建指向目录的符号链接。因而现在使用更为广泛,它具有更大的灵活性,甚至可以跨越不同机器、不同网络对文件进行链接。

硬链接和软链接的区别如下。

(1) 硬链接原文件/链接文件公用一个 inode 号,说明它们是同一个文件,而软链接原文件/链接文件拥有不同的 inode 号,表明它们是两个不同的文件。

(2) 在文件属性上软链接明确写出了是链接文件,而硬链接没有写出来,因为在本质上硬链接文件和原文件是完全平等关系。

(3) 链接数目是不一样的,软链接的链接数目不会增加。

(4) 文件大小是不一样的,硬链接文件显示的大小是跟原文件一样的,而这里软链接显示的大小与原文件就不同。

(5) 软链接没有任何文件系统的限制,任何用户可以创建指向目录的符号链接。

总之,创建软链接就是创建了一个新文件。当访问链接文件时,系统就会发现它是个链接文件,它读取链接文件找到真正要访问的文件。

当然软链接也有硬链接没有的缺点:因为链接文件包含原文件的路径信息,所以当原文件从一个目录下移到其他目录中,再访问链接文件,系统就找不到了;而硬链接就没有这个缺陷,想怎么移就怎么移。软链接要系统分配额外的空间用于创建新的索引节点和保存源文件的路径。

习　题

1. 填空题

(1) Linux 操作系统支持很多现代的流行文件系统,其中_____文件系统使用最广泛。

(2) Linux 系统中,没有磁盘的逻辑分区(即没有 C 盘、D 盘等),任何一个种类的文件系统被创建后都需要_____到某个特定的目录才能使用,这相当于激活一个文件系统。

(3) Linux 采用的是_____拓扑结构,最上层是根目录。

(4) 当前用户为 ma,则登录后进入的主目录为_____。

(5) 查看文件的内容常用命令有_____、_____、_____、_____、_____。

(6) cp 命令可以复制多个文件,将要复制的多个文件由_____分隔开。

(7) 使用 touch 命令,创建一个_____文件。

(8) rm 命令只能删除文件,不能删除目录,如果删除目录必须加参数_____。

(9) 管道的命令就是将操作符左侧命令的输出信息作为操作符右侧命令的_____。

(10) 命令 $ cd ～是切换到_____。

2. 问答题

(1) Ubuntu Linux 根目录下有哪些重要的目录? 各存放了什么信息?

(2) Ubuntu Linux 下有哪些文件类型?

(3) 使用 ls -l 命令可以查看文件的详细属性,说明图 5.157 中各列信息的含义。

```
-rw-rw-r-- 1 malimei malimei       0 8月   20   2020 dd
-rw-r--r-- 1 malimei malimei    8980 7月   19   2019 examples.desktop
lrwxrwxrwx 1 malimei malimei       1 12月  17 16:38 rss -> a
drwxrwxrwx 2 malimei malimei    4096 12月  10 16:21 share
drwxrwxr-x 2 malimei malimei    4096 5月   13 16:25 ss
```

图 5.157　查看文件的详细属性

(4) 使用 chmod 命令设置文件权限的两种模式是什么? 它们分别采用什么方法来描述权限?

(5) find 命令查找文件有哪些方式?

(6) 什么是输入输出重定向? 如何将命令输出保存到新文件?

(7) 什么是管道? 分析其与重定向的异同。

(8) Ubuntu 中两种链接方式是什么? 并分析其不同。

3. 实验题

(1) 在你的主目录下创建空文件 file1、file2、file3、file4,以默认方式创建目录 dir1、dir2。

(2) 创建目录 dir3,其权限为 442。

(3) 在同一目录下,创建 file1 文件的符号链接,自定文件名;创建 file1 文件的硬链接,自定文件名;用 ls 命令加参数显示索引节点号,比较硬链接和符号链接的不同。

(4) 在目录下创建链接:创建源文件为 file2,目标为 dir1 目录的符号链接,自定义文件名；创建源文件为 file2，目标为 dir1 目录的硬链接，自定义文件名。

（5）跨目录创建链接：创建源文件为 file2，目标为/home 目录的符号链接，自定义文件名；创建源文件为 file2，目标为/home 目录的硬链接，自定义文件名，是否可以？

（6）把 file3 文件复制到 dir1 目录下。

（7）用 tar 压缩 dir1 目录，自定义名字；用 gzip 压缩 dir1 目录，比较不同点。

（8）把 file4 文件移动到 dir2 目录下。

（9）更改组和所有者：新建用户 user1，把 user1 添加到你的用户组中，验证 user1 可以修改 dir2 目录中的文件 file4。

（10）改变文件和目录的权限：用符号模式更改 dir2 目录和目录中的文件权限为所有者具有全权，同组人具有读和写的权限，其他人只有执行的权限。

（11）改变文件和目录的权限：用绝对模式更改 dir1 目录和目录中的文件权限为 421。

（12）查找文件：查找根目录下所有以".conf"为扩展名的文件。

（13）查找根目录及其子目录下所有最近 20 天内访问过的文件。

（14）在 dir1 目录下查找小于 10B 的文件。

（15）搜索/etc/passwd 文件，以 r 开始、以 h 结尾、包含 o 的行。

（16）删除 dir1、dir2、dir3 目录。

第6章　用户和组管理

本章学习目标：
- 掌握用户和组的概念。
- 掌握建立、管理用户和组的命令。
- 掌握 su 和 sudo 的使用。

Linux 是多用户系统，不同的用户扮演着不同的角色，对系统中的所有文件和资源的管理都需要按照用户的角色来划分。同时，每个用户都有自己的权限，例如对某个文件的读写，或是对系统进行某种操作，有的用户可以执行，而有的用户则不能执行。

这样的多用户系统，不仅便于每个用户打造自己的个性化空间，也相对保持了每个用户的独立性和私密性，对系统的安全形成了良好的保护策略。具有相同或相似权限的用户，可以划分在同一个用户组里，在保护用户的文件及资源的同时，又实现了资源的相对共享。掌握用户、组及权限管理的方法，有利于更好地保护自己的文件系统，提高操作的安全性。

6.1　Linux 用户

6.1.1　用户和用户组

Linux 系统是一个多用户多任务的分时操作系统，任何一个要使用系统资源的用户，都必须首先向系统管理员申请一个账号，然后以这个账号的身份进入系统。用户的账号一方面可以帮助系统管理员对使用系统的用户进行跟踪，并控制他们对系统资源的访问；另一方面也可以帮助用户组织文件，并为用户提供安全性保护。每个用户账号都拥有一个唯一的用户名和各自的口令。用户在登录时输入正确的用户名和口令后，就能够进入系统和自己的主目录。

在 Linux 系统中，任何文件都属于某一特定用户，而任何用户都隶属于至少一个用户组。

任何一个要使用系统资源的用户都有一个唯一的用户名（username）和各自的口令，如系统在建立 malimei 用户的同时，在 home 文件夹下产生一个以该用户名命名的文件夹 home/malimei/，与该用户相关的文件都存储在此文件夹下。登录系统时，直接进入该目录，如图 6.1 所示。

每个用户不仅有唯一的用户名，还有唯一的用户 id，用户 id 缩写为 uid。Linux 系统分配的 uid 是一个 32 位的整数，即最多可以有 2^{32} 个不同的用户。对于系统内核来说，它使用

```
malimei@malimei-virtual-machine:~$ pwd
/home/malimei
malimei@malimei-virtual-machine:~$ cd ..
malimei@malimei-virtual-machine:/home$ ls -l
总用量 28
drwx------   2 root     root     16384 7月   19 17:35 lost+found
drwxr-xr-x  25 malimei  malimei   4096 8月   17 15:41 malimei
drwxr-xr-x  19 user1    user1     4096 8月   16 18:03 user1
drwxr-xr-x   3 user2    user2     4096 8月   17 10:48 user2
malimei@malimei-virtual-machine:/home$ cd malimei
malimei@malimei-virtual-machine:~$ ls -l
总用量 104672
-rw-rw-r--   1 malimei  malimei  10240 8月   16 09:41 11.tar
-rw-rw-r--   1 user1    malimei     25 8月   17 10:48 11.txt
-rw-rw-r--   1 malimei  malimei   7894 8月   17 10:52 a
-rw-rw-r--   1 malimei  malimei   1228 8月   16 17:10 c
drwx------   5 malimei  malimei   4096 8月   16 18:18 cc
lrwxrwxrwx   1 malimei  malimei      2 8月   16 18:13 cc1 -> cc
```

图 6.1　查看用户目录

uid 来记录拥有进程或文件的用户,而不是使用用户名。

系统有一个数据库,存放着用户名与 uid 的对应关系,这个数据库存在配置文件/etc/passwd 中,系统上的大多数用户都有权限读取这个文件,但是不能进行修改。

6.1.2　用户分类

Ubuntu 系统的安全性和多功能,依赖于如何给用户分配权限以及对其的使用方法。用户分为三类:普通用户、超级用户和系统用户,它们在 Ubuntu 中扮演着不同的角色,其 uid 也有不同的取值范围,如表 6.1 所示。

表 6.1　Ubuntu 系统的不同 uid 取值范围

uid 取值范围	用 户 类 型	uid 取值范围	用 户 类 型
0	系统管理员(超级用户)	1000~65 535	普通用户
1~999	系统用户		

1. 普通用户

普通用户是使用系统最多的人群,其登录路径为/bin/bash,用户主目录为/home/用户名,普通用户的权限不是很高,一般情况下只在自己的主目录和系统范围内的临时目录中创建文件。如图 6.2 所示,当前用户是 malimei,不能在其他目录下创建目录,而只能在自己的主目录/home/malimei 下建立文件和目录。

```
malimei@hebtu:/mnt$ mkdir d11
mkdir: 无法创建目录"d11": 权限不够
malimei@hebtu:/mnt$ touch file
malimei@hebtu:/mnt$ cd
malimei@hebtu:~$ mkdir d20
malimei@hebtu:~$ touch file1
malimei@hebtu:~$
```

图 6.2　在用户主目录下创建目录和文件

除了在 Shell 中可以查看用户名,还可以利用编辑器来查看和管理用户(需要具有管理员权限),在文本编辑器 gedit 中打开/etc/passwd 文件可以查看用户的信息,如图 6.3 所示。

用户和组管理

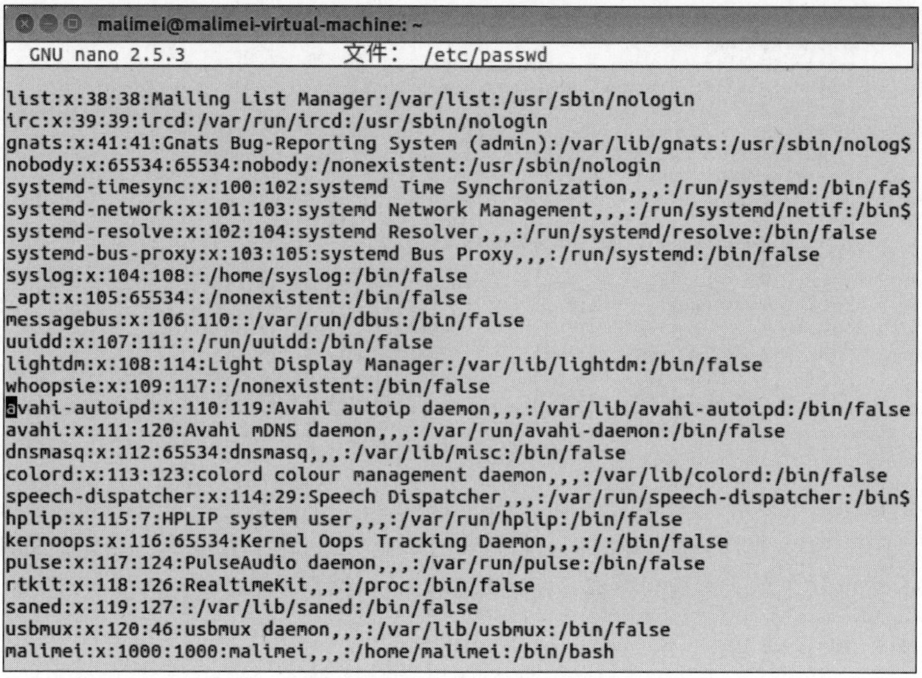

```
malimei@malimei-virtual-machine: ~
GNU nano 2.5.3                文件:  /etc/passwd

list:x:38:38:Mailing List Manager:/var/list:/usr/sbin/nologin
irc:x:39:39:ircd:/var/run/ircd:/usr/sbin/nologin
gnats:x:41:41:Gnats Bug-Reporting System (admin):/var/lib/gnats:/usr/sbin/nolog$
nobody:x:65534:65534:nobody:/nonexistent:/usr/sbin/nologin
systemd-timesync:x:100:102:systemd Time Synchronization,,,:/run/systemd:/bin/fa$
systemd-network:x:101:103:systemd Network Management,,,:/run/systemd/netif:/bin$
systemd-resolve:x:102:104:systemd Resolver,,,:/run/systemd/resolve:/bin/false
systemd-bus-proxy:x:103:105:systemd Bus Proxy,,,:/run/systemd:/bin/false
syslog:x:104:108::/home/syslog:/bin/false
_apt:x:105:65534::/nonexistent:/bin/false
messagebus:x:106:110::/var/run/dbus:/bin/false
uuidd:x:107:111::/run/uuidd:/bin/false
lightdm:x:108:114:Light Display Manager:/var/lib/lightdm:/bin/false
whoopsie:x:109:117::/nonexistent:/bin/false
avahi-autoipd:x:110:119:Avahi autoip daemon,,,:/var/lib/avahi-autoipd:/bin/false
avahi:x:111:120:Avahi mDNS daemon,,,:/var/run/avahi-daemon:/bin/false
dnsmasq:x:112:65534:dnsmasq,,,:/var/lib/misc:/bin/false
colord:x:113:123:colord colour management daemon,,,:/var/lib/colord:/bin/false
speech-dispatcher:x:114:29:Speech Dispatcher,,,:/var/run/speech-dispatcher:/bin$
hplip:x:115:7:HPLIP system user,,,:/var/run/hplip:/bin/false
kernoops:x:116:65534:Kernel Oops Tracking Daemon,,,:/:/bin/false
pulse:x:117:124:PulseAudio daemon,,,:/var/run/pulse:/bin/false
rtkit:x:118:126:RealtimeKit,,,:/proc:/bin/false
saned:x:119:127::/var/lib/saned:/bin/false
usbmux:x:120:46:usbmux daemon,,,:/var/lib/usbmux:/bin/false
malimei:x:1000:1000:malimei,,,:/home/malimei:/bin/bash
```

图 6.3　图形界面下查看用户信息

说明：初次安装 Ubuntu 系统时，会被要求创建一个用户账号，系统会在 home 文件夹下创建一个以该用户名命名的目录，用于使用和存储与该用户相关的文件。这种在安装系统时创建的第 1 个用户，虽然也是普通用户，但对比其他普通用户，该用户可以完成更多的管理功能，例如，创建用户等(在同类 Linux 系统中，往往只有 root 用户才能创建用户)，malimei 用户就是系统在安装时创建的用户。

2. 超级用户

超级用户又称为 root 用户或系统管理员，使用/root 作为主目录在系统上拥有最高权限：可以修改和删除任何文件、可以运行任何命令、可以取消任何进程、增加和保留其他用户、配置添加系统软硬件。超级用户的 uid、gid 为 0，主目录为/root。在 gedit 中查看超级用户信息如下，root 用户位于 passwd 文件的第一行，如图 6.4 所示。

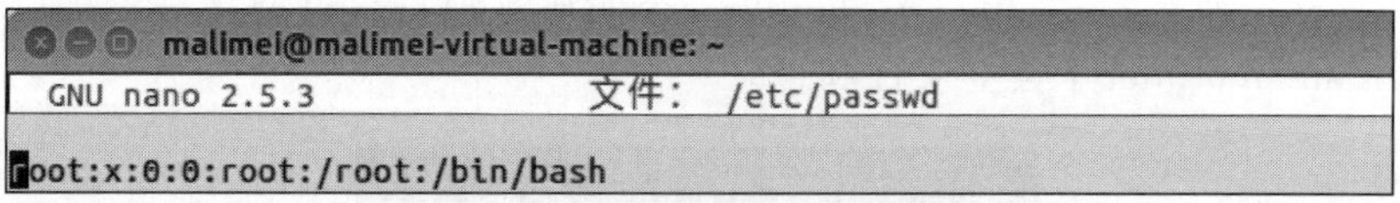

```
malimei@malimei-virtual-machine: ~
GNU nano 2.5.3                文件:  /etc/passwd

root:x:0:0:root:/root:/bin/bash
```

图 6.4　查看超级用户信息

3. 系统用户

大多数 Linux 系统会将一些低 uid 保留给系统用户。系统用户不代表人，而代表系统的组成部分，例如，处理电子邮件的进程经常以用户名 mail 来运行；运行 Apache 网络服务器的进程经常作为用户 apache 来运行。因为不是真正的用户，所以系统用户没有登录 Shell，其主目录也很少在/home 中，而在属于相关应用的系统目录中，例如，Apache 的目录在/var/www/html。从图 6.5 中可以看到系统用户 mail，其主目录在/var/mail 下，且没有登录。

图 6.5　查看系统用户信息

6.1.3　用户相关文件

1. /etc/passwd 文件

Windows 的用户和组都保存在 SAM 文件中,在开机状态下是没有办法查看 SAM 文件的。而 Linux 系统则不同,用户信息保存在配置文件/etc/passwd 中,该文件是可读格式的文本,管理员可以利用文本编辑器来修改,如图 6.6 所示。系统的大多数用户没有权限修改它,只能读取这个文件。

图 6.6　图形界面下查看 passwd

还可以使用 more 或 cat 等命令查看 passwd 信息,如图 6.7 所示。

图 6.7　使用 cat 命令查看 passwd 信息

用户和组管理

在 passwd 中,系统的每一个合法用户账号对应于该文件中的一行记录,这行记录定义了每个用户账号的属性。这些记录是按照 uid 排序的,首先是 root 用户,然后是系统用户,最后是普通用户。用户数据按字段以冒号分隔,格式如下:

username: password: uid: gid: userinfo(普通用户通常省略): home: shell

其中,各字段的含义如表 6.2 所示。

表 6.2　passwd 文件各字段的含义

字　段　名	编　　号	说　　明
username	1	给一个用户可读的用户名称
password	2	加密的用户密码
uid	3	用户 id,Linux 内核用这个整数来识别用户
gid	4	用户组 id,Linux 内核用这个整数识别用户组
userinfo	5	用来保存帮助识别用户的简单文本
home	6	当用户登录时,分配给用户的主目录
shell	7	登录 Shell 是用户登录时的默认 Shell,通常是/bin/bash

例 6.1　解读图 6.7 中 root 用户的信息,如表 6.3 所示。

表 6.3　root 用户各字段的含义

字　段　名	编　　号	说　　明
username	1	root
password	2	x
uid	3	0
gid	4	0
userinfo	5	root
home	6	/root
shell	7	/bin/bash

例 6.2　解读图 6.7 中 mail 的信息如表 6.4 所示。

表 6.4　系统用户 mail 各字段的含义

字　段　名	编　　号	说　　明
username	1	mail
password	2	x
uid	3	8
gid	4	8
userinfo	5	mail
home	6	/var/mail
shell	7	/usr/sbin/nologin 没有登录 Shell

2. /etc/shadow 文件

用户的加密密码被保存在/etc/passwd 文件的第二个字段中,由于 passwd 文件包含的信息不仅有用户密码,每个用户都需要读取它,因此,passwd 的第二个字段都是 x,实际上任何一个用户都有权限读取该文件从而得到所有用户的加密密码。而加密常用的 MD5 算法,随着计算机性能的飞速发展,越来越容易被暴力破解,这样的密码保存方式是非常危险的。因此,在 Linux 和 UNIX 系统中,采用了一种更新的"影子密码"技术来保存密码,用户的密码被保存在专门的/etc/shadow 文件中,只有超级管理员的 root 权限可以查看,普通用户无权查看其内容。如图 6.8 所示,可以看到在普通用户 malimei 下,查看 shadow 文件被拒绝。

```
malimei@malimei:/etc$ more shadow
shadow: Permission denied
malimei@malimei:/etc$ su root
Password:
root@malimei:/etc# more shadow
root:$6$D0GLV4YO$49Tvl8zzx9V4QIkgJmrKtglJf47umAHRDcrlWf72JroSON0VxPJ.RmrFgRHtvai
VNK.vF76SkzTBQfSBoPJ7B.:16738:0:99999:7:::
daemon:*:16484:0:99999:7:::
bin:*:16484:0:99999:7:::
sys:*:16484:0:99999:7:::
sync:*:16484:0:99999:7:::
games:*:16484:0:99999:7:::
man:*:16484:0:99999:7:::
lp:*:16484:0:99999:7:::
mail:*:16484:0:99999:7:::
```

图 6.8　查看 shadow 文件

/etc/shadow 文件中的每行记录了一个合法用户账号的数据,每一行数据用冒号分隔,其格式如下:

username: password: lastchg: min: max: warn: inactive: expire: flag

其中,各字段的含义如表 6.5 所示。

表 6.5　shadow 文件中各字段的含义

字　段　名	编　　号	说　　　明
username	1	用户的登录名
password	2	加密的用户密码
lastchg	3	自 1970.1.1 起到上次修改口令所经过的天数
min	4	两次修改口令之间至少经过的天数
max	5	口令还会有效的最大天数
warn	6	口令失效前多少天内向用户发出警告
inactive	7	禁止登录前用户还有效的天数
expire	8	用户被禁止登录的时间
flag	9	保留

例 6.3　图 6.8 中 root 信息的含义如表 6.6 所示。

表 6.6　shadow 文件中 root 的各字段的含义

字　段　名	编　号	说　　　明
username	1	用户的登录名
password	2	加密的用户密码 6D0GLV4YO$49Tvl8zzx9V4QIkgJmrKtglJf47umAHRDcrlWf72JroSON0VxPJ.R VNK.vF76SkzTBQfSBoPJ7B
lastchg	3	自 1970.1.1 起到上次修改口令所经过的天数:16738
min	4	两次修改口令之间至少经过的天数:0

第
6
章

用户和组管理

续表

字 段 名	编　号	说　　明
max	5	口令有效的最大天数：99999，即永不过期
warn	6	口令失效前 7 天内向用户发出警告
inactive	7	禁止登录前用户还有效的天数，未定义
expire	8	用户被禁止登录的时间，未定义
flag	9	保留，未使用

观看视频

6.2　Linux 用户组

每个用户都属于一个用户组，用户组就是具有相同特征的用户的集合体。一个用户组可以包含多个用户，拥有一个自己专属的用户组 id，缩写为 gid。gid 是一个 32 位的整数，Linux 系统内核用其来标识用户组，和用户名一样，可以有 2^{32} 个不同的用户组。

同属于一个用户组内的用户具有相同的地位，并可以共享一定的资源。一个用户只能有一个 gid，但是可以归属于其他的附加群组。

由于每个文件必须有一个组所有者，因此必须有一个与每个用户相关的默认组。这个默认组成为新建文件的组所有者，被称作用户的主要组，又称为基本组。也就是说，如果没有指定用户组，创建用户的时候系统会默认同时创建一个和这个用户同名的组，这个组就是基本组。例如，在创建文件时，文件的所属组就是用户的基本组。不可以把用户从基本组中删除。

除了主要组以外，用户也可以根据需要再隶属于其他组，这些组被称作次要组或附加组。用户是可以从附加组中被删除的。用户不论属于基本组还是附加组，都会拥有该组的权限。一个用户可以属于多个附加组，但是一个用户只能有一个基本组。

1. /etc/group

Linux 系统中，用户组的信息保存在配置文件/etc/group 中，该文件是可读格式的文本，管理员可以利用文本编辑器来修改，如图 6.9 所示。而系统的大多数用户没有权限修改它，只能读取这个文件。

```
malimei@malimei-virtual-machine:~$ cat /etc/group
root:x:0:
daemon:x:1:
bin:x:2:
sys:x:3:
adm:x:4:syslog,malimei
tty:x:5:
disk:x:6:
malimei:x:1000:user2
sambashare:x:128:malimei
user1:x:1001:
user2:x:1002:
```

图 6.9　编辑器下查看 group 内容

/etc/group 文件对组的作用相当于/etc/passwd 文件对用户的作用，把组名与组 ID 联系在一起，并且定义了哪些用户属于哪些组。该文件是一个以行为单位的配置文件，每行字段用冒号隔开，格式如下：

group_name: group_password: group_id: group_members

其中,每个字段的含义如表6.7所示。

表 6.7　group 文件中各字段的含义

字　段　名	编　号	说　明
group_name	1	用户组名
group_password	2	加密后的用户组密码
group_id	3	用户组 id
group_members	4	逗号分隔的组成员

例 6.4　图 6.9 中 root 组的信息含义如表 6.8 所示。

表 6.8　group 文件中 root 的各字段的含义

字　段　名	编　号	说　明
group_name	1	root
group_password	2	加密密码：X
group_id	3	0
group_members	4	没有组成员

2. /etc/gshadow

和用户账号文件/etc/passwd 一样,为了保护用户组的加密密码,防止暴力破解,用户组文件也采用将组口令与组的其他信息分离的安全机制,即使用/etc/gshadow 文件存储各用户组的加密密码。

查看这个文件需要 root 权限,如图 6.10 所示。

```
root@malimei-virtual-machine:/home/malimei# cat /etc/gshadow
root:$6$nha30B2AwU/$Je5E4oOa8P05GWGd0rgkMgXBcxGmGCQ7Pi79heRpp6D7fzN39dt.8QzMTpZG
IDwsBa3REWs8U/Dxbo1/icymG.::
```

图 6.10　查看 gshadow 文件中的 root 密码

gshadow 文件也是一个以行为单位的配置文件,每行含有被冒号隔开的字段,其格式如下:

group_name: group_password: group_id: group_members

其中,各字段的含义如表6.9所示。

表 6.9　gshadow 文件中各字段的含义

字　段　名	编　号	说　明
group_name	1	用户组名
group_password	2	加密后的用户组密码
group_id	3	用户组 id(可以为空)
group_members	4	逗号分隔的组成员(可以为空)

171

第6章

用户和组管理

例 6.5 图 6.10 中 root 组的信息含义如表 6.10 所示。

表 6.10 gshadow 文件中 root 各字段的含义

字 段 名	编 号	说 明
group_name	1	root
group_password	2	加密后的用户组密码: 6nha30B2AwU/$Je5E4oOa8P05GWGd0rgkMgXBcxGmGCQ7 Pi79heRpp6D7fzN39dt.8QzMTpZGIDwsBa3REWs8U/Dxbo1/icymG
group_id	3	空
group_members	4	空

6.3 用户和用户组管理命令

6.3.1 用户管理命令

1. useradd

功能描述:创建一个新用户。

系统创建一个新用户时,同时为新用户分配用户名、用户组、主目录和登录 Shell 等资源。创建的用户组与用户名字相同,是一个基本组。这样将新用户与其他用户隔离开,提高了安全性能。

格式:useradd [选项] 用户名

选项:useradd 命令的常用选项如表 6.11 所示。

表 6.11 useradd 命令的常用选项

选 项	作 用
-d	指定用户主目录。如果此目录不存在,则同时使用-m 选项,可以创建主目录
-g	指定 gid
-u	指定 uid
-G	指定用户所属的附加组
-l	不要把用户添加到 lastlog 和 failog 中,这个用户的登录记录不需要记载
-M	不要创建用户主目录
-m	自动创建用户主目录
-p	指定新用户的密码,是加密后的密码哈希值,而不是明文密码,不建议使用
-r	创建一个系统账号
-s	指定 Shell

例 6.6 创建新用户。

```
#useradd  xiaoliu          //创建新用户 xiaoliu,如图 6.11 所示
```

说明:

(1) 只有超级用户 root 和具有超级用户权限的用户才能创建新用户。

(2) useradd 命令如果不加任何参数,创建的是"三无"用户:一无主目录,二无密码,三

```
wu:x:1004:1004::/home/wu:
wu1:x:1005:1005::/home/wu1:
xiaoliu:x:1006:1006::/home/xiaoliu:
```

图 6.11 创建新用户

无系统 Shell。虽然从图 6.11 中能看到用户的目录是/home/xiaoliu,但这个目录没有显示,如图 6.12 所示。

```
malimei@hebtu:/home$ cd xiaoliu
bash: cd: xiaoliu: 没有那个文件或目录
malimei@hebtu:/home$
```

图 6.12 使用 useradd 命令默认情况创建用户无主目录

例 6.7 创建用户及主目录。

＃useradd -m xiao1   //创建新用户同时创建主目录,如图 6.13 所示

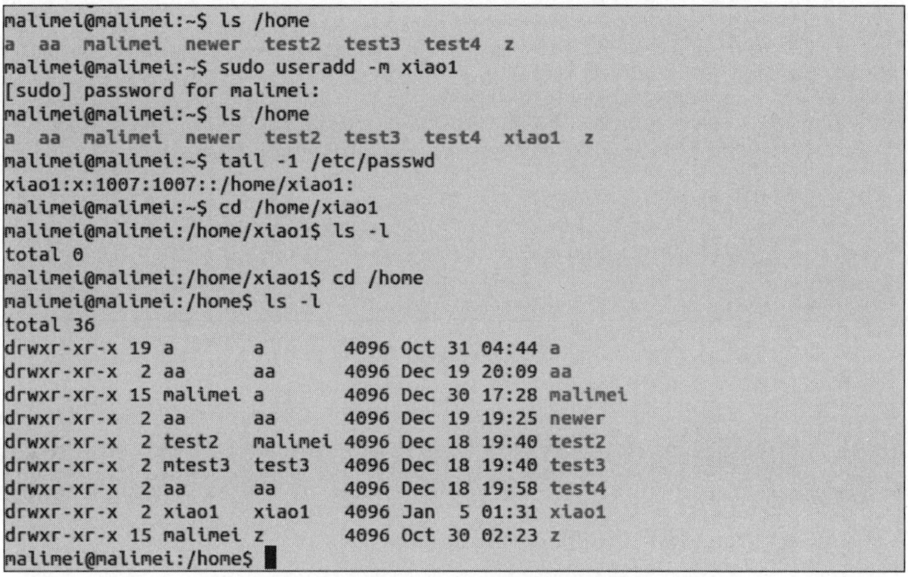

```
malimei@malimei:~$ ls /home
a aa malimei newer test2 test3 test4 z
malimei@malimei:~$ sudo useradd -m xiao1
[sudo] password for malimei:
malimei@malimei:~$ ls /home
a aa malimei newer test2 test3 test4 xiao1 z
malimei@malimei:~$ tail -1 /etc/passwd
xiao1:x:1007:1007::/home/xiao1:
malimei@malimei:~$ cd /home/xiao1
malimei@malimei:/home/xiao1$ ls -l
total 0
malimei@malimei:/home/xiao1$ cd /home
malimei@malimei:/home$ ls -l
total 36
drwxr-xr-x 19 a       a       4096 Oct 31 04:44 a
drwxr-xr-x  2 aa      aa      4096 Dec 19 20:09 aa
drwxr-xr-x 15 malimei a       4096 Dec 30 17:28 malimei
drwxr-xr-x  2 aa      aa      4096 Dec 19 19:25 newer
drwxr-xr-x  2 test2   malimei 4096 Dec 18 19:40 test2
drwxr-xr-x  2 mtest3  test3   4096 Dec 18 19:40 test3
drwxr-xr-x  2 aa      aa      4096 Dec 18 19:58 test4
drwxr-xr-x  2 xiao1   xiao1   4096 Jan  5 01:31 xiao1
drwxr-xr-x 15 malimei z       4096 Oct 30 02:23 z
malimei@malimei:/home$
```

图 6.13 创建新用户并查看同时创建的主目录

例 6.8 新建用户、创建主目录、指定基本组和附加组。

＃groupadd xiaoli   //首先创建组
＃useradd－m xiaoli－g xiaoli－G xiaoli //新建用户 xiaoli,同时创建主目录\home\xiaoli,指
                                        //定基本组为 xiaoli、附加组为 xiaoli,如图 6.14 所示

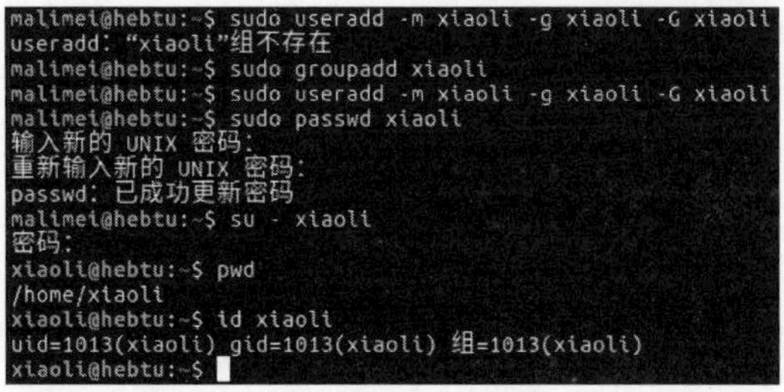

```
malimei@hebtu:~$ sudo useradd -m xiaoli -g xiaoli -G xiaoli
useradd: "xiaoli"组不存在
malimei@hebtu:~$ sudo groupadd xiaoli
malimei@hebtu:~$ sudo useradd -m xiaoli -g xiaoli -G xiaoli
malimei@hebtu:~$ sudo passwd xiaoli
输入新的 UNIX 密码:
重新输入新的 UNIX 密码:
passwd: 已成功更新密码
malimei@hebtu:~$ su - xiaoli
密码:
xiaoli@hebtu:~$ pwd
/home/xiaoli
xiaoli@hebtu:~$ id xiaoli
uid=1013(xiaoli) gid=1013(xiaoli) 组=1013(xiaoli)
xiaoli@hebtu:~$
```

图 6.14 新建用户,创建主目录、基本组和附加组

173

第
6
章

用户和组管理

2．adduser

功能描述：创建新用户。

使用 adduser 创建用户时显示了创建用户的详细进程，同时包含部分人机交互的对话过程，系统会提示用户输入各种信息，然后根据这种信息创建新用户，使用简单，不用加参数，建议初学者使用。

格式：adduser 用户名

例 6.9　创建新用户。

♯adduser　test3　　　//创建新用户 test3，如图 6.15 所示

```
root@malimei:/# adduser test3
Adding user `test3' ...
Adding new group `test3' (1004) ...
Adding new user `test3' (1004) with group `test3' ...
Creating home directory `/home/test3' ...
Copying files from `/etc/skel' ...
Enter new UNIX password:
Retype new UNIX password:
passwd: password updated successfully
Changing the user information for test3
Enter the new value, or press ENTER for the default
        Full Name []:
        Room Number []:
        Work Phone []:
        Home Phone []:
        Other []:
Is the information correct? [Y/n] y
root@malimei:/# ls ../home
a  malimei  test2  test3  z
```

图 6.15　使用 adduser 命令创建新用户

从图 6.15 中可以看出，输入命令后，显示了用户建立的详细过程：新建用户、新建用户组、将用户加入组、创建主目录、设置密码等，并提示输入关于用户的全名、电话等信息。

依次查看/etc/passwd 用户信息文件如图 6.16 所示，/etc/shadow 用户密码文件如图 6.17 所示，/etc/group 用户组信息文件如图 6.18 所示。

```
malimei:x:1000:1002:,,,:/home/malimei:/bin/bash
test1:x:1002:1003::/home/test1:
test2:x:1003:1002::/home/test2:
test3:x:1004:1004:,,,:/home/test3:/bin/bash
```

图 6.16　查看 passwd 中新用户的信息

```
malimei:$6$ViXeOS2l$.duLMvrw6ldLOdwfKZHUupnVRyRYTHTkZx8pOkSIVtC./2R3HrewHQ3wsw8K
GjIVS7lPv4LiVBTVGadvOkDKN.:16738:0:99999:7:::
test1:!:16788:0:99999:7:::
test2:123456:16788:0:99999:7:::
test3:$6$mBtqbxB9$Y6CYSwalehOFB17B6dkF.wvFVwMYJtZxnD6qLyNob92vc8Nza28fvGbnpg30rH
6xlIFtdPLdnqqI9JJVeGEvq0:16788:0:99999:7:::
```

图 6.17　查看 shadow 中新用户的密码

```
malimei:x:1002:
test1:x:1003:
test3:x:1004:
```

图 6.18　查看 group 中新用户的组信息

说明：执行/etc/shadow 文件显示用户的密码，虽然是加密后的密码，也需要超级用户的权限。

3. passwd

功能描述：为用户设定口令，修改用户的口令，管理员还可以使用 passwd 命令锁定某个用户账号，该命令需要 root 权限。

Ubuntu 中登录用户时需要输入口令，也就是说，只有指定了密码后才可以使用该用户，即使指定的是空口令也可以。如图 6.19 所示，test1 用户没有设置密码，不能使用，test3 用户创建时设置了密码，输入后即可切换到该用户。

```
root@malimei:/# su test2
test2@malimei:/$ su test1
Password:
su: Authentication failure
test2@malimei:/$ su test3
Password:
test3@malimei:/$ █
```

图 6.19　登录用户时需要输入密码

说明：root 用户具有超级权限，无须密码即可直接进入任何用户，如图 6.20 中的 test2；但普通用户之间的转换需要密码，如果没有口令，便无法切换到该用户。

格式：passwd [选项] 用户名

选项：passwd 命令的常用选项如表 6.12 所示。

表 6.12　passwd 命令的常用选项

选　　项	作　　用
-l	管理员通过锁定口令来锁定已经命名的账户，即禁用该用户
-u	管理员解开账户锁定状态
-x	管理员设置最大密码使用时间(天)
-n	管理员设置最小密码使用时间(天)
-d	管理员删除用户的密码
-f	强迫用户下次登录时修改口令

例 6.10　设置用户密码。

＃passwd　test1　　　　　　　　　　//为用户 test1 创建管理口令，如图 6.20 所示

```
test3@malimei:/$ passwd test1
passwd: You may not view or modify password information for test1.
test3@malimei:/$ su root
Password:
root@malimei:/# passwd test1
Enter new UNIX password:
Retype new UNIX password:
passwd: password updated successfully
root@malimei:/# su test1
test1@malimei:/$
```

图 6.20　root 下设置用户密码

超级用户或管理员可以查看 shadow 文件，显示的是加密后 test1 的密码信息，如图 6.21 所示。

175

第 6 章

用户和组管理

```
test1:$6$ymG/z8ED$RQS3BlcadSxT6c9Fj6HyTZgrEa4HVaQQo5NInNRHFuv7JYFce5f/CfgYyZ4ZpC
ByvjeCoLYhicC4P.SI6gIgw.:19971:0:99999:7:::
root@mali-virtual-machine:/home#
```

图 6.21　shadow 文件中查看所设置的密码

例 6.11　锁定和解锁用户。

```
#passwd  -l  test1            //锁定 test1 用户,如图 6.22 所示
```

```
root@mali-virtual-machine:/home# passwd -l test1
passwd: 密码过期信息已更改。
root@mali-virtual-machine:/home#
```

图 6.22　锁定用户

查看 shadow 文件,可以看到 test1 的密码与图 6.22 相比发生了变化,在原密码前加上!,如图 6.23 所示。

```
test1:!$6$ymG/z8ED$RQS3BlcadSxT6c9Fj6HyTZgrEa4HVaQQo5NInNRHFuv7JYFce5f/CfgYyZ4Zp
CByvjeCoLYhicC4P.SI6gIgw.:19971:0:99999:7:::
root@mali-virtual-machine:/home#
```

图 6.23　查看锁定用户的密码

从其他用户不能转到 test1 用户,test1 用户不能使用,解锁后该用户可以使用,如图 6.24 所示。

```
mali@mali-virtual-machine:/$ su test1
密码:
su: 认证失败
mali@mali-virtual-machine:/$ sudo passwd -u test1
[sudo] mali 的密码:
passwd: 密码过期信息已更改。
mali@mali-virtual-machine:/$ su test1
密码:
test1@mali-virtual-machine:/$
```

图 6.24　锁定用户无法登录

例 6.12　设置密码最大使用时间。

```
#passwd  -x  4  xiao1         //设置 xiao1 账户最大密码使用时间为 4 天,如图 6.25 所示
```

```
malimei@malimei:/home$ sudo tail -1 /etc/shadow
xiao1:!:16805:0:99999:7:::
malimei@malimei:/home$ sudo passwd -x 4 xiao1
passwd: password expiry information changed.
malimei@malimei:/home$ sudo tail -1 /etc/shadow
xiao1:!:16805:0:4:7:::
```

图 6.25　设置密码最大使用时间

4. usermod

功能描述:修改用户账号的信息。

usermod 命令可以修改已存在用户的属性,根据实际情况修改用户的相关属性,如用户 id 号、账号名称、主目录、用户组、登录 Shell 等。

格式:usermod [选项] 用户名

选项:usermod 命令的常用选项如表 6.13 所示。

表 6.13　usermod 命令的常用选项

选　项	作　用	选　项	作　用
-m　-d	修改用户主目录	-l	修改用户账号名称
-e	修改账号的有效期限	-L	锁定用户密码,使密码无效
-f	修改在密码过期后多少天即关闭该账号	-s	修改用户登入后所使用的 Shell
		-u	修改用户 ID
-g	修改用户所属的组	-U	解除密码锁定
-G	修改用户所属的附加组		

例 6.13　改变用户的组。

＃usermod － g 1001 malimei　　　　//修改 malimei 用户的组/主要组为 1001,属于 a 组,如图 6.26 所示

```
root@malimei:/# tail -5 ../etc/passwd
a:x:1001:1001:,,,:/home/a:/bin/bash
malimei:x:1000:1002:,,,:/home/malimei:/bin/bash
test1:x:1002:1003::/home/test1:
test2:x:1003:1002::/home/test2:
test3:x:1004:1004:,,,:/home/test3:/bin/bash
root@malimei:/# usermod -g 1001 malimei
root@malimei:/# tail -5 ../etc/passwd
a:x:1001:1001:,,,:/home/a:/bin/bash
malimei:x:1000:1001:,,,:/home/malimei:/bin/bash
test1:x:1002:1003::/home/test1:
test2:x:1003:1002::/home/test2:
test3:x:1004:1004:,,,:/home/test3:/bin/bash
```

图 6.26　修改用户的组信息

使用 ls 命令查看,可以看到主目录/home/malimei 下的文件所属的组也都发生了变化,属于 a 组,如图 6.27 所示。

```
root@malimei:/#
root@malimei:/# ls -l ../home/malimei
total 44
-rw-rw-r-- 1 malimei a      0 Oct 31 05:13 a.txt
drwxr-xr-x 2 malimei a   4096 Nov 27 18:26 Desktop
drwxrwxr-x 4 malimei a   4096 Nov 28 22:29 Documents
drwxr-xr-x 2 malimei a   4096 Nov 27 18:26 Downloads
```

图 6.27　查看用户组信息的改变

例 6.14　更改用户信息,把 g1 用户改为 g3 用户,要求改用相应的户名、组名、目录。如图 6.28 所示,用户登录界面没有 g1 用户了,有 g3 用户。

```
$ sudo  groupadd  g3      先创建组 g3
$ sudo  usermod  － l  g3  － g  1012  － m  － d  /home/g3  g1
```

例 6.15　修改组信息,比较-g 和-G 的不同。

-g:改变 test1 用户的主要组为 malimei,改变后看到 test1 的 gid 号和 malimei 用户的 gid 号相同,如图 6.29 所示。

-G:改变用户 xiao2 次要组(附加组),添加到 xiao1 中,如图 6.30 所示。

这里的两个参数-g 是修改用户的主要组,-G 是用来修改用户的附加组,一个用户可以有多个附加组,但是只能有一个基本组,改变 test1 用户的主要组是 wu,gid1004,次要组为 wu 和 malimei,test1 用户同时属于 wu 和 malimei 两个组的用户,具有这两个组的属性,如图 6.31 所示。

```
hhxy@hhxy-virtual-machine:/home$ sudo groupadd g3
hhxy@hhxy-virtual-machine:/home$ ls -l
总用量 44
drwxr-xr-x  2 g2    a2    4096 4月  28 23:15 a2
drwxr-xr-x  2 g1    g1    4096 4月  28 23:12 g1
drwxr-xr-x 20 hhxy  hhxy  4096 4月  28 22:15 hhxy
drwx------  2 root  root 16384 4月  13 00:55 lost+found
drwxr-xr-x  2 u33   p0    4096 4月  28 23:09 p0
drwxr-xr-x  2 u222  u11   4096 4月  28 23:05 u11
drwxr-xr-x  2 u2    u1    4096 4月  28 22:56 u2
drwxr-xr-x  2 u22   u22   4096 4月  28 23:06 u22
hhxy@hhxy-virtual-machine:/home$ tail /etc/group
u11:x:1003:
u22:x:1004:
u222:x:1005:
p0:x:1006:
u33:x:1007:
g1:x:1008:
a1:x:1009:
a2:x:1010:
g2:x:1011:
g3:x:1012:
hhxy@hhxy-virtual-machine:/home$ sudo usermod -l g3 -g 1012 -m -d /home/g3  g1
hhxy@hhxy-virtual-machine:/home$ ls -l
总用量 44
drwxr-xr-x  2 g2    a2    4096 4月  28 23:15 a2
drwxr-xr-x  2 g3    g3    4096 4月  28 23:12 g3
drwxr-xr-x 20 hhxy  hhxy  4096 4月  28 22:15 hhxy
```

图 6.28　修改用户的名称、组、目录信息

```
malimei@malimei-virtual-machine:/home$ sudo usermod -g malimei test1
[sudo] password for malimei:
malimei@malimei-virtual-machine:/home$ cat /etc/passwd
root:x:0:0:root:/root:/bin/bash
daemon:x:1:1:daemon:/usr/sbin:/usr/sbin/nologin
pulse:x:115:122:PulseAudio daemon,,,:/var/run/pulse:/bin/false
malimei:x:1000:1000:malimei,,,:/home/malimei:/bin/bash
gdm:x:116:125:Gnome Display Manager:/var/lib/gdm:/bin/false
sshd:x:117:65534::/var/run/sshd:/usr/sbin/nologin
li:x:1001:1001::/home/li:
zhangsan:x:1002:1002::/home/zhangsan:
asd:x:1003:1003::/home/asd:
wu:x:1004:1004::/home/wu:
wu1:x:1005:1005::/home/wu1:
xiaoliu:x:1006:1006::/home/xiaoliu:
test1:x:1007:1000:,,,:/home/test1:/bin/bash
```

图 6.29　改变用户的主要组

```
malimei@malimei-virtual-machine:/home$ sudo usermod -G xiao1 xiao2
[sudo] password for malimei:
malimei@malimei-virtual-machine:/home$ cat /etc/group
xiao1:x:1008:xiao2
xiao2:x:1009:
```

图 6.30　把 xiao2 用户加到 xiao1 用户组里

```
wu:x:1004:1004::/home/wu:
wu1:x:1005:1005::/home/wu1:
xiaoliu:x:1006:1006::/home/xiaoliu:
test1:x:1007:1000:,,,:/home/test1:/bin/bash
xiao1:x:1008:1000::/home/xiao1:
xiao2:x:1009:1009::/home/xiao2:
malimei@malimei-virtual-machine:/home$ sudo usermod -g wu  test1
malimei@malimei-virtual-machine:/home$ cat /etc/passwd
root:x:0:0:root:/root:/bin/bash
daemon:x:1:1:daemon:/usr/sbin:/usr/sbin/nologin
wu:x:1004:1004::/home/wu:
wu1:x:1005:1005::/home/wu1:
xiaoliu:x:1006:1006::/home/xiaoliu:
test1:x:1007:1004:,,,:/home/test1:/bin/bash
xiao1:x:1008:1000::/home/xiao1:
xiao2:x:1009:1009::/home/xiao2:
malimei@malimei-virtual-machine:/home$
malimei@malimei-virtual-machine:/home$ id test1
uid=1007(test1) gid=1004(wu) 组=1004(wu)
malimei@malimei-virtual-machine:/home$ sudo usermod -G  malimei  test1
malimei@malimei-virtual-machine:/home$ id test1
uid=1007(test1) gid=1004(wu) 组=1004(wu),1000(malimei)
malimei@malimei-virtual-machine:/home$
```

图 6.31　显示 test1 用户的主要组和附加组

说明：无论用户属于主要组还是次要组，只要属于相同的组，即具有组的权限。

5. userdel

功能描述：删除用户。userdel 命令可以删除已存在的用户账号，将/etc/passwd 等文件系统中的该用户记录删除，必要时还删除用户的主目录。

格式：userdel [选项] 用户名

选项：-r：将用户的主目录一起删除。

例 6.16 先创建 test4 和 test5 两个用户，然后再删除，如图 6.32 所示。

```
# userdel   test4              //删除用户 test4,主目录仍然保留
# userdel  test5  - r          //删除用户 test5 及其主目录
```

```
root@malimei:/# useradd test4 -m
root@malimei:/# useradd test5 -m
root@malimei:/# tail -3 ../etc/passwd
mtest3:x:1004:1001:,,,:..:/home/mtest3:/bin/bash
test4:x:1005:1005::/home/test4:
test5:x:1006:1006::/home/test5:
root@malimei:/# ls ../home
a  malimei  test2  test3  test4  test5  z
root@malimei:/# userdel test4
root@malimei:/# userdel test5 -r
userdel: test5 mail spool (/var/mail/test5) not found
root@malimei:/# tail -3 ../etc/passwd
test1:x:1002:1003::/home/test1:
test2:x:1003:1002::/home/test2:
mtest3:x:1004:1001:,,,:..:/home/mtest3:/bin/bash
root@malimei:/# ls ../home
a  malimei  test2  test3  test4  z
```

图 6.32　删除用户及目录

6.3.2　用户组管理命令

1. groupadd

功能描述：用指定的组名称来创建新的组账号。

格式：groupadd [选项] 组名

选项：groupadd 命令的常用选项如表 6.14 所示。

表 6.14　groupadd 命令的常用选项

选　　项	作　　　用
-g	指定组 id 号,除非使用-o 选项,否则该值必须唯一
-o	允许设置相同组 id 的群组,不必唯一
-r	创建系统组账号,即组 id 低于 499
-f	强制执行,创建相同 id 的组

例 6.17 新建组。

```
# groupadd  - g  343  newgroup      //新建一个 id 为 343 的组,如图 6.33 所示
```

```
root@malimei:/home# groupadd -g 343 newgroup
root@malimei:/home# tail -1 /etc/group
newgroup:x:343:
```

图 6.33　新建组并指定 id

2. groupmod

功能描述：groupmod 命令用于更改群组属性。

格式：groupmod [选项] 组名

观看视频

选项：groupmod 命令的常用选项如表 6.15 所示。

表 6.15　groupmod 命令的常用选项

选　　项	作　　用
-g	指定组 id 号
-o	与-g 选项同时使用,用户组的新 GID 可以与系统已有用户组的 GID 相同
-n	修改用户组名

例 6.18　更改组的名字。

groupmod　-n　Linux　newgroup　　　　　　//将 newgroup 群组的名称改为 Linux,如图 6.34 所示

```
root@malimei:/home# tail -1 /etc/group
newgroup:x:344:
root@malimei:/home# groupmod -n linux newgroup
root@malimei:/home# tail -1 /etc/group
linux:x:344:
```

图 6.34　更改组的名字

3. groupdel

功能描述：从系统上删除组。如果该组中仍包含某些用户,则必须先删除这些用户后,才能删除组。

格式：groupdel [选项] 组名

例 6.19　删除组。

groupdel　newgroup　　　　　　　　　　//删除 newgroup 组,如图 6.35 所示

```
root@malimei:/home# tail -1 /etc/group
newgroup:x:343:
root@malimei:/home# groupdel newgroup
root@malimei:/home# tail -1 /etc/group
user1:x:1003:
```

图 6.35　删除组

例 6.20　删除含用户的组,如图 6.36 所示。

userdel　newer　　　　　　　　　　　//删除用户 newer
groupdel　ngroup　　　　　　　　　　//删除 ngroup 组

```
root@malimei:/# tail -1 ../etc/group
test3:x:1004:
root@malimei:/# groupadd ngroup
root@malimei:/# tail -2 ../etc/group
test3:x:1004:
ngroup:x:1005:
root@malimei:/# useradd -m -g 1005 newer
root@malimei:/# tail -2 ../etc/passwd
mtest3:x:1004:1001:,,,:/home/mtest3:/bin/bash
newer:x:1005:1005::/home/newer:
root@malimei:/# groupdel ngroup
groupdel: cannot remove the primary group of user 'newer'
root@malimei:/# userdel newer
root@malimei:/# groupdel ngroup
root@malimei:/# tail -1 ../etc/group
test3:x:1004:
root@malimei:/#
```

图 6.36　先删除用户后删除组

4. gpasswd

功能描述：用来管理组。该命令可以把用户加入组(附加组),为组设定密码。

观看视频

格式：gpasswd [选项] 组名

选项：gpasswd 命令的常用选项如表 6.16 所示。

表 6.16　gpasswd 命令的常用选项

选　项	作　用
-a	添加用户到群组
-d	从群组中删除用户
-A	指定管理员
-M	指定群组成员
-r	删除密码
-R	限制用户加入组，只有组中的成员才能用 newgrp 命令登录该组

例 6.21　为组指定成员。

＃gpasswd　－M　user 1,user2　group　　//为 group 组指定 user 1 和 user 2 组成员，如图 6.37 所示

```
root@malimei:/home# gpasswd -M user1,user2 group
root@malimei:/home# grep group /etc/group
nogroup:x:65534:
group:x:1004:user1,user2
```

图 6.37　添加用户入指定组

例 6.22　创建组并指定管理员和添加用户，如图 6.38 所示。

```
$ sudo   adduser   test2              //新建用户 test2,同时创建新组 test2
$ sudo   passwd  －A  test2  malimei  //指定用户 test2 为组 malimei 的管理员
$ su   test2                          //切换当前用户为 test2
$ gpasswd  －a  xiao2  malimei        //在用户 test2 下为组 malimei 添加用户 xiao2
```

```
malimei@malimei-virtual-machine:~$ sudo adduser test2
正在添加用户"test2"...
正在添加新组"test2" (1010)...
正在添加新用户"test2" (1010) 到组"test2"...
创建主目录"/home/test2"...
正在从"/etc/skel"复制文件...
输入新的 UNIX 密码:
重新输入新的 UNIX 密码:
passwd:已成功更新密码
正在改变 test2 的用户信息
请输入新值，或直接按回车键以使用默认值
        全名 []:
        房间号码 []:
        工作电话 []:
        家庭电话 []:
        其他 []:
这些信息是否正确？ [Y/n] y
malimei@malimei-virtual-machine:~$ id test2
uid=1010(test2) gid=1010(test2) 组=1010(test2)
malimei@malimei-virtual-machine:~$ sudo gpasswd -A  test2 malimei
malimei@malimei-virtual-machine:~$ su test2
密码:
test2@malimei-virtual-machine:/home/malimei$ gpasswd -a xiao2 malimei
正在将用户"xiao2"加入到"malimei"组中
test2@malimei-virtual-machine:/home/malimei$ id xiao2
uid=1009(xiao2) gid=1009(xiao2) 组=1009(xiao2),1000(malimei),1007(test1)
test2@malimei-virtual-machine:/home/malimei$
```

图 6.38　设置组管理员

注意：只有超级用户、系统管理员和组管理员才能拥有权限添加新用户入组。如图 6.38 所示，先指定 test2 为 malimei 组管理员，然后在 test2 下添加用户加入 malimei 组。

例 6.23 删除组中的用户,如图 6.39 所示。

```
#gpasswd  -d  test4  sudo        //将超级用户组 sudo 中的用户 test4 删除,test4 就不具
                                 //备系统管理员的权限了
#gpasswd  -d  test2  mali        //将组 mali 中的用户 test2 删除
```

```
root@malimei-virtual-machine:/home/malimei# id test4
uid=1012(test4) gid=1012(test4) 组=1012(test4),27(sudo)
root@malimei-virtual-machine:/home/malimei# gpasswd -d test4 sudo
正在将用户"test4"从"sudo"组中删除
root@malimei-virtual-machine:/home/malimei# id test4
uid=1012(test4) gid=1012(test4) 组=1012(test4)
root@mali-virtual-machine:/home# id test2
uid=1004(test2) gid=1002(test2) 组=1002(test2),1000(mali)
root@mali-virtual-machine:/home# gpasswd -d test2 mali
正在将用户"test2"从"mali"组中删除
root@mali-virtual-machine:/home# id test2
uid=1004(test2) gid=1002(test2) 组=1002(test2)
root@mali-virtual-machine:/home#
```

图 6.39 删除组中的用户

例 6.24 验证同组人与不同组人权限的问题。

新建用户 ll,并加入 malimei 组中,可以修改 malimei 组里的文件 s1,文件大小由 0 变为 49,如图 6.40 所示。

```
root@malimei-virtual-machine:/home/malimei# adduser ll
正在添加用户"ll"...
正在添加新组"ll" (1013)...
root@malimei-virtual-machine:/home/malimei# gpasswd -a ll malimei
正在将用户"ll"加入到"malimei"组中
root@malimei-virtual-machine:/home/malimei# su ll
ll@malimei-virtual-machine:/home/malimei$ ls -l
ll@malimei-virtual-machine:/home/malimei$ ls -l
总用量 36
drwxrwxr-x 2 malimei malimei 4096 10月 14 11:38 aa
-rw-rw-r-- 1 malimei malimei    0 10月 25 09:19 as
-rw-rw-r-- 5 malimei malimei    0 10月 14 10:34 s1
-rw-rw-r-- 5 malimei malimei    0 10月 14 10:34 s2
ll@malimei-virtual-machine:/home/malimei$ vi s1
ll@malimei-virtual-machine:/home/malimei$ ls -l
总用量 52
drwxrwxr-x 2 malimei malimei 4096 10月 14 11:38 aa
-rw-rw-r-- 1 malimei malimei    0 10月 25 09:19 as
-rw-rw-r-- 5 malimei malimei   49 11月  1 12:16 s1
```

图 6.40 同组人拥有修改文件的权限

新建用户 lll 没有加到 malimei 组,就没有同组人的权限,编辑 malimei 组里的 as 文件时,显示只读文件,不能修改,如图 6.41 所示。

```
ll@malimei-virtual-machine:/home/malimei$ su lll
密码：
lll@malimei-virtual-machine:/home/malimei$ ls -l
总用量 52
drwxrwxr-x 2 malimei malimei 4096 10月 14 11:38 aa
-rw-rw-r-- 1 malimei malimei    0 10月 25 09:19 as
-rw-rw-r-- 5 malimei malimei   49 11月  1 12:16 s1
-rw-rw-r-- 5 malimei malimei   49 11月  1 12:16 s2
lrwxrwxrwx 1 malimei malimei    2 10月 14 11:33 s3 -> s2
-rw-rw-r-- 5 malimei malimei   49 11月  1 12:16 s4
-rw-rw-r-- 5 malimei malimei   49 11月  1 12:16 s5
drwxr-xr-x 2 malimei malimei 4096  8月 29 18:26 公共的
drwxr-xr-x 2 malimei malimei 4096  8月 29 18:26 模板
drwxr-xr-x 2 malimei malimei 4096  8月 29 18:26 视频
drwxr-xr-x 2 malimei malimei 4096  8月 29 18:26 图片
drwxr-xr-x 2 malimei malimei 4096  8月 29 18:26 文档
drwxr-xr-x 2 malimei malimei 4096  8月 29 18:26 下载
drwxr-xr-x 2 malimei malimei 4096  8月 29 18:26 音乐
drwxr-xr-x 2 malimei malimei 4096 10月  7 12:14 桌面
lll@malimei-virtual-machine:/home/malimei$ vi as
lll@malimei-virtual-machine:/home/malimei$
搜索您的电脑和在线资源

"as": Warning: Changing a readonly file
```

图 6.41 非同组人没有修改文件的权限

6.4 su 和 sudo

6.4.1 su 命令

功能描述：切换用户。

该命令可以改变使用者身份。超级用户 root 向普通用户切换不需要密码,而普通用户切换到其他任何用户都需要密码验证。

格式：su [选项] 用户名

选项：su 命令的常用选项如表 6.17 所示。

表 6.17　su 命令的常用选项

选　　项	作　　用
-l	如同重新登录一样,大部分环境变量都是以切换后的用户为主。如果没有指定用户名,则默认为 root
-p	切换当前用户时,不切换用户工作环境,此为默认值
-c	以指定用户身份执行命令,执行命令后再变回原用户
-	切换当前用户时,切换用户工作环境

例 6.25　更改用户但没改变当前目录。

$ su a　　　　　　　　//改变当前用户为用户 a,默认不改变工作环境,如图 6.42 所示

```
malimei@malimei-virtual-machine:~$ pwd
/home/malimei
malimei@malimei-virtual-machine:~$ su a
密码:
a@malimei-virtual-machine:/home/malimei$ pwd
/home/malimei
a@malimei-virtual-machine:/home/malimei$
```

图 6.42　更改用户但不改变工作环境

从图 6.42 中可以看出,当 su 命令不添加任何参数时,只改变用户,不改变用户工作环境,还在别的用户主目录下,如果没有权限,则不能操作。如转到 ll1 用户下,没有改变工作环境目录,还在 malimei 用户的主目录下,则不能建立文件 hh。如果想改变用户,并且改变到用户的主目录,可加参数-,就可以建立文件 a1,如图 6.43 所示。

```
root@malimei-virtual-machine:/home/malimei# su ll1
To run a command as administrator (user "root"), use "sudo <command>".
See "man sudo_root" for details.

ll1@malimei-virtual-machine:/home/malimei$ touch hh
touch: 无法创建'hh': 权限不够
ll1@malimei-virtual-machine:/home/malimei$ su
密码:
root@malimei-virtual-machine:/home/malimei# su - ll1
To run a command as administrator (user "root"), use "sudo <command>".
See "man sudo_root" for details.

ll1@malimei-virtual-machine:~$ pwd
/home/ll1
ll1@malimei-virtual-machine:~$ touch a1
ll1@malimei-virtual-machine:~$
```

图 6.43　改变用户和工作环境

6.4.2　sudo 命令

功能描述：sudo 命令为 super user do 的缩写,允许系统管理员分配给普通用户一些合理的权利,让他们执行一些只有超级用户或者其他特许用户才能完成的任务。

sudo 的流程为:当前用户切换到 root(或其他指定切换到的用户),然后以 root(或其他指定的切换到的用户)身份执行命令,执行完成后,直接退回到当前用户。

格式：sudo [选项] 命令

选项：sudo 命令的常用选项如表 6.18 所示。

表 6.18　sudo 命令的常用选项

选　项	作　用
-h	列出帮助信息
-V	列出版本信息
-l	列出当前用户可以执行的命令
-u	以指定用户的身份执行命令
-k	清除 timestamp 文件,下次使用 sudo 时需要再输入密码
-b	在后台执行指定的命令
-p	更改询问密码的提示语
-e	不是执行命令,而是修改文件,相当于命令 sudoedit

管理员使用以下三种方法把普通用户提升为管理员。

方法一:通过 sudo 的配置文件/etc/sudoers 进行授权。

超级用户对/etc/sudoers 进行配置,把可以使用 sudo 的用户加入这个文件中。

```
# nano /etc/sudoers                                        //编辑/etc/sudoers 文件
# Allow members of group sudo to execute any command       //找到说明
liming ALL = ALL ALL                                       //添加 liming 使用 sudo 命令
```

使得用户 liming 作为管理员访问所有应用程序,如用户 liming 需要作为管理员运行命令,他只需简单地在命令前加上前缀 sudo。因此,要以管理员的身份执行命令 adduser,liming 可以输入如下命令创建用户:

```
$ sudo  adduser  用户名
```

方法二:使用 usermod 命令修改用户的附加组为 sudo 组,获得 sudo 的权限。

例 6.26　修改用户 test4 的附加组为 sudo 组,获得 sudo 权限,如图 6.44 所示。

```
$ sudo  usermod  - G  sudo  test4      //添加用户 test4 进入组 sudo
$ sudo  cat  /etc/shadow               //用户 test4 能够查看 shadow 文件
```

说明：如果用户不在 sudo 附加组中,则无法获得 sudo 的权限,需要先添加用户入 sudo 组。

方法三:使用命令 gpasswd 添加用户入 sudo 组,获得 sudo 的权限。

例 6.27　把用户 kko 添加到附加组 sudo 中,获得 sudo 的权限,如图 6.45 所示。

```
test4@malimei-virtual-machine:/home/malimei$ id test4
uid=1012(test4) gid=1012(test4) 组=1012(test4)
test4@malimei-virtual-machine:/home/malimei$ id malimei
uid=1000(malimei) gid=1000(malimei) 组=1000(malimei),4(adm),24(cdrom),27(sudo),3
0(dip),46(plugdev),108(lpadmin),124(sambashare)
malimei@malimei-virtual-machine:~$ sudo usermod -G sudo test4
malimei@malimei-virtual-machine:~$ id test4
uid=1012(test4) gid=1012(test4) 组=1012(test4),27(sudo)
malimei@malimei-virtual-machine:~$ su test4
密码：
test4@malimei-virtual-machine:/home/malimei$ sudo cat /etc/shadow
[sudo] password for test4:
root:$6$v1kPJgsI$uMcTSVvAqbf98/OPkuik8lfOSdQDKjnFOO/NsT65EdKTePtOzNHXwxARBAbzukH
OK5AqKrDD.bFl1sbThu8Lv/:16733:0:99999:7:::
daemon:*:16177:0:99999:7:::
```

图 6.44　添加用户的附加组为 sudo 组

```
root@malimei-virtual-machine:/home# su kko
kko@malimei-virtual-machine:/home$ sudo cat /etc/shadow
[sudo] password for kko:
kko 不在 sudoers 文件中。此事将被报告。
kko@malimei-virtual-machine:/home$ su
密码：
root@malimei-virtual-machine:/home# gpasswd -a kko sudo
正在将用户"kko"加入到"sudo"组中
root@malimei-virtual-machine:/home# id kko
uid=1015(kko) gid=1015(kko) 组=1015(kko),27(sudo)
root@malimei-virtual-machine:/home# su kko
kko@malimei-virtual-machine:/home$ cat /etc/shadow
cat: /etc/shadow: 权限不够
kko@malimei-virtual-machine:/home$ sudo cat /etc/shadow
[sudo] password for kko:
root:$6$PmQ/IYVt$J6BebPUL.ZUZFC97PnUb4eD/5XPJJYHH2YbAM.P8WMFN0rThozaU6tiZ4cOfGQ2
PHkOepS00tjyEsNZp4wmuL.:17486:0:99999:7:::
daemon:*:16177:0:99999:7:::
bin:*:16177:0:99999:7:::
```

图 6.45　修改用户的附加组为 sudo 组

习　　题

1. 填空题

（1）Linux 是多用户系统，对系统中的所有文件和资源的管理都需要按照_____来划分。

（2）每个用户有唯一的用户名和唯一的用户 id，用户 id 缩写为_____。

（3）超级用户的 gid 为 0，主目录为_____。

（4）Linux 系统的用户信息保存在文件_____中。

（5）useradd 命令如果不加任何参数，建立的是"三无"用户：一无：_____，二无：_____，三无：_____。

（6）管理员可以使用 passwd 命令锁定某个用户账户，该命令需要_____权限。

（7）使用 usermod 命令修改用户基本组的时候需要添加参数_____。

（8）userdel 命令删除用户时，如果要同时删除用户的主目录，需要添加参数_____。

（9）使用 groupdel 删除组时，如果该组中仍包含某些用户，则必须_____才能删除组。

（10）使用_____命令提升普通用户的权限，执行一些只有超级用户才能完成的任务。

2. 简答题

（1）Ubuntu Linux 中的用户分为哪几种类型？各自的特点是什么？

（2）/etc/passwd 文件都保存了用户的哪些信息？以图 6.46 为例进行说明。

```
malimei:x:1000:1000:malimei,,,:/home/malimei:/bin/bash
samba:x:1001:1001::/home/samba:
samba1:x:1002:1002::/home/samba1:
ac:x:1004:1004:,,,:/home/ac:/bin/bash
a:x:1003:1004:,,,:/home/a:/bin/bash
uu01:x:1005:1005::/home/uu:
```

图 6.46 /etc/passwd 文件部分内容

(3) /etc/group 文件都保存了用户组的哪些信息? 以图 6.47 为例进行说明。

```
malimei@malimei-virtual-machine:~$ tail -2 /etc/group
user1:x:1001:
user2:x:1002:
```

图 6.47 group 文件

(4) Ubuntu 系统为了保护用户和组的密码安全采用了什么手段? 相关文件是什么?

(5) 使用 sudo 命令时出现如图 6.48 所示的错误信息,为什么? 应如何处理?

```
test1@mali-virtual-machine:~$ sudo adduser aa
[sudo] test1 的密码:
test1 不在 sudoers 文件中。此事将被报告。
test1@mali-virtual-machine:~$
```

图 6.48 错误信息

3. 实验题

用户的管理:

(1) 查看/etc/passwd 文件,查看当前系统下有哪些用户。查看/etc/shadow 文件,查看这些用户的密码信息。

(2) 创建一个新用户 user01,设置其主目录为/home/user01。

(3) 查看/etc/passwd 文件的最后一行,查看新建用户的记录信息。

(4) 查看文件/etc/shadow 的最后一行,查看新建用户的密码信息。

(5) 给用户 user01 设置密码。

(6) 再次查看文件/etc/shadow 的最后一行,看看更改后的密码。

(7) 使用 user01 用户登录系统,看能否登录成功。

(8) 锁定用户 user01,查看/etc/shadow 文件。

(9) 查看文件/etc/shadow 的最后一行,看看锁定后的变化。

(10) 再次使用 user01 用户登录系统,检验用户锁定的效果。

(11) 解除对用户 user01 的锁定。

(12) 更改用户 user01 的账户名为 user02。

(13) 查看/etc/passwd 文件的最后一行,看看变化。

(14) 删除用户 user02。

组的管理:

(1) 查看/etc/group 文件,查看当前存在哪些组,各组下有哪些用户。

(2) 创建一个新组:stuff。

(3) 查看/etc/group 文件的最后一行,查看新建组的信息。

(4) 创建一个新账户 user02,并把它的主要组和附加组都设为 stuff。

(5) 查看/etc/group 文件中的最后一行,查看 stuff 组下所添加的新用户信息。

（6）给组 stuff 设置组密码。

（7）在组 stuff 中删除用户 user02。

（8）再次查看/etc/group 文件中的最后一行,查看 stuff 组信息的变化。

su 和 sudo:

（1）在组 stuff 下建立用户 u1 和 u2,运用 su 命令在 u1、u2 和 root 之间进行切换。

（2）将 u1 加入 sudo 附加组。

（3）在 u1 下使用 sudo 执行 root 权限,如建立新用户等。

用户和组管理

第7章 硬盘和内存

本章学习目标：
- 掌握 Ubuntu 下硬盘的分区和命名方式。
- 掌握设置磁盘配额的步骤。
- 掌握设置交换分区的步骤。
- 掌握 crontab 命令的使用方法。

7.1 硬　　盘

硬盘接口分为 IDE、SATA、SCSI 和光纤通道 4 种。IDE 接口硬盘多用于家用产品中，现在已经很少使用；SCSI 接口的硬盘则主要应用于服务器市场；而光纤通道只在高端服务器上，价格相对较贵；SATA 是目前比较流行的硬盘接口类型。

7.1.1 命名方式

1. 硬盘的命名

Linux 系统中，每个设备都映射到一个系统文件，包括硬盘、光驱 IDE、SCSI 设备。在 Linux 下对 IDE 的设备是以 hd 命名的，一般主板上有两个 IDE 接口，一共可以安装 4 个 IDE 设备。主 IDE 上的主、从两个设备分别为 hda 和 hdb，第二个 IDE 口上的两个设备分别为 hdc 和 hdd。SCSI、SATA 接口设备是用 sd 命名的，第一个设备是 sda，第二个是 sdb，以此类推，如图 7.1 所示。

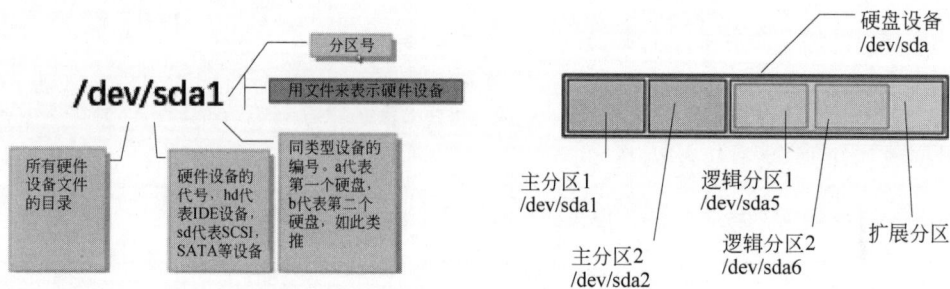

图 7.1　硬盘的命名

2. 分区的命名

分区是用设备名称加数字命名的，如 IDE 接口的命名为 hda1、hda2，SCSI、SATA 接口的命名为 sda1、sda2 等。

3. 主分区、扩展分区、逻辑分区

要了解 Linux 硬盘分区名称的规则,先要理解主分区、扩展分区、逻辑分区的概念和它们的关系。一个硬盘最多可以分 4 个主分区,因此硬盘可以被分为 1～3 个主分区加 1 个扩展分区,或者仅有 1～4 个主分区。对于扩展分区,可以继续对它进行划分,分成若干逻辑分区,也就是说,扩展分区只不过是逻辑分区的"容器"。主分区的名称分别是 sda1、sda2、sda3和 sda4,其中,扩展分区也占用一个主分区的名称。逻辑分区的名称一定是从 sda5 开始,每增加一个分区,分区名称的数字就加 1,如 sda6 代表第二个逻辑分区等。

说明:只能格式化主分区和逻辑分区,不能格式化扩展分区。

7.1.2　硬盘的分区

可以直接对硬盘分区,为了实验方便,我们在虚拟机下添加硬盘并分区。

1. 添加硬盘

打开虚拟机,单击"虚拟机"→"设置",选择"添加",添加一个硬盘,类型为 SCSI,硬盘的容量为 10GB,如图 7.2 所示。添加完成后开启并进入 Ubuntu 系统,在 Ubuntu 系统下用 fdisk -l 命令看到添加了一个硬盘,按照硬盘编号,如果第一个硬盘是 sda,那么新添加的硬盘就是 sdb。

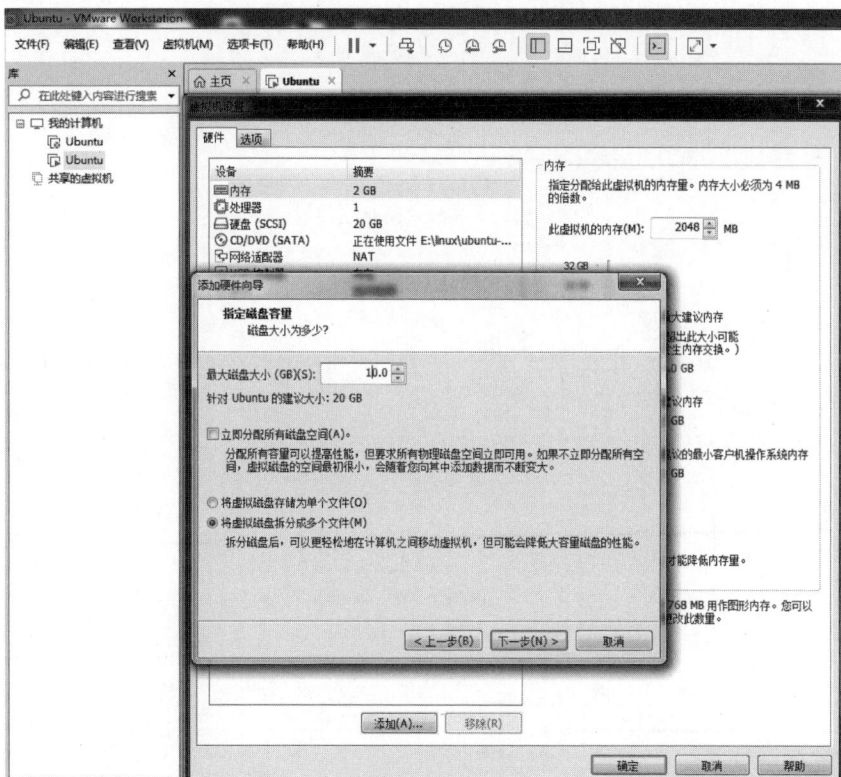

图 7.2　添加硬盘

分区 fdisk 命令的参数说明如表 7.1 所示。

表 7.1 fdisk 命令的参数说明

参 数	说 明	参 数	说 明
a	设置分区为启动分区	q	不保存退出
d	删除分区	t	改变分区的类型号码
l	显示分区	u	改变分区大小的显示方式
m	显示帮助信息	v	检验磁盘的分区列表
n	新建分区	w	保存退出
p	显示磁盘的分区表	x	进入专家模式

2. 查看硬盘信息

使用 sudo fdisk -l 查看分区表信息,查看已经分区的硬盘,并显示已经添加上但没有分区的硬盘。如图 7.3 所示,显示机器有两块硬盘,其中,sda 有 5 个分区,/dev/sda1 (主分区)、/dev/sda2(主分区里的扩展分区)、/dev/sda5、/dev/sda6、/dev/sda7 都是逻辑分区。第二块硬盘为 sdb,新添加的硬盘,还没有建立分区。

```
malimei@malimei-virtual-machine:~$ fdisk -l
malimei@malimei-virtual-machine:~$ sudo fdisk -l
[sudo] password for malimei:

Disk /dev/sda: 21.5 GB, 21474836480 bytes
255 heads, 63 sectors/track, 2610 cylinders, total 41943040 sectors
Units = 扇区 of 1 * 512 = 512 bytes
Sector size (logical/physical): 512 bytes / 512 bytes
I/O size (minimum/optimal): 512 bytes / 512 bytes
Disk identifier: 0x000c5624

   设备 启动      起点          终点      块数   Id  系统
/dev/sda1   *        2048      999423      498688   83  Linux
/dev/sda2         1001470    41940991    20469761    5  扩展
/dev/sda5         1001472    21000191     9999360   83  Linux
/dev/sda6        21002240    24905727     1951744   82  Linux 交换 / Solaris
/dev/sda7        24907776    41940991     8516608   83  Linux

Disk /dev/sdb: 10.7 GB, 10737418240 bytes
255 heads, 63 sectors/track, 1305 cylinders, total 20971520 sectors
Units = 扇区 of 1 * 512 = 512 bytes
Sector size (logical/physical): 512 bytes / 512 bytes
I/O size (minimum/optimal): 512 bytes / 512 bytes
Disk identifier: 0x00000000
Disk /dev/sdb doesn't contain a valid partition table
```

图 7.3 查看硬盘信息

说明:如果不显示新添加的硬盘,重启 Linux 系统即可显示。

3. 创建分区

对图 7.3 中的 sdb 硬盘进行分区,执行 sudo fdisk /dev/sdb 命令对 sdb 分区,输入 m,显示帮助的命令,如图 7.4 所示。

```
malimei@malimei-virtual-machine:~$ sudo fdisk /dev/sdb
Device contains neither a valid DOS partition table, nor Sun, SGI or OSF diskla
el
Building a new DOS disklabel with disk identifier 0x4aeca60c.
Changes will remain in memory only, until you decide to write them.
After that, of course, the previous content won't be recoverable.

Warning: invalid flag 0x0000 of partition table 4 will be corrected by w(rite)

命令(输入 m 获取帮助): █
Disk identifier: 0x4aeca60c

   设备 启动      起点          终点      块数   Id  系统

命令(输入 m 获取帮助): m
命令操作
   a   toggle a bootable flag
   b   edit bsd disklabel
   c   toggle the dos compatibility flag
   d   delete a partition
   l   list known partition types
   m   print this menu
   n   add a new partition
   o   create a new empty DOS partition table
   p   print the partition table
   q   quit without saving changes
   s   create a new empty Sun disklabel
   t   change a partition's system id
   u   change display/entry units
   v   verify the partition table
   w   write table to disk and exit
   x   extra functionality (experts only)

命令(输入 m 获取帮助): n
```

图 7.4 分区输入 m 显示帮助

输入 n 创建分区,输入 p 创建主分区,主分区的大小为 2GB,如图 7.5 所示。

```
命令(输入 m 获取帮助): n
Partition type
  p   primary (0 primary, 0 extended, 4 free)
  e   extended (container for logical partitions)
Select (default p): p
分区号 (1-4, default 1): 1
First sector (2048-20971519, default 2048):
Last sector, +sectors or +size{K,M,G,T,P} (2048-20971519, default 20971519): +2G

Created a new partition 1 of type 'Linux' and of size 2 GiB.

命令(输入 m 获取帮助):
```

图 7.5　创建主分区为 2GB

输入 n 再输入 e 创建扩展分区,剩余的 8GB 全部分为扩展分区,如图 7.6 所示。

```
命令(输入 m 获取帮助): n
Partition type
  p   primary (1 primary, 0 extended, 3 free)
  e   extended (container for logical partitions)
Select (default p): e
分区号 (2-4, default 2):
First sector (4000002-20971519, default 4001792):
Last sector, +sectors or +size{K,M,G,T,P} (4001792-20971519, default 20971519):

Created a new partition 2 of type 'Extended' and of size 8.1 GiB.
```

图 7.6　创建扩展分区

再输入 n 创建分区,系统自动显示创建逻辑分区 5,指定逻辑分区大小 2.9GB,如图 7.7 所示。

```
命令(输入 m 获取帮助): n
All space for primary partitions is in use.
Adding logical partition 5
First sector (4198400-20971519, default 4198400):
Last sector, +sectors or +size{K,M,G,T,P} (4198400-20971519, default 20971519):
+2.9G

Created a new partition 5 of type 'Linux' and of size 2.9 GiB.

命令(输入 m 获取帮助):
```

图 7.7　创建第一个逻辑分区为 2.9GB

再输入 n 创建分区,系统自动显示创建逻辑分区 6,指定逻辑分区大小 5.1GB,如图 7.8 所示。

```
命令(输入 m 获取帮助): n

All space for primary partitions is in use.
Adding logical partition 6
First sector (10237952-20971519, default 10237952):
Last sector, +sectors or +size{K,M,G,T,P} (10237952-20971519, default 20971519):
 +5.1G

Created a new partition 6 of type 'Linux' and of size 5.1 GiB.

命令(输入 m 获取帮助):
```

图 7.8　创建第二个逻辑分区为 5.1GB

输入 p,显示已经分配完成的分区,再输入 w 保存退出,如图 7.9 所示。

硬盘和内存

```
命令(输入 m 获取帮助):  p

Disk /dev/sdb: 10 GiB, 10737418240 bytes, 20971520 sectors
Units: sectors of 1 * 512 = 512 bytes
Sector size (logical/physical): 512 bytes / 512 bytes
I/O size (minimum/optimal): 512 bytes / 512 bytes
Disklabel type: dos
Disk identifier: 0x7138129d

设备          启动      Start      末尾     扇区   Size Id 类型
/dev/sdb1              2048  4196351  4194304    2G 83 Linux
/dev/sdb2           4196352 20971519 16775168    8G  5 扩展
/dev/sdb5           4198400 10235903  6037504  2.9G 83 Linux
/dev/sdb6          10237952 20928511 10690560  5.1G 83 Linux

命令(输入 m 获取帮助):  w
The partition table has been altered.
Calling ioctl() to re-read partition table.
Syncing disks.

malimei@malimei-virtual-machine:~$
```

图 7.9　划分分区完成

我们添加了 10GB 的硬盘,分区为主分区 sdb1 是 2GB,扩展分区是 8GB,包括逻辑分区 sdb5 是 2.9GB,sdb6 是 5.1GB。

4. 格式化

分区完成后,需要对分区格式化、创建文件系统才能正常使用。格式化分区的主要命令是 mkfs,格式为:

```
mkfs -t [文件系统格式] 设备名
```

选项-t 的参数用来指定文件系统格式,如 ext3、ext4、nfs 等。

设备名称如/dev/sdb1 等。

对/dev/sdb1 进行格式化,如图 7.10 所示。

```
malimei@malimei-virtual-machine:~$ sudo mkfs -t ext4 /dev/sdb1
mke2fs 1.42.13 (17-May-2015)
Creating filesystem with 524288 4k blocks and 131072 inodes
Filesystem UUID: b0ec12a0-0cc1-4e6f-b4bb-6836fc63e9f2
Superblock backups stored on blocks:
        32768, 98304, 163840, 229376, 294912

Allocating group tables: 完成
正在写入inode表: 完成
Creating journal (16384 blocks): 完成
Writing superblocks and filesystem accounting information: 完成
```

图 7.10　格式化主分区

依次对逻辑分区/dev/sdb5、/dev/sdb6 进行格式化,如图 7.11 所示。

说明:不能对扩展分区格式化,错误结果如图 7.12 所示。

5. 挂载

在使用分区前,需要挂载该分区,在挂载分区前,需要新建挂载点,在/mnt 目录下新建 /mnt/sdb1、/mnt/sdb5、/mnt/sdb6 目录,作为分区的挂载点,如图 7.13 所示。

说明:不能挂载扩展分区。

```
malimei@malimei-virtual-machine:~$ sudo mkfs -t ext4 /dev/sdb5
mke2fs 1.42.13 (17-May-2015)
Creating filesystem with 754688 4k blocks and 188928 inodes
Filesystem UUID: 088791c7-af91-4ce4-a5a2-3f256c394dca
Superblock backups stored on blocks:
        32768, 98304, 163840, 229376, 294912

Allocating group tables: 完成
正在写入inode表: 完成
Creating journal (16384 blocks): 完成
Writing superblocks and filesystem accounting information: 完成

malimei@malimei-virtual-machine:~$ sudo mkfs -t ext4 /dev/sdb6
mke2fs 1.42.13 (17-May-2015)
Creating filesystem with 1336320 4k blocks and 334560 inodes
Filesystem UUID: edd0554a-5d40-4d51-8522-610d0ac7c198
Superblock backups stored on blocks:
        32768, 98304, 163840, 229376, 294912, 819200, 884736

Allocating group tables: 完成
正在写入inode表: 完成
Creating journal (32768 blocks): 完成
Writing superblocks and filesystem accounting information: 完成
```

图 7.11　格式化逻辑分区 5 和 6

```
malimei@malimei-virtual-machine:/mnt$ sudo mkfs -t ext4 /dev/sdb2
mke2fs 1.42.13 (17-May-2015)
Found a dos partition table in /dev/sdb2
无论如何也要继续？(y,n) y
mkfs.ext4: inode_size (128) * inodes_count (0) too big for a
        filesystem with 0 blocks, specify higher inode_ratio (-i)
        or lower inode count (-N).

malimei@malimei-virtual-machine:/mnt$ ▊
```

图 7.12　不能格式化扩展分区

```
malimei@malimei-virtual-machine:/mnt$ sudo mkdir  /mnt/sdb1
malimei@malimei-virtual-machine:/mnt$ sudo mkdir  /mnt/sdb5
malimei@malimei-virtual-machine:/mnt$ sudo mkdir  /mnt/sdb6
malimei@malimei-virtual-machine:/mnt$ sudo mount -t ext4 /dev/sdb1 /mnt/sdb1
malimei@malimei-virtual-machine:/mnt$ sudo mount -t ext4 /dev/sdb5 /mnt/sdb5
malimei@malimei-virtual-machine:/mnt$ sudo mount -t ext4 /dev/sdb6 /mnt/sdb6
malimei@malimei-virtual-machine:/mnt$ ▊
```

图 7.13　挂载分区

6. 卸载

卸载磁盘的命令为 umount。

格式：umount　设备名或挂载点

可以直接卸载设备：$ sudo umount /dev/sdb1

也可以通过卸载挂载点卸载设备：$ sudo umount /mnt/sdb1

7.2　磁　盘　配　额

观看视频

磁盘配额就是管理员可以为用户所能使用的磁盘空间进行配额限制，每个用户只能使用最大配额范围内的磁盘空间，在 Linux 系统发行版本中使用 quota 来对用户进行磁盘配额管理，避免了某些用户因为存储垃圾文件浪费磁盘空间导致其他用户无法正常工作。

设置用户和组配额的分配量对磁盘配额的限制一般是从一个用户占用磁盘大小和所有文件的数量两方面来进行的。设置磁盘配额时,"某用户在系统中共计只能使用 50MB 磁盘空间",这样的限制要求是无法实现的,只能设置"某用户在/dev/sdb5 分区能使用 30MB,在/dev/sdb6 分区能使用 20MB"。磁盘配额的设置单位是分区,针对分区启用配额限制功能后才可以对用户设置,而不用管用户文件放在该分区的哪个目录中。在具体操作之前,先了解一下磁盘配额的两个基本概念:软限制和硬限制。

1. 软限制

一个用户在一定时间范围内(默认为一周,可以使用命令"edquota -t"重新设置,时间单位可以为天、小时、分钟、秒)超过其限制的额度,在不超出硬限制的范围内可以继续使用空间,系统会发出警告(警告信息设置文件为"/etc/warnquota.conf"),但如果用户达到时间期限仍未释放空间到限制的额度,系统将不再允许该用户使用更多的空间。

2. 硬限制

一个用户可拥有的磁盘空间或文件的绝对数量,绝对不允许超过这个限制。

理解了上面的基本概念,就可以配置磁盘配额了。设置磁盘配额的步骤如下。

(1) 查看内核是否支持配额。

(2) 安装磁盘配额工具。

(3) 激活分区的配额功能。

(4) 创建配额数据库。

(5) 启动分区磁盘配额功能。

(6) 设置用户和组磁盘配额。

(7) 设置宽限期。

7.2.1 查看内核是否支持配额

在配置磁盘配额前,需要检查系统内核是否支持 quota,查看 Ubuntu 16.04 的内核是否支持配额的命令如下。

```
# grep CONFIG_QUOTA  /boot/config - 4.15.0 - 58 - generic
```

说明:

(1) CONFIG_QUOTA 一定要大写。

(2) 版本不同文件名 config-4.15.0-58-generic 略有不同,可到/boot 目录下查看。

在查看结果中,CONFIG_QUOTA 和 CONFIG_QUOTACTL 两项都等于 y,说明当前的内核支持 quota,如图 7.14 所示。

```
root@malimei-virtual-machine:/boot# grep CONFIG_QUOTA /boot/config-4.15.0-58-gen
eric
CONFIG_QUOTA=y
CONFIG_QUOTA_NETLINK_INTERFACE=y
# CONFIG_QUOTA_DEBUG is not set
CONFIG_QUOTA_TREE=m
CONFIG_QUOTACTL=y
CONFIG_QUOTACTL_COMPAT=y
root@malimei-virtual-machine:/boot#
```

图 7.14　查看内核

7.2.2　安装磁盘配额工具

在 Ubuntu 系统中,配额软件默认是没有安装的,因此需要安装 quota 和 quotatool 软件包来管理硬盘配额,步骤如下。

(1) 机器连接好网络。

(2) 更新软件包:$ sudo apt-get　update,如图 7.15 所示。

```
malimei@hebtu:~$ sudo apt-get update
命中:1 http://mirrors.huaweicloud.com/repository/ubuntu xenial InRelease
命中:2 http://mirrors.huaweicloud.com/repository/ubuntu xenial-updates InRelea
se
命中:3 http://mirrors.huaweicloud.com/repository/ubuntu xenial-backports InRel
ease
命中:4 http://mirrors.huaweicloud.com/repository/ubuntu xenial-security InRele
ase
正在读取软件包列表... 完成
malimei@hebtu:~$
```

图 7.15　更新软件包

(3) 安装 $ sudo apt-get install quota quotatool,如图 7.16 所示。

```
malimei@hebtu:~$ sudo apt-get install quota quotatool
正在读取软件包列表... 完成
正在分析软件包的依赖关系树
正在读取状态信息... 完成
将会同时安装下列软件:
  libtirpc1
建议安装:
  libnet-ldap-perl rpcbind default-mta | mail-transport-agent
下列【新】软件包将被安装:
  libtirpc1 quota quotatool
升级了 0 个软件包,新安装了 3 个软件包,要卸载 0 个软件包,有 90 个软件包未被
升级。
需要下载 341 kB 的归档。
解压缩后会消耗 1,743 kB 的额外空间。
您希望继续执行吗? [Y/n] y
获取:1 http://mirrors.huaweicloud.com/repository/ubuntu xenial-updates/main am
d64 libtirpc1 amd64 0.2.5-1ubuntu0.1 [75.4 kB]
获取:2 http://mirrors.huaweicloud.com/repository/ubuntu xenial/main amd64 quot
a amd64 4.03-2 [250 kB]
获取:3 http://mirrors.huaweicloud.com/repository/ubuntu xenial/universe amd64
quotatool amd64 1:1.4.12-2 [15.4 kB]
已下载 341 kB,耗时 1秒 (215 kB/s)
正在预设定软件包 ...
正在选中未选择的软件包 libtirpc1:amd64。
(正在读取数据库 ... 系统当前共安装有 226967 个文件和目录。)
```

图 7.16　安装磁盘配额

7.2.3　激活分区的配额功能

激活分区的配额功能步骤如下。

(1) 创建目录,把要激活的分区挂载到此目录下。

```
#mkdir  /myquota
```

(2) 更改目录的属主、属组,因为我们是用 root 用户创建的目录,而要对 malimei 用户在这个目录中挂载磁盘配额,则这个目录的属主、属组都要改为 malimei,如图 7.17 所示。如果目录创建在要使用磁盘配额的用户工作目录下,如/home/malimei/myquota,目录所属主和组都是 malimei 用户,就不需要更改目录的属性了。

```
$ chown username: username /myquota
```

```
搜索您的计算机 -virtual-machine:/mnt$ sudo chown malimei:malimei /myquota
malimei@malimei-virtual-machine:/mnt$ cd /
malimei@malimei-virtual-machine:/$ ls -l myquota
总用量 0
malimei@malimei-virtual-machine:/$ ls -l
总用量 101
drwxr-xr-x    2 root      root       4096 12月 10 15:36 bin
drwxr-xr-x    4 root      root       1024  7月 21 2019 boot
drwxrwxr-x    2 root      root       4096  7月 19 2019 cdrom
drwxr-xr-x   18 root      root       4160  5月 13 17:37 dev
drwxr-xr-x  134 root      root      12288  4月  3 16:52 etc
drwxr-xr-x   10 root      root       4096  4月  3 16:52 home
lrwxrwxrwx    1 root      root         33  7月 19 2019 initrd.img -> boot/initrd.img
-4.15.0-45-generic
lrwxrwxrwx    1 root      root         33  7月 19 2019 initrd.img.old -> boot/initrd
.img-4.15.0-45-generic
drwxr-xr-x   22 root      root       4096  7月 19 2019 lib
drwxr-xr-x    2 root      root       4096  2月 27 2019 lib64
drwx------    2 root      root      16384  7月 19 2019 lost+found
drwxr-xr-x    3 root      root       4096  7月 19 2019 media
drwxr-xr-x    6 root      root       4096  5月 13 17:48 mnt
drwxr-xr-x    2 malimei   malimei    4096  5月 13 17:50 myquota
```

图 7.17　更改/myquota 目录的属主、属组

(3) 对分区使用磁盘配额,选择进行磁盘配额的分区后,要让分区的文件系统支持配额,就要修改/etc/fstab 文件。

#vi /etc/fstab 或 nano　/etc/fstab 添加如下行:

```
/dev/sdb6  /myquota    ext4  defaults,usrquota 0 0
```

表示把/dev/sdb1 这个分区挂载到/myquota 下,并启用用户磁盘配额,这个文件只有系统启动的时候才会被读取(如果要启用组磁盘配额,则把 defaults,usrquota 改为 defaults,grpquota)。

说明:

(1) ext4 指的是文件系统的类型,和格式化时的文件系统类型一致。

(2) defaults 就是在 mount 时所要设定的状态,如 ro(只读),defaults(包括其他参数,如 rw、suid、exec、auto、nouser、async),具体可以参见帮助 man 8 mount。

(3) usrquota 第一个 0 是提供 DUMP 功能,在系统 DUMP 时是否需要 BACKUP 的标志位,其默认值是 0。

(4) usrquota 第二个 0 是设定此 filesystem 是否要在开机时做 check 的动作,除了 root 的 filesystem 其必要的 check 为 1 之外,其他皆可视需要设定,默认值是 0。

(5) 重启系统让/etc/fstab 文件生效,或执行命令

#sudo mount - a

7.2.4 创建配额数据库

实现磁盘配额,系统必须生成并维护相应的数据库文件 aquota.user,用户的配额设置信息及磁盘使用的块、索引节点等相关信息被保存在 aquota.user 数据库中,实现组磁盘配额,组的配额设置信息及磁盘使用的块、索引节点等相关信息被保存在 aquota.grp 数据库中。扫描相应文件系统,用 quotacheck 命令生成基本配额文件,运行 quotacheck 命令,quotacheck 命令检查启用了配额的文件系统,并为每个文件系统建立一个当前磁盘用来放表。该表会被用来更新操作系统的磁盘用量文件。此外,文件系统的磁盘配额文件也被更新。

格式: quotacheck - avug 建立配额数据库

所用选项如下。

a:指定每个启用了配额的文件系统都应该创建配额文件。

v:在检查配额过程中显示详细的状态信息。

u:检查用户磁盘配额信息。

g:检查组群磁盘配额信息。

例 7.1 在 7.2.3 节创建的/myquota 目录下创建配额数据库,如果创建成功,在/myquota 目录下产生 aquota.user 文件,如图 7.18 所示。

```
malimei@malimei-virtual-machine:~$ sudo quotacheck -avgu
quotacheck: Your kernel probably supports journaled quota but you are not using
it. Consider switching to journaled quota to avoid running quotacheck after an u
nclean shutdown.
quotacheck: 正在扫描 /dev/sdb6 [/myquota] 完成
quotacheck: Cannot stat old user quota file /myquota/aquota.user: 没有那个文件或
目录. Usage will not be subtracted.
quotacheck: Old group file name could not been determined. Usage will not be sub
tracted.
quotacheck: 已检查 3 个目录和 0 个文件
quotacheck: 找不到旧文件。
malimei@malimei-virtual-machine:~$ cd /myquota
malimei@malimei-virtual-machine:/myquota$ ls -l
总用量 24
-rw------- 1 root root  6144 8月  18 10:25 aquota.user
drwx------ 2 root root 16384 8月  18 10:24 lost+found
```

图 7.18 成功创建配额数据库

7.2.5 启动磁盘配额

使用 quotaon 命令启动磁盘配额,格式如下:

quotaon [选项] [设备名或挂载点]
♯ sudo quotaon - av

其中,常用选项及含义如下。

-a:不用指明具体的分区,在启用配额功能的所有文件系统上创建数据库。

-v:显示启动过程。

例 7.2 启动/mnt/sdb6 磁盘配额,如图 7.19 所示。

硬盘和内存

```
malimei@malimei-virtual-machine:/myquota$ sudo quotaon -av
/dev/sdb6 [/myquota]: user 配额已开启

malimei@malimei-virtual-machine:/myquota$
```

图 7.19　启动磁盘配额

7.2.6　编辑用户磁盘配额

1. 编辑用户磁盘配额

要为用户配置配额,以超级用户身份在 Shell 提示下执行以下命令。

＃edquota　username

其中,常用选项及含义如下。

-u：配置用户配额。

-g：配置组配额。

-t：编辑宽限时间。

-p：复制 quota 资料到另一个用户。

例 7.3　配置 malimei 用户的磁盘配额,如图 7.20 所示。

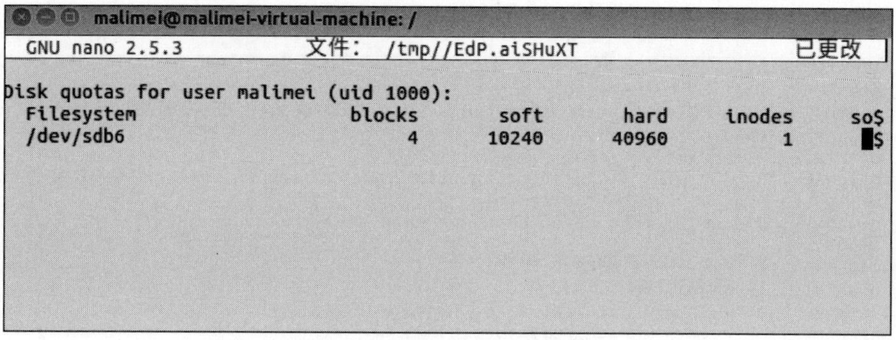

```
     malimei@malimei-virtual-machine:/
 GNU nano 2.5.3            文件：/tmp//EdP.aiSHuXT              已更改

Disk quotas for user malimei (uid 1000):
  Filesystem            blocks        soft        hard     inodes    so$
  /dev/sdb6                  4       10240       40960          1      $
```

图 7.20　编辑用户磁盘配额

从左向右,每列说明如下。

Filesystem：进行配额的分区,现为/dev/sdb6。

blocks：使用者在/mnt/sdb1 所使用的空间(单位：KB)。

soft：block 使用磁盘空间的"软性"限制,现设置为 10240。

hard：block 使用磁盘空间的"硬性"限制,现设置为 40960。

inodes：当前使用者使用的 inode 数量。

soft：inode 使用文档数量的"软性"限制,现设置为 2。

hard：inode 使用文档数量的"硬性"限制,现设置为 10。

soft limit：最低限制容量,在宽限期之内,使用容量能超过 soft limit,但必须在宽限期内将使用容量降低到 soft limit 以下。

hard limit：最终限制容量,假如使用者在宽限期之内继续写入数据,达到 hard limit 将无法再写入。

例 7.4 将 malimei 用户的磁盘配额复制给用户 mary,命令如下:

```
$ sudo edquota -p malimei mary
$ sudo quota -u mary            //显示 mary 用户的磁盘配额
```

2. 显示用户的配额

编辑磁盘配额完成后,可以显示用户的配额,命令如下:

```
#quota  -u 用户名
```

quota 命令显示磁盘使用情况和限额。默认情况下,或者带 -u 标志,只显示用户限额。

例 7.5 显示刚配置的 malimei 用户的磁盘配额,如图 7.21 所示。

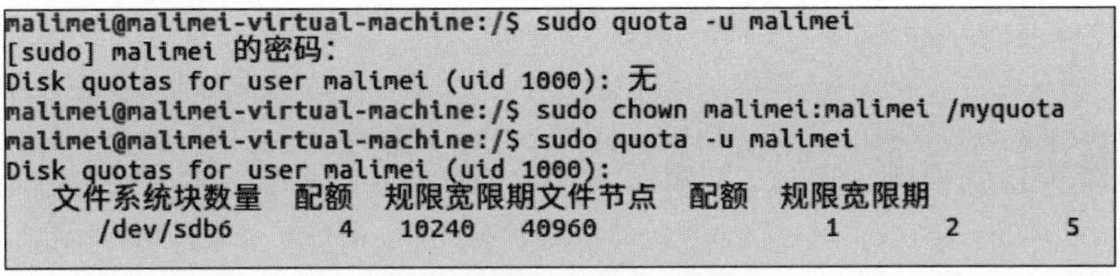

```
malimei@malimei-virtual-machine:/$ sudo quota -u malimei
[sudo] malimei 的密码:
Disk quotas for user malimei (uid 1000): 无
malimei@malimei-virtual-machine:/$ sudo chown malimei:malimei /myquota
malimei@malimei-virtual-machine:/$ sudo quota -u malimei
Disk quotas for user malimei (uid 1000):
    文件系统块数量   配额   规限宽限期文件节点   配额   规限宽限期
      /dev/sdb6      4    10240   40960             1      2         5
```

图 7.21 显示用户的磁盘配额

说明:如果配置完成后没有显示磁盘配额,则需要重新运行 chown 命令,把配额的目录指定为需要执行配额的用户。

7.2.7 配额宽限期设置

使用容量超过 soft limit,宽限时间自动启动,使用者将容量降低到 soft limit 以下,宽限时间自动关闭。假如使用者没有在宽限时间内将容量降低到 soft limit,那么他将无法再写入数据,即使使用容量没有达到 hard limit。

编辑宽限时间的命令如下:

```
$ sudo edquota -t
```

设置 Block grace period 的宽限期为 5hours,Inode grace period 的宽限期为 2hours,如图 7.22 所示。

在编辑界面出现的相关参数的含义如下。

(1) Block grace period:磁盘空间限制的宽限时间。

(2) Inode grace period:文件数量的宽限时间。

宽限时间如果为天则用 day 表示,如果为小时则用 hour 表示,如果为分钟则用 minute 表示。

宽限期设置完成后,可以检查磁盘空间限制的状态,命令如下:

```
repquota [-aguv][文件系统…]
```

执行 repquota 指令,可报告磁盘空间限制的状况,清楚得知每位用户或每个群组已使用多少空间。

-a:列出在/etc/fstab 文件中,有加入 quota 设置的分区的使用状况,包括用户和群组。

-g:列出所有群组的磁盘空间限制。

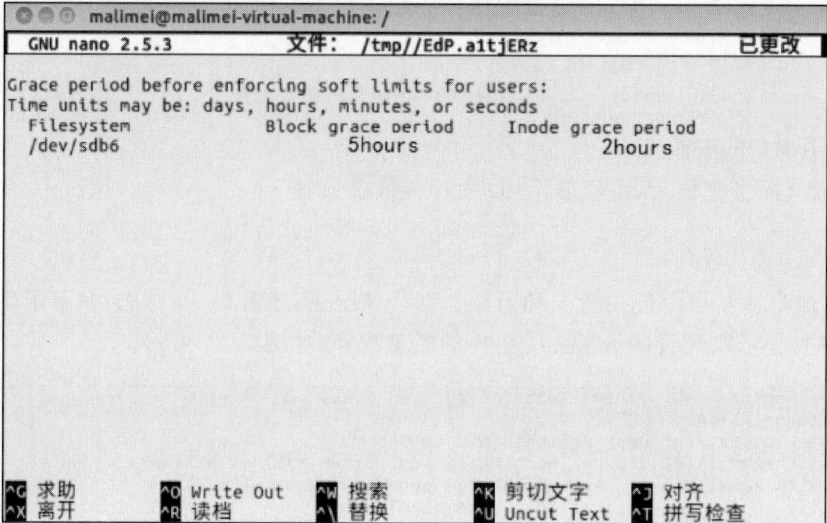

图 7.22　设置宽限期

-u：列出所有用户的磁盘空间限制。

-v：显示该用户或群组的所有空间限制。

检查/dev/sdb6 分区用户磁盘空间的使用情况,如图 7.23 所示。

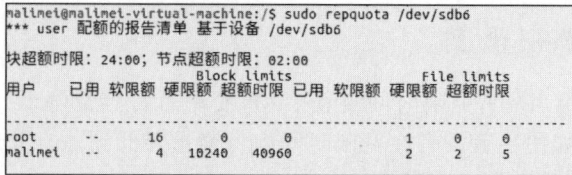

图 7.23　用户对/dev/sdb6 分区的使用情况

从图 7.23 中可以看出,用户 malimei 在分区 dev/sdb6 的挂载目录/myquota 中已经有两个文件,硬限制的文件数目为 2,宽限期为 2h。接下来又创建了两个文件 a1 和 a2。此时,目录中有 4 个文件,超出了设置的两个文件的限制,显示配额,一十表示超出了文件个数限制,文件个数宽限期 2 小时启动,如图 7.24 所示,前面设置的宽限时间为 2hours,在宽限期限内把文件数量减到软限制 2,否则不能写入文件。

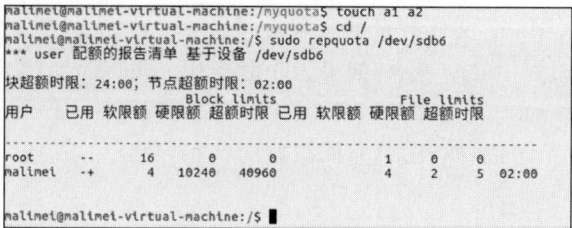

图 7.24　宽限期启动

说明:“一”表示没有超出相应限制;“十一”表示超出了块限制;“一十”表示超出了文件个数限制。

7.2.8　关闭磁盘配额

使用 quotaoff 命令终止磁盘配额的限制,例如,关闭/mnt/sdb1 磁盘空间配额的命令:

```
$ sudo  quotaoff  /dev/sdb1
```

注意:在编辑磁盘配额时,如果显示系统忙,或系统启动后磁盘配额有问题,先关闭磁盘配额再重新启动。

7.3　内 存 管 理

　　直接从物理内存读写数据要比从硬盘读写数据快得多,因此,我们希望所有数据的读取和写入都在内存完成,而内存是有限的,这样就有了物理内存与虚拟内存。

　　物理内存就是系统硬件提供的内存大小,是真正的内存,相对于物理内存,在 Linux 下还有一个虚拟内存,虚拟内存就是为了满足物理内存的不足而提出的,它是利用磁盘空间虚拟出的一块逻辑内存,用作虚拟内存的磁盘空间被称为交换空间(Swap Space)。

　　作为物理内存的扩展,Linux 会在物理内存不足时使用交换分区的虚拟内存,内核会将暂时不用的内存块信息写到交换空间,这样,物理内存得到了释放,这块内存就可以用于其他目的,当需要用到原始的内容时,这些信息会被重新从交换空间读入物理内存。

　　Linux 的内存管理采取的是分页存取机制,为了保证物理内存能得到充分的利用,内核会在适当的时候将物理内存中不经常使用的数据块自动交换到虚拟内存中,而将经常使用的信息保留到物理内存。

　　首先,Linux 系统会不时地进行页面交换操作,以保持尽可能多的空闲物理内存,即使并没有什么事情需要内存,Linux 也会交换出暂时不用的内存页,这样就可以避免等待交换所需的时间。

　　其次,Linux 进行页面交换是有条件的,不是所有页面在不用时都交换到虚拟内存,Linux 内核根据"最近最经常使用"算法,仅将一些不经常使用的页面文件交换到虚拟内存。有时我们会看到这样一个现象:Linux 物理内存还有很多,但是交换空间也使用了很多。例如,一个占用很大内存的进程运行时,需要耗费很多内存资源,此时就会有一些不常用页面文件被交换到虚拟内存中,但后来这个占用很多内存资源的进程结束并释放了很多内存时,刚才被交换出去的页面文件并不会自动地交换进物理内存,除非有这个必要,那么此刻系统物理内存就会空闲很多,同时交换空间也在被使用。

　　最后,交换空间的页面在使用时会首先被交换到物理内存,如果此时没有足够的物理内存来容纳这些页面,它们又会被马上交换出去,如此一来,虚拟内存中可能没有足够空间来存储这些交换页面,最终会导致 Linux 出现假死机、服务异常等问题。Linux 虽然可以在一段时间内自行恢复,但是恢复后的系统已经基本不可用了。

　　因此,合理规划和设计 Linux 内存的使用是非常重要的。

7.3.1　交换分区 swap

　　swap 就是 Linux 下的虚拟内存分区,它的作用是在物理内存使用完之后,将磁盘空间

(也就是 swap 分区)虚拟成内存来使用。

虽然这个 swap 分区能够作为"虚拟"的内存,但它的速度比物理内存慢,因此,如果需要更快速度,swap 分区则不能满足,最好的解决方法是加大物理内存,swap 分区只是临时的解决办法。

交换分区(swap)的合理值一般在物理内存的 2 倍左右,可以适当加大,具体还是以实际应用为准。

Linux 下可以创建两种类型的交换空间,一种是 swap 分区,另一种是 swap 文件。前者适合有空闲的分区使用,后者适合于没有空的硬盘分区,硬盘的空间都已经分配完毕,下面分别介绍这两种方法。

7.3.2 添加交换文件

1. 创建交换文件

创建交换文件通过 dd 命令来完成,同时这个文件必须位于本地硬盘上,不能在网络文件系统(NFS)上创建 swap 交换文件。

dd 命令的参数如下。

if=输入文件,或者设备名称。

of=输出文件或者设备名称。

ibs=bytes 表示一次读入 bytes 字节。

obs=bytes 表示一次写 bytes 字节。

bs=bytes,同时设置读写块的大小,以 bytes 为单位,此参数可代替 ibs 和 obs。

count=blocks 表示仅复制 blocks 个块。

skip=blocks 表示从输入文件开头跳过 blocks 个块后开始复制。

seek=blocks 表示从输出文件开头跳过 blocks 个块后开始复制。

例 7.6 在根目录下创建一个 6.7MB 的交换文件,文件名为/swapfile,输入设备/dev/zero,读写块 1024B,如图 7.25 所示。

```
malimei@malimei-virtual-machine:~$ sudo dd if=/dev/zero of=/swapfile bs=1024 cou
nt=6553
[sudo] malimei 的密码:
记录了6553+0 的读入
记录了6553+0 的写出
6710272 bytes (6.7 MB, 6.4 MiB) copied, 0.0217771 s, 308 MB/s
malimei@malimei-virtual-machine:~$
```

图 7.25 使用 dd 命令创建交换文件

说明:count=1024×6.5=6656。

2. 指定交换文件

交换文件在使用前需要激活,激活前需要通过 mkswap 命令指定作为交换分区的设备或者文件。mkswap 命令的格式如下:

mkswap [参数] [设备名称或文件][交换区大小]

-c:创建交换区前,先检查是否有损坏的区块。

-v0:创建旧式交换区,此为预设值。

-v1：创建新式交换区。

例 7.7 指定/swapfile 作为交换文件，如图 7.26 所示。

```
malimei@malimei-virtual-machine:~$ sudo mkswap /swapfile
Setting up swapspace version 1, size = 6.4 MiB (6705152 bytes)
无标签， UUID=10ba3e33-2efa-4ec3-9e03-e509f788c357
```

图 7.26　指定交换文件

用 free 命令查看当前内存的使用，新建的交换文件还没有被使用，如图 7.27 所示。

```
malimei@malimei-virtual-machine:~$ free
             total        used        free      shared  buff/cache   available
Mem:       1951316      602220      725764       10868      623332     1140372
Swap:       999420           0      999420
malimei@malimei-virtual-machine:~$ ▋
```

图 7.27　新建的交换文件未使用

3. 激活 swap 文件

指定交换文件后，使用 swapon 命令激活交换分区，再用 free 命令查看内存的使用状态：在没启用这个之前，total swap 是 999420 ＝ 0 ＋ 999420；启用后是 1005968 ＝ 0 ＋ 1005968；启用后增加了 1005968 － 99420 ＝ 6652(6.7MB 左右)。

重启系统后，也使新增的 swap 分区可用，需要编辑/etc/fstab 文件，在/etc/fstab 文件中添加如下代码，系统重启后可以自动加载 swap 分区，如图 7.28 所示。

```
/swapfile   none   swap   sw 0 0
```

```
malimei@malimei-virtual-machine:/$ free
             total        used        free      shared  buff/cache   available
Mem:       1951316      602996      724480       10868      623840     1139532
Swap:       999420           0      999420
malimei@malimei-virtual-machine:/$ sudo swapon /swapfile
malimei@malimei-virtual-machine:/$ free
             total        used        free      shared  buff/cache   available
Mem:       1951316      602996      724480       10868      623840     1139540
Swap:      1005968           0     1005968
```

```
⊗⊙⊗ malimei@mali-virtual-machine: /
  GNU nano 2.5.3              文件： /etc/fstab                                已更改

# /etc/fstab: static file system information.
#
# Use 'blkid' to print the universally unique identifier for a
# device; this may be used with UUID= as a more robust way to name devices
# that works even if disks are added and removed. See fstab(5).
#
# <file system> <mount point>   <type>  <options>       <dump>  <pass>
# / was on /dev/sda5 during installation
UUID=04555ce8-71d1-46b3-ab40-df6bae6f7fa0 /             ext4    errors=remount-ro 0       1
# /boot was on /dev/sda1 during installation
UUID=ec60848b-ce71-4f52-9df6-51a560c41f2b /boot         ext4    defaults        0       2
# /home was on /dev/sda7 during installation
UUID=66b33ea7-e4ca-4a8d-b45f-054a88533c1b /home         ext4    defaults        0       2
# swap was on /dev/sda6 during installation
UUID=1504109b-1c2d-464f-8fc9-57f7894633d8 none          swap    sw              0       0
/swapfile none swap sw 0 0
▋



^G 求助      ^O Write Out   ^W 搜索      ^K 剪切文字       ^J 对齐        ^C 游标位置
^X 离开      ^R 读档        ^\ 替换      ^U Uncut Text     ^T 拼写检查    ^_ 跳行
```

图 7.28　激活交换文件

4. 删除 swap 文件

删除 swap 文件时使用 swapoff 命令。

例 7.8 $ sudo swapoff /swapfile 删除/swapfile，删除交换文件后，交换分区减少。

创建交换文件的另一种方法如图 7.29 所示,步骤如下。

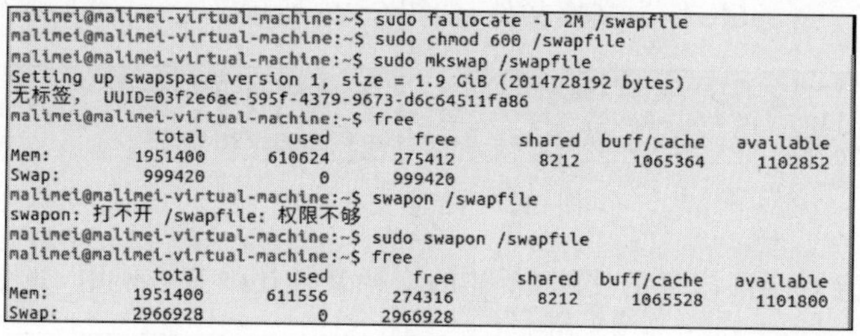

```
malimei@malimei-virtual-machine:~$ sudo fallocate -l 2M /swapfile
malimei@malimei-virtual-machine:~$ sudo chmod 600 /swapfile
malimei@malimei-virtual-machine:~$ sudo mkswap /swapfile
Setting up swapspace version 1, size = 1.9 GiB (2014728192 bytes)
无标签, UUID=03f2e6ae-595f-4379-9673-d6c64511fa86
malimei@malimei-virtual-machine:~$ free
              total       used        free      shared  buff/cache   available
Mem:        1951400      610624      275412       8212     1065364     1102852
Swap:        999420           0      999420
malimei@malimei-virtual-machine:~$ swapon /swapfile
swapon: 打不开 /swapfile: 权限不够
malimei@malimei-virtual-machine:~$ sudo swapon /swapfile
malimei@malimei-virtual-machine:~$ free
              total       used        free      shared  buff/cache   available
Mem:        1951400      611556      274316       8212     1065528     1101800
Swap:       2966928           0     2966928
```

图 7.29　fallocate 创建交换文件

(1) 创建文件。

```
$ sudo fallocate -l 2M /swapfile
```

说明:2M 表示 swap 文件大小为 2MB;/swapfile 为 swap 文件路径和名称,可以任意指定。

(2) 修改文件权限。

```
$ sudo chmod 600 /swapfile
```

(3) 将 swapfile 指定为交换文件。

```
$ sudo mkswap /swapfile
```

(4) 启用交换文件 2MB,swap 增加大约 2MB 的空间。

```
$ sudo swapon /swapfile
```

(5) 如果重启系统后(开机可用),也使新增的 swap 分区可用,需要编辑/etc/fstab 文件,在/etc/fstab 文件中添加如下代码,系统重启后可以自动加载 swap 分区,同第一种方法。

```
/swapfile   none   swap   sw 0 0
/swapfile   none   swap   defaults 0 0
```

7.3.3　添加交换分区

1. 指定交换分区

如果分区是空闲的,可以使用 mkswap 命令指定交换分区,指定/dev/sdb5 为交换分区,如图 7.30 所示。

```
malimei@malimei-virtual-machine:/$ sudo mkswap /dev/sdb5
mkswap: /dev/sdb5: warning: wiping old ext4 signature.
Setting up swapspace version 1, size = 2.9 GiB (3070029824 bytes)
无标签, UUID=5e5a2049-5804-4e2c-8789-c4229d547359
malimei@malimei-virtual-machine:/$ free
              total       used        free      shared  buff/cache   available
Mem:        1951316      604696      722600      10868      624020     1137744
Swap:       1005968           0     1005968
malimei@malimei-virtual-machine:/$
```

图 7.30　指定交换分区

2. 激活分区

swapon 激活/dev/sdb5 交换分区,如图 7.31 所示。

```
malimei@malimei-virtual-machine:/$ sudo swapon /dev/sdb5
malimei@malimei-virtual-machine:/$ free
              total       used       free     shared  buff/cache  available
Mem:        1951316     606548     720784      10868     624064    1135856
Swap:       4004044          0    4004044
malimei@malimei-virtual-machine:/$
```

图 7.31　激活分区

说明：激活后的分区大小 4004044－激活前的分区大小 1005968＝2.9GB，说明整个
/dev/sdb5 都作为交换分区，在 7.1.2 节中/dev/sbd5 分区的大小是 2.9GB。

3. 显示交换分区

swap 分区由三个分区构成：刚创建的/dev/sdb5、安装系统时指定的/dev/sda6、用交换
文件/swapfile 创建的，如图 7.32 所示。

```
malimei@malimei-virtual-machine:/$ cat /proc/swaps
Filename                Type        Size     Used   Priority
/dev/sda6               partition   999420   0      -2
/swapfile               file        6548     0      -3
/dev/sdb5               partition   2998076  0      -4
malimei@malimei-virtual-machine:/$
```

图 7.32　显示交换分区

4. 自动加载分区

如果系统启动就启用交换分区，和上面添加交换文件的方法一样，使用 nano 命令编辑
/etc/fstab 文件，在文件底部加入/dev/sdb5 swap 等内容，如图 7.33 所示。

```
●●●  malimei@malimei-virtual-machine: /
 GNU nano 2.5.3          文件: /etc/fstab                    已更改

# /etc/fstab: static file system information.
#
#       文件          to print the universally unique identifier for a
# device; this may be used with UUID= as a more robust way to name devices
# that works even if disks are added and removed. See fstab(5).
#
# <file system> <mount point>  <type>  <options>      <dump>  <pass>
# / was on /dev/sda5 during installation
UUID=09fb4a84-7d12-4cc7-bf59-1ae7b1450e6d /        ext4    errors=remoun$
# /boot was on /dev/sda1 during installation
UUID=1567d297-f077-429e-ae67-61473e3e0caf /boot    ext4    defaults    $
# /home was on /dev/sda7 during installation
UUID=ab7c5858-1d3f-4835-a1f8-8f50e8851351 /home    ext4    defaults    $
# swap was on /dev/sda6 during installation
UUID=15fd329e-4faf-4ae1-8406-81b4be3b2350 none     swap    sw          $
/dev/sdb6 /myquota ext3 defaults,usrquota 0 0
/dev/sdb5  swap swap defaults 0 0

^G 求助      ^O Write Out  ^W 搜索      ^K 剪切文字   ^J 对齐      ^C 游标位置
^X 离开      ^R 读档      替换      ^U Uncut Text  拼写检查   跳行
```

图 7.33　自动加载分区

7.4　进程管理

进程是指处于运行状态的程序，一个源程序经过编译、链接后，成为一个可以运行的程
序。当该可执行的程序被系统加载到内存空间运行时就称为进程。

程序是静态地保存在磁盘上的代码和数据的组合，而进程是动态概念。

常用的进程管理命令有以下几种。

1. ps 命令查看进程

使用权限：所有使用者。

使用方式：ps [options] [－ help]

观看视频

说明：显示瞬间行程（process）的动态。

参数说明如下。

-A：列出所有的行程。

-w：显示加宽，可以显示较多的信息。

-au：显示较详细的信息。

-aux：显示所有包含其他使用者的行程。

-axl：显示所有包含其他使用者的行程(包括优先级)。

au(x)输出格式：

USER PID % CPU % MEM VSZ RSS TTY STAT START TIME COMMAND

USER：行程拥有者，USER 域指明了是哪个用户启动了这个命令。

PID：进程的标识号。

%CPU：占用的 CPU 使用率，用户可以查看某个进程占用了多少 CPU。

%MEM：占用的内存使用率。

VSZ(虚拟内存大小)：占用的虚拟记忆体大小，表示如果一个程序完全驻留在内存的话需要占用多少内存空间。

RSS(常驻集大小)：占用的内存大小，指明了当前实际占用了多少内存。

TTY：终端的号码。

STAT：该行程的状态，取值如下。

- D：不可中断的静止。
- R：正在执行中。
- S：静止状态。
- T：暂停执行。
- Z：不存在但暂时无法消除。
- W：没有足够的记忆体分页可分配。
- n 或 N：低优先级。
- <：高优先级的行程。
- s：包含子进程。
- ＋：位于后台的进程组。
- L 或 l：有记忆体分页分配并锁在记忆体内。

START：进程开始时间。

TIME：执行的时间。

COMMAND：所执行的指令。

例 7.9　显示指定用户 malimei 的进程，如图 7.34 所示。

例 7.10　显示所有用户的所有进程，并显示进程的状态，如图 7.35 所示。

例 7.11　详细显示所有用户的进程，如图 7.36 所示。

2. top 命令监控进程

top 命令用来实时显示进程的状态，每隔几秒自动更新一次，在显示进程的过程中，按下命令键执行相应的操作，命令键如表 7.2 所示。

```
malimei@malimei-virtual-machine:/$ ps -u malimei
    PID TTY          TIME CMD
   1733 ?        00:00:00 systemd
   1734 ?        00:00:00 (sd-pam)
   1782 ?        00:00:00 gnome-keyring-d
   1790 ?        00:00:01 upstart
   1872 ?        00:00:00 upstart-udev-br
   1876 ?        00:00:00 dbus-daemon
   1888 ?        00:00:00 window-stack-br
   1918 ?        00:00:00 upstart-dbus-br
   1919 ?        00:00:00 upstart-file-br
   1921 ?        00:00:00 upstart-dbus-br
   1929 ?        00:00:02 fcitx
   1943 ?        00:00:00 dbus-daemon
   1947 ?        00:00:00 fcitx-dbus-watc
   1956 ?        00:00:00 bamfdaemon
   1961 ?        00:00:00 at-spi-bus-laun
   1966 ?        00:00:00 dbus-daemon
   1970 ?        00:00:00 gvfsd
   1971 ?        00:00:00 at-spi2-registr
   1978 ?        00:00:00 gvfsd-fuse
   1992 ?        00:00:00 notify-osd
   2001 ?        00:00:00 gpg-agent
```

图 7.34　显示指定用户 malimei 的进程

```
malimei@malimei-virtual-machine:/$ ps -ax
    PID TTY      STAT   TIME COMMAND
      1 ?        Ss     0:19 /sbin/init splash
      2 ?        S      0:00 [kthreadd]
      4 ?        I<     0:00 [kworker/0:0H]
      6 ?        I<     0:00 [mm_percpu_wq]
      7 ?        S      0:01 [ksoftirqd/0]
      8 ?        I      0:00 [rcu_sched]
      9 ?        I      0:00 [rcu_bh]
     10 ?        S      0:00 [migration/0]
     11 ?        S      0:00 [watchdog/0]
     12 ?        S      0:00 [cpuhp/0]
     13 ?        S      0:00 [kdevtmpfs]
     14 ?        I<     0:00 [netns]
     15 ?        S      0:00 [rcu_tasks_kthre]
     16 ?        S      0:00 [kauditd]
     17 ?        S      0:00 [khungtaskd]
     18 ?        S      0:00 [oom_reaper]
     19 ?        I<     0:00 [writeback]
     20 ?        S      0:00 [kcompactd0]
     21 ?        SN     0:00 [ksmd]
     22 ?        SN     0:00 [khugepaged]
     23 ?        I<     0:00 [crypto]
```

图 7.35　显示所有进程的状态

```
malimei@malimei-virtual-machine:/$ ps -axu
USER       PID %CPU %MEM    VSZ   RSS TTY      STAT START   TIME COMMAND
root         1  0.3  0.3 119652  5864 ?        Ss   15:03   0:19 /sbin/init spl
root         2  0.0  0.0      0     0 ?        S    15:03   0:00 [kthreadd]
root         4  0.0  0.0      0     0 ?        I<   15:03   0:00 [kworker/0:0H]
root         6  0.0  0.0      0     0 ?        I<   15:03   0:00 [mm_percpu_wq]
root         7  0.0  0.0      0     0 ?        S    15:03   0:01 [ksoftirqd/0]
root         8  0.0  0.0      0     0 ?        I    15:03   0:00 [rcu_sched]
root         9  0.0  0.0      0     0 ?        I    15:03   0:00 [rcu_bh]
root        10  0.0  0.0      0     0 ?        S    15:03   0:00 [migration/0]
root        11  0.0  0.0      0     0 ?        S    15:03   0:00 [watchdog/0]
root        12  0.0  0.0      0     0 ?        S    15:03   0:00 [cpuhp/0]
root        13  0.0  0.0      0     0 ?        S    15:03   0:00 [kdevtmpfs]
root        14  0.0  0.0      0     0 ?        I<   15:03   0:00 [netns]
root        15  0.0  0.0      0     0 ?        S    15:03   0:00 [rcu_tasks_kth
root        16  0.0  0.0      0     0 ?        S    15:03   0:00 [kauditd]
root        17  0.0  0.0      0     0 ?        S    15:03   0:00 [khungtaskd]
root        18  0.0  0.0      0     0 ?        S    15:03   0:00 [oom_reaper]
root        19  0.0  0.0      0     0 ?        I<   15:03   0:00 [writeback]
root        20  0.0  0.0      0     0 ?        S    15:03   0:00 [kcompactd0]
root        21  0.0  0.0      0     0 ?        SN   15:03   0:00 [ksmd]
root        22  0.0  0.0      0     0 ?        SN   15:03   0:00 [khugepaged]
root        23  0.0  0.0      0     0 ?        I<   15:03   0:00 [crypto]
```

图 7.36　详细显示用户的所有进程

表 7.2　常用的 top 命令键

命　令　键	说　　　明	命　令　键	说　　　明
q	退出	u	显示特定用户的进程
h 或?	帮助	k	杀死进程(给进程发送信号)
space	更新显示	r	更改进程优先级
M	根据内存大小对进程排序	d secs	在两次刷新之间延迟 secs 秒(默认为 5s)
P	根据 CPU(处理器)占用情况对进程排序		

例 7.12　top 实时显示进程的状态,在显示过程中按 u 键输入用户名 malimei,显示用户的进程,按 d 键输入 1,1 秒刷新一次,按 q 键退出显示进程的状态,如图 7.37 所示。

```
top - 16:58:46 up 1:55,  1 user,  load average: 0.00, 0.00, 0.00
Tasks: 223 total,   1 running, 156 sleeping,   0 stopped,   1 zombie
%Cpu(s):  0.3 us,  0.3 sy,  0.0 ni, 99.3 id,  0.0 wa,  0.0 hi,  0.0 si,  0.0 st
KiB Mem :  1951316 total,   710380 free,   609116 used,   631820 buff/cache
KiB Swap:  4004044 total,  4004044 free,        0 used.  1132696 avail Mem
Which user (blank for all) malimei
  PID USER      PR  NI    VIRT    RES    SHR S %CPU %MEM     TIME+ COMMAND
 1051 root      20   0  381020  59772  32392 S  0.7  3.1   0:16.08 Xorg
 2947 malimei   20   0   48868   3800   3168 R  0.7  0.2   0:00.03 top
 2204 malimei   20   0  982216  53592  42484 S  0.3  2.7   0:01.79 nautilus
 2527 malimei   20   0  620396  45268  35608 S  0.3  2.3   0:06.04 gnome-term+
    1 root      20   0  119652   5864   4080 S  0.0  0.3   0:19.38 systemd
    2 root      20   0       0      0      0 S  0.0  0.0   0:00.00 kthreadd
    4 root       0 -20       0      0      0 I  0.0  0.0   0:00.00 kworker/0:+
    6 root       0 -20       0      0      0 I  0.0  0.0   0:00.00 mm_percpu_+
    7 root      20   0       0      0      0 S  0.0  0.0   0:01.07 ksoftirqd/0
    8 root      20   0       0      0      0 I  0.0  0.0   0:00.48 rcu_sched
    9 root      20   0       0      0      0 I  0.0  0.0   0:00.00 rcu_bh
   10 root      rt   0       0      0      0 S  0.0  0.0   0:00.00 migration/0
   11 root      rt   0       0      0      0 S  0.0  0.0   0:00.02 watchdog/0
   12 root      20   0       0      0      0 S  0.0  0.0   0:00.00 cpuhp/0
   13 root      20   0       0      0      0 S  0.0  0.0   0:00.00 kdevtmpfs
   14 root       0 -20       0      0      0 I  0.0  0.0   0:00.00 netns
   15 root      20   0       0      0      0 S  0.0  0.0   0:00.00 rcu_tasks_+
```

图 7.37　实时显示用户的进程

3. kill 命令结束进程

当需要中断一个前台进程的时候,通常是使用 Ctrl+C 组合键;但是对于一个后台进程用组合键就不能中断了,这时必须使用于 kill 命令。该命令可以终止后台进程。终止后台进程的原因很多,或许是该进程占用的 CPU 时间过多,或许是该进程已经挂死。总之,这种情况是经常发生的。

kill 命令是通过向进程发送指定的信号来结束进程的。

kill 命令的语法格式如下:

```
kill -1 信号名称显示列表
kill [-s 信号] 进程号    -s 指定需要送出的信号
```

信号名称共有 64 个,常用的信号为:

SIGINT	2	中断
SIGQUIT	3	退出
SIGTERM	15	终止
SIGKILL	9	强制终止
SIGSTOP	19	暂停

观看视频

如果没有指定发送信号,那么默认信号的值为 15。

例 7.13 显示信号的名称列表,如图 7.38 所示。

```
$ kill -l
```

```
malimei@malimei-virtual-machine:/$ kill -l
 1) SIGHUP       2) SIGINT       3) SIGQUIT      4) SIGILL       5) SIGTRAP
 6) SIGABRT      7) SIGBUS       8) SIGFPE       9) SIGKILL     10) SIGUSR1
11) SIGSEGV     12) SIGUSR2     13) SIGPIPE     14) SIGALRM     15) SIGTERM
16) SIGSTKFLT   17) SIGCHLD     18) SIGCONT     19) SIGSTOP     20) SIGTSTP
21) SIGTTIN     22) SIGTTOU     23) SIGURG      24) SIGXCPU     25) SIGXFSZ
26) SIGVTALRM   27) SIGPROF     28) SIGWINCH    29) SIGIO       30) SIGPWR
31) SIGSYS      34) SIGRTMIN    35) SIGRTMIN+1  36) SIGRTMIN+2  37) SIGRTMIN+3
38) SIGRTMIN+4  39) SIGRTMIN+5  40) SIGRTMIN+6  41) SIGRTMIN+7  42) SIGRTMIN+8
43) SIGRTMIN+9  44) SIGRTMIN+10 45) SIGRTMIN+11 46) SIGRTMIN+12 47) SIGRTMIN+13
48) SIGRTMIN+14 49) SIGRTMIN+15 50) SIGRTMAX-14 51) SIGRTMAX-13 52) SIGRTMAX-12
53) SIGRTMAX-11 54) SIGRTMAX-10 55) SIGRTMAX-9  56) SIGRTMAX-8  57) SIGRTMAX-7
58) SIGRTMAX-6  59) SIGRTMAX-5  60) SIGRTMAX-4  61) SIGRTMAX-3  62) SIGRTMAX-2
63) SIGRTMAX-1  64) SIGRTMAX
```

图 7.38 信号的名称列表

例 7.14 强制关闭进程 2462,给 pid 为 2462 的进程发送信号 9,如图 7.39 所示。

```
malimei   2452  0.0  0.4  28432  4992 ?        Sl   15:23   0:01 /usr/lib/gvfs/g
malimei   2462  0.0  0.0   4244   280 ?        S    15:23   0:00 /bin/cat
malimei   2473  0.0  1.0  82948 10424 ?        Sl   15:23   0:02 telepathy-indic
malimei   2475  0.0  0.2  27320  2744 ?        Sl   15:23   0:00 /usr/lib/gvfs/g
malimei   2479  0.0  0.2  38500  2880 ?        Sl   15:23   0:00 /usr/lib/gvfs/g
malimei   2488  0.0  0.5  46912  6088 ?        Sl   15:23   0:01 /usr/lib/gvfs/g
malimei   2517  0.0  0.8  44580  9160 ?        Sl   15:24   0:00 /usr/lib/telepa
malimei   2524  0.0  0.2  36108  2760 ?        Sl   15:24   0:00 /usr/lib/gvfs/g
malimei   2561  0.1  1.6  76048 17420 ?        Sl   15:24   0:05 update-notifier
malimei   2563  0.0  0.2  18176  2628 ?        Sl   15:24   0:00 /usr/lib/gvfs/g
malimei   2618  0.2  6.4 276092 66440 ?        SNl  15:25   0:11 /usr/bin/python
malimei   2650  0.0  0.4  47768  4448 ?        Sl   15:25   0:00 /usr/lib/i386-l
root      2669  0.0  0.0      0     0 ?        S    15:25   0:00 [kworker/0:0]
root      3089  0.0  0.3   8284  3164 ?        Ss   15:49   0:00 /usr/sbin/cupsd
lp        3092  0.0  0.1   6944  1756 ?        S    15:49   0:00 /usr/lib/cups/n
root      3128  0.0  0.1  13216  1532 ?        Ss   15:49   0:00 tpvmlpd2
root      3455  0.0  0.0      0     0 ?        S    16:34   0:00 [kworker/u16:0]
root      3467  0.0  0.0      0     0 ?        S    16:37   0:00 [kworker/0:1]
root      3498  0.0  0.0      0     0 ?        S    16:44   0:00 [kworker/u16:1]
malimei   3593  9.0  2.2 205020 22712 ?        Sl   16:48   0:00 gnome-terminal
malimei   3600  1.6  0.0   2420   688 ?        S    16:48   0:00 gnome-pty-helpe
malimei   3601  3.0  0.3   7036  3204 pts/2    Ss   16:48   0:00 bash
malimei   3613  0.0  0.1   5220  1108 pts/2    R+   16:48   0:00 ps -aux
malimei@malimei-virtual-machine:~$ kill -9 2462
```

图 7.39 终止进程

结果如图 7.40 所示,我们看到 2462 的进程状态为 Z(不存在但暂时无法消除)。

```
malimei   2450  0.0  2.7 146448 27816 ?        Sl   15:23   0:04 fcitx-qimpanel
malimei   2452  0.0  0.4  28432  4992 ?        Sl   15:23   0:01 /usr/lib/gvfs/g
malimei   2462  0.0  0.0      0     0 ?        Z    15:23   0:00 [cat] <defunct>
malimei   2473  0.0  1.0  82948 10424 ?        Sl   15:23   0:02 telepathy-indic
malimei   2475  0.0  0.2  27320  2744 ?        Sl   15:23   0:00 /usr/lib/gvfs/g
malimei   2479  0.0  0.2  38500  2880 ?        Sl   15:23   0:00 /usr/lib/gvfs/g
malimei   2488  0.0  0.5  46912  6088 ?        Sl   15:23   0:01 /usr/lib/gvfs/g
malimei   2517  0.0  0.8  44580  9160 ?        Sl   15:24   0:00 /usr/lib/telepa
软件更新器   24  0.0  0.2  36108  2760 ?        Sl   15:24   0:00 /usr/lib/gvfs/g
malimei   2561  0.1  1.6  76048 17420 ?        Sl   15:24   0:05 update-notifier
malimei   2563  0.0  0.2  18176  2628 ?        Sl   15:24   0:00 /usr/lib/gvfs/g
malimei   2618  0.2  6.4 276092 66440 ?        SNl  15:25   0:11 /usr/bin/python
malimei   2650  0.0  0.4  47768  4448 ?        Sl   15:25   0:00 /usr/lib/i386-l
root      2669  0.0  0.0      0     0 ?        S    15:25   0:00 [kworker/0:0]
root      3089  0.0  0.3   8284  3164 ?        Ss   15:49   0:00 /usr/sbin/cupsd
lp        3092  0.0  0.1   6944  1756 ?        S    15:49   0:00 /usr/lib/cups/n
root      3128  0.0  0.1  13216  1532 ?        Ss   15:49   0:00 tpvmlpd2
root      3467  0.0  0.0      0     0 ?        S    16:37   0:00 [kworker/0:1]
root      3498  0.0  0.0      0     0 ?        S    16:44   0:00 [kworker/u16:1]
malimei   3593  1.0  2.0 205196 20912 ?        Sl   16:48   0:00 gnome-terminal
malimei   3600  0.0  0.0   2420   688 ?        S    16:48   0:00 gnome-pty-helpe
malimei   3601  0.1  0.3   7036  3236 pts/2    Ss   16:48   0:00 bash
malimei   3620  0.0  0.1   5220  1116 pts/2    R+   16:49   0:00 ps -aux
malimei@malimei-virtual-machine:~$
```

图 7.40 终止进程的结果

4. nice 启动低优先级命令

格式：nice [- n] 优先级的范围

说明：

(1) 优先级的范围为－20～19 共 40 个等级,其中,数值越小优先级越高,数值越大优先级越低,即－20 的优先级最高,19 的优先级最低。若调整后的程序运行优先级高于－20,则就以优先级－20 来运行命令行;若调整后的程序运行优先级低于 19,则就以优先级 19 来运行命令行。

(2) 若 nice 命令未指定优先级的调整值,则以默认值 10 来调整程序运行优先级,即在当前程序运行优先级基础之上增加 10。

(3) 若不带任何参数运行命令 nice,则显示出当前的程序运行优先级。

例 7.15 更改 ps -axl 命令的优先级,把优先级提升 5。

```
$ ps - axl            //命令显示进程的优先级,如图 7.41 所示
$ nice - n - 5  ps - axl  //把优先级提升 5,由 20 变为 15,提升 5 个优先级,如图 7.42 所示。STAT
                          //的状态由在后台正在执行中 R+ 变为在后台高优先级正在执行中 R< +
```

图 7.41　ps -axl 命令显示进程的优先级

图 7.42　提升优先级

说明：

(1) PRI：进程优先权,代表这个进程可被执行的优先级,其值越小,优先级就越高,越早被执行。

(2) NI：进程 nice 值,代表这个进程的优先值。

PRI 是比较好理解的,即进程的优先级,通俗地说就是程序被 CPU 执行的先后顺序,此值越小,进程的优先级别越高。那么 NI 呢? 就是 nice 值,其表示进程可被执行的优先级的修正数值。如前面所说,PRI 值越小越快被执行,那么加入 nice 值后,将会使得 PRI 变为 PRI(new)＝PRI(old)＋nice。由此可以看出,PRI 是根据 nice 排序的,规则是 nice 越小优先级越高,即其优先级会变高,则其越快被执行。如果 nice 值相同,则进程 uid 是 root 的优先权更大。

5. renice 改变正在运行的进程

重新指定一个或多个进程(Process)的优先值和优先级。

-p pid：重新指定进程 id 为 pid 的进程的优先值和优先级。

-g pgrp：重新指定进程群组的 id 为 pgrp 的进程（一个或多个）的优先值和优先级。

-u user：重新指定进程所有者为 user 的进程的优先值和优先级。

例 7.16 指定 pid 号为 7 的进程优先值为 10，如图 7.43 所示，优先级由 20 变为 30，STAT 由 S 静止状态变为 SN 低优先级静止状态。

```
1    0    7    2  20    0    0    0 -      S    ?         0:00 [ksoftirqd/0]
1    0    8    2  20    0    0    0 -      I    ?         0:00 [rcu_sched]
1    0    9    2  20    0    0    0 -      I    ?         0:00 [rcu_bh]
1    0   10    2 -100   -    0    0 -      S    ?         0:00 [migration/0]
5    0   11    2 -100   -    0    0 -      S    ?         0:00 [watchdog/0]
1    0   12    2  20    0    0    0 -      S    ?         0:00 [cpuhp/0]
5    0   13    2  20    0    0    0 -      S    ?         0:00 [kdevtmpfs]
1    0   14    2   0  -20    0    0 -      I<   ?         0:00 [netns]
1    0   15    2  20    0    0    0 -      S    ?         0:00 [rcu_tasks_kthre]
1    0   16    2  20    0    0    0 -      S    ?         0:00 [kauditd]
1    0   17    2  20    0    0    0 -      S    ?         0:00 [khungtaskd]
1    0   18    2  20    0    0    0 -      S    ?         0:00 [oom_reaper]
1    0   19    2   0  -20    0    0 -      I<   ?         0:00 [writeback]
1    0   20    2  20    0    0    0 -      S    ?         0:00 [kcompactd0]
1    0   21    2  25    5    0    0 -      SN   ?         0:00 [ksmd]
1    0   22    2  39   19    0    0 -      SN   ?         0:00 [khugepaged]
1    0   23    2   0  -20    0    0 -      I<   ?         0:00 [crypto]
1    0   24    2   0  -20    0    0 -      I<   ?         0:00 [kintegrityd]
malimei@linux:~$ sudo renice 10 -p 7
[sudo] malimei 的密码：
7 (process ID) old priority 0, new priority 10
malimei@linux:~$ ps -axl|more
F   UID   PID  PPID PRI   NI    VSZ   RSS WCHAN  STAT TTY      TIME COMMAND
4    0    1     0  20    0 119892 5604 -      Ss   ?       0:02 /sbin/init splash text
1    0    2     0  20    0    0    0 -      S    ?       0:00 [kthreadd]
1    0    4     2   0  -20    0    0 -      I<   ?       0:00 [kworker/0:0H]
1    0    6     2   0  -20    0    0 -      I<   ?       0:00 [mm_percpu_wq]
1    0    7     2  30   10    0    0 -      SN   ?       0:00 [ksoftirqd/0]
```

图 7.43　改变正在运行的进程的优先值和优先级

6. 进程的挂起及恢复

作业控制允许将进程挂起，并可以在需要的时候恢复运行，被挂起的作业恢复后将从中止处开始继续运行。要挂起当前的前台作业，只需要按 Ctrl+Z 组合键即可。

jobs 命令显示在后台的进程。

恢复进程执行时，有两种选择：一是用 fg 命令将挂起的作业放回到前台执行，二是 bg 命令将挂起的作业放到后台执行。

例 7.17 显示后台正在运行的进程，如图 7.44 所示。

```
$ cat > a.txt      //输入命令后按 Ctrl+Z 组合键挂起该命令
$ jobs             //查看作业清单，可以看到有一个挂起的作业
$ bg               //将挂起的作业放到后台
$ fg               //将挂起的作业放回到前台
```

```
malimei@malimei-virtual-machine:~$ cat>a.txt
hello!^Z
[1]+  已停止              cat > a.txt
malimei@malimei-virtual-machine:~$ jobs
[1]+  已停止              cat > a.txt
malimei@malimei-virtual-machine:~$ bg
[1]+ cat > a.txt &
malimei@malimei-virtual-machine:~$ jobs
[1]+  已停止              cat > a.txt
malimei@malimei-virtual-machine:~$ fg
cat > a.txt
how are you!
^C
malimei@malimei-virtual-machine:~$ jobs
```

图 7.44　显示后台正在运行的进程

211

第7章

硬盘和内存

7.5 任 务 计 划

对于密集访问磁盘的进程,希望它能够在每天非负荷的高峰时间段运行,可以通过指定任务计划使某些进程在后台运行。

7.5.1 执行一次的 at 命令

at 命令用来向 atd 守护进程提交需要在特定时间运行的作业,在一个指定的时间执行任务,只能执行一次。

格式:at [选项] [时间日期]

选项如表 7.3 所示。

表 7.3 at 命令的选项

选 项	作 用
-f filename	运行由 filename 指定的脚本
-m	完成时,用电子邮件通知用户,即便没有输出
-l	列出所提交的作业
-r	删除一个作业

在 Ubuntu 默认情况下,at 是没有安装的,在使用前需要安装,安装命令如下,如图 7.45 所示。

```
$ sudo apt-get install at
```

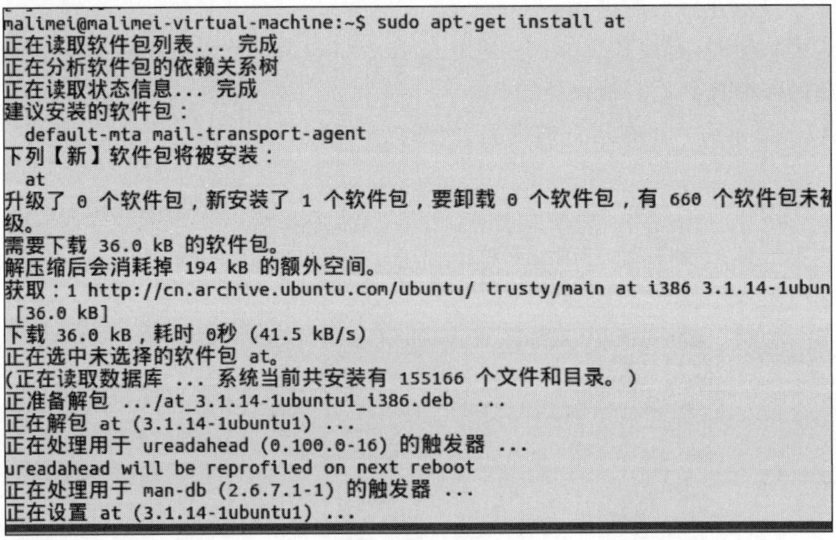

图 7.45 at 安装

例 7.18 在指定时间 19:25 执行 t1 文件,t1 文件的功能是在用户的主目录下创建一个文件名为 aa3 的空文件,如图 7.46 所示,到时间 19:25,系统自动创建了 aa3 文件,执行结果如图 7.47 所示。

```
lrwxrwxrwx 1 ubuntu   ubuntu      2  4月  6 08:35 sss1 -> s1
-rw-rw-r-- 2 ubuntu   ubuntu      0  4月 22 15:25 st1
-rw-rw-r-- 4 ubuntu   ubuntu      0  4月 22 15:27 t1
-rw-rw-r-- 4 ubuntu   ubuntu      0  4月 22 15:27 t11
lrwxrwxrwx 1 ubuntu   ubuntu      2  4月 22 16:19 t12 -> t1
-rw-rw-r-- 1 ubuntu   ubuntu      0  4月 22 15:27 t2
lrwxrwxrwx 1 ubuntu   ubuntu      2  4月 27 17:00 tt1 -> t1
drwxr-xr-x 2 ubuntu   ubuntu   4096  9月 18  2017 公共的
drwxr-xr-x 2 ubuntu   ubuntu   4096  9月 18  2017 模板
drwxr-xr-x 2 ubuntu   ubuntu   4096  9月 18  2017 视频
drwxr-xr-x 2 ubuntu   ubuntu   4096  5月  6 11:22 图片
drwxr-xr-x 2 ubuntu   ubuntu   4096  9月 18  2017 文档
drwxr-xr-x 2 ubuntu   ubuntu   4096  9月 18  2017 下载
drwxr-xr-x 2 ubuntu   ubuntu   4096  9月 18  2017 音乐
drwxr-xr-x 3 ubuntu   ubuntu   4096  4月 20 16:02 桌面
ubuntu@linux:~$ gedit t1
ubuntu@linux:~$ at -f  /home/ubuntu/t1 19:25
warning: commands will be executed using /bin/sh
job 3 at Sun May 13 19:25:00 2018
ubuntu@linux:~$ cat t1
cd ~
touch aa3

ubuntu@linux:~$
```

图 7.46　执行 at

```
malimei@malimei-virtual-machine:~$ ls -l
总用量 588
-rw-rw-r-- 1 user1   malimei      27 5月   14 11:19 11.txt
-rw-r--r-- 1 malimei malimei 506470 8月   31  2018 1.docx
-rw-rw-r-- 1 malimei malimei       4 12月  17 16:33 a
lrwxrwxrwx 1 malimei malimei       1 12月  17 16:47 a1 -> a
-rw-rw-r-- 1 malimei malimei       0 4月   22 19:25 aa3
drwxrwxr-x 2 malimei malimei    4096 3月   31 15:20 c1
-rw-rw-r-- 1 malimei malimei     344 3月   31 15:50 d1.tar
drwxrwxr-x 5 malimei malimei    4096 3月   31 16:13 d3
-rw-rw-r-- 1 malimei malimei       0 7月   19  2019 dd
-rw-r--r-- 1 malimei malimei    8980 7月   19  2019 examples.desktop
lrwxrwxrwx 1 malimei malimei       1 12月  17 16:38 rss -> a
drwxrwxrwx 2 malimei malimei    4096 12月  10 16:21 share
drwxrwxr-x 2 malimei malimei    4096 5月   13 16:25 ss
-rw-rw-r-- 1 malimei malimei     197 5月   14 10:15 sysvar.sh
-rw-rw-r-- 1 malimei malimei      15 4月   22 19:25 t1
```

图 7.47　到时间 19：25 创建文件 aa3

7.5.2　任意时间执行的 batch 命令

batch 命令不在特定时间运行，而是等到系统不忙于别的任务时运行，batch 守护进程会监控系统的平均负载。

（1）batch 命令的语法与 at 命令一样，可以用标准输入规定作业，也可以用命令行选择把作业作为 batch 文件来提交。

（2）输入 batch 命令后，“at >”提示就会出现。输入要执行的命令，按回车键，然后按 Ctrl＋D 组合键。

（3）可以指定多条命令，方法是输入每一条命令后按回车键。输入所有命令后，按回车键转入一个空行，然后再按 Ctrl＋D 组合键。

（4）也可以在提示后输入 Shell 脚本，在脚本的每一行后按回车键，然后在空行处按 Ctrl＋D 组合键退出。

例 7.19　输入 batch 命令后，机器显示“at >”，输入机器执行的内容，在系统不忙时会自动执行，如图 7.48 所示。

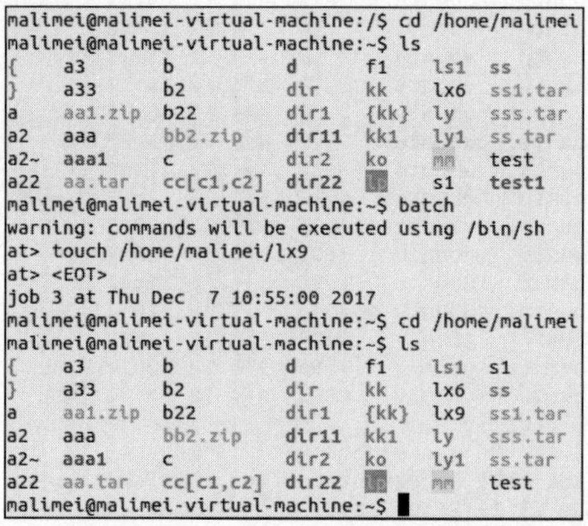

图 7.48　batch 命令的执行

7.5.3　在指定时间执行的 crontab 命令

cron 是系统主要的调度进程,可以在无须人工干预的情况下运行任务计划,由 crontab 命令来设定 cron 服务。

crontab 命令允许用户提交、编辑或删除相应的作业。每个用户都可以有一个 crontab 文件来保存调度信息。可以使用它周期性地运行任意一个 Shell 脚本或某个命令。系统管理员是通过 cron. deny 和 cron. allow 这两个文件来禁止或允许用户拥有自己的 crontab 文件的。

格式：crontab [选项] [用户名]

选项如表 7.4 所示。

表 7.4　crontab 命令的选项

选　　项	用　　法
-l	显示用户的 crontab 文件的内容
-i	删除用户的 crontab 文件前给提示
-r	从 crontab 目录中删除用户的 crontab 文件
-e	编辑用户的 crontab 文件

用户创建的 crontab 文件名与用户名一致,存储于/var/spool/cron/crontabs/中,crontab 文件格式共分为 6 个字段,前 5 个字段用于时间设定,第 6 个字段为所要执行的命令,其中前 5 个时间字段的含义如表 7.5 所示。

表 7.5　时间字段的含义

字　　段	含　　义	取 值 范 围
1	分钟	0~59
2	小时	0~23
3	日期	1~31
4	月份	1~12
5	星期	0~6

例7.20 超级用户和普通用户都使用 crontab -e 命令创建任务计划,选择 nano 编辑器,在 07 分把/home/malimei/a1 复制到/home/malimei/ccl 目录下,如图 7.49 所示,执行的结果如图 7.50 所示,查看任务计划内容,sudo cat   /var/spool/cron/crontabs/用户名,如图 7.51 所示。

```
malimei@malimei-virtual-machine: ~/wl

GNU nano 2.5.3          文件:  /tmp/crontab.mEBTBh/crontab

# Edit this file to introduce tasks to be run by cron.

# Each task to run has to be defined through a single line
# indicating with different fields when the task will be run
# and what command to run for the task

# To define the time you can provide concrete values for
# minute (m), hour (h), day of month (dom), month (mon),
# and day of week (dow) or use '*' in these fields (for 'any').#
# Notice that tasks will be started based on the cron's system
# daemon's notion of time and timezones.

# Output of the crontab jobs (including errors) is sent through
# email to the user the crontab file belongs to (unless redirected).

# For example, you can run a backup of all your user accounts
# at 5 a.m every week with:
# 0 5 * * 1 tar -zcf /var/backups/home.tgz /home/
#
# For more information see the manual pages of crontab(5) and cron(8)
#
# m h  dom mon dow   command
07 * * * * cp /home/malimei/a1   /home/malimei/ccl
```

图 7.49 创建任务计划

```
malimei@malimei-virtual-machine:~$ ls -l
总用量 76
-rw-rw-r-- 1 malimei malimei     0 9月  17 16:11 a1
drwxrwxr-x 2 malimei malimei  4096 11月 12 10:14 ccl
-rwxrw-rw- 1 malimei malimei 12288 9月  18 14:46 cjddy.xls
-rw-r--r-- 1 malimei malimei  8980 9月  10 16:20 examples.desktop
-rw-rw-r-- 1 malimei malimei    35 9月  29 16:26 kk
-rw-rw-r-- 1 malimei malimei     0 9月  27 09:50 s3
malimei@malimei-virtual-machine:~$ cd ccl
malimei@malimei-virtual-machine:~/ccl$ ls -l
总用量 0
-rw-rw-r-- 1 malimei malimei 0 11月 12 16:07 a1
-rw-rw-r-- 1 malimei malimei 0 11月 12 10:14 file2
malimei@malimei-virtual-machine:~/ccl$ █
```

图 7.50 crontab 的执行结果

```
malimei@malimei-virtual-machine:~$ sudo cat /var/spool/cron/crontabs/malimei
# DO NOT EDIT THIS FILE - edit the master and reinstall.
# (/tmp/crontab.kXbHfW/crontab installed on Thu Nov 12 16:06:38 2020)
# (Cron version -- $Id: crontab.c,v 2.13 1994/01/17 03:20:37 vixie Exp $)
# Edit this file to introduce tasks to be run by cron.
#
# Each task to run has to be defined through a single line
# indicating with different fields when the task will be run
# and what command to run for the task
#
# To define the time you can provide concrete values for
# minute (m), hour (h), day of month (dom), month (mon),
# and day of week (dow) or use '*' in these fields (for 'any').#
# Notice that tasks will be started based on the cron's system
# daemon's notion of time and timezones.
#
# Output of the crontab jobs (including errors) is sent through
# email to the user the crontab file belongs to (unless redirected).
#
# For example, you can run a backup of all your user accounts
# at 5 a.m every week with:
# 0 5 * * 1 tar -zcf /var/backups/home.tgz /home/
#
# For more information see the manual pages of crontab(5) and cron(8)
#
# m h  dom mon dow   command
07 * * * * cp /home/malimei/a1   /home/malimei/ccl
```

图 7.51 显示用户的任务计划

第7章

硬盘和内存

例 7.21 crontab 命令执行 Shell 脚本,首先用编辑器创建一个脚本文件 a.sh(脚本文件的创建见第 9 章),内容为在当前用户的主目录下建立目录 abc,在 abc 目录下建立文件 data,压缩文件 data,生成 backup.tar.gz 文件,备份该文件为 backup1.tar.gz。创建任务计划,执行 bash ./a.sh,如图 7.52 所示。41 分时,执行任务计划,执行结果如图 7.53 所示。

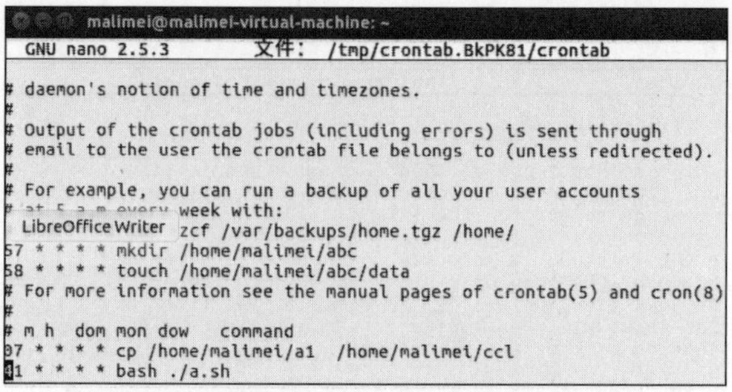

图 7.52 创建任务计划

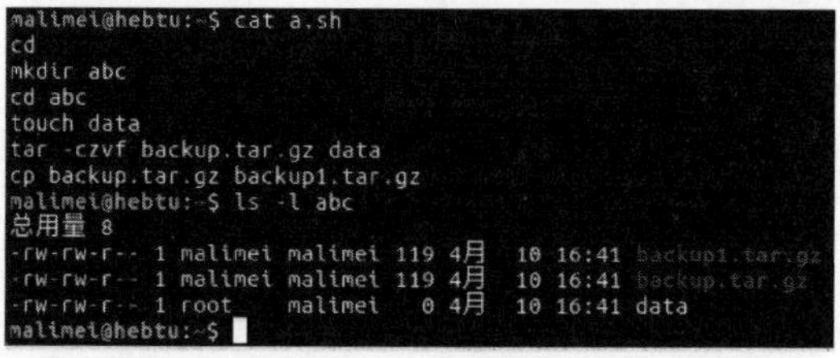

图 7.53 crontab 的执行结果

习　　题

1. 填空题

(1) 在 Linux 中,第一块 SCSI 硬盘的第一个逻辑分区被标识为_____。

(2) 将/dev/sdb2 卸载的命令是_____。

(3) 每个硬盘最多有_____个主分区。

(4) 扩展分区_____格式化。

(5) 设定宽限期的命令是_____。

(6) 显示用户的磁盘配额命令是_____。

(7) Linux 下可以创建两种类型的交换空间,一种是_____分区,另一种是_____文件。

(8) 详细显示所有用户的进程命令是_____。

(9) 在任务计划中,在一个指定的时间执行任务,只能执行一次的命令是_____。

(10) 在任务计划中,_____命令不在特定时间运行,而是等到系统不忙于别的任务时运行。

2. 实验题

(1) 在虚拟机下添加 5GB 的硬盘,分为三个分区,主分区分为 2GB,第一逻辑分区为 2GB,第二逻辑分区为 1GB,并格式化。

（2）配置第（1）题添加的第一个逻辑分区磁盘配额，编辑当前用户的文件数量限制 soft 为 2，hard 为 4，宽限期为 7 小时。使用空间的软限制和硬限制及宽限期自定。

（3）在根目录下创建一个 6.2MB 的交换文件，文件名为/swapfile。

（4）指定第（1）题添加的第二个逻辑分区为交换分区。

（5）创建普通用户/abc/f1 文件，运行 crontab -e，添加内容为在下午 4:50 删除工作目录下/abc 子目录下的全部子目录和文件（需要提前创建 abc 目录及子目录和文件）。

（6）更改 ps-axl 命令的优先级，把优先级提升 10 级。

第8章　编辑器及 Gcc 编译器

本章学习目标：
- 掌握三种编辑器的使用。
- 了解 Gcc 编译器。
- 掌握 Eclipse 的安装和使用。

　　编辑器是所有计算机系统中常用的一种工具，用户在使用计算机时，往往需要自己创建文件，编写程序，这些工作都需要使用编辑器。这里介绍在 Linux 下常用的三种编辑器，即最基本的基于字符界面的 vi 和 nano，以及基于图形界面的 gedit。

　　Gcc(GNU Compiler Collection，GNU 编译器套装)是一套由 GNU 开发的编程语言编译器，属于自由软件，是 GNU 计划的关键部分，类 UNIX 系统及苹果计算机 macOS X 操作系统的标准编译器，被认为是跨平台编译器的事实标准，可处理多种语言。

8.1　三种编辑器

观看视频

8.1.1　vi 编辑器

　　vi 是 visual interface 的简称，是 Linux 中最常用的编辑器，vim 是它的增强版本。它的文本编辑功能十分强大，但使用起来比较复杂。初学者可能感到困难，经过一段时间的学习和使用后，就会体会到使用 vi 非常方便。vi 是一种模式编辑器，不同的按钮可以更改不同的"模式"，可以在"状态条"中显示当前模式。

1. 启动 vi 编辑器

在命令提示符状态下输入：

vi [文件名]

如果不指定文件名，则新建一个未命名的文本文件。表 8.1 列出了启动 vi 的常用命令。

表 8.1　启动 vi 的常用命令

命　　令	功　　能
vi filename	打开或新建文件，并将光标置于第一行行首
vi +n filename	打开文件，并将光标置于第 n 行行首
vi +filename	打开文件，并将光标置于最后一行行首
vi +/str filename	打开文件，并将光标置于第一个与 str 匹配的字符串处
vi -r filename	在上次使用 vi 编辑时系统崩溃，恢复 filename
vi filename1…n	打开多个文件，依次编辑

例 8.1 打开文件后，将光标置于指定的行首。

```
$ vi  +3  /etc/passwd            //将光标置于第 3 行的行首，如图 8.1 所示
$ vi +/malimei  /etc/passwd      //将光标置于字符串 malimei 处，如图 8.2 所示
```

```
文件(F) 编辑(E) 查看(V) 搜索(S) 终端(T) 帮助(H)
root:x:0:0:root:/root:/bin/bash
daemon:x:1:1:daemon:/usr/sbin:/usr/sbin/nologin
bin:x:2:2:bin:/bin:/usr/sbin/nologin
sys:x:3:3:sys:/dev:/usr/sbin/nologin
sync:x:4:65534:sync:/bin:/bin/sync
games:x:5:60:games:/usr/games:/usr/sbin/nologin
man:x:6:12:man:/var/cache/man:/usr/sbin/nologin
lp:x:7:7:lp:/var/spool/lpd:/usr/sbin/nologin
```

图 8.1 光标置于第 3 行的行首

```
speech-dispatcher:x:114:29:Speech Dispatcher,,,:/var/run/speech-dispatcher:/bin/
false
hplip:x:115:7:HPLIP system user,,,:/var/run/hplip:/bin/false
kernoops:x:116:65534:Kernel Oops Tracking Daemon,,,:/:/bin/false
pulse:x:117:124:PulseAudio daemon,,,:/var/run/pulse:/bin/false
rtkit:x:118:126:RealtimeKit,,,:/proc:/bin/false
saned:x:119:127::/var/lib/saned:/bin/false
usbmux:x:120:46:usbmux daemon,,,:/var/lib/usbmux:/bin/false
malimei:x:1000:1000:malimei,,,:/home/malimei:/bin/bash
"/etc/passwd" [readonly] 43 lines, 2384 characters
```

图 8.2 光标置于字符串 malimei 处

2. 三种工作模式

vi 有三种工作模式：命令行模式、输入模式、末行模式。

(1) 命令行模式。

当进入 vi 时，它处在命令行模式。在这种模式下，用户可通过 vi 的命令对文件的内容进行处理，如删除、移动、复制等。

例如：vi 文件名

此时进入命令行模式。

在这种模式中，用户可以输入各种合法的 vi 命令，管理自己的文档。从键盘上输入的任何字符都被当作编辑命令，如果输入的字符是合法的 vi 命令，则 vi 接受用户命令并完成相应的动作。在命令行模式下输入命令切换到文本输入模式，若要用其他的文本输入命令，则首先按 Esc 键，返回命令模式，再输入命令。

(2) 输入模式。

在输入模式下，用户能在光标处输入内容，内容输入完成后，按 Esc 键返回命令行模式，执行在命令行模式的相应命令。

命令行模式进入输入模式的按键如表 8.2 所示。

表 8.2 输入模式的命令

命　令	功　能
i	从目前光标所在处插入
I	从目前所在行的第一个非空格符处开始插入
a	从目前光标所在的下一个字符处开始插入

续表

命 令	功 能
A	从光标所在行的最后一个字符处开始插入
o	从目前光标所在行的下一行处插入新的一行
O	从目前光标所在处的上一行处插入新的一行
r	替换光标所在的那一个字符一次
R	替换光标所在处的文字,直到按下 Esc 键为止

(3) 末行模式。

在命令行模式下按":"键进入末行模式,提示符为":"。

末行命令执行后,vi 自动回到命令行模式。若在末行模式的输入过程中,可按退格键将输入的命令全部删除,再按一下退格键,即可回到命令行模式。

末行模式的按键及含义如表 8.3 所示。

表 8.3 末行模式的按键及含义

按 键	含 义
:w	将编辑的数据保存到文件中
:w!	若文件属性为"只读"时,强制写入该文件
:q	退出 vi
:q!	强制退出不保存文件
:wq	保存后退出 vi
:w filename	将编辑的数据保存成另一个文件
/word	向下寻找一个名称为 word 的字符串
? word	向上寻找一个名称为 word 的字符串
n	n 为按键,代表重复前一个查找的操作
N	N 为按键,与 n 相反,为"反向"进行前一个查找操作
:n1,n2s/word1/word2/gc	在第 n1 与 n2 行之间寻找 word1 字符串,并替换为 word2,按 y 确认
:1,$ s/word1/word2/gc	全文查找 word1 字符串,并将该它替换为 word2,按 y 确认
:set nu	光标到第一行的行首,并设置行号
:u	撤销上一步操作

vi 编辑器的三种工作模式之间的转换如下。

命令行模式→输入模式:i,I,a,A,o,O 等

输入模式→命令行模式:Esc

命令行模式→末行模式::

模式转换示意图如图 8.3 所示,从示意图中可以看出,输入模式和末行模式之间不能直接转换,必须先转换到命令行模式,再由命令行模式转换到末行模式。

3. 光标操作命令

命令行模式下,移动光标的方法如表 8.4 所示。

表 8.4 命令行模式下光标的移动方法

操 作 命 令	说 明
h 或向左箭头键	光标向左移动一个字符
j 或向下箭头键	光标向下移动一个字符

操 作 命 令	说　　明
k 或向上箭头键	光标向上移动一个字符
l 或向右箭头键	光标向右移动一个字符
+	光标移动到非空格符的下一行
-	光标移动到非空格符的上一行
n < space >	按下数字 n 后再按空格键,光标会向右移 n 个字符
0 或功能键 Home	移动到这一行的行首
$ 或功能键 End	移动到这一行的行尾
H	光标移动到屏幕第一行的第一个字符
M	光标移动到屏幕中央的那一行的第一个字符
L	光标移动到屏幕最后一行的第一个字符
G	光标移动到这个文件的最后一行
nG	n 为数字。移动到这个文件的第 n 行
gg	移动到这个文件的第一行。相当于 1g
n[Enter]	n 为数字。光标向下移动 n 行

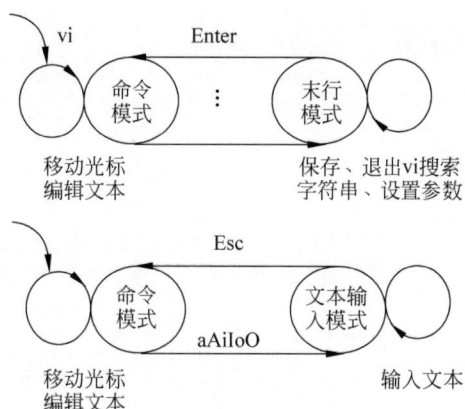

图 8.3　模式转换示意图

4. 屏幕操作命令

在命令行模式可以使用屏幕滚动命令,常用于滚屏和分页的组合键如表 8.5 所示。

表 8.5　滚屏分页常用的组合键

组 合 键	功　　能
Ctrl+F	屏幕向下移动一页,相当于 Page Down 键
Ctrl+B	屏幕向上移动一页,相当于 Page Up 键
Ctrl+D	屏幕向下移动半页
Ctrl+U	屏幕向上移动半页

5. 文本修改命令

在命令行模式下,可以对文本进行修改,包括对文本内容的删除、复制、粘贴等操作,常用的文本修改命令如表 8.6 所示。

表 8.6　文本修改命令常用的按键

按　键	功　能
x	删除光标所在位置上的字符
dd	删除光标所在行
n＋x	向后删除 n 个字符,包含光标所在位置
n＋dd	向下删除 n 行内容,包含光标所在行
yy	将光标所在行复制
n＋yy	将从光标所在行起向下的 n 行复制
n＋yw	将从光标所在位置起向后的 n 个字符串(单词)复制
p	将复制(或最近一次删除)的字符串(或行)粘贴在当前光标所在位置
u	撤销上一步操作
.	重复上一步操作

观看视频

　　例 8.2　练习使用 vi 命令三种模式之间的切换,及在每种模式下相应的使用命令,具体操作如下。

　　(1) 复制/etc/manpath.config 文件到当前目录,使用 vi 打开本目录下的 manpath.config文件,如图 8.4 所示。文件打开后显示如图 8.5 所示,没有行号。

图 8.4　复制并打开文件

图 8.5　打开后显示的文件内容

（2）在 vi 中设置行号。在末行模式下输入 set nu，如图 8.6 所示，执行结果如图 8.7 所示，光标移到第一行的行首。

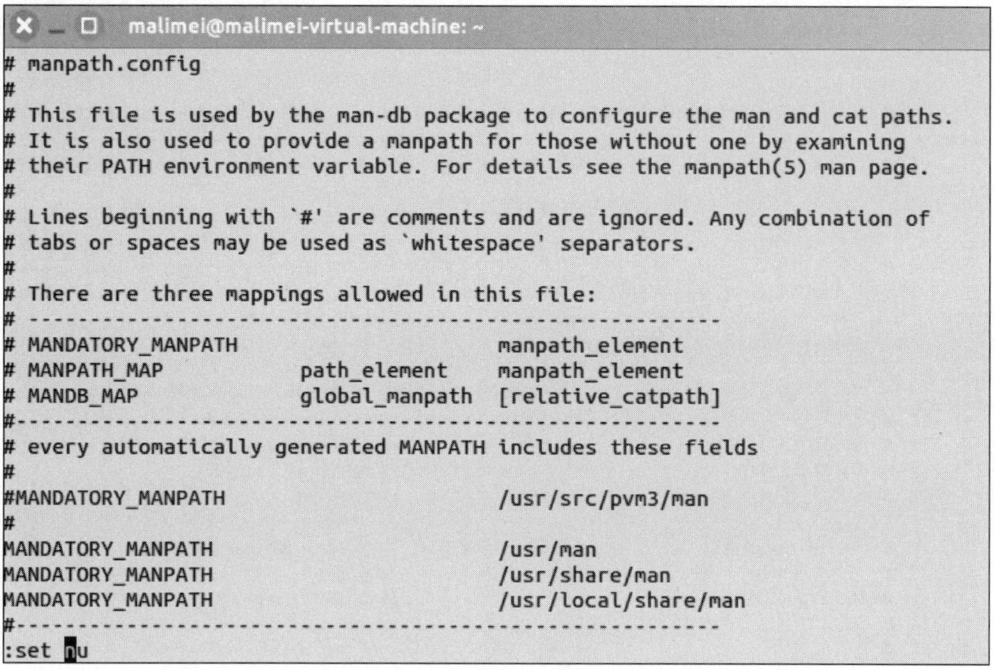

图 8.6　设置行号

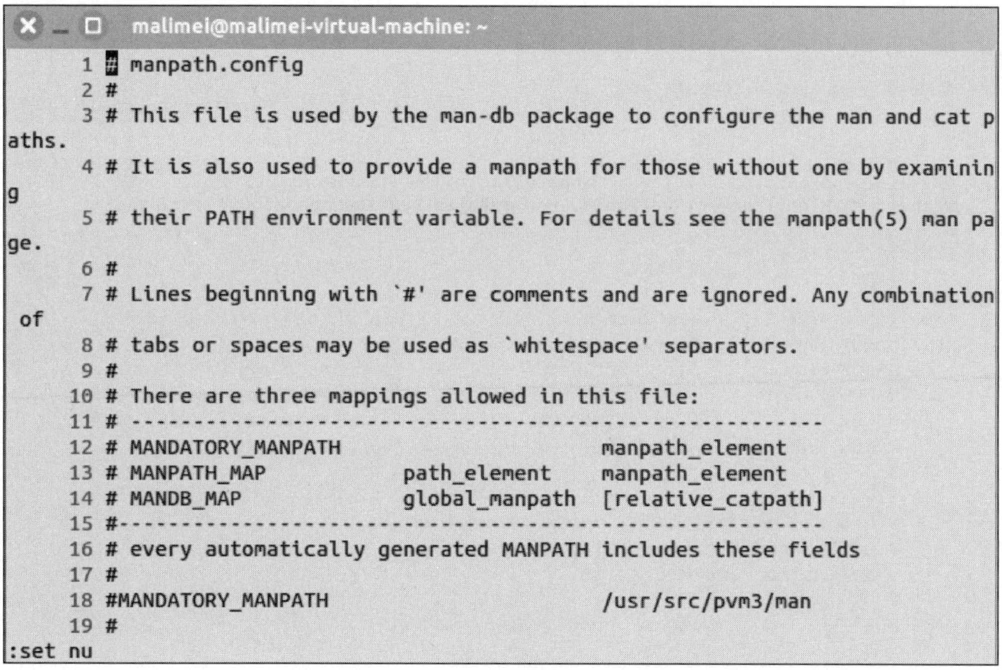

图 8.7　执行结果

（3）在末行模式下输入：/DB_MAP，查找字符串 DB_MAP，如图 8.8 所示，执行结果如图 8.9 所示。

```
 malimei@malimei-virtual-machine: ~
    1 # manpath.config
    2 #
    3 # This file is used by the man-db package to configure the man and cat p
aths.
    4 # It is also used to provide a manpath for those without one by examinin
g
    5 # their PATH environment variable. For details see the manpath(5) man pa
ge.
    6 #
    7 # Lines beginning with `#' are comments and are ignored. Any combination
 of
    8 # tabs or spaces may be used as `whitespace' separators.
    9 #
   10 # There are three mappings allowed in this file:
   11 # ----------------------------------------------------
   12 # MANDATORY_MANPATH                      manpath_element
   13 # MANPATH_MAP          path_element      manpath_element
   14 # MANDB_MAP            global_manpath    [relative_catpath]
   15 #----------------------------------------------------
   16 # every automatically generated MANPATH includes these fields
   17 #
   18 #MANDATORY_MANPATH                       /usr/src/pvm3/man
   19 #
:/DB_MAP
```

图 8.8 查找字符串

```
 malimei@malimei-virtual-machine: ~
   58 # on privileges.
   59 #
   60 # Any manpaths that are subdirectories of other manpaths must be mention
ed
   61 # *before* the containing manpath. E.g. /usr/man/preformat must be liste
d
   62 # before /usr/man.
   63 #
   64 #              *MANPATH*      ->        *CATPATH*
   65 #
   66 MANDB_MAP      /usr/man                 /var/cache/man/fsstnd
   67 MANDB_MAP      /usr/share/man           /var/cache/man
   68 MANDB_MAP      /usr/local/man           /var/cache/man/oldlocal
   69 MANDB_MAP      /usr/local/share/man     /var/cache/man/local
   70 MANDB_MAP      /usr/X11R6/man           /var/cache/man/X11R6
   71 MANDB_MAP      /opt/man                 /var/cache/man/opt
   72 #
   73 #----------------------------------------------------
   74 # Program definitions.  These are commented out by default as the value
   75 # of the definition is already the default.  To change: uncomment a
   76 # definition and modify it.
   77 #
   78 #DEFINE        pager     pager -s
```

图 8.9 执行结果

（4）将第 66～71 行的 man 修改为 MAN，并且一个一个提示是否需要修改。在末行模式下输入 66,71s/man/MAN/gc，之后按 y 键来确认修改，如图 8.10 所示。执行结果如图 8.11 和图 8.12 所示。

```
malimei@malimei-virtual-machine: ~
    58 # on privileges.
    59 #
    60 # Any manpaths that are subdirectories of other manpaths must be mention
ed
    61 # *before* the containing manpath. E.g. /usr/man/preformat must be liste
d
    62 # before /usr/man.
    63 #
    64 #                    *MANPATH*         ->          *CATPATH*
    65 #
    66 MANDB_MAP           /usr/man                      /var/cache/man/fsstnd
    67 MANDB_MAP           /usr/share/man                /var/cache/man
    68 MANDB_MAP           /usr/local/man                /var/cache/man/oldlocal
    69 MANDB_MAP           /usr/local/share/man          /var/cache/man/local
    70 MANDB_MAP           /usr/X11R6/man                /var/cache/man/X11R6
    71 MANDB_MAP           /opt/man                      /var/cache/man/opt
    72 #
    73 #-----------------------------------------------------------
    74 # Program definitions.  These are commented out by default as the value
    75 # of the definition is already the default.  To change: uncomment a
    76 # definition and modify it.
    77 #
    78 #DEFINE             pager     pager -s
:66,71s/man/MAN/gc
```

图 8.10　末行模式下输入

```
malimei@malimei-virtual-machine: ~
    58 # on privileges.
    59 #
    60 # Any manpaths that are subdirectories of other manpaths must be mention
ed
    61 # *before* the containing manpath. E.g. /usr/man/preformat must be liste
d
    62 # before /usr/man.
    63 #
    64 #                    *MANPATH*         ->          *CATPATH*
    65 #
    66 MANDB_MAP           /usr/man                      /var/cache/man/fsstnd
    67 MANDB_MAP           /usr/share/man                /var/cache/man
    68 MANDB_MAP           /usr/local/man                /var/cache/man/oldlocal
    69 MANDB_MAP           /usr/local/share/man          /var/cache/man/local
    70 MANDB_MAP           /usr/X11R6/man                /var/cache/man/X11R6
    71 MANDB_MAP           /opt/man                      /var/cache/man/opt
    72 #
    73 #-----------------------------------------------------------
    74 # Program definitions.  These are commented out by default as the value
    75 # of the definition is already the default.  To change: uncomment a
    76 # definition and modify it.
    77 #
    78 #DEFINE             pager     pager -s
replace with MAN (y/n/a/q/l/^E/^Y)?
```

图 8.11　替换字符串提示信息

225

第
8
章

编辑器及 Gcc 编译器

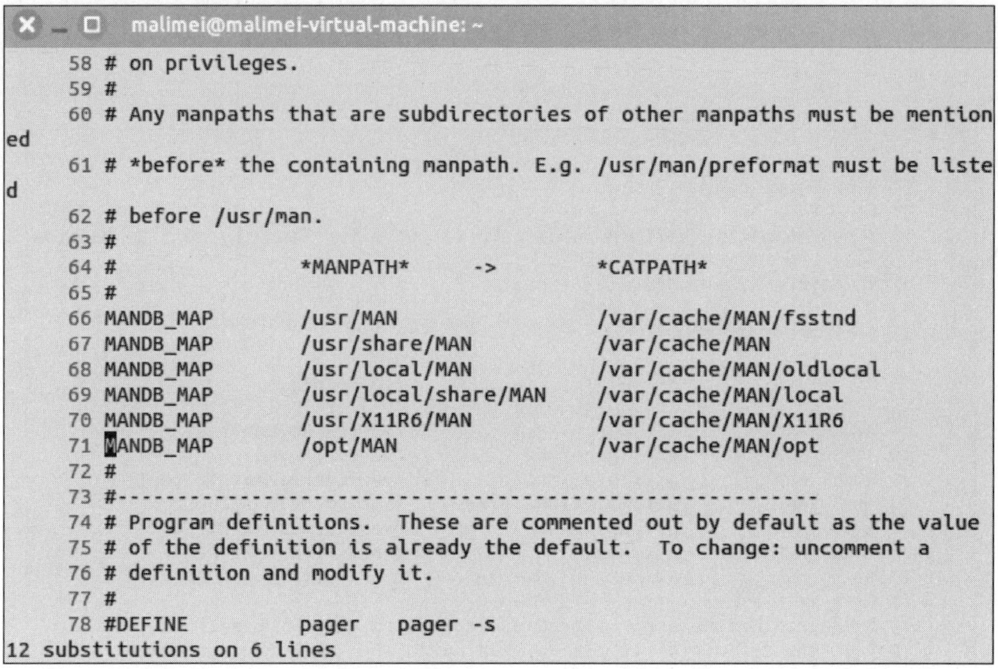

```
          malimei@malimei-virtual-machine: ~
58 # on privileges.
59 #
60 # Any manpaths that are subdirectories of other manpaths must be mention
ed
61 # *before* the containing manpath. E.g. /usr/man/preformat must be liste
d
62 # before /usr/man.
63 #
64 #               *MANPATH*        ->        *CATPATH*
65 #
66 MANDB_MAP      /usr/MAN                   /var/cache/MAN/fsstnd
67 MANDB_MAP      /usr/share/MAN             /var/cache/MAN
68 MANDB_MAP      /usr/local/MAN             /var/cache/MAN/oldlocal
69 MANDB_MAP      /usr/local/share/MAN       /var/cache/MAN/local
70 MANDB_MAP      /usr/X11R6/MAN             /var/cache/MAN/X11R6
71 MANDB_MAP      /opt/MAN                   /var/cache/MAN/opt
72 #
73 #---------------------------------------------------------------
74 # Program definitions.  These are commented out by default as the value
75 # of the definition is already the default.  To change: uncomment a
76 # definition and modify it.
77 #
78 #DEFINE        pager    pager -s
12 substitutions on 6 lines
```

图 8.12　查找替换字符串的执行结果

(5) 在末行模式下输入 u 撤销上一步操作,如图 8.13 所示。执行结果如图 8.14 所示,MAN 恢复到小写状态。

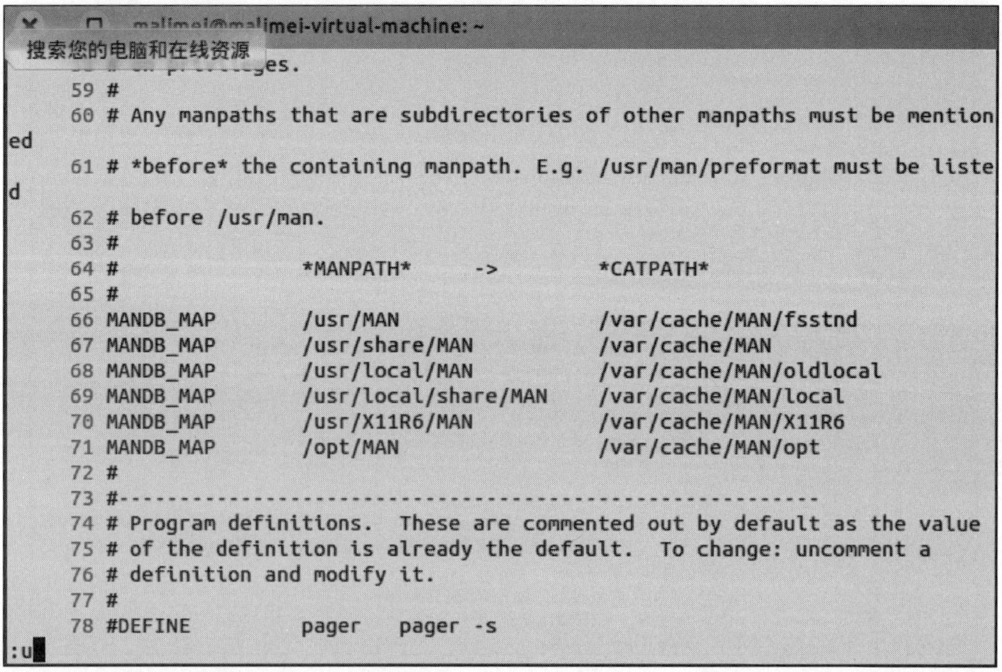

```
          malimei@malimei-virtual-machine: ~
搜索您的电脑和在线资源  es.
59 #
60 # Any manpaths that are subdirectories of other manpaths must be mention
ed
61 # *before* the containing manpath. E.g. /usr/man/preformat must be liste
d
62 # before /usr/man.
63 #
64 #               *MANPATH*        ->        *CATPATH*
65 #
66 MANDB_MAP      /usr/MAN                   /var/cache/MAN/fsstnd
67 MANDB_MAP      /usr/share/MAN             /var/cache/MAN
68 MANDB_MAP      /usr/local/MAN             /var/cache/MAN/oldlocal
69 MANDB_MAP      /usr/local/share/MAN       /var/cache/MAN/local
70 MANDB_MAP      /usr/X11R6/MAN             /var/cache/MAN/X11R6
71 MANDB_MAP      /opt/MAN                   /var/cache/MAN/opt
72 #
73 #---------------------------------------------------------------
74 # Program definitions.  These are commented out by default as the value
75 # of the definition is already the default.  To change: uncomment a
76 # definition and modify it.
77 #
78 #DEFINE        pager    pager -s
:u
```

图 8.13　恢复到原始状态

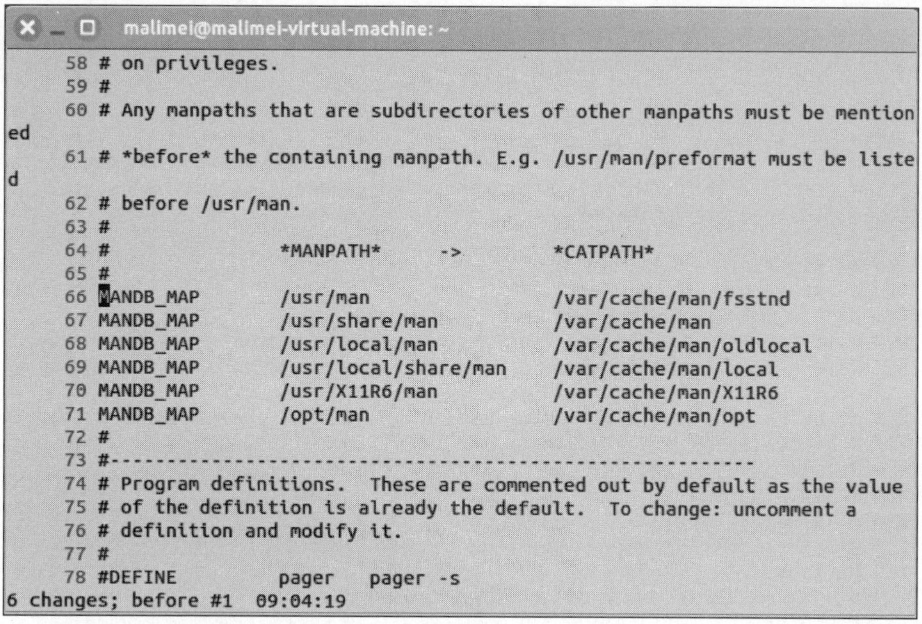

图 8.14　执行结果

（6）复制第 66～71 行的内容，并且粘贴到最后一行之前。按 Esc 键转到命令行模式输入 65G，然后按下 6yy，最后一行会出现复制 6 行的说明字样，如图 8.15 所示。按 G 键到最后一行，再按 P 键粘贴 6 行，如图 8.16 所示。

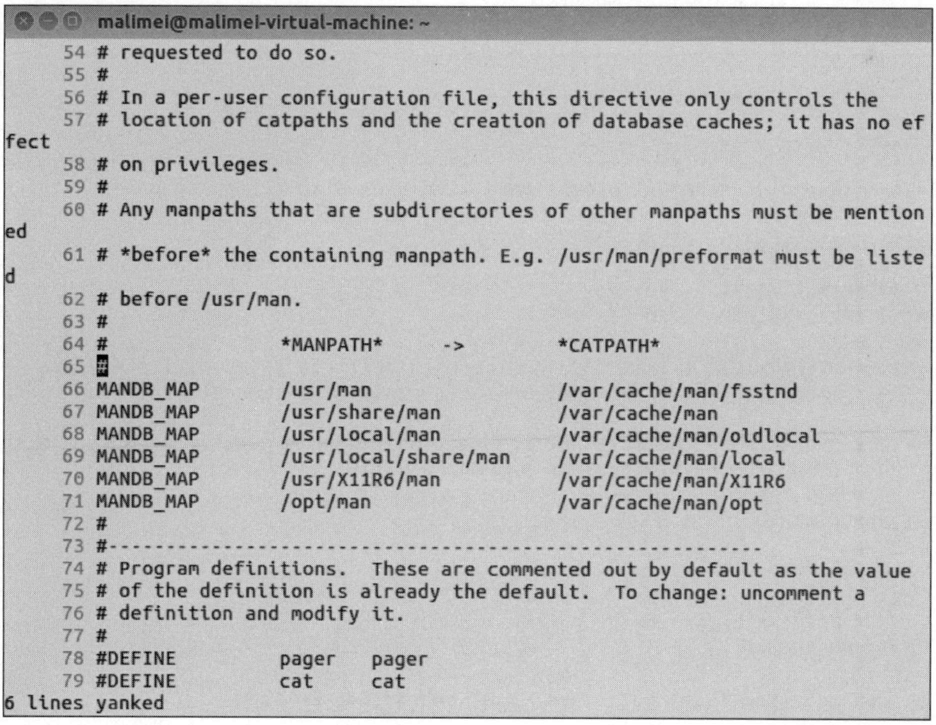

图 8.15　复制

编辑器及 Gcc 编译器

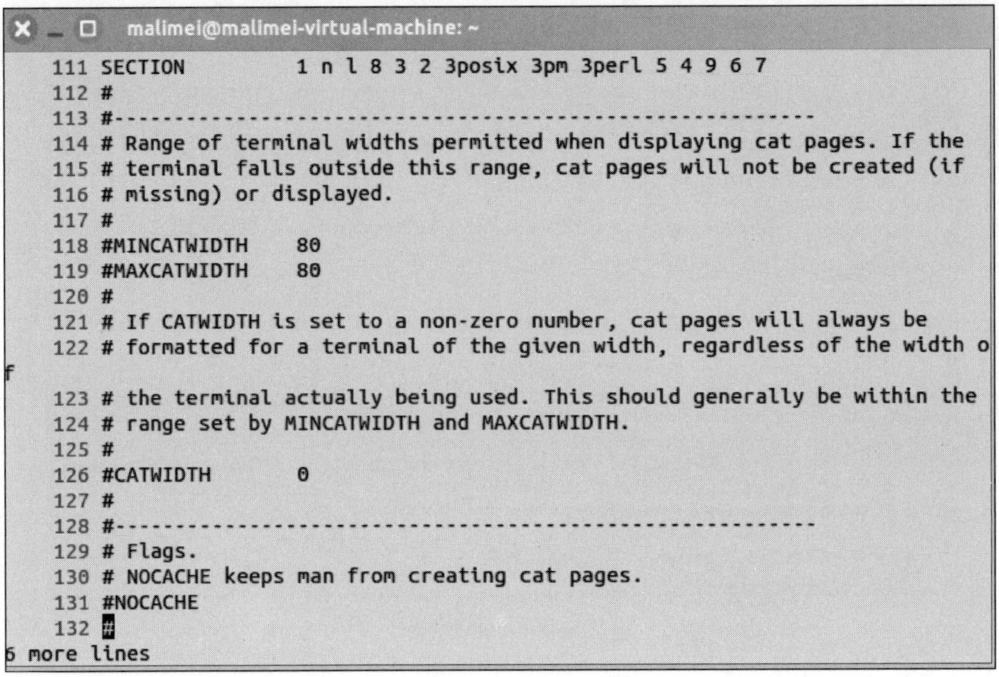
malimei@malimei-virtual-machine: ~
111 SECTION 1 n l 8 3 2 3posix 3pm 3perl 5 4 9 6 7
112 #
113 #---
114 # Range of terminal widths permitted when displaying cat pages. If the
115 # terminal falls outside this range, cat pages will not be created (if
116 # missing) or displayed.
117 #
118 #MINCATWIDTH 80
119 #MAXCATWIDTH 80
120 #
121 # If CATWIDTH is set to a non-zero number, cat pages will always be
122 # formatted for a terminal of the given width, regardless of the width o
f
123 # the terminal actually being used. This should generally be within the
124 # range set by MINCATWIDTH and MAXCATWIDTH.
125 #
126 #CATWIDTH 0
127 #
128 #---
129 # Flags.
130 # NOCACHE keeps man from creating cat pages.
131 #NOCACHE
132 #
6 more lines

图 8.16　粘贴

(7) 将此文件另存为 test.config。输入“:”,由命令行模式转到末行模式,输入 w test .config,文件另存为 test.config,如图 8.17 所示。

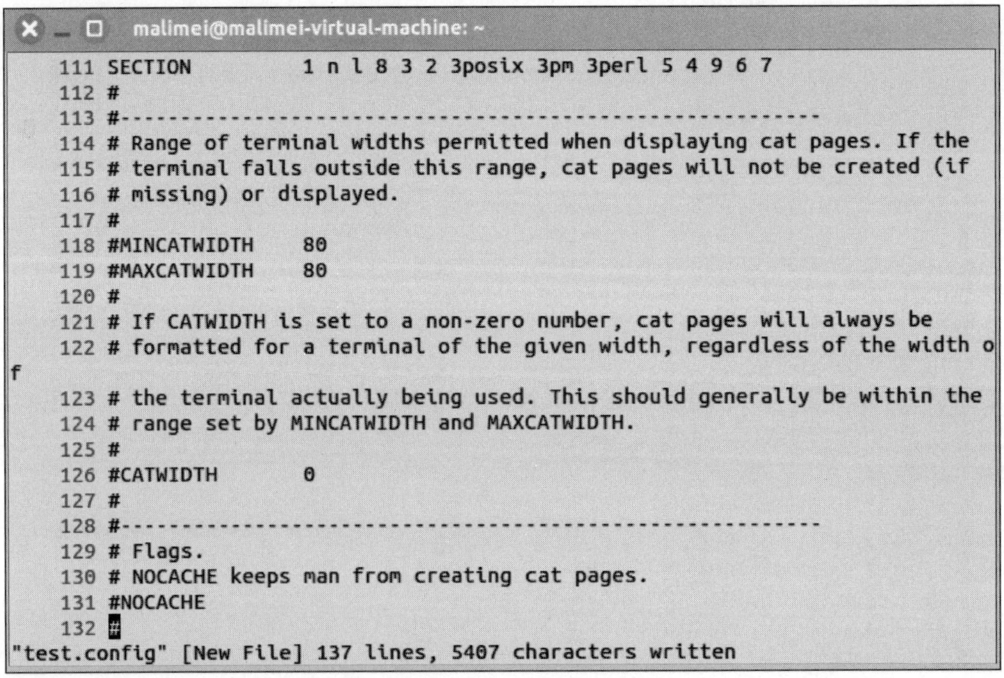
malimei@malimei-virtual-machine: ~
111 SECTION 1 n l 8 3 2 3posix 3pm 3perl 5 4 9 6 7
112 #
113 #---
114 # Range of terminal widths permitted when displaying cat pages. If the
115 # terminal falls outside this range, cat pages will not be created (if
116 # missing) or displayed.
117 #
118 #MINCATWIDTH 80
119 #MAXCATWIDTH 80
120 #
121 # If CATWIDTH is set to a non-zero number, cat pages will always be
122 # formatted for a terminal of the given width, regardless of the width o
f
123 # the terminal actually being used. This should generally be within the
124 # range set by MINCATWIDTH and MAXCATWIDTH.
125 #
126 #CATWIDTH 0
127 #
128 #---
129 # Flags.
130 # NOCACHE keeps man from creating cat pages.
131 #NOCACHE
132 #
"test.config" [New File] 137 lines, 5407 characters written

图 8.17　文件另存为

（8）在第 73 行，删除 58 个字符。在命令行模式下先输入 73G，再输入 58x，执行结果如图 8.18 所示。

```
×  _  □   malimei@malimei-virtual-machine: ~
    65 #
    66 MANDB_MAP        /usr/man                 /var/cache/man/fsstnd
    67 MANDB_MAP        /usr/share/man           /var/cache/man
    68 MANDB_MAP        /usr/local/man           /var/cache/man/oldlocal
    69 MANDB_MAP        /usr/local/share/man     /var/cache/man/local
    70 MANDB_MAP        /usr/X11R6/man           /var/cache/man/X11R6
    71 MANDB_MAP        /opt/man                 /var/cache/man/opt
    72 #
    73 █
    74 # Program definitions.  These are commented out by default as the value
    75 # of the definition is already the default.  To change: uncomment a
    76 # definition and modify it.
    77 #
    78 #DEFINE          pager       pager -s
    79 #DEFINE          cat         cat
    80 #DEFINE          tr          tr '\255\267\264\327' '\055\157\047\170'
    81 #DEFINE          grep        grep
    82 #DEFINE          troff       groff -mandoc
    83 #DEFINE          nroff       nroff -mandoc
    84 #DEFINE          eqn         eqn
    85 #DEFINE          neqn        neqn
    86 #DEFINE          tbl         tbl
    87 #DEFINE          col         col
```

图 8.18 删除结果

（9）在第一行新增一行，并输入"i am a student"具体操作为：在命令行模式中先输入 1G，再按下 O 键来新增一行并切换为输入模式，输入"i am a student"，如图 8.19 所示。按 Esc 键退出输入模式，转换到命令行模式，按下"："键转为末行模式，输入 wq 保存文件，如图 8.20 所示。

```
×  _  □   malimei@malimei-virtual-machine: ~
     1 i am a student█
     2 # manpath.config
     3 #
     4 # This file is used by the man-db package to configure the man and cat p
aths.
     5 # It is also used to provide a manpath for those without one by examinin
g
     6 # their PATH environment variable. For details see the manpath(5) man pa
ge.
     7 #
     8 # Lines beginning with `#' are comments and are ignored. Any combination
 of
     9 # tabs or spaces may be used as `whitespace' separators.
    10 #
    11 # There are three mappings allowed in this file:
    12 # -------------------------------------------------------------
    13 # MANDATORY_MANPATH                         manpath_element
    14 # MANPATH_MAP           path_element        manpath_element
    15 # MANDB_MAP             global_manpath      [relative_catpath]
    16 #-------------------------------------------------------------
    17 # every automatically generated MANPATH includes these fields
    18 #
    19 #MANDATORY_MANPATH                          /usr/src/pvm3/man
```

图 8.19 插入一行

编辑器及 Gcc 编译器

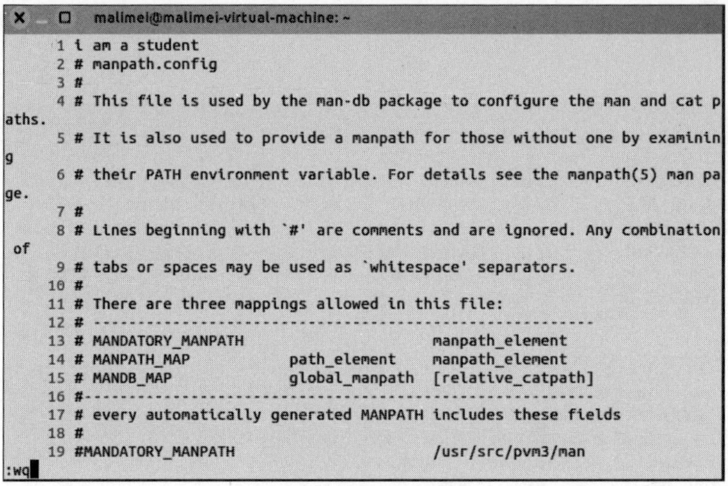

图 8.20 保存文件

6. 其他命令

(1) 块选择。

选择一行或多行,可以使用如表 8.7 所示的块选择按键。

表 8.7　块选择按键

按　键	功　能
v	字符选择,将光标经过的地方反白选择
V	行选择,将光标经过的地方反白选择
Ctrl+V	块选择,可以用长方形的方式选择数据

(2) 多文件编辑。

多文件编辑的常用按键如表 8.8 所示。

表 8.8　多文件编辑的常用按键

按　键	功　能
:n	编辑下一个文件
:N	编辑上一个文件
:files	列出目前这个 vim 打开的所有文件

(3) 多窗口功能。

打开多个窗口,编辑多个文件,光标可在不同窗口间切换,常用的按键如表 8.9 所示。

表 8.9　打开多窗口及窗口切换常用的按键

按　键	功　能
:sp filename	在新窗口打开文件 filename,如果只输入:sp 表示两个窗口为一个文件内容
Ctrl+W+J	先按住 Ctrl 键,再按下 W 键后放开所有的按键,然后再按下 J 键,则光标可移动到下方的窗口
Ctrl+W+K	同上,不过光标移动到上面的窗口
Ctrl+W+Q	结束离开当前窗口

例 8.3 首先打开一个窗口，编辑文件/home/malimei/passwd，打开窗口后在末行模式下输入 sp /home/malimei/shadow，打开另一个窗口，按 Ctrl＋W＋J 组合键向下窗口移动光标，按 Ctrl＋W＋K 向上窗口移动光标。

```
$ sudo cp  /etc/passwd  /home/malimei  //复制 passwd 文件到自己的工作目录下
$ sudo cp  /etc/shadow  /home/malimei  //复制 shadow 文件到自己的工作目录下，如图 8.21 所示
$ sudo vi +/malimei  /home/malimei/passwd  //首先打开第一个文件 passwd，如图 8.22 所示，光
//标显示在 malimei 的字符串处，如图 8.23 所示，转到末行模式下输入 sp  /home/malimei/shadow
//打开另一个文件，如图 8.24 所示，按 Ctrl＋W＋J 组合键向下窗口移动光标，按 Ctrl＋W＋K 组合键
//向上窗口移动光标，在两个窗口之间编辑，如图 8.25 所示
```

```
malimei@malimei-virtual-machine:~$ sudo cp /etc/passwd   /home/malimei
[sudo] malimei 的密码：
malimei@malimei-virtual-machine:~$ sudo cp /etc/shadow   /home/malimei
malimei@malimei-virtual-machine:~$ cd ~
malimei@malimei-virtual-machine:~$ ls
111.txt   aa       cc1       ██      passwd     tmp      模板    下载
11.tar    a.txt    cc1.tar   dd       scf        tmp1     视频    音乐
11.txt    c        cc.tar    examples.desktop  shadow   vmware   图片    桌面
a         cc       ██        manpath.config   test.config  公共的  文档
malimei@malimei-virtual-machine:~$ █
```

图 8.21 复制文件

```
malimei@malimei-virtual-machine:~$ sudo vi +/malimei /etc/passwd
```

图 8.22 编辑文件

```
文件(F) 编辑(E) 查看(V) 搜索(S) 终端(T) 帮助(H)
backup:x:34:34:backup:/var/backups:/usr/sbin/nologin
list:x:38:38:Mailing List Manager:/var/list:/usr/sbin/nologin
irc:x:39:39:ircd:/var/run/ircd:/usr/sbin/nologin
gnats:x:41:41:Gnats Bug-Reporting System (admin):/var/lib/gnats:/usr/sbin/nologi
n
nobody:x:65534:65534:nobody:/nonexistent:/usr/sbin/nologin
systemd-timesync:x:100:102:systemd Time Synchronization,,,:/run/systemd:/bin/fal
se
systemd-network:x:101:103:systemd Network Management,,,:/run/systemd/netif:/bin/
false
systemd-resolve:x:102:104:systemd Resolver,,,:/run/systemd/resolve:/bin/false
systemd-bus-proxy:x:103:105:systemd Bus Proxy,,,:/run/systemd:/bin/false
syslog:x:104:108::/home/syslog:/bin/false
_apt:x:105:65534::/nonexistent:/bin/false
messagebus:x:106:110::/var/run/dbus:/bin/false
uuidd:x:107:111::/run/uuidd:/bin/false
lightdm:x:108:114:Light Display Manager:/var/lib/lightdm:/bin/false
whoopsie:x:109:117::/nonexistent:/bin/false
avahi-autoipd:x:110:119:Avahi autoip daemon,,,:/var/lib/avahi-autoipd:/bin/false
avahi:x:111:120:Avahi mDNS daemon,,,:/var/run/avahi-daemon:/bin/false
dnsmasq:x:112:65534:dnsmasq,,,:/var/lib/misc:/bin/false
colord:x:113:123:colord colour management daemon,,,:/var/lib/colord:/bin/false
speech-dispatcher:x:114:29:Speech Dispatcher,,,:/var/run/speech-dispatcher:/bin/
false
hplip:x:115:7:HPLIP system user,,,:/var/run/hplip:/bin/false
kernoops:x:116:65534:Kernel Oops Tracking Daemon,,,:/:/bin/false
pulse:x:117:124:PulseAudio daemon,,,:/var/run/pulse:/bin/false
rtkit:x:118:126:RealtimeKit,,,:/proc:/bin/false
saned:x:119:127::/var/lib/saned:/bin/false
usbmux:x:120:46:usbmux daemon,,,:/var/lib/usbmux:/bin/false
malimei:x:1000:1000:malimei,,,:/home/malimei:/bin/bash
"/etc/passwd" 43 lines, 2384 characters
```

图 8.23 光标显示到 malimei 的字符串处

```
hplip:x:115:7:HPLIP system user,,,:/var/run/hplip:/bin/false
kernoops:x:116:65534:Kernel Oops Tracking Daemon,,,:/:/bin/false
pulse:x:117:124:PulseAudio daemon,,,:/var/run/pulse:/bin/false
rtkit:x:118:126:RealtimeKit,,,:/proc:/bin/false
saned:x:119:127::/var/lib/saned:/bin/false
usbmux:x:120:46:usbmux daemon,,,:/var/lib/usbmux:/bin/false
malimei:x:1000:1000:malimei,,,:/home/malimei:/bin/bash
:sp /home/malimei/shadow
```

图 8.24   打开另一个文件

```
文件(F)  编辑(E)  查看(V)  搜索(S)  终端(T)  帮助(H)
root:$6$lVnkk0cs$.9Yo/V7GLpFynNR1CB4IalSfeQgyD8XY.Pxyw.FzXHh9RCq9qbn380jwj648Htj
LQACnk2vY28ssjAmCIXT/Z1:18097:0:99999:7:::
daemon:*:17953:0:99999:7:::
bin:*:17953:0:99999:7:::
sys:*:17953:0:99999:7:::
sync:*:17953:0:99999:7:::
games:*:17953:0:99999:7:::
man:*:17953:0:99999:7:::
lp:*:17953:0:99999:7:::
mail:*:17953:0:99999:7:::
news:*:17953:0:99999:7:::
uucp:*:17953:0:99999:7:::
proxy:*:17953:0:99999:7:::
www-data:*:17953:0:99999:7:::
backup:*:17953:0:99999:7:::
~/shadow
whoopsie:x:109:117::/nonexistent:/bin/false
avahi-autoipd:x:110:119:Avahi autoip daemon,,,:/var/lib/avahi-autoipd:/bin/false
avahi:x:111:120:Avahi mDNS daemon,,,:/var/run/avahi-daemon:/bin/false
dnsmasq:x:112:65534:dnsmasq,,,:/var/lib/misc:/bin/false
colord:x:113:123:colord colour management daemon,,,:/var/lib/colord:/bin/false
speech-dispatcher:x:114:29:Speech Dispatcher,,,:/var/run/speech-dispatcher:/bin/
false
hplip:x:115:7:HPLIP system user,,,:/var/run/hplip:/bin/false
kernoops:x:116:65534:Kernel Oops Tracking Daemon,,,:/:/bin/false
pulse:x:117:124:PulseAudio daemon,,,:/var/run/pulse:/bin/false
rtkit:x:118:126:RealtimeKit,,,:/proc:/bin/false
saned:x:119:127::/var/lib/saned:/bin/false
usbmux:x:120:46:usbmux daemon,,,:/var/lib/usbmux:/bin/false
malimei:x:1000:1000:malimei,,,:/home/malimei:/bin/bash
/etc/passwd
"~/shadow" 43 lines, 1619 characters
```

图 8.25   同时显示两个文件

8.1.2   nano 编辑器

nano 是 UNIX 和类 UNIX 系统中的一个轻量级文本编辑器,它比 vi/vim 要简单得多,是图形界面的文本编辑器,比较适合 Linux 初学者使用。某些 Linux 发行版的默认编辑器就是 nano,nano 是遵守 GNU 通用公共许可证的自由软件,使用方便,在任何一个终端中输入 nano 命令即可打开 nano 编辑器,如图 8.26 所示。

在屏幕的下面显示功能键的使用,例如,^K 就表示 Ctrl+K 剪切当前行,将其内容保存到剪贴板中,^U 表示将剪贴板的内容写入当前行,^O 就表示 Ctrl+O 存盘,^X 就表示 Ctrl+X 退出。

图 8.26 nano 编辑器

8.1.3 gedit 编辑器

gedit 是 Linux 桌面上一款小巧的文本编辑器,外观简单,仅在工具栏上具有一些图标及一排基本菜单,因为是图形界面,所以使用方便。gedit 的启动方式有以下两种。

(1) 打开终端,输入命令 gedit,按回车键,如图 8.27 所示。

图 8.27 gedit 文本编辑器

编辑器及 *Gcc* 编译器

(2) 在 Dash 中输入 gedit,自动搜索到 gedit 的图标,单击图标即可打开 gedit 编辑器,如图 8.28 所示。

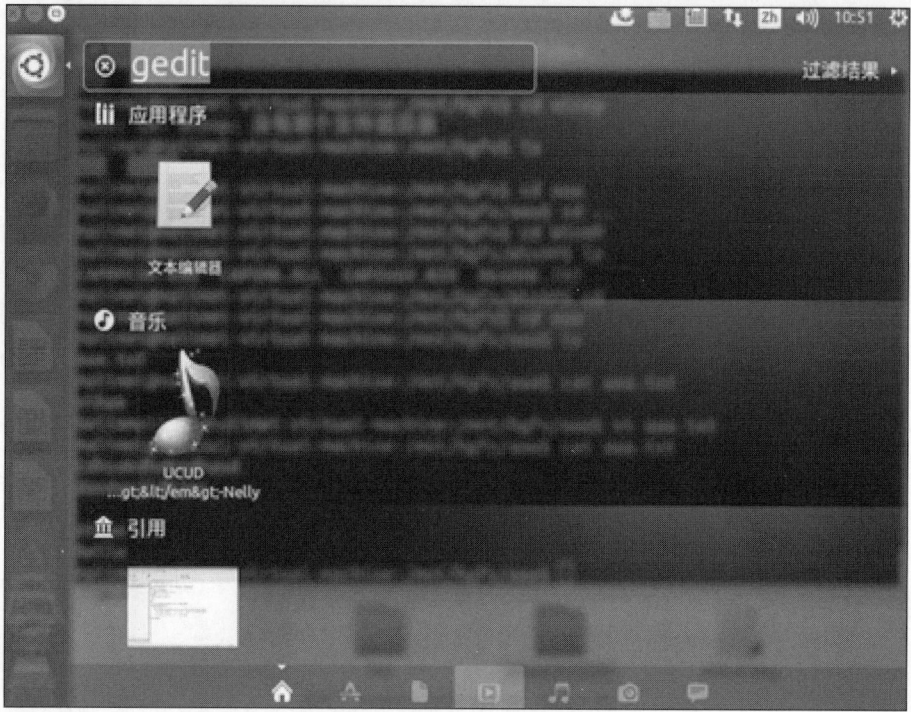

图 8.28　搜索到 gedit

8.2　Gcc 编译器

　　Gcc 是由 GNU 开发的编程语言编译器。它是以 GPL 许可证所发行的自由软件,也是 GNU 计划的关键部分。Gcc 原本作为 GNU 操作系统的官方编译器,现已被大多数类 UNIX 操作系统(如 Linux、BSD、macOS X 等)采纳为标准的编译器,Gcc 同样适用于微软的 Windows 操作系统。Gcc 是自由软件发展过程中的著名例子,由自由软件基金会以 GPL 协议发布。

　　Gcc 原名为 GNU C 语言编译器(GNU C Compiler),因为它原本只能处理 C 语言。后来 Gcc 很快地扩展,变得可处理 C++,后来又扩展能够支持更多编程语言,如 FORTRAN、Pascal、Objective-C、Java、Ada、Go 以及各类处理器架构上的汇编语言等,所以改名为 GNU 编译器套件(GNU Compiler Collection)。

8.2.1　Gcc 编译器的使用

1. Gcc 编译流程

　　Gcc 的编译流程为预编译、编译、汇编(生成目标文件)、连接(生成可执行的文件)。

　　例 8.4　编译当前目录下的 test.c 文件并执行。

　　(1) 创建 test.c 文件,并输入代码,如图 8.29 所示。

图 8.29　使用 vi 创建文件

（2）保存并退出后查看并执行 test.c，如图 8.30 所示。

图 8.30　使用 cat 命令查看文件

2. Gcc 编译器的主要选项

（1）总体选项及含义如表 8.10 所示。

表 8.10　Gcc 编译器的总体选项及含义

选　项	含　义
-c	编译或汇编源文件，但不进行连接
-S	编译后即停止，不进行汇编及连接
-E	预处理后即停止，不进行编译、汇编及连接
-g	在可执行文件中包含调试信息
-o file	指定输出文件 file
-v	显示 Gcc 的版本
-I dir	在头文件的搜索路径列表中添加 dir 目录
-L dir	在库文件的搜索路径列表中添加 dir 目录
-static	强制使用静态连接库
-l library	链接名为 library 的库文件

（2）优化选项及含义如表 8.11 所示。

表 8.11　Gcc 编译器的优化选项及含义

参　数	含　义
-O0	不进行优化处理
-O1	基本的优化，使程序执行得更快
-O2	完成-O1 级别的优化外，还要一些额外的调整工作，如处理器指令调度
-O3	开启所有优化选项
-Os	生成最小的可执行文件，主要用于嵌入式领域

编辑器及 Gcc 编译器

（3）警告和出错选项如表 8.12 所示。

表 8.12　Gcc 编译器的警告和出错选项

选　项	含　义
-ansi	支持符合 ANSI 标准的 C 程序
-pedantic	允许发出 ANSI C 标准所在列的全部警告信息
-w	关闭所有警告
-Wall	允许发出 Gcc 提供的所有有用的警告信息
-Werror	把所有的警告信息转换成错误信息,并在警告发生时终止编译

8.2.2　Gcc 总体选项实例

程序的编译要经过预处理、编译、汇编以及连接 4 个阶段。

1. 预处理阶段

主要处理 C 语言源文件中的♯ifdef、♯include,以及♯define 等命令,Gcc 会忽略掉不需要预处理的输入文件,该阶段会生成中间文件 * .i。

例 8.5　预编译 test.c 程序,将预编译结果输出到 test.i。

执行命令:gcc－E test.c－o test.i

在预编译的过程中,Gcc 对源文件所包含的头文件 stdio.h 进行了预处理。如图 8.31 所示,为 test.i 部分内容。

```
extern int ftrylockfile (FILE *__stream) __attribute__ ((__nothrow__ , __leaf__)
) ;


extern void funlockfile (FILE *__stream) __attribute__ ((__nothrow__ , __leaf__)
);
# 943 "/usr/include/stdio.h" 3 4

# 2 "test.c" 2
int main()
{
    printf("hello world\n");
}
```

图 8.31　预处理 test.i 部分内容

2. 编译阶段

输入的是中间文件 * .i,编译后生成的是汇编语言文件 * .s。

例 8.6　编译 test.i 文件,编译后生成汇编语言文件 test.s。

执行命令:gcc－S test.i－o test.s

test.s 就是生成的汇编语言文件,如图 8.32 所示。

3. 汇编

汇编是将输入的汇编语言文件转换为目标代码,可以使用-c 选项完成。

例 8.7　将汇编语言文件 test.s 转换为目标程序 test.o。

执行命令:gcc－c test.s－o test.o

```
          .file    "test.c"
          .section         .rodata
.LC0:
          .string "hello world"
          .text
          .globl   main
          .type    main, @function
main:
.LFB0:
          .cfi_startproc
          pushl    %ebp
          .cfi_def_cfa_offset 8
          .cfi_offset 5, -8
          movl     %esp, %ebp
          .cfi_def_cfa_register 5
          andl     $-16, %esp
          subl     $16, %esp
          movl     $.LC0, (%esp)
          call     puts
          leave
          .cfi_restore 5
          .cfi_def_cfa 4, 4
          ret
          .cfi_endproc
```

图 8.32　test.s 汇编语言文件

4. 连接

将生成的目标文件与其他目标文件连接成可执行的二进制代码文件。

例 8.8　将目标程序 test.o 连接成可执行文件 test。

执行命令：gcc test.o -o test

上面是按照预处理、编译、汇编、连接，逐步完成，生成可执行的文件。也可以运行下面的命令：

```
gcc test.c  -o  test
```

将文件 test.c 一次性完成预处理、编译、汇编、连接，编译成可执行文件 test，执行 test 文件，-o 包括-E、-S、-c，如图 8.33 所示，如果未使用该选项，则自动生成 a.out 可执行文件，如图 8.34 所示。

```
malimei@malimei-virtual-machine:~$ gcc test.c -o test
malimei@malimei-virtual-machine:~$ ./test
hello world
malimei@malimei-virtual-machine:~$ █
```

图 8.33　使用-o 的文件编译

```
malimei@malimei-virtual-machine:~$ gcc test.c
malimei@malimei-virtual-machine:~$ ./a.out
hello world
malimei@malimei-virtual-machine:~$
```

图 8.34　未使用-o 的文件编译

5. Gcc 整体预处理、编译、汇编以及连接

执行过程如图 8.35 所示。

237

```
malimei@malimei~$ gcc test.c
malimei@malimei~$ ./a.out
hello world
malimei@malimei~$ gcc -E test.c -o test.i
malimei@malimei~$ gcc -S test.i -o test.s
malimei@malimei~$ gcc -c test.s -o test.o
malimei@malimei~$ gcc test.o -o test
malimei@malimei~$ ./test
hello world
malimei@malimei~$ ls
a.out            test.c   test.s   视频   下载
manpath.config   test.i   公共的   图片   音乐
test             test.o   模板     文档   桌面
malimei@malimei~$
```

图 8.35　预处理、编译、汇编以及连接过程

8.2.3　Gcc 优化选项实例

一般来说,优化级别越高,生成可执行文件的运行速度越快,但编译的时间就越长,因此在开发的时候最好不要使用优化选项,只有到软件发行或开发结束的时候才考虑对最终生成的代码进行优化。

例 8.9　比较 Gcc 优化选项的效果。

源程序 example.c 的代码如下:

```
#include<stdio.h>
int main()
    {
        int x;
        int sum = 0;
        for(x = 1;x < 1e8;x++)
            {
                sum = sum + x;
            }
        printf("sum = %d\n",sum);
    }
```

在编译源程序 example.c 的过程中,不加任何优化选项,使用 time 命令查看程序执行时间,如图 8.36 所示。

```
malimei@malimei~$ vi example.c
malimei@malimei~$ gcc example.c -o example
malimei@malimei~$ time ./example
sum=887459712

real    0m0.430s
user    0m0.420s
sys     0m0.008s
malimei@malimei~$
```

图 8.36　查看程序执行时间

其中,time 命令的输出结果由以下三部分组成。

(1) real:程序的总执行时间,包括进程的调度、切换等时间。

（2）user：用户进行执行的时间。

（3）sys：内核执行的时间。

加入优化选项后使用 time 命令查看程序执行时间，如图 8.37 所示。

```
malimei@malimei~$ gcc -o2 example.c -o example
malimei@malimei~$ time ./example
sum=887459712

real    0m0.427s
user    0m0.416s
sys     0m0.000s
malimei@malimei~$
```

图 8.37　优化选项的使用

从上面的结果可以看出，加入优化选项后，程序的执行时间减少，程序性能得到了大幅改善。

8.2.4　Gcc 警告和出错选项实例

在编译过程中，编译器的报错和警告信息对于程序员来说是非常重要的信息。

例 8.10　编译 example2.c 程序，同时开启警告信息。

源程序 example2.c 的代码如下：

```
# include < stdio. h >
void main()
{
    int x;
    int sum = 0;
    for(x = 1;x < 1e8;x++)
        {
            sum = sum + x;
        }
        printf("sum = % d\n",sum);
}
```

实验结果如图 8.38 所示。

```
malimei@malimei~$ gcc -Wall example2.c -o example
example2.c:2:7: warning: return type of 'main' is not 'int' [-Wmain]
  void main()
       ^
malimei@malimei~$
```

图 8.38　编译程序时开启警告信息

8.2.5　gdb 调试器

在 UNIX/Linux 系统中，调试工具为 gdb。通过调试可以找到程序中的漏洞，它使用户能在程序运行时观察程序的内部结构和内存的使用情况。

1. gdb 功能介绍

（1）监视或修改程序中变量的值。

（2）设置断点，以使程序在指定的代码行上暂停执行。

(3) 单步执行或程序跟踪。

gdb 命令可以缩写,如 list 可缩写为 l,kill 可缩写为 k,step 可缩写为 s 等。同样,在不引起歧义的情况下,可以按 Tab 键进行自动补齐或查找某一类字符开始的命令。

例 8.11 Tab 键的使用效果,如图 8.39 所示。

```
malimei@malimei~$ ls
a.out      example2.c      test      test.o   模板  文档  桌面
example    example.c       test.c    test.s   视频  下载
example2   manpath.config  test.i    公共的  图片  音乐
malimei@malimei~$ cat m
```

图 8.39 Tab 键使用之前

输入字母 m 后按 Tab 键,自动补全文件的名字,如图 8.40 所示。

```
malimei@malimei~$ ls
a.out      example2.c      test      test.o   模板  文档  桌面
example    example.c       test.c    test.s   视频  下载
example2   manpath.config  test.i    公共的  图片  音乐
malimei@malimei~$ cat manpath.config
```

图 8.40 Tab 键的使用效果

gdb 调试时的常用命令如表 8.13 所示。

表 8.13 gdb 的常用调试命令

选　项	功　能
break	在代码里设置断点
c	继续 break 后的执行
bt	反向跟踪,显示程序堆栈
file	装入想要调试的可执行文件
kill	终止正在调试的程序
list	列出产生执行文件的源代码的一部分
next	执行一行源代码,但不进入函数内部
step	执行一行源代码且进入函数内部
run	执行当前被调试的程序
quit	退出 gdb
watch	监视一个变量的值,而不管它何时改变
set	设置变量的值
shell	在 gdb 内执行 Shell 命令
print	显示变量或表达式的值
quit	终止 gdb 调试
make	不退出 gdb 的情况下,重新产生可执行文件
where	显示程序当前的调用栈

2. gdb 的调试实例

下面以 file.c 程序为例,介绍 Linux 系统内程序调试的基本方法。源程序 file.c 的代码如下:

```
# include < stdio.h>
```

```
static char buff[256];
static char * string;
int main()
{
printf("please input a string:");
gets(string);
printf("\nyour string is : % s\n",string);
}
```

（1）使用调试参数 -g 编译 file.c 源程序，编译之后运行，在提示符中输入字符串"hello world!"后回车，如图 8.41 所示。

```
malimei@malimei~$ gcc file.c -g -o file
file.c: In function 'main':
file.c:7:1: warning: 'gets' is deprecated (declared at /usr/include/stdio.h:638)
 [-Wdeprecated-declarations]
 gets(string);
 ^
/tmp/cclUntUO.o : 在函数'main'中：
/home/wang/file.c:7: 警告： the 'gets' function is dangerous and should not be u
sed.
malimei@malimei~$ ./file
please input a string:hello world!
段错误
malimei@malimei~$
```

图 8.41　编译运行源程序

由于程序使用了一个未经过初始化的字符型指针 string，在执行过程中出现 Segmentation fault(段)错误。

（2）查找该程序中出现的问题，利用 gdb 调试该程序，运行 gdb file 命令，装入 file 可执行文件，如图 8.42 所示。

```
malimei@malimei~$ gdb file
GNU gdb (Ubuntu 7.7.1-0ubuntu5~14.04.2) 7.7.1
Copyright (C) 2014 Free Software Foundation, Inc.
License GPLv3+: GNU GPL version 3 or later <http://gnu.org/licenses/gpl.html>
This is free software: you are free to change and redistribute it.
There is NO WARRANTY, to the extent permitted by law.  Type "show copying"
and "show warranty" for details.
This GDB was configured as "i686-linux-gnu".
Type "show configuration" for configuration details.
For bug reporting instructions, please see:
<http://www.gnu.org/software/gdb/bugs/>.
Find the GDB manual and other documentation resources online at:
<http://www.gnu.org/software/gdb/documentation/>.
For help, type "help".
Type "apropos word" to search for commands related to "word"...
Reading symbols from file...done.
(gdb)
```

图 8.42　装入文件

（3）使用 run 命令执行装入的 file 文件，并使用 where 命令查看程序出错的位置，如图 8.43 所示。

（4）利用 list 命令查看调用 gets()函数附近的代码，格式为 list 文件名：行号，如图 8.44 所示。

第 8 章

```
(gdb) run
Starting program: /home/wang/file
please input a string:hello world!

Program received signal SIGSEGV, Segmentation fault.
_IO_gets (buf=0x0) at iogets.c:54
54        iogets.c: 没有那个文件或目录.
(gdb) where
#0  _IO_gets (buf=0x0) at iogets.c:54
#1  0x0804846f in main () at file.c:7
(gdb)
```

图 8.43　执行文件,查看错误位置

```
(gdb) list file.c:7
2         static char buffer[256];
3         static char* string;
4         int main()
5         {
6         printf("please input a string:");
7         gets(string);
8         printf("\nyour string is:%s\n",string);
9         }
10
(gdb)
```

图 8.44　查看代码

(5) 导致 gets( )函数出错的因素就是变量 string,用 print 命令查看 string 的值,如图 8.45 所示。

```
(gdb) print string
S1 = 0x0
```

图 8.45　使用 print 命令查看 string 的值

(6) 显然 string 的值是不正确的,指针 string 应该指向字符数组 buff[]的首地址,在 gdb 中可以直接修改变量的值,在第 7 行处设置断点 break 7,程序重新运行到第 7 行处停止,可以用 set variable 命令修改 string 的取值,如图 8.46 所示。

```
(gdb) break 7
Breakpoint 1 at 0x8048462: file file.c, line 7.
(gdb) run
Starting program: /home/zhx/file

Breakpoint 1, main () at file.c:7
7         gets(string);
(gdb) set variable string=buff
```

图 8.46　使用 set variable 命令修改 string 的值

(7) 使用 next 命令单步执行,将会得到正确的程序运行结果,如图 8.47 所示。

```
(gdb) next
please input a string:hello world!
8         printf("\nyour string is :%s\n",string);
(gdb) next

your string is :hello world!
9         }
```

图 8.47　使用 next 命令单步执行

说明：如果步骤(4)利用 list 命令查看调用 gets()函数附近的代码,没有显示出来代码的内容,用 list 在后面加上文件名和行号,如图 8.48 所示。

```
(gdb) list
48        in iogets.c
(gdb) list file.c:7
2         static char buff [256];
3         static char * string;
4         int main()
5         {
6         printf("please input a string:");
7         gets(string);
8         printf("\nyour string is:%s\n",string);
9         }
10
(gdb)
```

图 8.48　list 命令的使用

8.3　Eclipse 开发环境

Eclipse 是著名的跨平台的自由集成开发环境(IDE)。最初主要用 Java 语言来开发,现在可以通过安装插件使其作为 C++、Python、PHP 等其他语言的开发工具。Eclipse 本身只是一个框架平台,但是得到众多插件的支持,使得 Eclipse 拥有较佳的灵活性。许多软件开发商以 Eclipse 为框架开发自己的 IDE。本节将使用 Eclipse 搭建 C 语言集成开发环境。

8.3.1　安装 OpenJDK

1. 安装

运行 Eclipse 需要有 JDK 的支持,可以安装 OpenJDK 和 OracleJDK,这里安装的是OpenJDK,如图 8.49 所示。

```
root@malimei-virtual-machine:/usr/bin# apt-get install openjdk-8-jdk
正在读取软件包列表... 完成
正在分析软件包的依赖关系树
正在读取状态信息... 完成
将会同时安装下列软件:
  ca-certificates-java fonts-dejavu-extra java-common libgif7 libice-dev
  libpthread-stubs0-dev libsm-dev libx11-dev libx11-doc libxau-dev libxcb1-dev
  libxdmcp-dev libxt-dev openjdk-8-jdk-headless openjdk-8-jre
  openjdk-8-jre-headless x11proto-core-dev x11proto-input-dev x11proto-kb-dev
  xorg-sgml-doctools xtrans-dev
建议安装:
  default-jre libice-doc libsm-doc libxcb-doc libxt-doc openjdk-8-demo
  openjdk-8-source visualvm icedtea-8-plugin fonts-ipafont-gothic
  fonts-ipafont-mincho fonts-wqy-microhei fonts-wqy-zenhei fonts-indic
下列【新】软件包将被安装:
  ca-certificates-java fonts-dejavu-extra java-common libgif7 libice-dev
  libpthread-stubs0-dev libsm-dev libx11-dev libx11-doc libxau-dev libxcb1-dev
  libxdmcp-dev libxt-dev openjdk-8-jdk-headless openjdk-8-jre
  openjdk-8-jre-headless x11proto-core-dev x11proto-input-dev x11proto-kb-dev
  xorg-sgml-doctools xtrans-dev
升级了 0 个软件包,新安装了 22 个软件包,要卸载 0 个软件包,有 244 个软件包未被
```

图 8.49　OpenJDK 的安装

2. 选择

选择 JDK 版本,因为只安装了一个 JDK,就不用选择了,执行结果如图 8.50 所示。如果安装了多个 JDK,需要选择要执行的 JDK,如图 8.51 所示。

编辑器及 Gcc 编译器

```
root@malimei-virtual-machine:/usr/bin# java -version

openjdk version "1.8.0_222"
OpenJDK Runtime Environment (build 1.8.0_222-8u222-b10-1ubuntu1~16.04.1-b10)
OpenJDK 64-Bit Server VM (build 25.222-b10, mixed mode)
root@malimei-virtual-machine:/usr/bin#
root@malimei-virtual-machine:/usr/bin#
```

图 8.50　只安装了一个 JDK

```
root@malimei-virtual-machine:/usr/lib1/eclipse# update-alternatives --config java
有 2 个候选项可用于替换 java (提供 /usr/bin/java)。

  选择      路径                                                  优先级   状态
--------------------------------------------------------------------------------
  0       /usr/lib/jvm/java-8-openjdk-amd64/jre/bin/java        1081    自动模
式
  1       /java/jdk1.8.0_221/bin/java                           300     手动模
式
* 2       /usr/lib/jvm/java-8-openjdk-amd64/jre/bin/java        1081    手动模
式

要维持当前值[*]请按<回车键>，或者键入选择的编号：
```

图 8.51　安装多个 JDK,选择一个 JDK

3. 测试

测试 JDK 安装是否成功,如果安装成功如图 8.52 所示。

```
root@malimei-virtual-machine:/usr/bin# java -version

openjdk version "1.8.0_222"
OpenJDK Runtime Environment (build 1.8.0_222-8u222-b10-1ubuntu1~16.04.1-b10)
OpenJDK 64-Bit Server VM (build 25.222-b10, mixed mode)
root@malimei-virtual-machine:/usr/bin#
```

图 8.52　测试安装 JDK 是否成功

注意:在安装时如果出现资源暂时不可用的情况,可以使用 rm 命令删除这个资源,如图 8.53 所示。删除资源后,如果仍然出现资源不可用,使用 clear 清除命令后,就可以安装了,如图 8.54 所示。

```
root@malimei-virtual-machine:/usr/bin# apt-get install openjdk-8-jdk
E: 无法获得锁 /var/lib/dpkg/lock-frontend - open (11: 资源暂时不可用)
E: Unable to acquire the dpkg frontend lock (/var/lib/dpkg/lock-frontend), is an
other process using it?
root@malimei-virtual-machine:/usr/bin# rm /var/lib/dpkg/lock-frontend
```

图 8.53　显示资源暂时不可用

```
root@malimei-virtual-machine:/usr/bin# clear

root@malimei-virtual-machine:/usr/bin# apt-get install openjdk-8-jdk
正在读取软件包列表... 完成
正在分析软件包的依赖关系树
正在读取状态信息... 完成
将会同时安装下列软件：
  ca-certificates-java fonts-dejavu-extra java-common libgif7 libice-dev
  libpthread-stubs0-dev libsm-dev libx11-dev libx11-doc libxau-dev libxcb1-dev
  libxdmcp-dev libxt-dev openjdk-8-jdk-headless openjdk-8-jre
  openjdk-8-jre-headless x11proto-core-dev x11proto-input-dev x11proto-kb-dev
  xorg-sgml-doctools xtrans-dev
建议安装：
  default-jre libice-doc libsm-doc libxcb-doc libxt-doc openjdk-8-demo
  openjdk-8-source visualvm icedtea-8-plugin fonts-ipafont-gothic
  fonts-ipafont-mincho fonts-wqy-microhei fonts-wqy-zenhei fonts-indic
下列【新】软件包将被安装：
```

图 8.54　使用 clear 命令

8.3.2 配置 Eclipse 的 Java 语言集成开发环境

1. 下载

（1）下载 Eclipse 的 Java 语言集成开发环境，为 Ubuntu 16.04 安装的是 eclipse-jee-2018-09-Linux-gtk-x86_64.tar.gz，官网下载网址为 https://www.eclipse.org/downloads/。打开网页后，显示如图 8.55 所示。

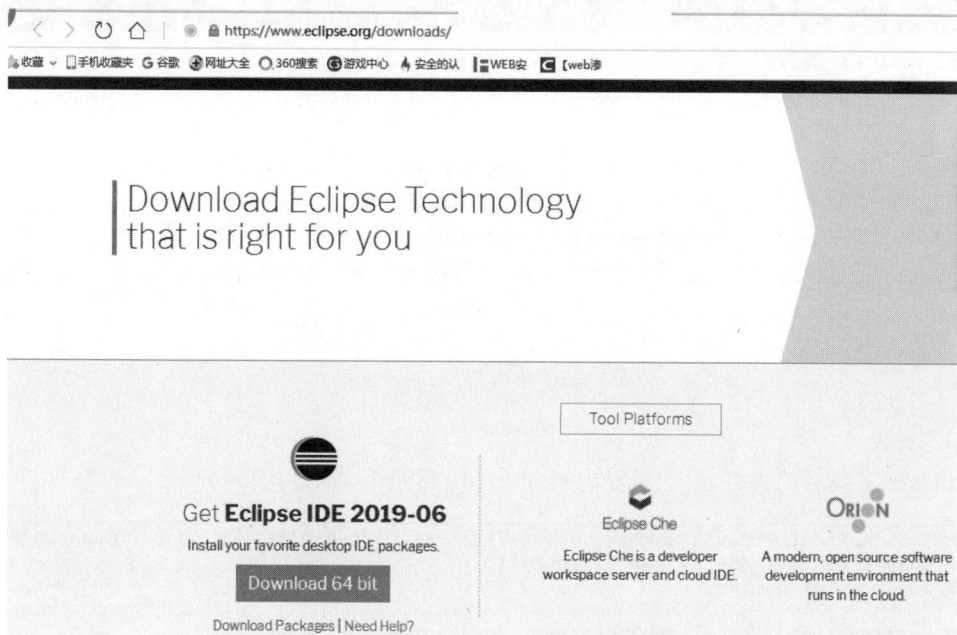

图 8.55　Eclipse 下载主页

（2）单击左下角的 Download Packages 按钮，结果如图 8.56 所示。

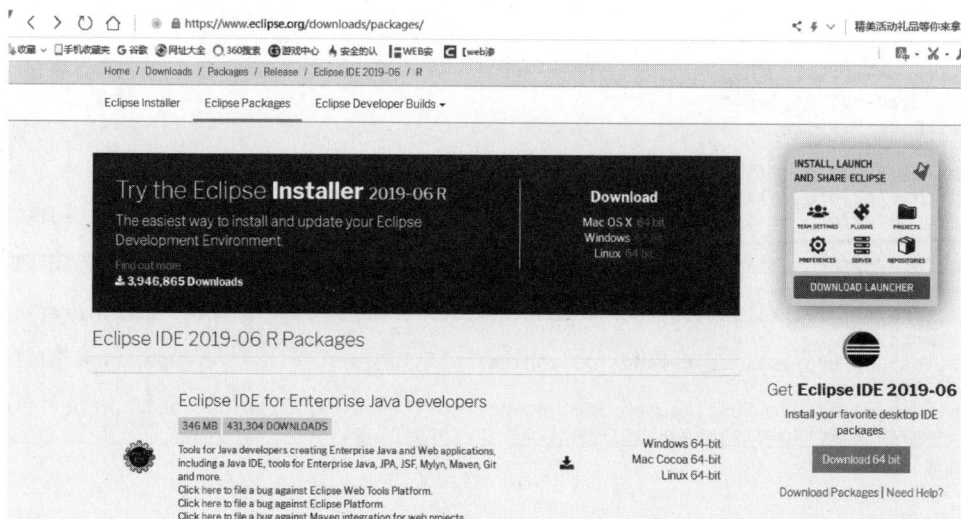

图 8.56　选择下载 Eclipse 的 Java 语言

（3）选择 Eclipse IDE 2019-06 R Packages，单击右边的 Linux 64-bit 按钮，如图 8.57 所示，单击 Download 按钮下载即可。

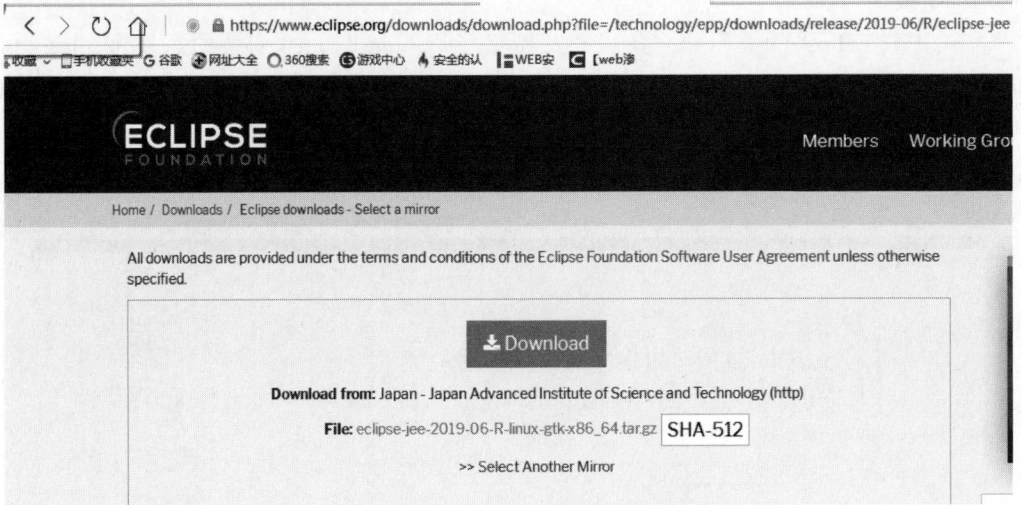

图 8.57　单击 Download 按钮

2. 安装

（1）把下载后的文件从 U 盘复制到/usr/lib/目录下，如图 8.58 所示。

```
malimei@malimei-virtual-machine:/media/malimei/0884-66D3$ sudo cp eclipse-cpp-20
19-06-R-linux-gtk-x86_64.tar.gz /usr/lib
[sudo] malimei 的密码：

malimei@malimei-virtual-machine:/media/malimei/0884-66D3$ _
```

图 8.58　复制安装文件

（2）将 eclipse-jee-2018-09-Linux-gtk-x86_64.tar.gz 文件解压到/usr/lib/目录，如图 8.59 所示。

```
malimei@malimei-virtual-machine:/usr/lib$ sudo tar -xzvf eclipse-cpp-2019-06-R-l
inux-gtk-x86_64.tar.gz
eclipse/
eclipse/p2/
eclipse/p2/org.eclipse.equinox.p2.engine/
eclipse/p2/org.eclipse.equinox.p2.engine/profileRegistry/
eclipse/p2/org.eclipse.equinox.p2.engine/profileRegistry/epp.package.cpp.profile
/
eclipse/p2/org.eclipse.equinox.p2.engine/profileRegistry/epp.package.cpp.profile
/1560520346742.profile.gz
eclipse/p2/org.eclipse.equinox.p2.engine/profileRegistry/epp.package.cpp.profile
/.lock
eclipse/p2/org.eclipse.equinox.p2.engine/profileRegistry/epp.package.cpp.profile
/.data/
eclipse/p2/org.eclipse.equinox.p2.engine/profileRegistry/epp.package.cpp.profile
/.data/org.eclipse.equinox.internal.p2.touchpoint.eclipse.actions/
```

图 8.59　解压文件

（3）解压后在该目录下生成一个名为 eclipse 的子目录，进入 eclipse 目录，执行./eclipse 文件，执行结果如图 8.60 所示。

```
root@malimei-virtual-machine:/usr/lib# cd eclipse
root@malimei-virtual-machine:/usr/lib/eclipse# ./eclipse
```

图 8.60　执行./eclipse 文件

（4）Eclipse 启动，如图 8.61 所示，单击 Launch 按钮就可以编写 Java 程序了，如图 8.62
所示。

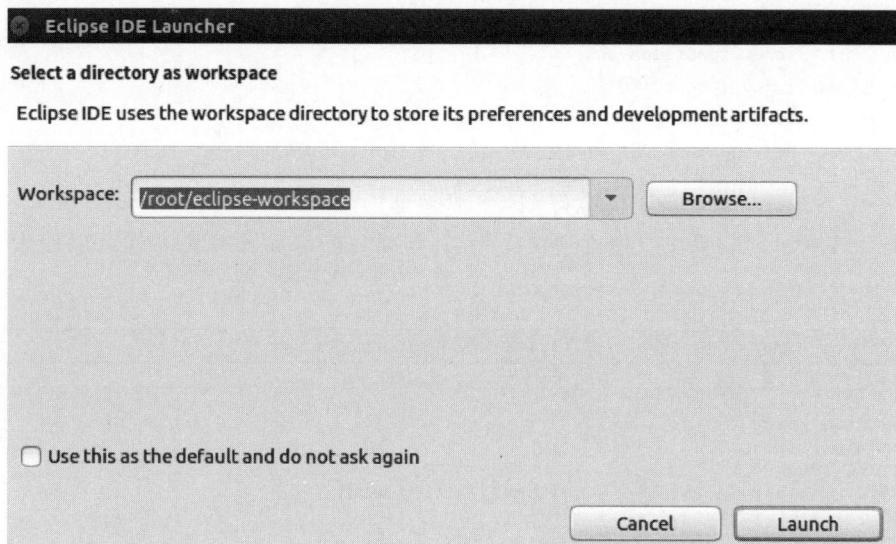

Eclipse IDE Launcher

Select a directory as workspace

Eclipse IDE uses the workspace directory to store its preferences and development artifacts.

Workspace: `/root/eclipse-workspace` ▼ Browse...

☐ Use this as the default and do not ask again

Cancel　　Launch

图 8.61　Eclipse 启动

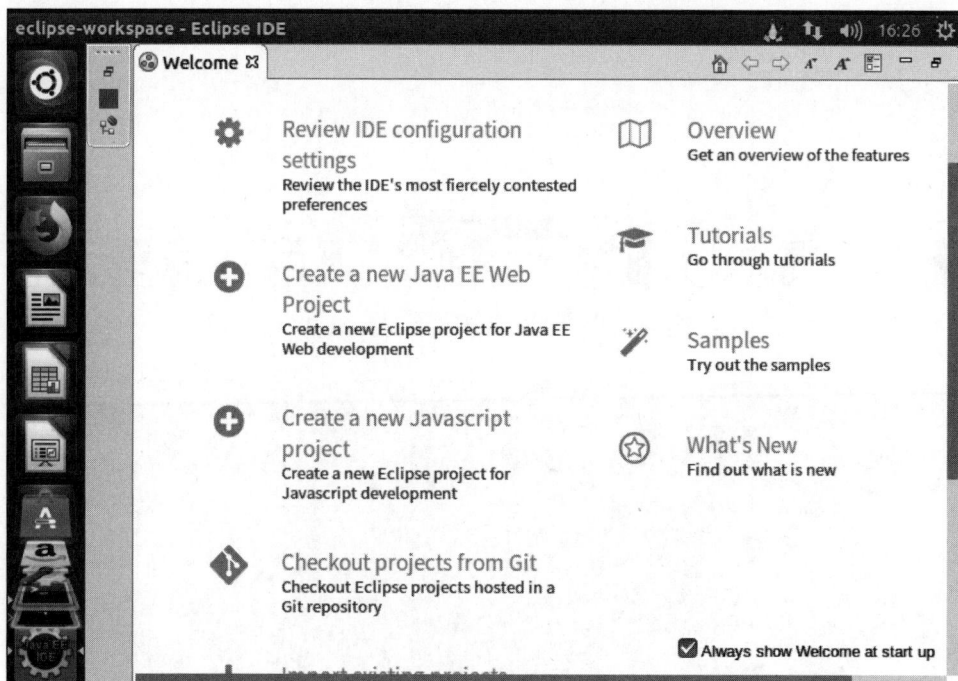

eclipse-workspace - Eclipse IDE　　🔆 ↑↓ 🔊) 16:26 ⚙

⚙ **Review IDE configuration settings**
Review the IDE's most fiercely contested preferences

🗺 **Overview**
Get an overview of the features

➕ **Create a new Java EE Web Project**
Create a new Eclipse project for Java EE Web development

🎓 **Tutorials**
Go through tutorials

➕ **Create a new Javascript project**
Create a new Eclipse project for Javascript development

🪄 **Samples**
Try out the samples

⭐ **What's New**
Find out what is new

◈ **Checkout projects from Git**
Checkout Eclipse projects hosted in a Git repository

☑ Always show Welcome at start up

图 8.62　编写 Java 程序

(5) 使用快捷方式启动 Eclipse。

配置快捷方式,在/usr/share/applications/目录下,使用编辑器新建 eclipse.desktop 文件,输入以下内容:

```
[Desktop Entry]
Type = Application
Name = Eclipse
Comment = Eclipse Integrated Development Envrionment
Icon = /usr/lib/eclipse/icon.xpm
exec = /usr/lib/eclipse/eclipse
Terminal = false
Categories = Development;IDE;Java
```

如图 8.63 所示,快捷方式设置好后,在搜索框内输入"ecl",就会搜索到 Eclipse 的图标,如图 8.64 所示。如果没有搜索到快捷方式,需要重新启动计算机后就可以搜索到快捷方式了。

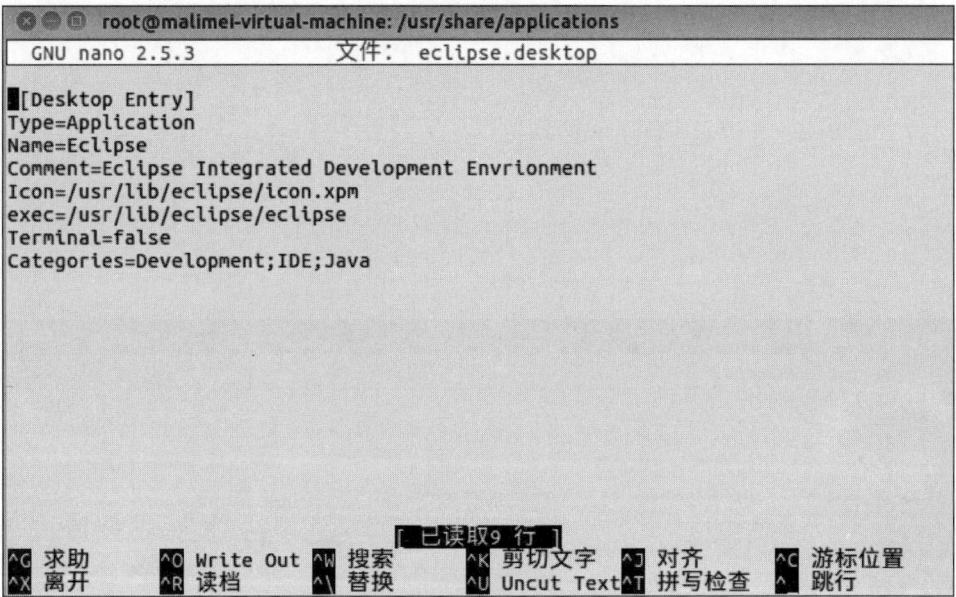

图 8.63 配置快捷方式

图 8.64 搜索快捷方式

习　题

1. 填空题

(1) 在 Ubuntu 中常用的编辑器有三种,分别是_____、_____、_____。

(2) 在 vi 中,命令行模式转到输入模式的功能键是_____。

(3) 在 vi 中,输入模式转到命令行模式的功能键是_____。

(4) 在 vi 中,命令行模式转到末行模式使用_____。

(5) 在 nano 中,使用_____功能键写入文件。

(6) Gcc 的编译流程为_____、_____、_____、_____。

(7) Gcc 的编译流程中分别使用的参数是_____、_____、_____、_____。

(8) 在 gdb 调试中显示代码的参数是_____。

(9) Eclipse _____开发环境(IDE)。

(10) 运行 Eclipse 需要有_____支持。

2. 实验题

(1) 熟悉 gedit、nano 和 Gcc 编译器的使用。

(2) 在 vi 编辑器下创建文件,保存文件,修改文件。

(3) 用 Gcc 编写一个 C 程序,并进行编译、汇编、连接、执行。

(4) 在 Eclipse 下编写 C 程序,其功能为:打印输出所有的"水仙花数"。水仙花数是指一个三位数,其个位数字的立方和等于该数本身。例如,$153 = 1^3 + 5^3 + 3^3$。

第9章 Shell 及其编程

本章学习目标：

- 掌握 Shell 命令及其编程语句。

通常情况下，命令行每输入一次命令就能够得到系统的响应，如果需要输入多条命令才能得到结果，那么这种操作效率无疑是很低的，使用 Shell 程序或 Shell 脚本就可以很好地解决这个问题。Shell 编程语言具有普通编程语言的很多特点，例如它也有循环结构和分支控制结构等，用这种编程语言编写的 Shell 程序与其他应用程序具有同样的效果。

9.1 Shell 概述

观看视频

Shell 就是可以接受用户输入命令的程序，它隐藏了操作系统底层的细节。UNIX 下的图形用户界面 GNOME 和 KDE，有时也被叫作"虚拟 Shell"或"图形 Shell"。Linux 操作系统下的 Shell 既是用户交互界面，也是控制系统的脚本语言。在 Linux 系列操作系统下，Shell 是控制系统启动、X Window 启动和很多其他实用工具的脚本解释程序。

每个 Linux 系统的用户可以拥有其自己的用户界面或 Shell，用于满足自己专门的 Shell 需要。

同 Linux 本身一样，Shell 也有多种不同的版本，主要有下列版本。

Bourne Shell：是贝尔实验室开发的。

BASH：是 GNU 的 Bourne Again Shell，是 GNU 操作系统上默认的 Shell。

Korn Shell：是对 Bourne Shell 的发展，其大部分内容与 Bourne Shell 兼容。

C Shell：是 Sun 公司 Shell 的 BSD 版本。

9.1.1 Bourne Shell

第一个标准 Linux Shell 是 1970 年年底在 V7 UNIX（AT&T 第 7 版）中引入的，以其资助者 Stephen Bourne 的名字命名。Bourne Shell 是一个交换式的命令解释器和命令编程语言，可以运行 Login Shell 或者 Login Shell 的子 Shell。

只有 login 命令可以调用 Bourne Shell 作为一个 Login Shell。此时，Shell 先读取/etc/profile 文件和 $HOME/. profile 文件。/etc/profile 文件为所有用户定制环境，$HOME/. profile 文件为本用户定制环境，Shell 读取用户输入。

9.1.2　C Shell

C Shell 是 Bill Joy 在 20 世纪 80 年代早期,在加州大学伯克利分校开发的。目的是让用户更容易地使用交互式功能,并把 ALGOL 风格适于数值计算的语法结构变成了 C 语言风格。它新增了命令历史、别名、文件名替换、作业控制等功能。

9.1.3　Korn Shell

在很长一段时间里,只有两类 Shell 可供选择使用:Bourne Shell 用来编程,C Shell 用来交互。后来,AT&T 贝尔实验室的 David Korn 开发了 Korn Shell。Korn Shell 结合了所有的 C Shell 的交互式特性,并融入了 Bourne Shell 的语法,新增了数学计算,进程协作(Coprocess)、行内编辑(Inline Editing)等功能。Korn Shell 是一个交互式的命令解释器和命令编程语言,它符合 POSIX 标准。

9.1.4　Bourne Again Shell

Bourne Again Shell,简称 BASH,1987 年由布莱恩•福克斯开发,也是 GNU 计划的一部分,用来替代 Bourne Shell。BASH 是大多数类 UNIX 系统以及 macOS X V10.4 默认的 Shell,被移植到多种系统中。

BASH 的语法针对 Bourne Shell 的不足做了很多扩展。BASH 的命令语法很多来自 Korn Shell 和 C Shell。BASH 作为一个交互式的 Shell,按下 Tab 键即可自动补全已部分输入的程序名、文件名、变量名等。

9.1.5　查看用户 Shell

(1) 使用命令 cat /etc/shells 来查看/bin/目录下 Ubuntu 支持的 Shell,如图 9.1 所示。

```
malimei@malimei-virtual-machine:/usr/lib/eclipse$ cat /etc/shells
# /etc/shells: valid login shells
/bin/sh
/bin/dash
/bin/bash
/bin/rbash
malimei@malimei-virtual-machine:/usr/lib/eclipse$ 
```

图 9.1　查看 Ubuntu 支持的 Shell

(2) 使用 echo $SHELL 命令查看当前用户的 Shell,如图 9.2 所示。

```
malimei@malimei:~$ echo $SHELL
/bin/bash
malimei@malimei:~$ cat /etc/passwd
root:x:0:0:root:/root:/bin/bash
daemon:x:1:1:daemon:/usr/sbin:/usr/sbin/nologin
bin:x:2:2:bin:/bin:/usr/sbin/nologin
```

图 9.2　查看用户的 Shell

(3) 其他用户的 Shell,可以在/etc/passwd 文件中看到,并且可以修改,但要具有超级用户权限,如图 9.2 所示。

9.2 Shell 脚本执行方式

观看视频

9.2.1 Shell 脚本概述

Shell 脚本是利用 Shell 的功能编写的一个纯文本程序,将各类 Shell 命令预先放入一个文件中,方便一次性执行的一个程序文件,方便管理员进行设置或者管理。它与 Windows 下的批处理相似,一个操作执行多条命令。Shell Script 提供了数组、循环、条件以及逻辑判断等功能,可以直接使用 Shell 来编写程序,而不必使用类似 C 程序语言等传统程序编写的语法。

9.2.2 执行 Shell 脚本的几种方式

1. Shell 脚本执行过程

Shell 脚本中命令、参数间的多个空白以及空白行都会被忽略掉,一般是读到一个 Enter 符号(CR)或分号";"就开始尝试执行该行(或该串)的命令。如果一行的内容太多,则可以使用"\[Enter]"来扩展至下一行。例如输出一行长的字符串,如图 9.3 所示。在 Shell 脚本中,任何加在 ♯ 后面的数据将全部被视为批注文字而被忽略。

```
malimei@malimei:~$ echo "this is a very very \
> very long string."
this is a very very very long string.
```

图 9.3 "\[Enter]"的使用

2. Shell 脚本执行方式

1) 直接命令执行

(1) 设置 Shell 脚本的权限为可执行后在提示符下执行。

(2) 使用文本编辑器(如 nano、vi)编辑生成脚本文件,如图 9.4 所示。

```
                    malimei@malimei-virtual-machine: ~
  GNU nano 2.5.3                    文件:  test.sh

echo "this is a test"
```

图 9.4 编辑生成脚本文件

编辑完成后,执行脚本文件 test.sh,没有执行权限,因此不能直接执行,加上执行的权限才可以执行,如图 9.5 所示。

```
malimei@malimei-virtual-machine:~$ ./test.sh
bash: ./test.sh: 权限不够
malimei@malimei-virtual-machine:~$ sudo chmod a+x test.sh
malimei@malimei-virtual-machine:~$ ./test.sh
this is a test
malimei@malimei-virtual-machine:~$
```

图 9.5 脚本文件加上执行权限才可以执行

2）"sh/bash ［选项］ 脚本名"或"sh/bash[选项]. /脚本名"

打开一个子 Shell 读取并执行脚本中的命令。该脚本文件可以没有"执行权限"。

sh 或 bash 在执行脚本过程中,选项如下。

-n：不要执行 script,仅检查语法的问题。

-v：在执行 script 前,先将 script 的内容输出到屏幕上。

-x：进入跟踪方式,显示所执行的每一条命令,并且在行首显示一个"＋"号。

如果用 sh 脚本名执行,脚本可以没有执行的权限,如把上面的 test. sh 文件去掉可执行权限,可以执行,如图 9.6 所示。

```
malimei@malimei-virtual-machine:~$ sudo chmod a-x test.sh
malimei@malimei-virtual-machine:~$ sh test.sh
this is a test
malimei@malimei-virtual-machine:~$
```

图 9.6　用 sh 脚本名执行

加参数-v,输出语句和执行结果一起输出到屏幕上,如图 9.7 所示。

```
malimei@malimei-virtual-machine:~$ sh -v test.sh
echo "this is a test"
this is a test

malimei@malimei-virtual-machine:~$
```

图 9.7　加参数-v 执行

3）source 脚本名

（1）在当前 BASH 环境下读取并执行脚本中的命令。

（2）该脚本文件可以没有"执行权限",执行的格式为 source 脚本,或 source . /脚本,如图 9.8 所示。

```
malimei@malimei-virtual-machine:~$ sudo chmod a-x test.sh
malimei@malimei-virtual-machine:~$ source test.sh
this is a test
malimei@malimei-virtual-machine:~$ source ./test.sh
this is a test
malimei@malimei-virtual-machine:~$
```

图 9.8　BASH 环境下的脚本文件

9.3 Shell 脚本变量

Shell 脚本变量就是在 Shell 脚本程序中保存,系统和用户所需要的各种各样的值。Shell 脚本变量可以分为系统变量、环境变量和用户自定义变量。

观看视频

9.3.1 系统变量

Shell 常用的系统变量并不多,但在做一些参数检测的时候十分有用,如表 9.1 所示。

表 9.1　Shell 常用的系统变量

按　键	命　令
$＃	命令行参数的个数
$n	当前程序的第 n 个参数,n＝1,2,…,9
$0	当前程序的名称
$?	执行上一个指令或函数的返回值
$*	以"参数 1 参数 2…"形式保存所有参数
$@	以"参数 1""参数 2"…形式保存所有参数
$$	本程序的(进程 ID 号)PID
$!	上一个命令的 PID
$-	显示 Shell 使用的当前选项,与 set 命令功能相同

例 9.1　分析名为 sysvar.sh 脚本的运行结果。sysvar.sh 脚本的代码如下:

```
#!/bin/sh
# to explain the application of system variables.
echo "\$1 = $1 ; \$2 = $2";                    # 输出第一个和第二个参数
echo "the number of parameter is $#";          # 输出命令行参数的个数
echo "the return code of last command is $?";  # 输出上一个指令的返回值
echo "the script name is $0";                  # 输出当前程序的名称
echo "the parameters are $*";                  # 输出参数
echo "the parameters are $@";                  # 输出参数
```

运行结果如图 9.9 所示。

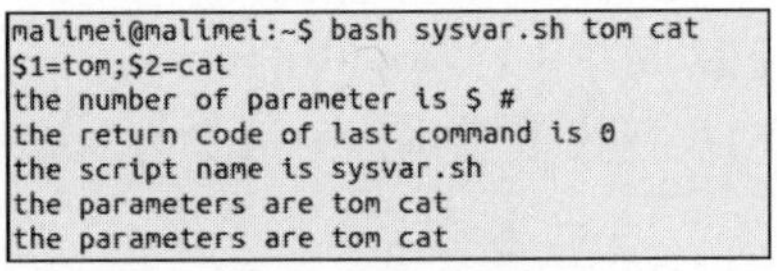

图 9.9　运行结果

说明:\反斜线,echo 中表示转义字符,它告诉 Shell 不要对其后面的那个字符进行特殊处理,只当做普通字符即可,这里表示变量$1。

9.3.2　环境变量

登录系统就获得一个 Shell,它占据一个进程,输入的命令都属于这个 Shell 进程的子进程,选择此 Shell 后,获得一些环境设定,即环境变量。环境变量约束用户行为,也帮助实现很多功能,包括主目录的变换、自定义显示符的提示方法、设定执行文件查找的路径等。

常用的环境变量如表 9.2 所示。

表 9.2　常用的环境变量

按　键	命　令
PATH	命令搜索路径,以冒号为分隔符。但当前目录不在系统路径里
HOME	用户 home 目录的路径名,是 cd 命令的默认参数
COLUMNS	定义了命令编辑模式下可使用命令行的长度
EDITOR	默认的行编辑器

按　　键	命　　令
VISUAL	默认的可视编辑器
FCEDIT	命令 fc 使用的编辑器
HISTFILE	命令历史文件
HISTSIZE	命令历史文件中最多可包含的命令条数
HISTFILESI	命令历史文件中包含的最大行数
HISTORY	显示历史命令
IFS	定义 Shell 使用的分隔符
LOGNAME	用户登录名
MAIL	指向一个需要 Shell 监视修改时间的文件。当该文件修改后,Shell 发送消息 You hava mail 给用户
MAILCHECK	Shell 检查 MAIL 文件的周期,单位是 s
MAILPATH	功能与 MAIL 类似,但可以用一组文件,以冒号分隔,每个文件后可跟一个问号和一条发向用户的消息
SHELL	Shell 的路径名
TERM	终端类型
TMOUT	Shell 自动退出的时间,单位为 s,0 为禁止 Shell 自动退出
PROMPT_COMMAND	指定在主命令提示符前应执行的命令
PS1	主命令提示符
PS2	二级命令提示符,命令执行过程中要求输入数据时用
PS3	select 的命令提示符
PS4	调试命令提示符
MANPATH	寻找手册页的路径,以冒号分隔
LD_LIBRARY_PATH	寻找库的路径,以冒号分隔

例 9.2　使用 env 命令查看环境变量,并分析。

为了方便查看,使用重定向命令(输出重定向)将环境变量存储到 environment 文件中,命令为 env > environment,然后使用 cat 命令打开该文件,如图 9.10 所示。

```
malimei@malimei-virtual-machine:~$ env >environment
malimei@malimei-virtual-machine:~$ cat environment
XDG_VTNR=7
XDG_SESSION_ID=c2
CLUTTER_IM_MODULE=xim
XDG_GREETER_DATA_DIR=/var/lib/lightdm-data/malimei
SESSION=ubuntu
GPG_AGENT_INFO=/home/malimei/.gnupg/S.gpg-agent:0:1
VTE_VERSION=4205
TERM=xterm-256color
SHELL=/bin/bash
XDG_MENU_PREFIX=gnome-
QT_LINUX_ACCESSIBILITY_ALWAYS_ON=1
WINDOWID=54525962
UPSTART_SESSION=unix:abstract=/com/ubuntu/upstart-session/1000/1861
GNOME_KEYRING_CONTROL=
GTK_MODULES=gail:atk-bridge:unity-gtk-module
JRE_HOME=/java/jdk1.8.0_221/jre
USER=malimei
LS_COLORS=rs=0:di=01;34:ln=01;36:mh=00:pi=40;33:so=01;35:do=01;35:bd=40;33;01:cd
=40;33;01:or=40;31;01:mi=00:su=37;41:sg=30;43:ca=30;41:tw=30;42:ow=34;42:st=37;4
4:ex=01;32:*.tar=01;31:*.tgz=01;31:*.arc=01;31:*.arj=01;31:*.taz=01;31:*.lha=01;
```

图 9.10　查看环境变量

4.1.2 节中已经介绍了常用的环境变量 history、alias、PS1 等,这里就不再重复介绍了。

255

第9章

Shell 及其编程

9.3.3 自定义变量

Shell 编程中,使用变量无须事先声明,同时变量名的命名须遵循如下规则。

(1) 首个字符必须为字母(a~z,A~Z)。

(2) 中间不能有空格,可以使用下画线(_)。

(3) 不能使用标点符号。

(4) 不能使用 BASH 中的关键字(可用 help 命令查看保留关键字)。

例 9.3 下面的变量名是合法的。

book123　　My_12

例 9.4 下面的变量名是不合法的。

123abd　　bc&123

9.3.4 自定义变量的使用

1. 变量值的引用与输出

(1) 引用变量时在变量名前面加上 $ 符号。

(2) 输出变量时用 echo 命令。

(3) 如果变量恰巧包含在其他字符串中,为了区分变量和其他字符串,需要用{}将变量名括起来,如图 9.11 所示。

```
malimei@malimei:~$ day=monday
malimei@malimei:~$ echo $day
monday
malimei@malimei:~$ echo "today is ${day}"
today is monday
```

图 9.11　变量值的引用

2. 变量的赋值和替换

(1) 变量赋值的方式: 变量名=值。

例 9.5

day = monday

string = welcome!

注意:给变量赋值的时候,不能在"="两边留空格,如图 9.12 所示。

```
malimei@malimei:~$ day=monday
malimei@malimei:~$ string=welcome
malimei@malimei:~$ day = monday
No command 'day' found, did you mean:
 Command 'dat' from package 'liballegro4-dev' (universe)
 Command 'dar' from package 'dar' (universe)
 Command 'dab' from package 'bsdgames' (universe)
 Command 'say' from package 'gnustep-gui-runtime' (universe)
 Command 'dav' from package 'dav-text' (universe)
 Command 'jay' from package 'mono-jay' (universe)
 Command 'dan' from package 'emboss' (universe)
day: command not found
```

图 9.12　给变量赋值(1)

（2）重置就相当于赋给这个变量另一个值，如图 9.13 所示。

（3）清空某一变量的值可以使用 unset 命令，如图 9.14 所示。

```
malimei@malimei:~$ day=monday
malimei@malimei:~$ echo $day
monday
malimei@malimei:~$ day=sunday
malimei@malimei:~$ echo $day
sunday
```

图 9.13　给变量赋值(2)

```
malimei@malimei:~$ day=monday
malimei@malimei:~$ echo "today is ${day}"
today is monday
malimei@malimei:~$ unset day
malimei@malimei:~$ echo "today is ${day}"
today is
```

图 9.14　清空变量的值

（4）变量可以有条件地替换，替换条件放在{}中。

① 当变量未定义或者值为空时，返回值为 value 的内容，否则返回变量的值。其格式为 ${variable:-value}，如图 9.15 所示。

```
malimei@malimei-virtual-machine:~$ echo hello $th
hello
malimei@malimei-virtual-machine:~$ echo hello ${th:-world}
hello world
malimei@malimei-virtual-machine:~$ echo $th

malimei@malimei-virtual-machine:~$ th=china
malimei@malimei-virtual-machine:~$ echo hello ${th:-world}
hello china
malimei@malimei-virtual-machine:~$ echo $th
china
malimei@malimei-virtual-machine:~$
```

图 9.15　变量有条件的替换 1

② 若变量未定义或者值为空时，在返回 value 的值的同时 value 赋值给 variable。其格式为 ${variable:=value}，如图 9.16 所示。

```
malimei@malimei-virtual-machine:~$ echo hello $th
hello
malimei@malimei-virtual-machine:~$ echo hello ${th:=world}
hello world
malimei@malimei-virtual-machine:~$ echo $th
world
malimei@malimei-virtual-machine:~$ th=china
malimei@malimei-virtual-machine:~$ echo hello ${th:=world}
hello china
malimei@malimei-virtual-machine:~$ echo $th
china
malimei@malimei-virtual-machine:~$
```

图 9.16　变量有条件的替换 2

③ 若变量已赋值，其值才用 value 替换，否则不进行任何替换。其格式为 ${variable:+value}，value 替换 variable，如图 9.17 所示。

```
malimei@malimei:~$ a=1
malimei@malimei:~$ echo ${a:+change}
change
malimei@malimei:~$ unset a
malimei@malimei:~$ echo $a

malimei@malimei:~$ echo ${a:+change}

malimei@malimei:~$
```

图 9.17　变量有条件的替换 3

第 9 章

Shell 及其编程

9.4 数　　组

BASH 支持一维数组(不支持多维数组),并且没有限定数组的大小。类似于 C 语言,数组元素的下标由 0 开始编号。获取数组中的元素要利用下标,下标可以是整数或算术表达式,其值应大于或等于 0,数组的使用可以先声明,再赋值,也可以直接赋值。

9.4.1　数组的声明

对数组进行声明,使用 declare 命令,declare 命令的格式如下:

declare [- / +] [选项] variable

[-/+]及[选项]的含义如下。

-/+:指定或关闭变量的属性。

a:定义后面名为 variable 的变量为数组(array)类型。

i:定义后面名为 variable 的变量为整数数字(integer)类型。

x:将后面的 variable 变成环境变量。

r:将变量设置成 readonly 类型。

f:将后面的 variable 定义为函数。

声明实例如图 9.18 所示。

```
malimei@malimei:~$ declare -i x=5
malimei@malimei:~$ declare -i y=10
malimei@malimei:~$ declare -i z=$x+$y
malimei@malimei:~$ echo $z
15
```

图 9.18　声明实例

9.4.2　数组的赋值

在 Shell 中,用括号来表示数组,数组元素用"空格"符号分隔。

(1) 定义数组的一般格式如下:

array_name = (value1 … valuen)　　连续赋值

例如:

array_name = (value0 value1 value2 value3)　　//此时下标从 0 开始

(2) 还可以单独定义数组的各分量,可以不使用连续的下标,而且下标的范围没有限制。

array_name[0] = value0
array_name[2] = value2
array_name[4] = value4

(3) 对数组进行声明并赋值。

declare - a name = (a b c d e f)　　　　　　//此时数组下标从 0 开始
name[0] = A　　　　　　　　　　　　　　//将第一个元素 a 修改为 A
name[9] = j　　　　　　　　　　　　　　//将第 10 个元素赋值为 j

9.4.3 数组的读取

读取数组元素值的一般格式如下：

$\{array\_name[index]\}$

(1) 取数组中的元素的时候，语法形式为 echo $\{array[index]\}$。

(2) 如果想要取数组的全部元素，则要使用 echo $\{array[@]\}$，echo $\{array[*]\}$。

例 9.6 给数组赋值，如图 9.19 所示，输出结果如图 9.20 所示。

```
#!/bin/sh
NAME[0] = "Zara"
NAME[1] = "Qadir"
NAME[2] = "Mahnaz"
NAME[3] = "Ayan"
NAME[4] = "Daisy"
echo"First Index: ${NAME[0]}"
echo"Second Index: ${NAME[1]}"
```

图 9.19　给数组赋值

```
$ ./test.sh
First Index: Zara
Second Index: Qadir
```

图 9.20　输出结果

例 9.7 使用@或 * 可以获取数组中的所有元素，程序代码如图 9.21 所示，输出结果如图 9.22 所示。

```
#!/bin/sh
NAME[0] = "Zara"
NAME[1] = "Qadir"
NAME[2] = "Mahnaz"
NAME[3] = "Ayan"
NAME[4] = "Daisy"
echo"First Method: ${NAME[*]}"
echo"Second Method: ${NAME[@]}"
```

图 9.21　@ 或 * 的使用

```
$ ./test.sh
First Method: Zara Qadir Mahnaz Ayan Daisy
Second Method: Zara Qadir Mahnaz Ayan Daisy
```

图 9.22　输出结果

9.4.4 数组的长度

(1) 用 $\{\#数组名[@]\}$ 或 $\{\#数组名[*]\}$ 可以得到数组长度。

格式：

```
length = ${#array_name[@]}   或 length = ${#array_name[*]}
```

例 9.8 数组 a=(1 2 3 4 5) 输出长度的结果如图 9.23 所示。

```
malimei@malimei-virtual-machine: ~
malimei@malimei-virtual-machine:~$ a=(1 2 3 4 5)
malimei@malimei-virtual-machine:~$ echo ${#a[@]}
5
malimei@malimei-virtual-machine:~$ echo ${#a[*]}
5
```

图 9.23 输出数组长度

(2) 用${#数组名[n]}取得数组单个元素的长度。

格式：

```
length = ${#array_name[n]}
```

例 9.9 数组 b=(two three) 有两个元素，分别输出两个元素的长度，结果如图 9.24 所示。

```
malimei@malimei-virtual-machine:~$ b=(two three)
malimei@malimei-virtual-machine:~$ echo ${#b[0]}
3
malimei@malimei-virtual-machine:~$ echo ${#b[1]}
5
```

图 9.24 求出数组中两个元素的长度

观看视频

9.5 Shell 的输入/输出

9.5.1 输入命令 read

使用 read 语句从键盘或文件的某一行文本中读入信息，并将其赋给一个变量。如果只指定了一个变量，那么 read 将会把所有的输入赋给该变量，直到遇到第一个文件结束符或回车。一般格式如下：

```
read  variable1  variable2 …
```

(1) Shell 用空格作为多个变量之间的分隔符。

(2) Shell 将输入文本域超长部分赋予最后一个变量。

例 9.10 使用 read 语句为 name、sex、age 三个变量赋值：malimei、female、49、this，为三个变量赋了 4 个值，因此，最后一个变量 age 的值为 49 this，如图 9.25 所示。

```
ubuntu@linux:~$ read name sex age
malimei female 49 this
ubuntu@linux:~$ echo $name
malimei
ubuntu@linux:~$ echo $sex
female
ubuntu@linux:~$ echo $age
49 this
ubuntu@linux:~$ 
```

图 9.25 read 语句的使用

9.5.2 输出命令 echo

使用 echo 可以输出文本或变量到标准输出,或者把字符串输入文件中,它的一般格式如下:

echo [选项] 字符串

选项:

-n:输出后不自动换行。

-e:启用"\"字符的转换。

"\"字符的转换含义如下。

\a:发出警告声。

\b:删除前一个字符。

\c:最后不加上换行符号。

\f:换行但光标仍旧停留在原来的位置。

\n:换行且光标移至行首。

\r:光标移至行首,但不换行。

\t:插入 Tab。

\v:与\f 相同。

\\:插入\字符。

\x:插入十六进制数所代表的 ASCII 字符。

例 9.11 不自动换行输出字符"hello world!",结果如图 9.26 所示。

```
malimei@malimei:~$ echo -n hello world!
hello world!malimei@malimei:~$
```

图 9.26　加参数-n

例 9.12 \t 和\n 的应用,结果如图 9.27 所示。

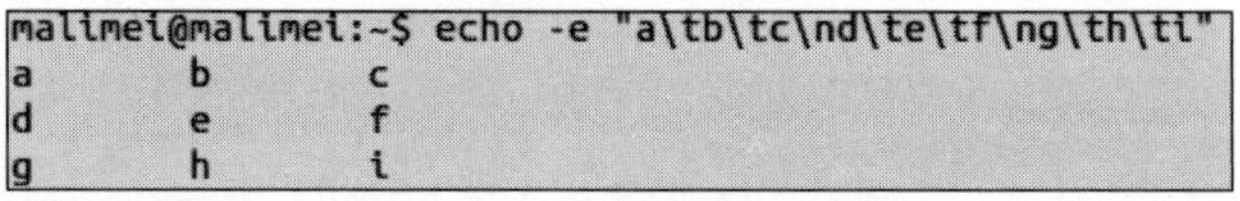

```
malimei@malimei:~$ echo -e "a\tb\tc\nd\te\tf\ng\th\ti"
a        b        c
d        e        f
g        h        i
```

图 9.27　加参数-e,\t,\n

例 9.13 \x 的应用,如图 9.28 所示。

```
malimei@malimei:~$ echo -e "\x61\x09\x62\x09\x63\012\x64\x09\x65\x09\x66"
a        b        c
d        e        f
```

图 9.28　加参数-e 和\x

9.6　运算符和特殊字符

9.6.1 运算符

Shell 拥有自己的运算符,Shell 的运算符及优先级的结合方式如表 9.3 所示。

Shell 及其编程

表 9.3　**Shell** 的运算符及优先级的结合方式

运　算　符	解　释	优先级结合方式
( )	括号(函数等)	→
[ ]	数组	→
!　～	取反　按位取反	→
++　--	增量　减量	→
+　-	正号　负号	→
*　/　%	乘法　除法　取模	→
+　-	加法　减法	→
<<　>>	左移　右移	→
<　<=	小于　小于或等于	→
>=　>	大于　大于或等于	→
==　!=	等于　不等于	→
&	按位与	→
^	按位异或	→
|	按位或	→
&&	逻辑与	→
||	逻辑或	→
?:	条件	←
=　+=　*=　/=　&=	赋值	←
=　|=　<<=　>>=	赋值	←

例 9.14　创建/home/mali/lx 目录,在此目录下创建文件 test,&& 表示逻辑与,允许用户执行多个命令,并且仅当前一个命令成功执行后,才执行下一个命令;‖ 表示逻辑与,并且仅当前一个命令执行失败后,才执行下一个命令,如果前一个命令执行成功,后一个命令不会执行,如图 9.29 所示。

```
mali@hebtu:~$ mkdir /home/mali/lx && touch /home/mali/lx/test
mali@hebtu:~$ cd lx
mali@hebtu:~/lx$ ls test
test
mali@hebtu:~/lx$ mkdir /home/mali/lx || touch /home/mali/lx/test1
mkdir: 无法创建目录"/home/mali/lx": 文件已存在
mali@hebtu:~/lx$ ls test1
test1
mali@hebtu:~/lx$ mkdir /home/mali/lx1 || touch /home/mali/lx1/test1
mali@hebtu:~/lx$ cd
mali@hebtu:~$ ls -l
总用量 20
-rw-r--r-- 1 mali mali 8980 6月  22 15:13 examples.desktop
drwxrwxr-x 2 mali mali 4096 6月  22 15:24 lx
drwxrwxr-x 2 mali mali 4096 6月  22 15:25 lx1
mali@hebtu:~$ cd lx1
mali@hebtu:~/lx1$ ls
mali@hebtu:~/lx1$
```

图 9.29　逻辑与 && 的执行

9.6.2　特殊字符

Shell 脚本里也有一些特殊用途的字符,常见的有反斜线、引号、注释符号等。

1. 反斜线(\)

反斜线是转义字符,它告诉 Shell 不要对其后面的那个字符进行特殊处理,只当作普通字符即可。

例 9.15　${arr[@]}的前面如果加了反斜线,那么它就是普通字符,而不是数组,如图 9.30 所示。

图 9.30　反斜线的使用

2. 双引号(" ")

由双引号括起来的字符,除 $ 、反斜线和反引号几个字符仍是特殊字符并保留其特殊功能外,其余字符仍视为普通字符。

例 9.16　$path 中, $ 为特殊字符,输出变量内容,\\\字符中,前两个\表示输出了一个\字符,\ $ 就是普通字符,因此原样输出;而\\\\字符中输出两个\\字符,如图 9.31 所示,具体说明见 echo 命令。

图 9.31　双引号的使用

3. 单引号(')

由单引号括起来的字符都作为普通字符出现。

例 9.17　单引号括起来的 $name 是普通字符串,因此,原样输出。不加单引号 $name,把变量 name 的值 abcd 赋值给变量 string,如图 9.32 所示。

图 9.32　单引号的使用

4. 反引号(`)

Shell 把反引号括起来的字串解释为命令行后首先执行,并以它的标准输出结果取代整个反引号内的部分。

例 9.18　用标准输出结果代替反引号的内容,如图 9.33 所示。

图 9.33　反引号的使用

5. 注释符

在 Shell 中以字符 ♯ 开头的正文行表示注释行。

9.7　Shell 语句

观看视频

使用 Shell 脚本编程时,可以使用 if 语句、case 语句、for 语句、while 语句和 until 语句等,对程序的流程进行控制。

9.7.1　test 命令

test 命令用于检查某个条件是否成立,如果条件为真,则返回一个 0 值。如果表达式不为真,则返回一个大于 0 的值,也可以将其称为假值。

格式如下：

```
test  expression
```

或者

```
[ expression ]
```

表达式一般是字符串、整数或文件和目录属性，并且可以包含相关的运算符。运算符可以是整数运算符、字符串运算符、文件运算符或布尔运算符。

注意：［ expression ］在左方括号右侧和右方括号左侧有空格，表示条件判断。

1. 整数运算符

test 命令中，用于比较整数的关系运算符如表 9.4 所示。

表 9.4 比较整数的关系运算符

运　算　符	解　　释
-eq	两数值相等
-ne	两数值不等
-gt	n1 大于 n2
-lt	n1 小于 n2
-ge	n1 大于或等于 n2
-le	n1 小于或等于 n2

例 9.19　使用 test 判断两个数的大小，并查看返回值情况，如图 9.34 所示。

```
malimei@malimei:~$ test 10 -lt 20
malimei@malimei:~$ echo $?
0
malimei@malimei:~$ test 20 -lt 10
malimei@malimei:~$ echo $?
1
```

图 9.34 运算符的使用

2. 字符串运算符

用于字符串比较时，test 的关系运算符如表 9.5 所示。

表 9.5 字符串运算符

运　算　符	解　　释
-z string	判断字符串 string 是否为空字符串，若 string 为空字符串，则为 true，返回 0 值
-n string	判断字符串 string 是否为非空字符串，若 string 为非空字符串，则为 true，返回 0 值
tr1 = str2	判断两个字符串 str1 和 str2 是否相等，若相等，则为 true，返回 0 值
str1 != str2	判断两个字符串 str1 和 str2 是否不相等，若不相等，则为 true，返回 0 值

注意：等号和不等号两边有空格。

例 9.20　使用 test 判断 tom 和 lucy 两个字符串是否相等，并查看返回值情况，如图 9.35 所示。

```
mali@mali-virtual-machine:~$ name1="tom"
mali@mali-virtual-machine:~$ name2="lucy"
mali@mali-virtual-machine:~$ test $name1 = $name2
mali@mali-virtual-machine:~$ echo $?
1
mali@mali-virtual-machine:~$ test $name1 != $name2
mali@mali-virtual-machine:~$ echo $?
0
mali@mali-virtual-machine:~$
```

图 9.35 字符串比较结果

3. 文件运算符

用于文件和目录属性比较时，test 的运算符如表 9.6 所示。

表 9.6　文件运算符

运　算　符	解　　释
-e file	判断 file 文件名是否存在
-f file	判断 file 文件名是否存在且为文件
-d file	判断 file 文件名是否存在且为目录（directory）
-b file	判断 file 文件名是否存在且为一个 block device
-c file	判断 file 文件名是否存在且为一个 character device
-S file	判断 file 文件名是否存在且为一个 Socket
-P file	判断 file 文件名是否存在且为一个 FIFO（pipe）
-L file	判断 file 文件名是否存在且为一个连接文件
-r file	判断 file 文件名是否存在且具有"可读"权限
-w file	判断 file 文件名是否存在且具有"可写"权限
-x file	判断 file 文件名是否存在且具有"可执行"权限
-u file	判断 file 文件名是否存在且具有"SUID"属性
-g file	判断 file 文件名是否存在且具有"SGID"属性
-k file	判断 file 文件名是否存在且具有"Sticky bit"属性
-s file	判断 file 文件名是否存在且为"非空白文件"
file1 -nt file2	判断 file1 是否比 file2 新（newer than）
file1 -ot file2	判断 file2 是否比 file2 旧（older than）
file1 -ef file2	判断 file1 与 file2 是否为同一个文件

例 9.21　判断文件是否存在，并查看返回值情况，如图 9.36 所示。

4. 逻辑运算符

test 命令的逻辑运算符如表 9.7 所示。

```
malimei@malimei:~$ test -e abc
malimei@malimei:~$ echo $?
1
malimei@malimei:~$ touch abc
malimei@malimei:~$ test -e abc
malimei@malimei:~$ echo $?
0
```

图 9.36　文件运算符的使用

表 9.7　逻辑运算符

运　算　符	解　释
-a	逻辑与
-o	逻辑或
!	逻辑非

例 9.22　判断 $num 的值是否为 10～20，如图 9.37 所示。

```
malimei@malimei:~$ num=9
malimei@malimei:~$ [ "$num" -gt 10 -a "$num" -lt 20 ]
malimei@malimei:~$ echo $?
1
malimei@malimei:~$ num=19
malimei@malimei:~$ [ "$num" -gt 10 -a "$num" -lt 20 ]
malimei@malimei:~$ echo $?
0
```

图 9.37　逻辑运算符的使用

265

第9章

Shell 及其编程

9.7.2 if 语句

if 语句的结构分为单分支 if 语句、双分支 if 语句和多分支 if 语句。

1. 单分支 if 语句

只判断指定的条件,当条件成立时执行语句序列,否则不做任何操作。

格式如下:

```
if   条件
then
     语句序列
fi
```

例 9.23 用单分支 if 语句判断两个数 a 和 b 是否相等,如果相等输出"a is equal to b",如果不等,输出"a is not equal to b",代码如下:

```
#!/bin/sh
a = 10
b = 20
if [ $ a - eq $ b ]
then
    echo "a is equal to b"
fi
if [ $ a   ne   $ b ]
then
    echo "a is not equal to b"
fi
```

运行结果:a is not equal to b

注意:方括号表示条件判断,必须在左方括号的右侧和右方括号的左侧各加一个空格,否则会出错。

2. 双分支 if 语句

双分支的 if 语句在条件成立或不成立的时候分别执行不同的语句序列。条件成立,执行语句序列 1,条件不成立,执行语句序列 2。格式如下:

```
if   条件
then
  语句序列 1
else
  语句序列 2
fi
```

例 9.24 双分支 if 语句判断两个数 a 和 b 是否相等,如果相等输出 a is equal to b,如果不等,输出"a is not equal to b",代码如下:

```
#!/bin/sh
a = 10
b = 20
if [ $ a - eq $ b ]
then
```

```
    echo "a is equal to b"
else
    echo "a is not equal to b"
fi
```

运行结果：a is not equal to b

3. 多分支 if 语句

在 shell 脚本中，if 语句能够嵌套使用，进行多次判断，条件 1 成立，执行语句序列 1，条件 1 不成立，判断条件 2 是否成立，如果条件 2 成立，执行语句序列 2，否则执行语句序列 3。格式如下：

```
if  条件 1
then
    语句序列 1
elif 条件 2
    then
语句序列 2
    else
语句序列 3
fi
```

例 9.25 多分支 if 语句判断两个数 a 和 b 是否相等，如果相等，输出 a is equal to b，如果不等，判断大小，代码如下：

```
#!/bin/sh
a = 10
b = 20
if [ $ a - eq $ b ]
then
    echo "a is equal to b"
elif [ $ a - gt $ b ]
then
    echo "a is greater than b"
elif [ $ a - lt $ b ]
then
    echo "a is less than b"
else
    echo "None of the condition met"
fi
```

运行结果：a is less than b

9.7.3 case 语句

case…esac 与其他语言中的 switch…case 语句类似，是一种多分支选择结构。case 语句匹配一个值或一个模式，如果匹配成功，执行相匹配的命令。

case 语句格式如下：

```
case   $ 变量名 in
模式 1)
命令序列 1
```

```
;;
模式2)
命令序列2
;;
 *)
默认执行的命令序列
esac
```

注意:

(1) case 行尾必须为单词"in"。

(2) 每一个模式后跟右括号")"。

(3) 两个分号";;"表示命令序列结束。

(4) 匹配模式中可使用方括号表示一个连续的范围,如[0-9]。

(5) 使用竖杠符号"|"表示或。

(6) 最后的" *)"表示默认模式,当使用前面的各种模式均无法匹配该变量时,将执行" *)"后的命令序列。

例 9.26 下面的脚本提示输入 1~4,与每一种模式进行匹配,代码如下。

```
echo 'Input a number between 1 to 4'
echo 'Your number is:\c'
read aNum
case $ aNum in
    1)   echo 'You select 1'
    ;;
    2)   echo 'You select 2'
    ;;
    3)   echo 'You select 3'
    ;;
    4)   echo 'You select 4'
    ;;
    *)   echo 'You do not select a number between 1 to 4'
    ;;
esac
```

运行结果:

```
Input a number between 1 to 4
Your number is:3
You select 3
```

例 9.27 提示输入 b-d 或 A-D,原样输出,否则显示输入错误,代码如下:

```
#!/bin/bash
echo "please input b－d or A－D"
read var
case "$ var" in
    [b－d]|[A－D] ) echo "your  input is $ var" ;;
        * )   echo "Input Error!" ;;
esac
exit 0
```

运行结果：

```
mali@mali-virtual-machine:~ $ bash ./b1
please input b-d or A-D
B
your  input is B
```

9.7.4 while 语句

while 语句是 Shell 提供的一种循环机制，当条件为真的时候它允许循环体中的语句序列继续执行，否则退出循环。

语句格式如下：

```
while[ 条件判断 ]
    do
        语句序列
    done
```

例 9.28 编写脚本，输入整数 n，计算 1～n 的和。脚本执行结果如图 9.38 所示。

```
#!/bin/bash
read -p "please input a number:" n
sum=0
i=1
while  [ $i -le $n ]
do
    sum=$[$sum+$i]
    i=$[$i+1]
done
echo "the sum of '1+2+3+…+n' is $sum"
```

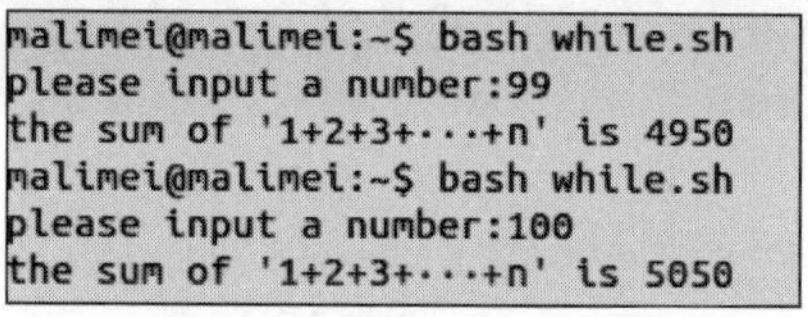

```
malimei@malimei:~$ bash while.sh
please input a number:99
the sum of '1+2+3+…+n' is 4950
malimei@malimei:~$ bash while.sh
please input a number:100
the sum of '1+2+3+…+n' is 5050
```

图 9.38 脚本执行结果

9.7.5 until 语句

until 语句是当条件满足时退出循环，否则执行循环，语句格式如下：

```
until [条件测试命令]
    do
        命令序列
    done
```

例 9.29 循环输出 1～10 的数字，代码如下：

```
#!/bin/bash
myvar=1
until [$myvar -gt 10]
do
```

Shell 及其编程

```
        echo $ myvar
    myvar = $ (($ myvar + 1))
done
```

until 语句提供了与 while 语句相反的功能:只要特定条件为假,就重复执行语句。

注意:

(1) 当方括号表示条件判断时,方括号内部左右两边需要有空格。

(2) 当方括号内部计算时,左右两边不要留有空格。

(3) 例 9.28 和例 9.29 计算时,可以使用一个方括号[ ],或者两个圆括号(( ))。

9.7.6　for 语句

for 语句格式如下:

```
for 变量名 in 取值列表
  do
      语句序列
  done
```

使用 for 循环时,可以为变量设置一个取值列表,每次读取列表中不同的变量值并执行命令序列,变量值用完后退出循环。

例 9.30　使用 for 语句计算命令行上所有整数之和。

使用 nano 编辑器创建 Shell 程序,文件名为 test,脚本如图 9.39 所示,执行结果如图 9.40 所示。

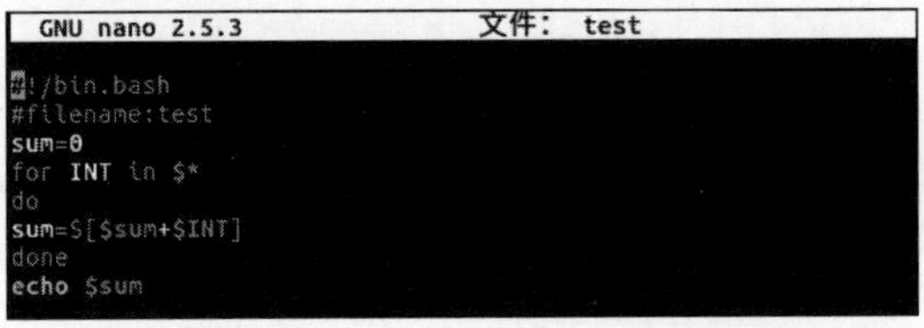

```
GNU nano 2.5.3              文件: test
#!/bin.bash
#filename:test
sum=0
for INT in $*
do
sum=$[$sum+$INT]
done
echo $sum
```

图 9.39　Shell 程序源代码

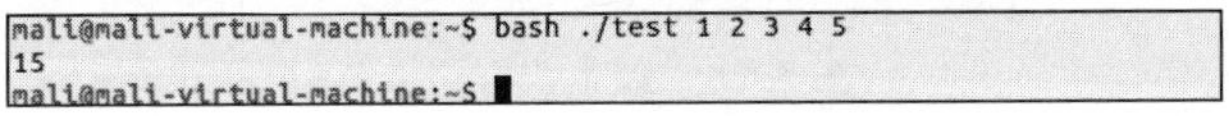

```
mali@mali-virtual-machine:~$ bash ./test 1 2 3 4 5
15
mali@mali-virtual-machine:~$
```

图 9.40　执行结果

9.7.7　循环控制语句

1. break 语句

break 语句用于 for、while 和 until 循环语句中,忽略循环体中任何其他语句和循环条件的限制,强行退出循环。

例 9.31　用 nano 编辑器编写脚本,输入整数 n,但只计算 1～10 的和,脚本如下:

```
#!/bin/bash
read - p "please input a number:" n
sum = 0
i = 1
```

```
for i in 'seq 1 $ n'
#'seq 1 $ n'和$ (seq_1 $ n)一样,用于生成一个整数序列
do
if [$ i – gt 10]
then
break
fi
sum = $ [$ sum + $ i]
i = $ [$ i + 1]
done
echo "the sum of '1 + 2 + 3 + ⋯ + n' is $ sum"
```

执行结果如图 9.41 所示。

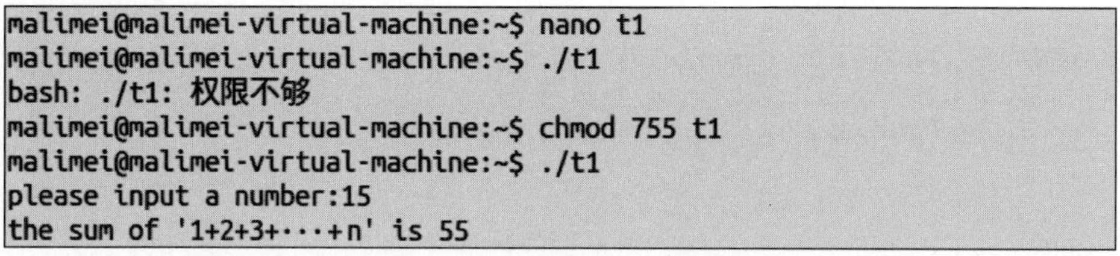

```
malimei@malimei-virtual-machine:~$ nano t1
malimei@malimei-virtual-machine:~$ ./t1
bash: ./t1: 权限不够
malimei@malimei-virtual-machine:~$ chmod 755 t1
malimei@malimei-virtual-machine:~$ ./t1
please input a number:15
the sum of '1+2+3+···+n' is 55
```

图 9.41 break 语句的使用

2. continue 语句

continue 语句应用在 for、while 和 until 语句中,用于让脚本跳过其后面的语句,执行下一次循环。

例 9.32 编写脚本,输入整数 n,计算 1~n 的奇数和,脚本如下:

```
#!/bin/bash
read – p "please input a number:" n
sum = 0
i = 1
for i in 'seq 1 $ n'
do
  if [$ [$ i % 2] – eq 0]
  then
    i = $ [$ i + 1]
  continue
  fi
  sum = $ [$ sum + $ i]
  i = $ [$ i + 1]
done
echo "the sum of '1 + 2 + 3 + ⋯ + n' is $ sum"
```

执行结果如图 9.42 所示。

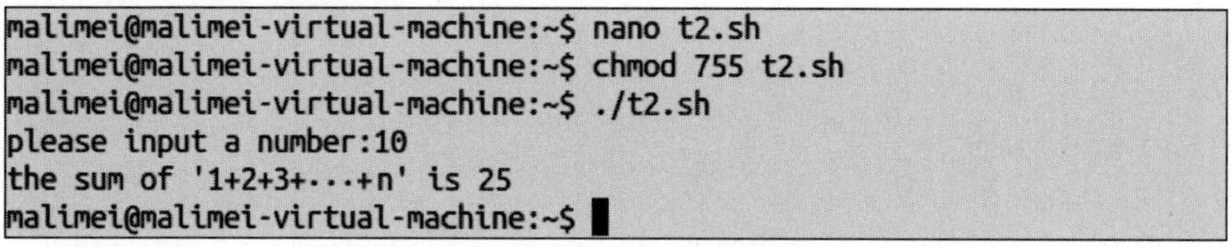

```
malimei@malimei-virtual-machine:~$ nano t2.sh
malimei@malimei-virtual-machine:~$ chmod 755 t2.sh
malimei@malimei-virtual-machine:~$ ./t2.sh
please input a number:10
the sum of '1+2+3+···+n' is 25
malimei@malimei-virtual-machine:~$ ▮
```

图 9.42 continue 语句的使用

9.8 综 合 应 用

9.8.1 综合应用一

例 9.33 编写 Shell 脚本,执行后,打印一行提示"please input a number:",逐次打印用户输入的数值,直到用户输入"end"为止。脚本如下:

```
#!/bin/sh
unset  var
while [" $ var" != "end"]
do
    echo − n "please input a number: "
    read var
    if [" $ var" = "end"]
    then
      break;
    fi
    echo "var is $ var"
done
```

执行结果如图 9.43 所示。

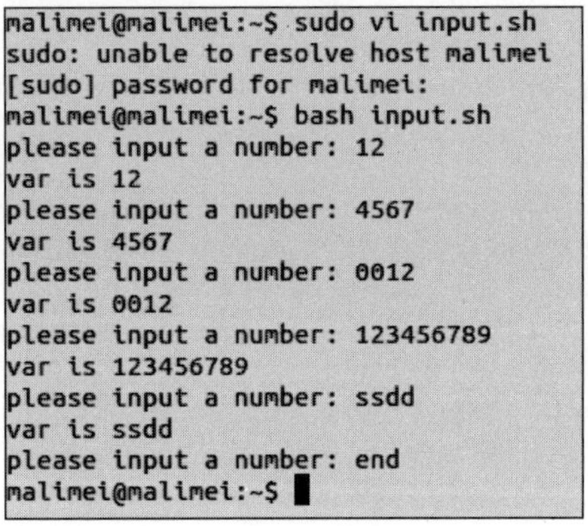

```
malimei@malimei:~$ sudo vi input.sh
sudo: unable to resolve host malimei
[sudo] password for malimei:
malimei@malimei:~$ bash input.sh
please input a number: 12
var is 12
please input a number: 4567
var is 4567
please input a number: 0012
var is 0012
please input a number: 123456789
var is 123456789
please input a number: ssdd
var is ssdd
please input a number: end
malimei@malimei:~$
```

图 9.43 执行结果

9.8.2 综合应用二

例 9.34 编写 Shell 脚本,使用 ping 命令检测 192.168.3.1~192.168.3.100 共 100 个主机目前是否能与当前主机连通。脚本如下:

```
#!/bin/bash
network = "192.168.3"
for sitenu in $ (seq 1 100)
    do
    ping − c 1 − w 1 $ {network}. $ {sitenu} & > /dev/null \
    && result = 0 || result = 1
```

```
        if [ $ result - eq 0 ]
            then
            echo "Server $ {network}. $ {sitenu} is UP."
            else
            echo "Server $ {network}. $ {sitenu} is DOWN."
        fi
done
exit 1
```

执行结果如图 9.44 所示。

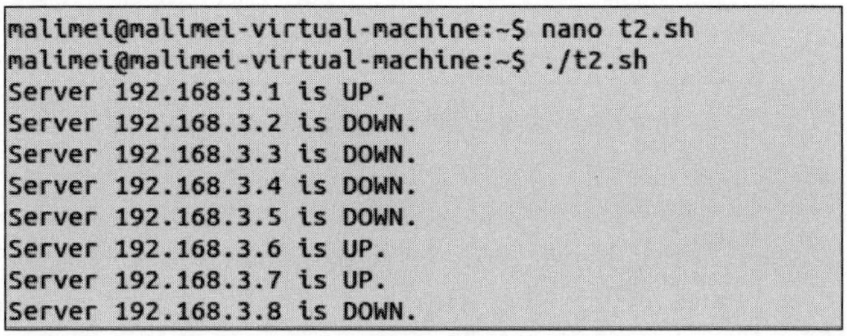

```
malimei@malimei-virtual-machine:~$ nano t2.sh
malimei@malimei-virtual-machine:~$ ./t2.sh
Server 192.168.3.1 is UP.
Server 192.168.3.2 is DOWN.
Server 192.168.3.3 is DOWN.
Server 192.168.3.4 is DOWN.
Server 192.168.3.5 is DOWN.
Server 192.168.3.6 is UP.
Server 192.168.3.7 is UP.
Server 192.168.3.8 is DOWN.
```

图 9.44　执行结果

说明:

(1) -c count 是数量,即发 ping 包的数量。

(2) -w timeout 指定超时间隔,单位为 ms。

(3) &>表示后台输出重定向。不管是 ping 通了还是 ping 不通,都把信息输出到 /dev/null 中。

(4) && 表示逻辑与,把 0 或 1 赋值给变量 result。

9.8.3　综合应用三

例 9.35　编写 Shell 脚本,提示输入某个目录文件名,然后输出此目录内所有文件的权限,若可读输出 readable,若可写输出 writable,若可执行输出 executable。脚本如下:

```
#!/bin/bash
read - p "please input a directory:" dir
if [ "$ dir" == "" - o ! - d "$ dir" ]
    then
        echo "The $ dir is notexist in your system"
    exit 1
fi
filelist = $ (ls $ dir)
for filename in $ filelist
    do
        perm = ""
        test - r "$ dir/ $ filename" && perm = "$ perm readable"
        test - w "$ dir/ $ filename" && perm = "$ perm writable"
        test - x "$ dir/ $ filename" && perm = "$ perm executable"
        echo "The file $ dir/ $ filename's permission is $ perm"
done
```

273

第 9 章

Shell 及其编程

执行结果如图 9.45 所示。

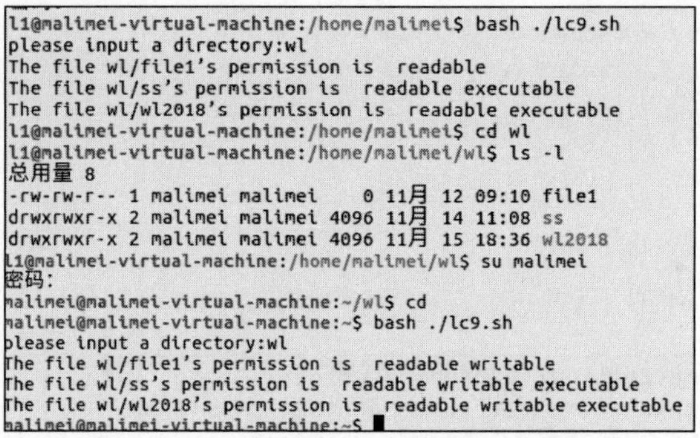

图 9.45　不同的用户对目录的权限不同

说明：

(1) if["＄dir" == "" －o ! －d "＄dir"]或 if["＄dir" == ""] || [! －d "＄dir"]都表示条件判断,判断如果输入的是空格或者目录不存在,输出"The ＄dir is not exist in your system"。

(2) 不同的用户,对目录的权限不同,执行的结果也不同。

习　　题

1. 填空题

(1) 在 Ubuntu 中使用的 Shell 是＿＿＿＿＿＿＿＿。

(2) Shell 脚本执行方式有三种,分别是＿＿＿＿＿＿＿＿、＿＿＿＿＿＿＿＿、＿＿＿＿＿＿＿＿。

(3) 脚本的执行方式中必须有执行权限的是＿＿＿＿＿＿＿＿。

(4) 脚本的执行方式中可以没有执行权限的是＿＿＿＿＿＿＿＿、＿＿＿＿＿＿＿＿。

(5) 在 Shell 的系统变量中,显示当前程序的名称的系统变量是＿＿＿＿＿＿＿＿。

(6) 在 Shell 的环境变量中,更改二级提示符的环境变量是＿＿＿＿＿＿＿＿。

(7) 读取数组的全部元素,使用＿＿＿＿＿＿＿＿、＿＿＿＿＿＿＿＿命令。

(8) 读取数组中第 3 个元素,使用＿＿＿＿＿＿＿＿命令。

(9) 求数组长度的命令是＿＿＿＿＿＿＿＿。

(10) test 命令中判断文件是否存在时使用的运算符是＿＿＿＿＿＿＿＿。

2. 简答题

(1) 简述常见的 Shell 环境变量。

(2) 常用的字符串比较符号有哪些?

3. 程序题

(1) 判断/etc/passwd 文件是否大于 20 行,如果大于,则显示"/etc/inittab is a big file."否则显示"/etc/inittab is a small file."。

(2) 编写脚本查看当前目录下的文件属性(是普通文件还是目录),如果是普通文件,输出"文件名 is a file",如果是目录,输出"目录名 is a directory"。

第 10 章　服务器的配置

本章学习目标：
- 掌握 Ubuntu 下网络相关的命令。
- 掌握 Samba、NFS、LAMP、SMTP 服务器配置和搭建过程。

要完成网络配置工作，可以通过修改相应的配置文件、使用网络命令或通过图形界面进行。要管理好网络服务，可以使用服务器配置工具以及相应的命令启动和停止服务。

10.1　查看网络配置

Linux 系统中网络信息包括网络接口信息、路由信息、主机名、网络连接状态等。

10.1.1　ifconfig

使用 ifconfig 命令查看和更改网络接口的地址和参数，格式如下：

ifconfig [interface] [address] [options]

说明：

（1）interface 是指定的网络接口名，如 ens33 或 eth0。

（2）address 是设置指定接口设备的 IP 地址。

（3）options 指代如下。

up：激活指定的网络接口。

down：关闭指定的网络接口。

broadcast address：设置接口的广播地址。

pointopoint：启用点对点方式。

netmask address：设置接口的子网掩码。

例 10.1　显示当前系统中 ens33 接口的网络信息，如图 10.1 所示。

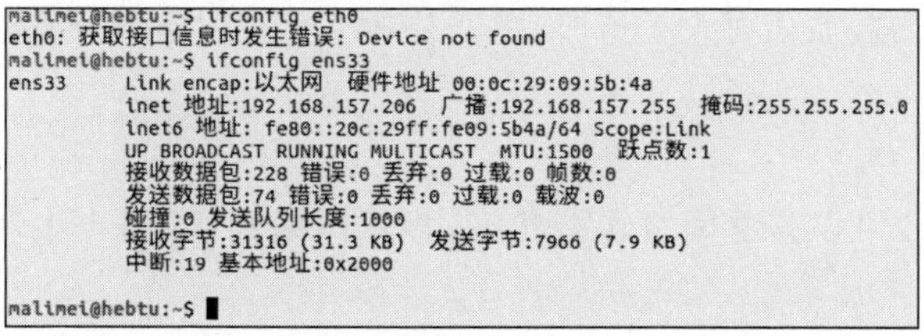

```
malimei@hebtu:~$ ifconfig eth0
eth0: 获取接口信息时发生错误: Device not found
malimei@hebtu:~$ ifconfig ens33
ens33     Link encap:以太网  硬件地址 00:0c:29:09:5b:4a
          inet 地址:192.168.157.206  广播:192.168.157.255  掩码:255.255.255.0
          inet6 地址: fe80::20c:29ff:fe09:5b4a/64 Scope:Link
          UP BROADCAST RUNNING MULTICAST  MTU:1500  跃点数:1
          接收数据包:228 错误:0 丢弃:0 过载:0 帧数:0
          发送数据包:74 错误:0 丢弃:0 过载:0 载波:0
          碰撞:0 发送队列长度:1000
          接收字节:31316 (31.3 KB)  发送字节:7966 (7.9 KB)
          中断:19 基本地址:0x2000

malimei@hebtu:~$
```

图 10.1　显示当前系统中 ens33 接口的网络信息

还可以通过图形界面来查看和更改网络接口的地址和参数。

在顶部的控制栏中单击"网络接口信息"图标 ,选择"编辑连接",打开"网络连接"窗口,单击"编辑"按钮,打开如图 10.2 所示的界面。

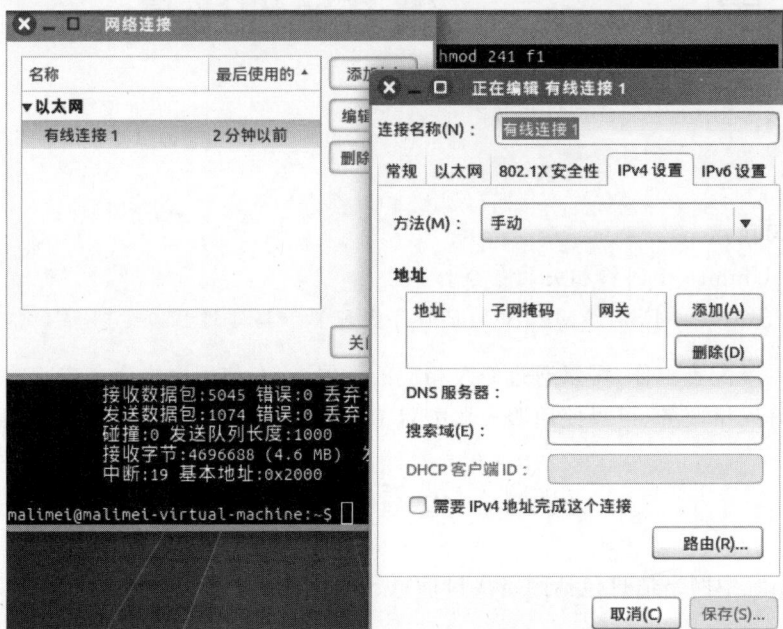

图 10.2 网络设置图形界面

10.1.2 route

使用 route 命令查看主机路由表,如图 10.3 所示。

图 10.3 route 命令的使用

说明:网关地址为 * ,表示目标是本主机所属的网络,不需要路由。

10.1.3 hostname

使用 hostname 命令查看和修改主机名,修改主机名后,按鼠标右键再打开终端,看到主机名字已经修改了,如图 10.4 所示。但是,这种命令方式的修改是临时修改,重新启动系统后恢复原来的主机名,如果要永久修改,需要修改文件/etc/hostname,具体见 10.2.2 节。

10.1.4 netstat

使用 netstat 命令可以查看网络连接状态,显示网络连接、路由表和网络接口信息。命令格式如下:

netstat [选项]

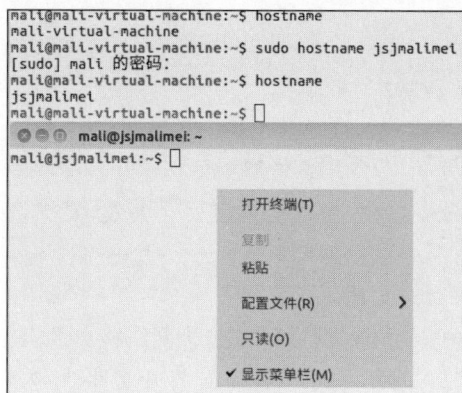

图 10.4　修改主机名

其中,各选项的含义如下。

-s:显示各协议的网络统计数据。

-c:显示连续列出的网络状态。

-i:显示网络接口信息表单。

-r:显示关于路由表的信息,类似于 route 命令。

-a:显示所有的有效连接信息。

-n:显示所有已建立的有效连接。

-t:显示 TCP 的连接。

-u:显示 UDP 的连接。

-p:显示正在使用的进程 ID。

例 10.2　查看当前网络状态和连接信息,如图 10.5 所示。

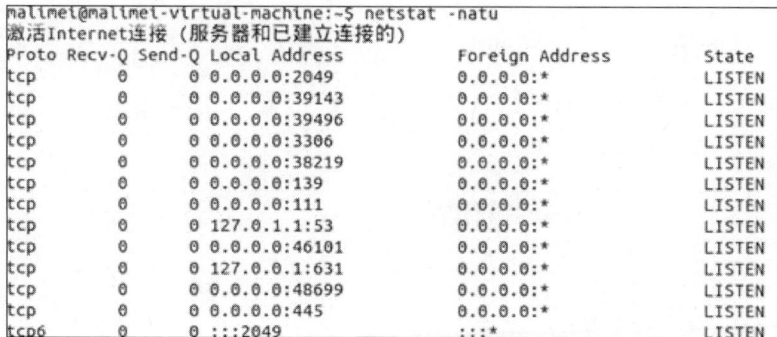

图 10.5　查看当前网络状态和连接信息

10.2　修改网络配置

10.2.1　使用命令修改

(1) 修改 ens33 接口的 IP 地址、子网掩码。

```
$ sudo ifconfig ens33 192.168.30.129 netmask 255.255.255.0
```

（2）修改默认网关。

```
$ sudo route add default gw 192.168.30.1
```

10.2.2　使用配置文件修改

使用命令的方式修改网络参数,在系统重启后会失效,要想重新启动系统后依然能够生效,就要修改配置文件。

1. /etc/network/interfaces 文件

修改/etc/network/interface 配置文件,可以修改网络接口的 IP 地址、子网掩码、默认网关。使用命令 $ sudo nano /etc/network/interfaces 打开文件,并按照以下格式修改后保存:

```
auto ens33
iface ens33 inet static
address 192.168.30.129
netmask 255.255.255.0
gateway 192.168.30.1
dns - nameservers 8.8.8.8
```

保存后重启:

```
# sudo /etc/init.d/networking restart
```

2. /etc/hostname 文件

编辑器 nano 修改/etc/hostname 文件,删除原来的主机名,在文件中输入新的主机名 Linux,存盘退出,如图 10.6 所示。系统重启后,新的主机名为 Linux,在使用超级用户权限 sudo 时,显示无法解析主机,修改文件/etc/hosts,添加 IP 地址和主机名的映射,修改后存盘退出,执行命令 sudo /etc/init.d/networking restart 重启网络服务,解析主机正常,如图 10.7 所示。

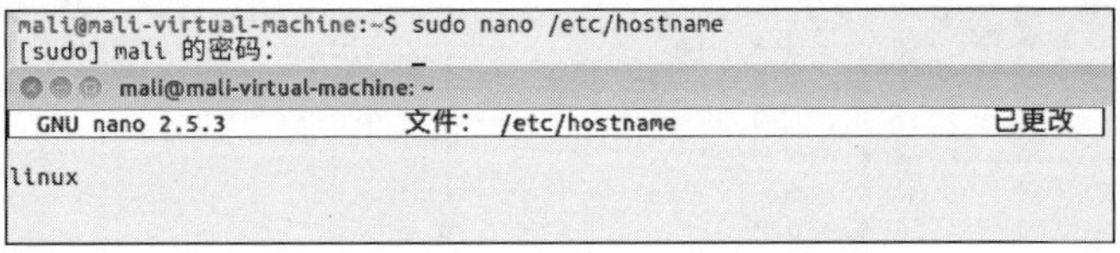

图 10.6　永久修改主机名

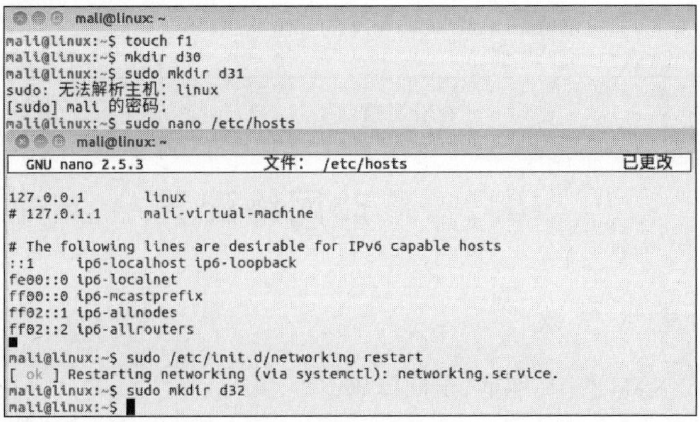

图 10.7　解析主机正常

3. /etc/resolv.conf 文件

/etc/resolv.conf 文件用于配置系统的 DNS 解析器,指定要使用的 DNS 服务器以及搜索域等信息。当系统需要进行 DNS 解析时,会首先查看 resolv.conf 文件来获取相应的配置信息。系统读取 resolv.conf 文件中的 nameserver 指令,该指令表示要使用的 DNS 服务器的 IP 地址。系统读取 resolv.conf 文件中的 search 指令,该指令表示要搜索的域名。如果系统在解析域名时找不到完整的域名,会自动加上 search 中指定的域名后再进行解析。如果要修改 DNS 配置,需要编辑 resolv.conf。

关键字:

```
search              #定义域名的搜索列表
nameserver          #定义 DNS 服务器的 IP 地址
```

例 10.3 在/etc/resolv.conf 配置文件中,编辑如下 DNS 信息:

```
search xxjs.com
nameserver 202.206.100.86
nameserver 202.206.100.188
```

保存后重启:

```
$ sudo /etc/init.d/networking restart
```

10.3 Samba 服务器

观看视频

10.3.1 Samba 服务器简介

Linux 下进行资源共享有很多种方式,Samba 服务器就是常见的一种,主要实现在 Windows 下访问 Linux 及 Linux 之间的访问。Samba 的主要功能有:提供 Windows 风格的文件和打印机共享,在 Windows 中解析 NetBIOS 名字,提供 Samba 客户功能,提供一个命令行工具。

10.3.2 安装 Samba 服务器

1. 在命令行下安装 Samba 服务器

在命令行中直接用 Ubuntu Linux 提供的 apt-get 软件包管理工具安装 Samba,如图 10.8 所示。命令如下:

```
$ sudo apt-get install samba cifs-utils
```

2. 在图形界面安装 Samba 服务器

在 Ubuntu 软件中心搜索 Samba 软件,单击 Install 按钮安装,如图 10.9 所示。
安装完成后,在 Dash 中输入 samba,Dash 就可以自动搜索到 Samba 的图标。

10.3.3 配置 Samba 服务器

1. 创建 Samba 共享文件夹

为 Samba 服务器创建共享文件夹/home/malimei/share,且该文件夹的权限为对所有

```
root@malimei-virtual-machine: /home/malimei
root@malimei-virtual-machine:/home/malimei# apt-get install samba cifs-utils
正在读取软件包列表... 完成
正在分析软件包的依赖关系树
正在读取状态信息... 完成
samba 已经是最新的版本了。
建议安装的软件包：
  winbind
下列【新】软件包将被安装：
  cifs-utils keyutils
升级了 0 个软件包，新安装了 2 个软件包，要卸载 0 个软件包，有 474 个软件包未被升
级。
需要下载 117 kB 的软件包。
解压缩后会消耗掉 390 kB 的额外空间。
获取：1 http://cn.archive.ubuntu.com/ubuntu/ trusty/main cifs-utils i386 2:6.0-1
ubuntu2 [84.2 kB]
获取：2 http://cn.archive.ubuntu.com/ubuntu/ trusty/main keyutils i386 1.5.6-1 [
32.5 kB]
下载 117 kB，耗时 0秒 (163 kB/s)
Selecting previously unselected package cifs-utils.
(正在读取数据库 ... 系统当前共安装有 145585 个文件和目录。)
Preparing to unpack .../cifs-utils_2%3a6.0-1ubuntu2_i386.deb ...
Unpacking cifs-utils (2:6.0-1ubuntu2) ...
Selecting previously unselected package keyutils.
Preparing to unpack .../keyutils_1.5.6-1_i386.deb ...
```

图 10.8　命令行下安装 Samba 服务器

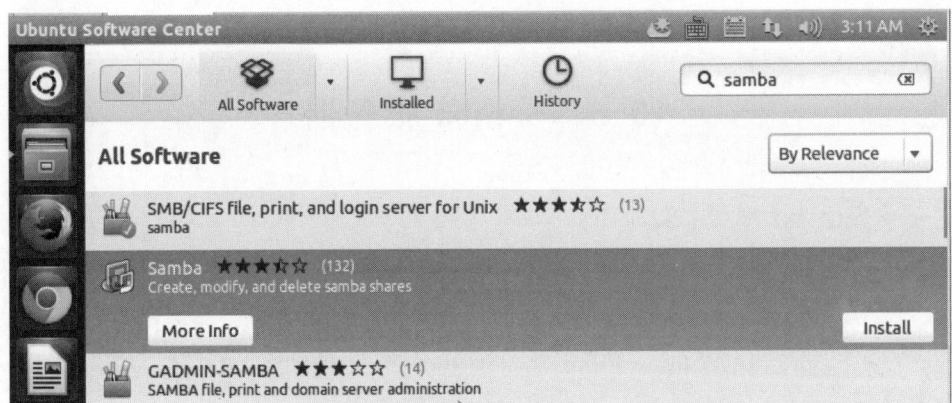

图 10.9　搜索 Samba 软件

用户可读可写可运行，如图 10.10 所示。

```
malimei@malimei:~$ mkdir /home/malimei/share
malimei@malimei:~$ chmod 777 /home/malimei/share
malimei@malimei:~$ ls -l /home/malimei/
```

图 10.10　创建目录并设置权限

2. 创建一个 Samba 专用账户

为了 Samba 服务器的安全，需要建立一个专用账户，使用命令 smbpasswd。smbpasswd 命令的主要作用是为系统创建 Samba 用户，格式如下：

```
smbpasswd  -a     新建用户
```

创建的 Samba 用户必须在系统用户中存在，否则 Samba 会因找不到系统用户而创建失败。

-d：冻结用户，这个用户不能再登录了。

-e：恢复用户,解冻用户,让冻结的用户可以再使用。

-n：把用户的密码设置成空。

例 10.4 为系统创建 Samba 用户,用户名为 samba,如图 10.11 所示。

```
malimei@malimei-virtual-machine:~$ sudo useradd samba
malimei@malimei-virtual-machine:~$ sudo passwd samba
输入新的 UNIX 密码：
重新输入新的 UNIX 密码：
passwd：已成功更新密码
malimei@malimei-virtual-machine:~$ sudo smbpasswd -a samba
New SMB password:
Retype new SMB password:
Added user samba
```

图 10.11　创建 Samba 用户

3. 配置 Samba 服务器

配置 Samba 服务器,有以下两种方法。

方法一：编辑配置文件 smb.conf,如图 10.12 所示。

```
# nano   /etc/samba/smb.conf
```

```
⊗ ⊜ ▣   root@malimei-virtual-machine: /home/malimei/share
  GNU nano 2.5.3              文件:  /etc/samba/smb.conf

# admin users are members of.
# Please note that you also need to set appropriate Unix permissions
# to the drivers directory for these users to have write rights in it
;   write list = root, @lpadmin
[share]
comment = samba with web static server
path = /home/malimei/share
browseable = yes
writable = yes
available = yes
public = yes
valid users=samba




                        [已读取267 行]
^G 求助      ^O Write Out ^W 搜索      ^K 剪切文字   ^J 对齐      ^C 游标位置
^X 离开      ^R 读档      ^\ 替换      ^U Uncut Text ^T 拼写检查  ^_ 跳行
```

图 10.12　配置 Samba 服务器

在配置文件的末尾加上

```
[share]
comment = samba with web static server
path = /home/malimei/share        //共享目录的名字
browseable = yes                  //共享目录是否可见,no 不可见,yes 或不写默认可见
writable = yes                    //目录可写
available = yes                   //同样是设置共享目录是否可见
public = yes                      //是否对所有登录成功的用户可见
valid users = samba               //指定共享登录的用户
```

方法二：使用图形界面配置 Samba 服务器,步骤如下。

(1) 安装 Samba 图形管理界面,如图 10.13 所示,命令如下:

```
$ sudo  apt-get install  system-config-samba
```

图 10.13 安装图形管理界面

(2) 创建一个空文件:

```
$ sudo  touch  /etc/libuser.conf
```

(3) 启动 Samba 图形管理界面,如图 10.14 所示,命令如下:

```
$ sudo  system-config-samba
```

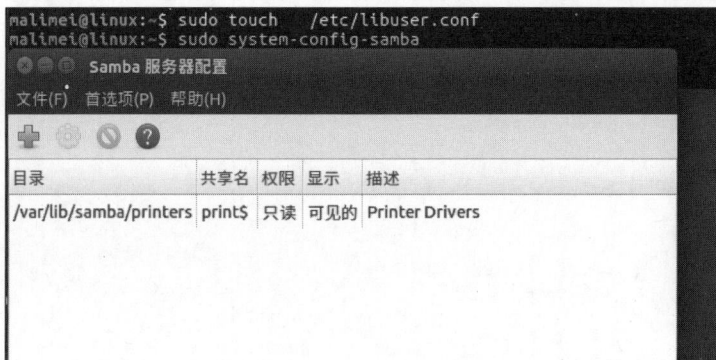

图 10.14 启动图形管理界面

(4) 在配置界面的菜单栏中,选择"文件"→"添加共享"命令,如图 10.15 所示。

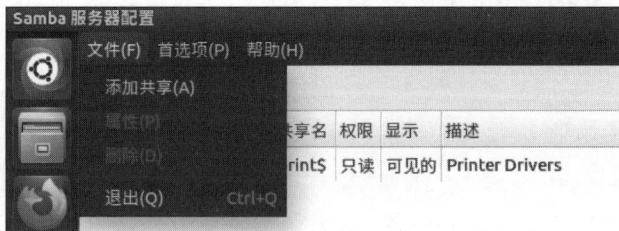

图 10.15 设置共享

(5) 弹出"创建 Samba 共享"对话框,打开"基本"选项卡,单击"浏览"按钮,设置共享目录,选择"可擦写""显示"复选框,如图 10.16 所示。打开"访问"选项卡,设置用户,如图 10.17 所示。

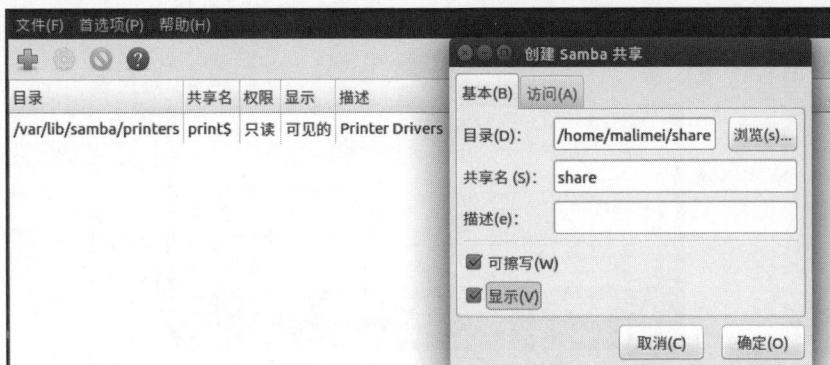

图 10.16　设置共享目录

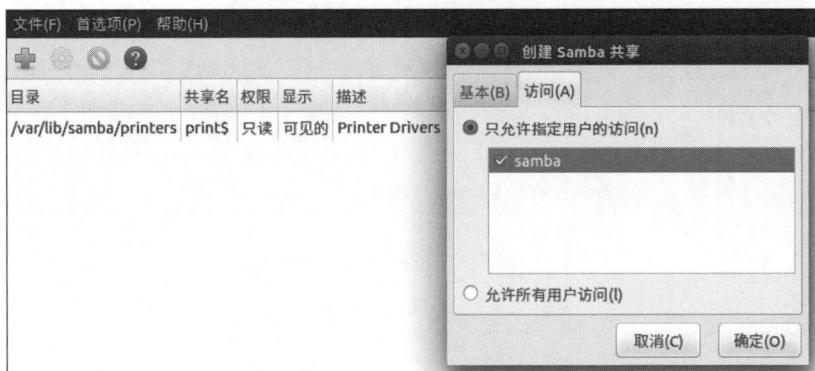

图 10.17　设置指定用户

4. 启动与关闭 Samba 服务器

（1）配置完成后，需要重新启动 Samba 服务器，如图 10.18 所示。

```
# /etc/init.d/smbd restart
```

```
root@malimei-virtual-machine:/home/malimei# nano /etc/samba/smb.conf
root@malimei-virtual-machine:/home/malimei# /etc/init.d/samba restart
[ ok ] Restarting nmbd (via systemctl): nmbd.service.
[ ok ] Restarting smbd (via systemctl): smbd.service.
[ ok ] Restarting samba-ad-dc (via systemctl): samba-ad-dc.service.
root@malimei-virtual-machine:/home/malimei# ▉
```

图 10.18　重启 Samba 服务

（2）关闭 Samba 服务器。

```
# /etc/init.d/smbd stop
```

（3）启动 Samba 服务器。

```
# /etc/init.d/smbd start
```

（4）显示 Samba 服务器是否启动。

```
# /etc/init.d/smbd status
```

5. 登录 Samba 服务器

首先在 Linux 服务器下共享目录/home/malimei/share，新建 exampl. c 文件，使用

Windows 10 作为客户端,访问 Samba 服务器,单击"开始"→"运行"命令,输入服务器的 IP 地址,如图 10.19 所示。

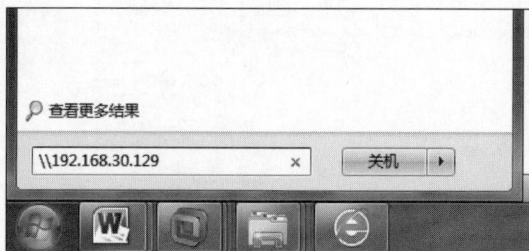

图 10.19　登录 Samba 服务器

登录之后,可看到共享文件夹 share,如图 10.20 所示。

图 10.20　共享文件夹 share

双击文件夹 share,输入用户名和密码,如图 10.21 所示。

单击"确定"按钮,打开 share 共享文件夹可以看到服务器 Linux 下/home/malimei/share 共享文件 example.c,如图 10.22 所示。

图 10.21　输入用户名和密码

图 10.22　共享文件夹窗口

6. smbclient 客户端程序

提供一种在 Linux 下,以命令行方式访问 Samba 服务器共享资源的客户端程序。

(1) 安装 smbclient,如图 10.23 所示。

```
root@malimei-virtual-machine:/home/malimei/share# apt-get install smbclient
正在读取软件包列表... 完成
正在分析软件包的依赖关系树
正在读取状态信息... 完成
下列软件包是自动安装的并且现在不需要了:
  linux-headers-4.15.0-45 linux-headers-4.15.0-45-generic
  linux-headers-4.15.0-54 linux-headers-4.15.0-54-generic
  linux-image-4.15.0-45-generic linux-image-4.15.0-54-generic
  linux-modules-4.15.0-45-generic linux-modules-4.15.0-54-generic
  linux-modules-extra-4.15.0-45-generic linux-modules-extra-4.15.0-54-generic
使用'apt autoremove'来卸载它(它们)。
建议安装:
  heimdal-clients
下列【新】软件包将被安装:
  smbclient
升级了 0 个软件包,新安装了 1 个软件包,要卸载 0 个软件包,有 102 个软件包未被升
级。
需要下载 310 kB 的归档。
解压缩后会消耗 1,503 kB 的额外空间。
获取:1 http://mirrors.tuna.tsinghua.edu.cn/ubuntu xenial-updates/main amd64 smbc
lient amd64 2:4.3.11+dfsg-0ubuntu0.16.04.21 [310 kB]
已下载 310 kB, 耗时 0秒 (1,575 kB/s)
```

图 10.23　安装 smbclient

(2) 访问服务器端,格式如下:

smbclient　　　　//服务器的 IP 地址/共享的目录名

—U 可访问共享的用户名,执行客户端命令后,输入登录用户的密码,如图 10.24 所示。

```
root@malimei-virtual-machine:/home/malimei/share# smbclient //192.168.146.128/sh
are -U samba
WARNING: The "syslog" option is deprecated
Enter samba's password:
Domain=[WORKGROUP] OS=[Windows 6.1] Server=[Samba 4.3.11-Ubuntu]
smb: \> ls
  .                                   D        0  Wed Aug 21 16:52:07 2019
  ..                                  D        0  Wed Aug 21 15:45:49 2019
  sharelx1                            N        0  Wed Aug 21 16:52:07 2019

                9189156 blocks of size 1024. 6895036 blocks available
smb: \> ▉
```

图 10.24　smbclient 登录服务器

(3) 在客户端的提示符下,输入问号,显示在客户端可使用的命令,如图 10.25 所示。

```
smb: \> ?
?              allinfo        altname        archive        backup
blocksize      cancel         case_sensitive cd             chmod
chown          close          del            dir            du
echo           exit           get            getfacl        geteas
hardlink       help           history        iosize         lcd
link           lock           lowercase      ls             l
mask           md             mget           mkdir          more
mput           newer          notify         open           posix
posix_encrypt  posix_open     posix_mkdir    posix_rmdir    posix_unlink
print          prompt         put            pwd            q
queue          quit           readlink       rd             recurse
reget          rename         reput          rm             rmdir
showacls       setea          setmode        scopy          stat
symlink        tar            tarmode        timeout        translate
unlock         volume         vuid           wdel           logon
listconnect    showconnect    tcon           tdis           tid
logoff         ..             !
smb: \> mkdir d1
smb: \> cd d1
```

图 10.25　客户端可使用的命令

286

（4）客户端对服务器的操作。

在客户端创建目录 d1，实际上就是在服务器上创建目录 d1，在服务器上可以显示，如图 10.26 所示。

```
smb: \> mkdir d1
smb: \> cd d1
smb: \d1\> touch file1
touch: command not found
smb: \d1\> quit
root@malimei-virtual-machine:/home/malimei/share# ls
d1   sharelx1
```

图 10.26　从客户端操作服务器

说明：验证 Samba 服务器是否安装成功，当 Windows 客户端访问 Samba 服务器时，由于 Windows 版本的不同，登录服务器时，可能会显示拒绝登录。可以使用 Linux 作为客户端，使用 smbclient 客户端程序，访问 Samba 服务器。

10.4　NFS 服务器

10.4.1　NFS 简介

NFS 是 Network File System 的缩写，即网络文件系统，由 Sun 公司开发，目前已经成为文件服务的一种标准（RFC 1904，RFC 1813）。它允许网络中的计算机之间通过 TCP/IP 网络共享资源。在 NFS 的应用中，本地 NFS 的客户端应用可以透明地读写位于远端 NFS 服务器上的文件，就像访问本地文件一样。NFS 允许一个系统在网络上与他人共享目录和文件，文件就像位于本地硬盘一样，操作方便，主要用于 Linux 之间的文件共享。

10.4.2　NFS 应用

NFS 有很多实际应用，例如：

（1）多个机器共享一台 CD-ROM 或者其他设备。这对于在多台机器中安装软件来说更加方便。

（2）在大型网络中，配置一台中心 NFS 服务器用来放置所有用户的 home 目录，用户不管在哪台工作站上登录，总能得到相同的 home 目录。

（3）不同客户端可在 NFS 上观看影视文件，节省本地空间。

（4）在客户端完成的工作数据，可以备份保存到 NFS 服务器上用户自己的路径下。

NFS 是运行在应用层的协议。经过多年的发展和改进，NFS 既可以用于局域网，也可以用于广域网，且与操作系统和硬件无关，可以在不同的计算机或系统上运行。

10.4.3　NFS 服务器的安装与配置

1. NFS 的安装前准备

新建用于 NFS 文件共享的文件夹/home/用户名/nfs，并修改权限，以便让其他用户访问，命令如下：

```
$ sudo mkdir /home/malimei/nfs
$ sudo chmod 777 /home/malimei/nfs
```

2. NFS 的安装

Ubuntu Linux 中默认没有安装 NFS,NFS 有客户端和服务器端,只需要安装 NFS 服务器端即可,命令如下:

```
# apt - get install nfs - kernel - server
```

3. 配置 exports 文件

编辑/etc/exports 文件,添加共享的目录的权限及对目录访问的机器的设置。

(1) 打开/etc/exports。

```
# gedit /etc/exports
```

(2) 在该文件中添加如下两行语句。

```
/home/malimei/nfs * (rw,sync,no_root_squash)
```

定义要共享的目录及访问目录的权限。

```
/home/malimei/nfs 192.168.0.0/255.255.255.0(rw,sync,no_root_squash)
```

定义对目录访问的机器的限制。

例 10.5 添加/home/malimei/nfs 目录,并指定可以访问的目录的权限及机器的 IP 网段,如图 10.27 所示。

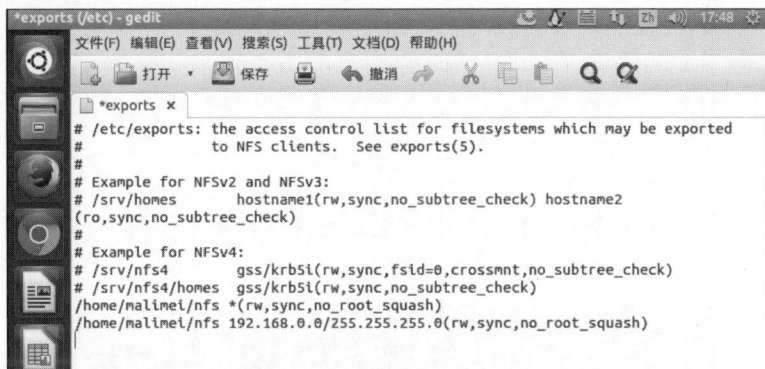

图 10.27 配置 exports 文件

说明:

(1) /home/malimei/nfs 是要共享的目录。

(2) *:允许所有的网段访问。

(3) ro:共享目录只读。rw:共享目录可读可写。

(4) sync:同步写入数据到内存与硬盘中。

(5) no_root_squash:如果登录 NFS 主机使用共享目录的是 root,那么对于这个共享目录来说,它具有 root 的权限。

(6) root_squash:当登录 NFS 主机使用共享目录的使用者是 root 时,其权限将被转换成为匿名使用者,通常它的 UID 与 GID 都会变成 nobody 身份。

(7) 指定 192.168.0.0/255.255.255.0 这个网段的主机,才能访问服务器的共享文件,也可以指定单个主机或使用通配符 * 和? 指定满足条件的主机。

4. 配置 portmap 文件

NFS 是一个 RPC 程序,使用它之前,需要映射好端口,这里只需要启动该服务就可以,命令如下:

```
$ sudo /etc/init.d/rpcbind  start
```

5. 配置 host. allow 和 host. deny 文件

(1) 首先修改/etc/hosts. deny 配置文件禁止任何主机能够和 NFS 服务器建立连接,在文件中添加 portmap:ALL,如图 10.28 所示。

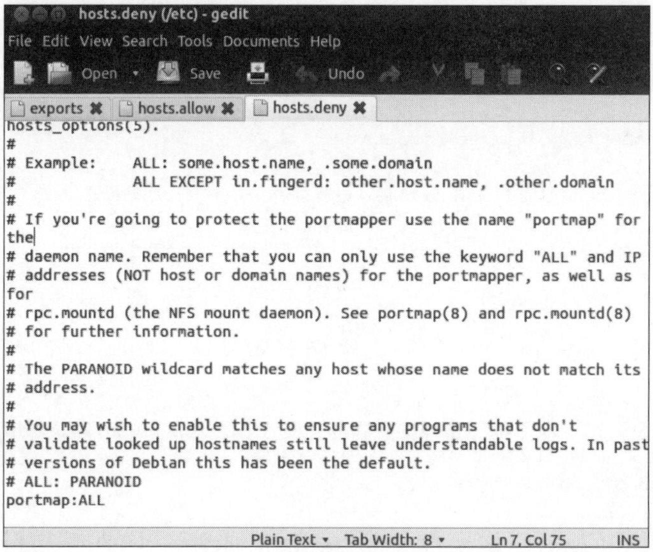

图 10.28　配置文件 hosts. deny

(2) 然后在 etc/hosts. allow 配置文件中配置允许哪些主机能够和 NFS 服务器建立连接,在文件中添加 portmap:192.168.0.0/255.255.255.0,如图 10.29 所示。

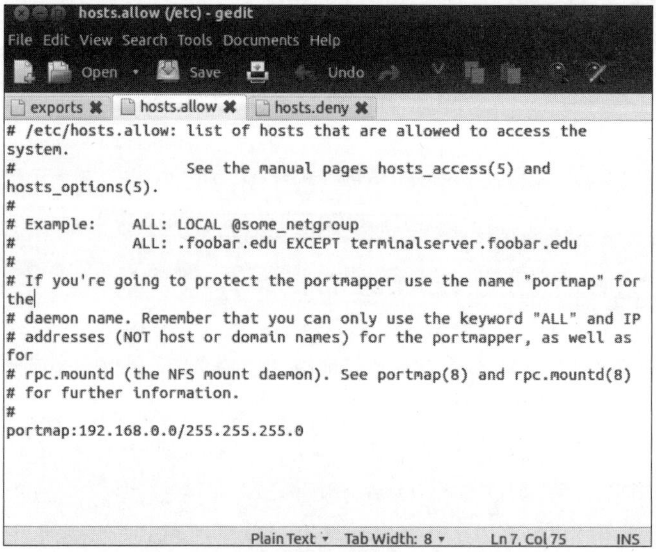

图 10.29　配置文件 hosts. allow

说明：

一个 IP 请求连入，Linux 的检查策略是先看/etc/hosts. allow 中是否允许，如果允许直接放行；如果没有，则再看/etc/hosts. deny 中是否禁止，如果禁止那么就禁止连入。也就是说，/etc/hosts. allow 的设定优先于/etc/hosts. deny。

(1) 当/etc/hosts. allow 存在时，则先以此设定为准。

(2) 而在/etc/hosts. allow 中没有规定到的事项，将在/etc/hosts. deny 当中继续设定。

6. 重启 portmap、NFS 服务并显示

在配置完成后需要重启 portmap 和 NFS 服务，重启的命令如下：

```
#/etc/init.d/nfs-kernel-server restart
#/etc/init.d/rpcbind restart
```

显示 NFS 服务是否运行，命令如下：

```
#/etc/init.d/nfs-kernel-server status
```

如图 10.30 所示。

```
root@linux:~# /etc/init.d/nfs-kernel-server restart
 * Stopping NFS kernel daemon                                        [ OK ]
 * Unexporting directories for NFS kernel daemon...                  [ OK ]
 * Exporting directories for NFS kernel daemon...
exportfs: /etc/exports [1]: Neither 'subtree_check' or 'no_subtree_check' speci
fied for export "*:/home/nfs".
  Assuming default behaviour ('no_subtree_check').
  NOTE: this default has changed since nfs-utils version 1.0.x

exportfs: /etc/exports [2]: Neither 'subtree_check' or 'no_subtree_check' speci
fied for export "192.168.0.0/255.255.255.0:/home/nfs".
  Assuming default behaviour ('no_subtree_check').
  NOTE: this default has changed since nfs-utils version 1.0.x

                                                                     [ OK ]
 * Starting NFS kernel daemon                                        [ OK ]
root@linux:~# /etc/init.d/rpcbind restart
rpcbind stop/waiting
rpcbind start/running, process 7560
root@linux:~# /etc/init.d/nfs-kernel-server status
nfsd running
root@linux:~#
```

图 10.30　portmap 和 NFS 服务启动成功

如果执行结果为 nfs running，表示 NFS 在运行，否则说明 NFS 有问题，没有启动。

7. showmount 命令

在 NFS 服务器上使用 showmount 命令显示 NFS 服务器的输出清单（也称为共享目录列表）如果配置正确，则执行结果，如图 10.31 所示。

```
malimei@malimei-virtual-machine:~$ sudo showmount -e
Export list for malimei-virtual-machine:
/home/malimei/nfs (everyone)
malimei@malimei-virtual-machine:~$
```

图 10.31　showmount 的使用

10.4.4　客户端访问 NFS 服务器

客户端在访问共享目录前，需要将服务器上的共享目录挂载到本地目录上，挂载命令的格式：

```
#sudo mount -t nfs NFS 服务器的 ip 地址:共享目录 本地目录
```

本地挂载共享目录

将共享目录/home/malimei/nfs 挂载到/mnt 下,如图 10.32 所示,挂载完成后在/mnt 下可以显示/home/malimei/nfs 的文件了。

图 10.32　挂载服务器上的共享目录

运行 df 命令来检查 Linux 服务器的文件系统的磁盘空间使用情况,如图 10.33 所示。

图 10.33　使用 df 显示磁盘空间使用

观看视频

10.5　LAMP 搭建

LAMP 是基于 Linux、Apache、MySQL 和 PHP 的开放资源网络开发平台。Linux 是开放系统,Apache 是最通用的网络服务器软件,MySQL 是带有基于网络管理附加工具的关系数据库,PHP 是流行的对象脚本语言。它们共同组成了一个强大的 Web 应用程序平台。

10.5.1　Apache 服务器简介

Apache 是世界排名第一的 Web 服务器软件,它可以运行在几乎所有广泛使用的计算机平台上,由于其跨平台和安全性而被广泛使用,是最流行的 Web 服务器端软件之一。

Apache 取自"a patchy server"的读音,意思是充满补丁的服务器,因为它是自由软件,所以不断有人来为它开发新的功能、新的特性,修改原来的缺陷。Apache 的特点是简单、速度快、性能稳定,并可作为代理服务器来使用。

本来它只用于小型或实验 Internet,后来逐步扩充到各种 UNIX 系统中,尤其对 Linux 的支持相当完美。到目前为止,Apache 仍然是世界上用得最多的 Web 服务器,市场占有率达 60%左右。它的成功之处主要在于它的源代码开放、有一支开放的开发队伍、支持跨平台的应用(可以运行在几乎所有的 UNIX、Windows、Linux 系统平台上)以及它的可移植性等方面。

10.5.2 Apache 的安装

1. 系统更新

在安装前对系统进行更新:

```
$ sudo apt - get update
```

2. 安装 Apache2

如果 Ubuntu 系统中没有安装 Apache 服务器,使用如下命令进行安装:

```
$ sudo apt - get install apache2
```

Apache 安装完成后,默认的网站根目录是"/var/www/html",如图 10.34 所示。

```
malimei@malimei~$ ls /var/www/html
index.html
malimei@malimei~$
```

图 10.34　查看默认的网站根目录

在网站根目录下有 index.html 文件,在 IE 浏览器中输入"127.0.0.1"后按回车键,就可以打开如图 10.35 所示的页面。

图 10.35　Apache2 Ubuntu 默认页面

说明:如果不能打开页面,编辑/etc/apache2/sites-available/000-default.conf 文件,把默认主目录/var/www 修改为/var/www/html,如图 10.36 所示。

配置完后重新启动 Apache2,命令如下,如图 10.37 所示。

```
#/etc/init.d/apache2 restart
```

```
root@malimei-virtual-machine: /etc/apache2/sites-available
搜索您的计算机 80>
        # The ServerName directive sets the request scheme, hostname and port th
at
        # the server uses to identify itself. This is used when creating
        # redirection URLs. In the context of virtual hosts, the ServerName
        # specifies what hostname must appear in the request's Host: header to
        # match this virtual host. For the default virtual host (this file) this
        # value is not decisive as it is used as a last resort host regardless.
        # However, you must set it for any further virtual host explicitly.
        #ServerName www.example.com

        ServerAdmin webmaster@localhost
        DocumentRoot /var/www/html

        # Available loglevels: trace8, ..., trace1, debug, info, notice, warn,
        # error, crit, alert, emerg.
        # It is also possible to configure the loglevel for particular
        # modules, e.g.
        #LogLevel info ssl:warn

        ErrorLog ${APACHE_LOG_DIR}/error.log
        CustomLog ${APACHE_LOG_DIR}/access.log combined

        # For most configuration files from conf-available/, which are
```

图 10.36　000-default.conf 文件

```
root@malimei-virtual-machine:/etc/apache2/sites-available# /etc/init.d/apache2 r
estart
[ ok ] Restarting apache2 (via systemctl): apache2.service.
root@malimei-virtual-machine:/etc/apache2/sites-available# 
```

图 10.37　启动 Apache2

10.5.3　PHP7

PHP 是 Hypertext Preprocessor 的缩写，即“超文本预处理器”，是一种功能强大，并且简单易用的脚本语言。Ubuntu 16.04 默认安装的是 PHP 7.0 环境。

(1) 安装 PHP7 模块，安装命令如下：

```
#apt - get install libapache2 - mod - php
```

如图 10.38 所示。

```
root@malimei-virtual-machine:/etc/apache2/sites-available# apt-get install libap
ache2-mod-php
正在读取软件包列表... 完成
正在分析软件包的依赖关系树
正在读取状态信息... 完成
下列软件包是自动安装的并且现在不需要了:
  linux-headers-4.15.0-45 linux-headers-4.15.0-45-generic
  linux-headers-4.15.0-54 linux-headers-4.15.0-54-generic
  linux-image-4.15.0-45-generic linux-image-4.15.0-54-generic
  linux-modules-4.15.0-45-generic linux-modules-4.15.0-54-generic
  linux-modules-extra-4.15.0-45-generic linux-modules-extra-4.15.0-54-generic
使用'apt autoremove'来卸载它(它们)。
将会同时安装下列软件:
  libapache2-mod-php7.0
建议安装:
  php-pear
下列【新】软件包将被安装:
  libapache2-mod-php libapache2-mod-php7.0
升级了 0 个软件包, 新安装了 2 个软件包, 要卸载 0 个软件包, 有 102 个软件包未被升
级。
需要下载 1,227 kB 的归档。
解压缩后会消耗 4,295 kB 的额外空间。
您希望继续执行吗? [Y/n] y
```

图 10.38　安装 PHP

（2）安装完成后要重新启动 Apache2，命令如下：

/etc/init.d/apache2 restart

（3）测试：在根目录/var/www/html 下新建 testphp.php 文件，命令如下：

nano /var/www/html/testphp.php

（4）在新建文件 testphp.php 中添加如下测试语句，如图 10.39 所示。

```
<?php phpinfo(); ?>
```

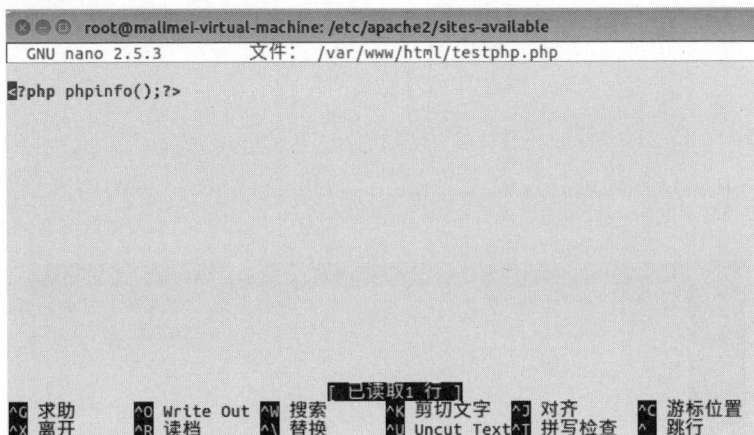

图 10.39　在 testphp.php 文件中添加测试语句

（5）在 Firefox 浏览器地址栏中输入 http://127.0.0.1/testphp.php 即可看到刚才建立的 info.php 页面，显示 PHP 配置信息，如图 10.40 所示，说明 PHP 安装成功。

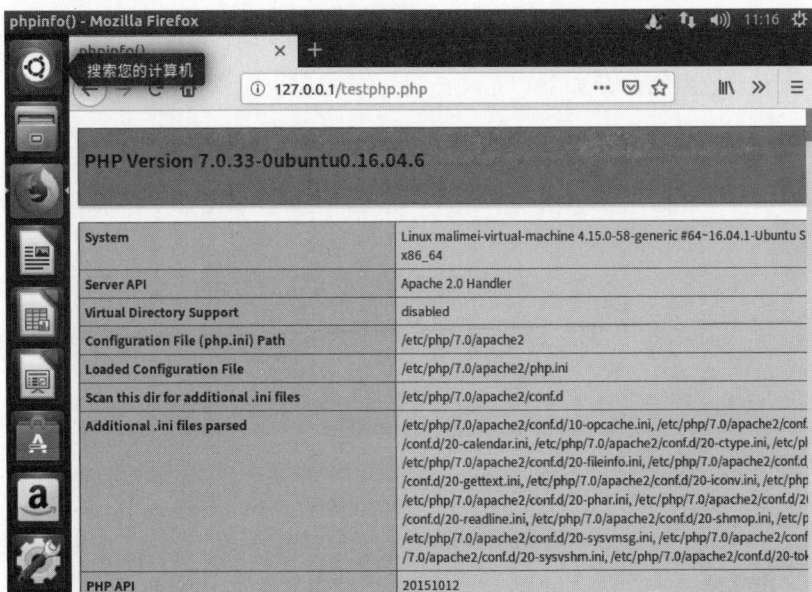

图 10.40　info.php 页面

第10章

服务器的配置

例 10.6　编写 PHP 程序。

```
$ sudo gedit /var/www/html/testfor.php
```

输入如下内容：

```
< HTML >
< HEAD >
< TITLE > text </TITLE >
</HEAD >
< BODY >
<?php
    for( $ i = 1; $ i < 7; $ i++){
    echo "< font size = ". $ i.">hello<br>";   }
?>
</BODY >
</HTML >
```

保存文件，在浏览器地址栏内输入 http://localhost/testfor.php，将看到如图 10.41 所示的结果。

图 10.41　执行结果

10.5.4　MySQL 数据库

安装 MySQL 数据库命令如下：

```
# apt install mysql - server php7.0 - mysql
```

在安装过程中，会提示输入数据库用户 root 的密码，如图 10.42 所示。第二次输入 root 密码，如图 10.43 所示。

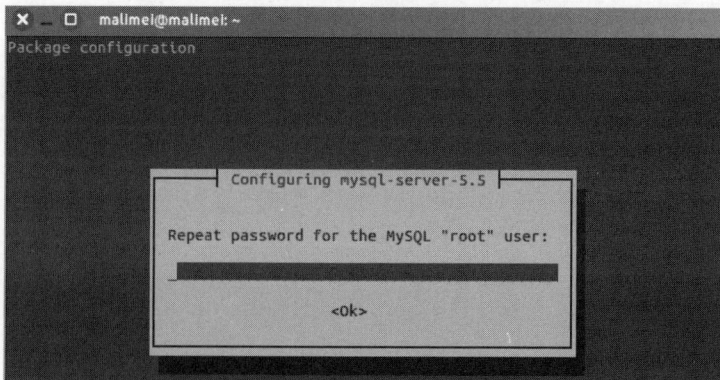

图 10.42　输入密码窗口

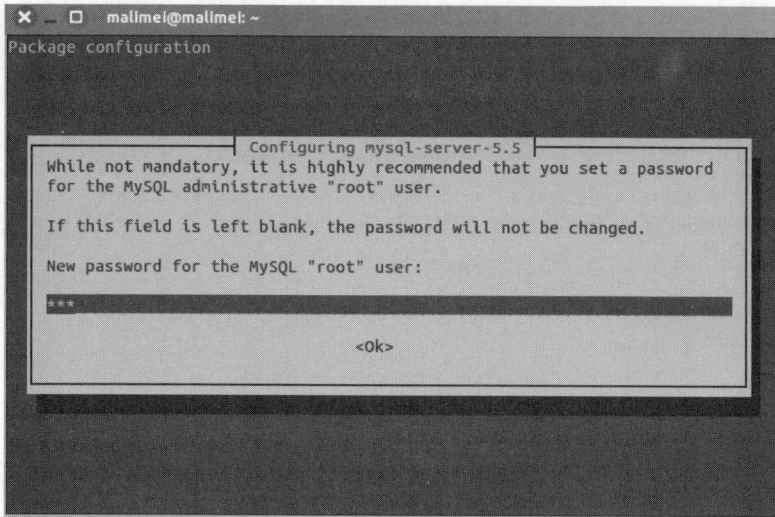

图 10.43　再次输入密码

一定要记住安装 MySQL 时设置的 root 用户的密码,Ubuntu 16.04 系统的 root 用户和 MySQL 中的 root 用户不是同一个用户。

使用如下命令重启数据库,如图 10.44 所示。

```
#/etc/init.d/mysql restart
```

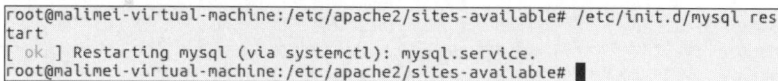

图 10.44　数据库的重启

10.5.5　phpMyAdmin

phpMyAdmin 是一个以 PHP 为基础,以 Web-Base 方式架构在网站主机上的 MySQL 的数据库管理工具,让管理者可使用 Web 接口管理 MySQL 数据库。其更大的优势在于由于 phpMyAdmin 跟其他 PHP 程序一样在网页服务器上执行,但是用户可以在任何地方使用这些程序产生的 HTML 页面,也就是于远端管理 MySQL 数据库,方便地建立、修改、删除数据库及资料表。也可借由 phpMyAdmin 建立常用的 PHP 语法,确保编写网页时所需要的 SQL 语法正确性。

安装命令如下:

```
#apt-get install phpmyadmin
```

在安装过程中要选择服务器软件,这里选择 apache2,单击 Ok 按钮,如图 10.45 所示。

选择配置数据库时,选择 No,如图 10.46 所示。

phpMyAdmin 的默认安装路径是/usr/share/,在安装完成后,需将该目录链接到/var/www/html 中,命令如下:

```
#ln - s /usr/share/phpmyadmin  /var/www/html        //建立连接,如图 10.47 所示
```

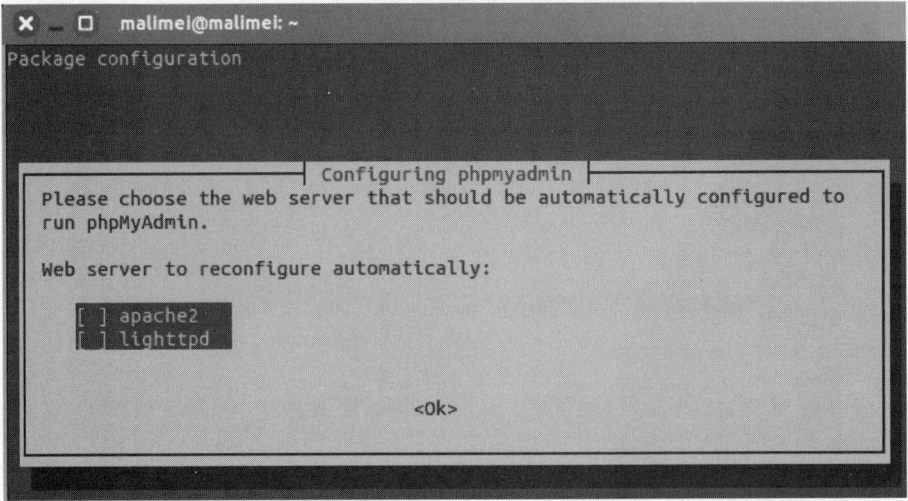

图 10.45　选择服务器软件

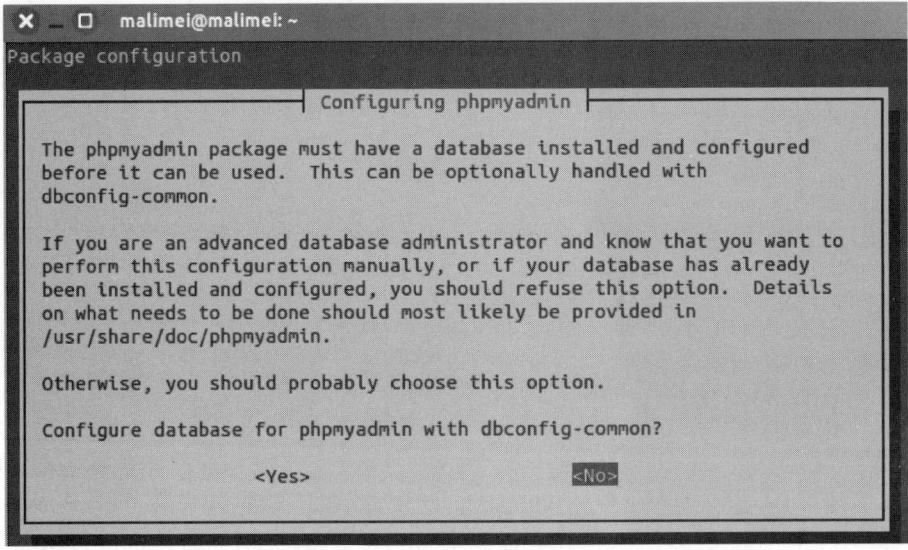

图 10.46　选择配置数据库

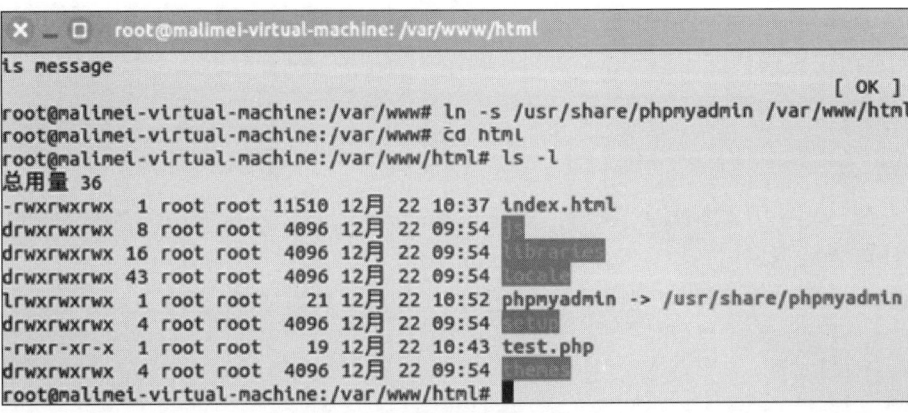

图 10.47　建立连接

10.5.6　PHP 与 MySQL 协同工作

为了让 PHP 与 MySQL 数据库协同工作，用 nano 编辑 /etc/php/7.0/apache2/php.ini
文件，修改方法如下：

#nano/etc/php/7.0/apache2/php.ini

去掉 extension＝php_mbstring.dll(开启 mbstring)的注释，如图 10.48 所示。

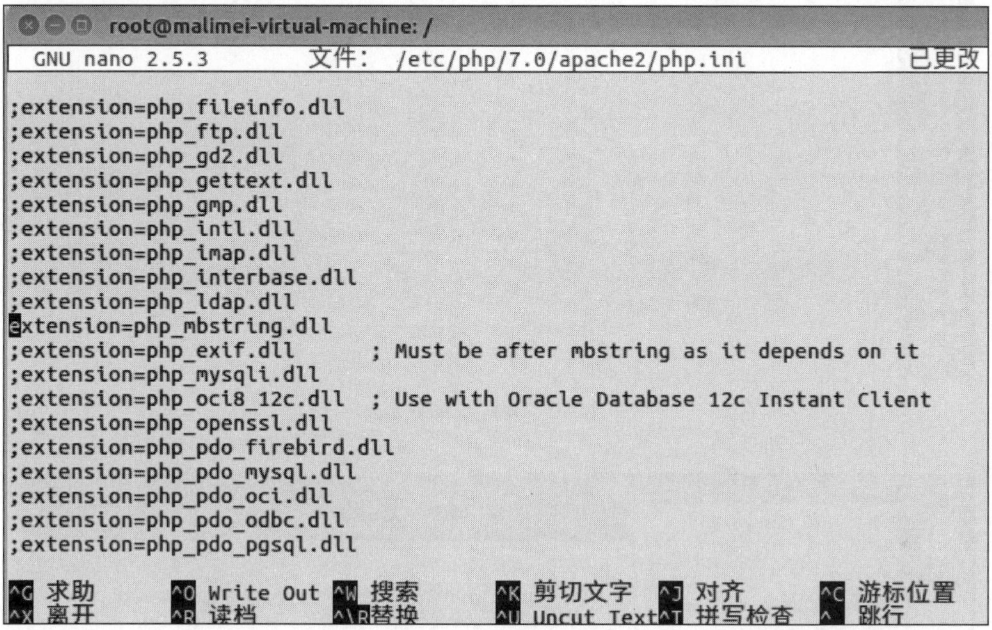

图 10.48　编辑 php.ini 文件

重启 Apache2，命令如下：

#/etc/init.d/apache2 restart

如图 10.49 所示。

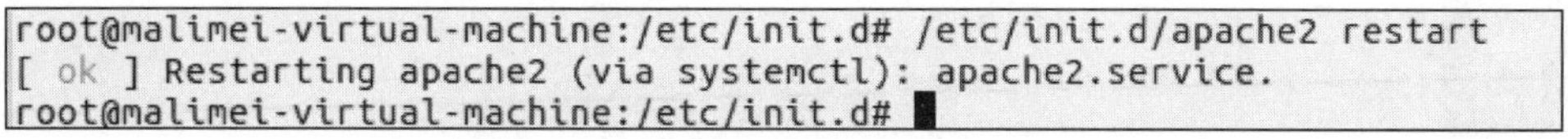

图 10.49　重启 Apache2

测试 PHP 与 MySQL 数据库是否能够协同工作。在 Firefox 浏览器地址栏中输入
http://127.0.0.1/phpmyadmin，就可以看到如图 10.50 所示的登录数据库的界面了。输
入 10.5.4 节建立的用户名和密码，进入管理数据库的界面，如图 10.51 所示。

说明：如果不能进入数据库的管理界面，重启机器即可。

至此，LAMP 开发平台搭建完成，可以编写 PHP 程序了。

图 10.50　数据库登录界面

图 10.51　管理数据库界面

10.6 SMTP 服务器

在 Linux 系统中,常用的 Mail 服务器软件有 Sendmail 和 Postfix 两种,后者比较新,也是现在主流的 MTA 服务器程序。在我们后续的讲解中,将采用 Postfix 作为搭建 SMTP 服务器的软件。

此外,为了演示两台计算机之间互发邮件的过程,需要准备两个 Linux 虚拟机,可以选择重新安装,也可以将已有的 Linux 虚拟机复制一份。复制后的 Linux 虚拟机在启动的时候,要选择图 10.52 中的第一个单选按钮"我已移动该虚拟机"。

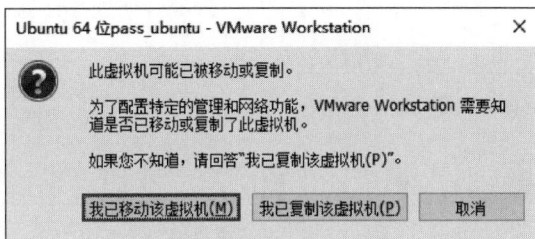

图 10.52 新建第二个虚拟机

10.6.1 修改机器名和本地域名解析

假设这两台 SMTP 服务器的名字分别是 abc.com 和 xyz.com,为了方便演示,我们需要修改一下机器名,并添加一下 DNS 解析(注,这里为了节约篇幅,文后的展示图片以 abc.com 为主,有关 xyz.com 的修改过程同 abc.com)。

1. 添加域名解析

在第一台 Linux 上使用命令

mayanhua@ubuntu:~ $ sudo nano /etc/hosts

将 hosts 文件中的内容添加上一行,如图 10.53 所示。

127.0.0.1 abc.com

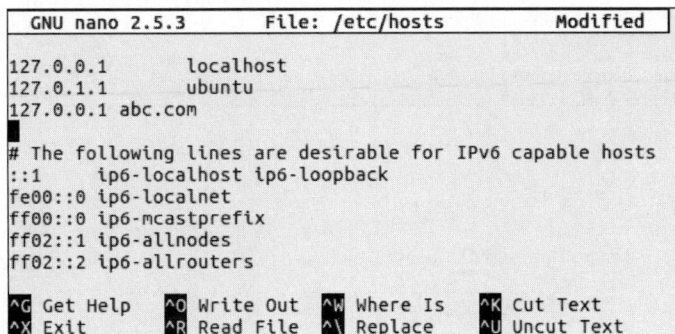

图 10.53 添加域名解析

在第二台 Linux 上也是用同样的命令:

mayanhua@ubuntu:～ $ sudo nano /etc/hosts

将 hosts 文件中的内容添加上一行:

127.0.0.1 xyz.com

2. 修改机器名

分别在两台 Linux 上使用命令

mayanhua@ubuntu:～ $ sudo nano /etc/hostname

将 hostname 中的名字修改为 abc.com 和 xyz.com,如图 10.54 所示。

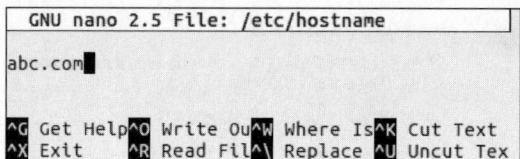

```
GNU nano 2.5 File: /etc/hostname

abc.com█



^G Get Help^O Write Ou^W Where Is^K Cut Text
^X Exit     ^R Read Fil^\ Replace ^U Uncut Tex
```

图 10.54 修改机器名

3. 修改完成后,重启系统

重启的目的是让刚才的设置生效,这样,Linux 的提示符就能显示出主机名了,在后续的操作中,我们可以准确识别出我们是在哪台计算机上做的操作。

10.6.2 安装配置 Postfix

以下操作请分别在 abc.com 和 xyz.com 主机上进行,这里只展示了在 abc.com 上的截图。
(1) 更新数据源,如图 10.55 所示。

mayanhua@abc:～ $ sudo apt update

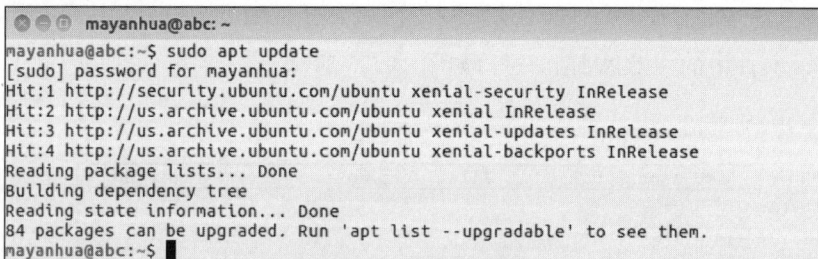

```
mayanhua@abc: ~
mayanhua@abc:~$ sudo apt update
[sudo] password for mayanhua:
Hit:1 http://security.ubuntu.com/ubuntu xenial-security InRelease
Hit:2 http://us.archive.ubuntu.com/ubuntu xenial InRelease
Hit:3 http://us.archive.ubuntu.com/ubuntu xenial-updates InRelease
Hit:4 http://us.archive.ubuntu.com/ubuntu xenial-backports InRelease
Reading package lists... Done
Building dependency tree
Reading state information... Done
84 packages can be upgraded. Run 'apt list --upgradable' to see them.
mayanhua@abc:~$ █
```

图 10.55 更新数据源

(2) 安装 Postfix,如图 10.56 所示。

mayanhua@abc:～ $ sudo apt install postfix

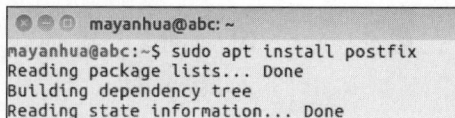

```
mayanhua@abc: ~
mayanhua@abc:~$ sudo apt install postfix
Reading package lists... Done
Building dependency tree
Reading state information... Done
```

图 10.56 安装 Postfix

如果没有出现图形化的窗口(终端窗口尺寸不符合要求时),就直接按下回车键,出现选项,如图 10.57 所示。

```
debconf: unable to initialize frontend: Dialog
debconf: (Dialog frontend requires a screen at least 13 lines tall and
31 columns wide.)
debconf: falling back to frontend: Readline
Preconfiguring packages ...
Postfix Configuration
--------------------
Please select the mail server configuration type that best meets your
needs.

[More]
```

图 10.57　执行 Postfix

这里选择输入数字 2,然后按下回车键,如图 10.58 所示。

```
[More]
No configuration:
  Should be chosen to leave the current configuration unchanged.
Internet site:
  Mail is sent and received directly using SMTP.
Internet with smarthost:
  Mail is received directly using SMTP or by running a utility such
  as fetchmail. Outgoing mail is sent using a smarthost.
Satellite system:
  All mail is sent to another machine, called a 'smarthost', for
delivery.
Local only:
  The only delivered mail is the mail for local users. There is no
network.

  1. No configuration   3. Internet with smarthost  5. Local only
  2. Internet Site       4. Satellite system
General type of mail configuration: 2
```

图 10.58　选择输入数字

在光标处输入 abc. com(xyz. com 主机需要输入 xyz. com)后,按下 Enter 键,如图 10.59 所示。

```
  1. No configuration   3. Internet with smarthost  5. Local only
  2. Internet Site       4. Satellite system
General type of mail configuration: 2

The "mail name" is the domain name used to "qualify" _ALL_ mail
addresses without a domain name. This includes mail to and from <root>:
please do not make your machine send out mail from root@example.org
unless root@example.org has told you to.

This name will also be used by other programs. It should be the single,
fully qualified domain name (FQDN).

Thus, if a mail address on the local host is foo@example.org, the
correct value for this option would be example.org.

System mail name: abc.com
```

图 10.59　文字配置界面中输入邮件服务器的名称

然后出现下面的图示,就表明 Postfix 安装成功了,如图 10.60 所示。

```
Postfix is now set up with a default configuration.  If you need to mak
e
changes, edit
/etc/postfix/main.cf (and others) as needed.  To view Postfix configura
tion
values, see postconf(1).

After modifying main.cf, be sure to run '/etc/init.d/postfix reload'.

Running newaliases
Processing triggers for libc-bin (2.23-0ubuntu11.3) ...
Processing triggers for systemd (229-4ubuntu21.27) ...
Processing triggers for ureadahead (0.100.0-19) ...
Processing triggers for ufw (0.35-0ubuntu2) ...
```

图 10.60　Postfix 安装完成

第 10 章

服务器的配置

如果出现的是图形配置窗口,按下回车键,如图 10.61 所示。

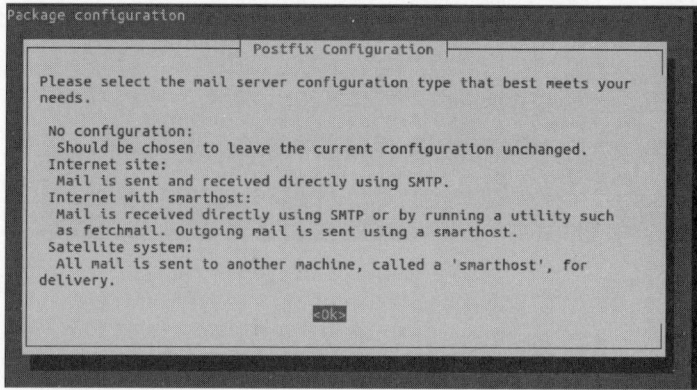

图 10.61　Postfix 配置的图形界面

选择 Internet Site,按下 Tab 键,显亮 OK,按下回车键,如图 10.62 所示。

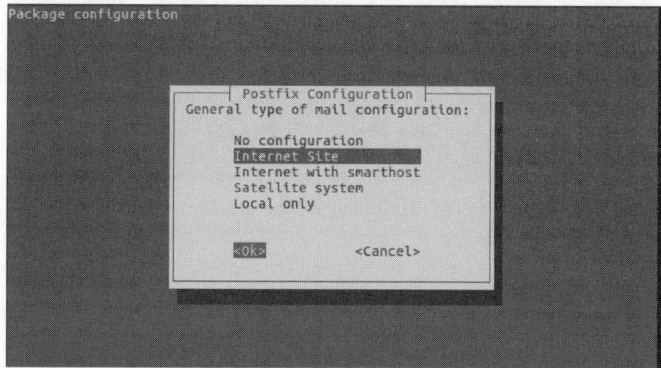

图 10.62　选择 Internet Site 选项

确保框中内容是 abc.com(对于 xyz.com 主机则是 xyz.com),按下 Tab 键,显亮 OK 后,按下回车键,如图 10.63 所示。

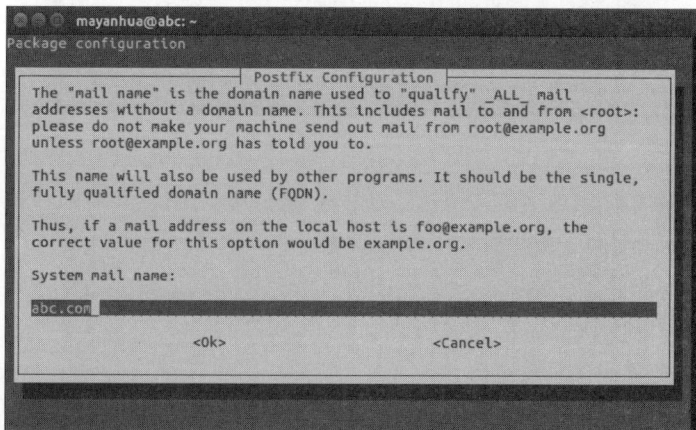

图 10.63　图形配置界面中输入邮件服务器的名称

（3）配置 Postfix。在命令行输入如下命令：

mayanhua@abc:~ $ sudo nano /etc/postfix/main.cf

修改或添加以下内容：

myhostname = abc.com
♯这里要填写 SMTP 服务器的主机名,通常情况下,为了识别方便,SMTP 服务器的名字为"smtp.域名"
或"mail.域名",即 smtp.abc.com 或 mail.abc.com 这种形式的名字。这里为了演示的方便,我们已经
修改主机名为 abc.com,所以就填写 abc.com
♯这个参数是要填写这台主机所在的域名,在本例中,SMTP 服务器的主机名和域名重合。通常情况
下,若 SMTP 服务器的主机名为 mail.abc.com,其域名则为 abc.com
mydomain = abc.com
♯如果前面的填写对了,这个参数可以不改
♯myorgin = $ mydomain

♯设定 Postfix 监听的端口
inet_interface = ALL
♯设定 Postfix 能够识别的接收邮件主机的名字,也就是@右边的部分
♯如果 SMTP 主机名,即 myhostname 为 mail.abc.com,域名参数 mydomain 为 abc.com,设定下面的参数
后,则这台 Postfix 服务器将能够识别形如用户名@abc.com 和用户名@mail.abc.com 这种格式的邮
件地址
mydestnation = $ mydomain, $ myhostname
♯这个选项设置用户 home 文件夹下的 Maildir 为邮件存放文件夹。如果没有这个参数,须新建此参
数,如图 10.64 所示
home_mailbox = Maildir/

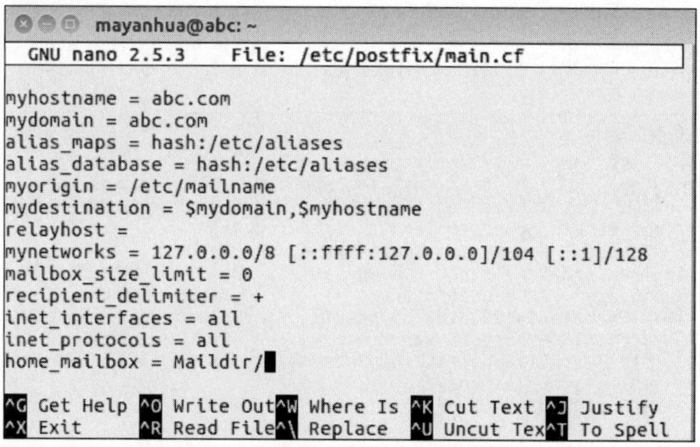

图 10.64　编辑/etc/postfix/main.cf

（4）重启 Postfix,在命令行输入如下命令：

mayanhua@abc:~ $ sudo postfix reload

重启 Postfix,以使修改过的配置生效,如图 10.65 所示。

图 10.65　重启 Postfix

303

第
10
章

服务器的配置

(5) 配置 xyz.com 上的 Postfix。

上面的步骤,同样要在 xyz.com 主机上完成。不过相应的参数要修改为

```
myhostname = xyz.com
mydomain = xyz.com
inet_interface = ALL
mydestnation = $ mydomain, $ myhostname
home_mailbox = Maildir/
```

修改完成后,重启 xyz.com 上的 Postfix,如图 10.66 所示。

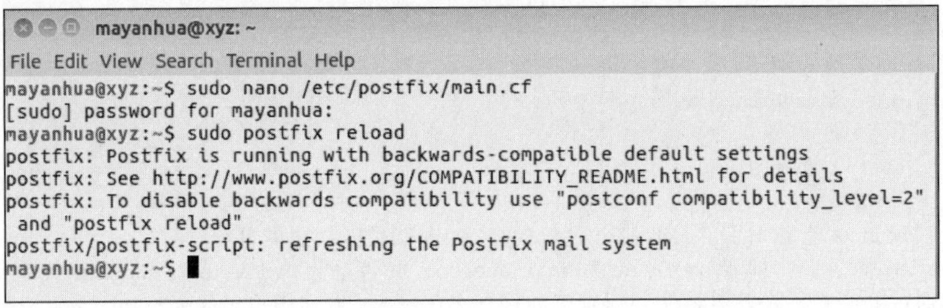

图 10.66　在 xyz.com 主机上配置 Postfix

(6) 查看 SMTP 服务器是否工作。

在命令行输入如下命令:

mayanhua@abc:~ $ systemctl status postfix

要返回命令行状态,可以按 Ctrl+C 组合键,如图 10.67 所示。

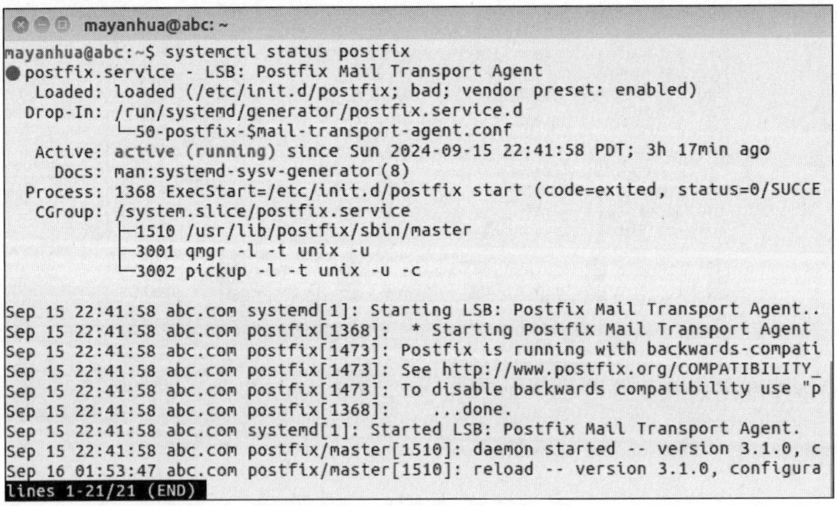

图 10.67　查看 SMTP 服务器

(7) 查看当前计算机端口占用情况。

使用命令"mayanhua@abc:~ $ ss -ant"查看当前主机的计算机端口占用情况,如图 10.68 所示。

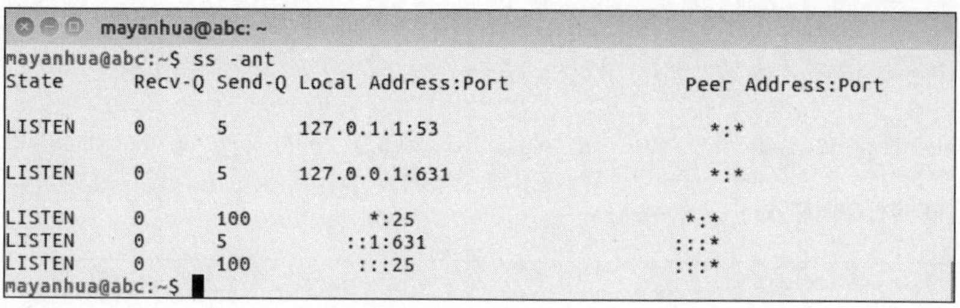

```
◉ ◉ ◉    mayanhua@abc: ~
mayanhua@abc:~$ ss -ant
State      Recv-Q Send-Q Local Address:Port              Peer Address:Port

LISTEN     0      5      127.0.1.1:53                     *:*

LISTEN     0      5      127.0.0.1:631                    *:*

LISTEN     0      100         *:25                        *:*
LISTEN     0      5         ::1:631                       :::*
LISTEN     0      100        :::25                        :::*
mayanhua@abc:~$
```

图 10.68　查看当前计算机端口占用情况

10.6.3　本地用户之间发送邮件

（1）为了能够演示在本地发送邮件，我们需要在 abc.com 上创建两个用户，如图 10.69 所示。

mayanhua@abc:～ $ sudo useradd maila − m
mayanhua@abc:～ $ sudo useradd mailb − m − s /sbin/nologin

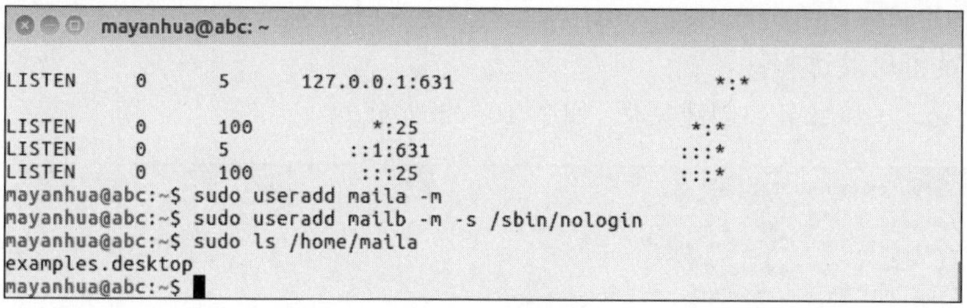

```
◉ ◉ ◉    mayanhua@abc: ~

LISTEN     0      5      127.0.0.1:631                    *:*

LISTEN     0      100         *:25                        *:*
LISTEN     0      5         ::1:631                       :::*
LISTEN     0      100        :::25                        :::*
mayanhua@abc:~$ sudo useradd maila -m
mayanhua@abc:~$ sudo useradd mailb -m -s /sbin/nologin
mayanhua@abc:~$ sudo ls /home/maila
examples.desktop
mayanhua@abc:~$
```

图 10.69　创建用户

创建完成后，查看一下 maila 和 mailb 用户主目录内的文件夹和文件都有哪些。

（2）使用当前用户发送邮件。

mayanhua@abc:～ $ echo "a Email form maila" | sendmail maila@abc.com

这样，默认使用当前用户（mayanhua@abc.com）向 maila@abc.com 发送了一封邮件。

再一次查看 maila 的用户目录，可以看到在其用户目录中多了一个 Maildir 的文件夹，此文件夹存放 maila 用户接收到的邮件，如图 10.70 所示。

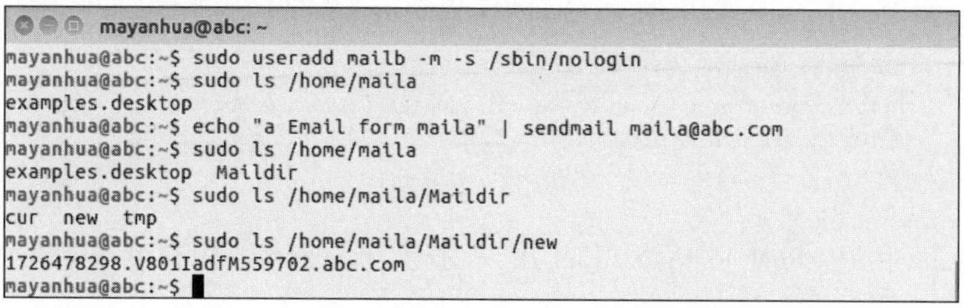

```
◉ ◉ ◉    mayanhua@abc: ~
mayanhua@abc:~$ sudo useradd mailb -m -s /sbin/nologin
mayanhua@abc:~$ sudo ls /home/maila
examples.desktop
mayanhua@abc:~$ echo "a Email form maila" | sendmail maila@abc.com
mayanhua@abc:~$ sudo ls /home/maila
examples.desktop  Maildir
mayanhua@abc:~$ sudo ls /home/maila/Maildir
cur  new  tmp
mayanhua@abc:~$ sudo ls /home/maila/Maildir/new
1726478298.V801IadfM559702.abc.com
mayanhua@abc:~$
```

图 10.70　用户发送邮件

我们可以查看一下 maila 的用户邮件目录。

mayanhua@abc:～ $ sudo ls /home/maila/Maildir/new，看到里面有一个文件

第10章

服务器的配置

1726478298.V801IadfM559702.abc.com,这个文件即为 maila 收到的邮件,将其名字复制下来,用命令查看其内容,如图 10.71 所示。

mayanhua@abc:~ $ sudo cat /home/maila/Maildir/new/1726478298.V801IadfM559702.abc.com

就能看到完整的邮件内容了。

```
mayanhua@abc: ~
mayanhua@abc:~$ sudo ls /home/maila/Maildir/new
1726478298.V801IadfM559702.abc.com
mayanhua@abc:~$ sudo cat /home/maila/Maildir/new/1726478298.V801IadfM559702.abc.
com
Return-Path: <mayanhua@abc.com>
X-Original-To: maila@abc.com
Delivered-To: maila@abc.com
Received: by abc.com (Postfix, from userid 1000)
        id 7A7E969CDD; Mon, 16 Sep 2024 02:18:18 -0700 (PDT)
Message-Id: <20240916091818.7A7E969CDD@abc.com>
Date: Mon, 16 Sep 2024 02:18:18 -0700 (PDT)
From: mayanhua@abc.com (mayanhua)

a Email form maila
mayanhua@abc:~$
```

图 10.71　查看完整的邮件内容

(3) 切换用户发送邮件。

给用户 maila 和 mailb 创建密码,如图 10.72 所示。

```
mayanhua@abc: ~
mayanhua@abc:~$ sudo passwd maila
[sudo] password for mayanhua:
Enter new UNIX password:
Retype new UNIX password:
passwd: password updated successfully
mayanhua@abc:~$ sudo passwd mailb
Enter new UNIX password:
Retype new UNIX password:
passwd: password updated successfully
mayanhua@abc:~$
```

图 10.72　给用户创建密码

登录 maila 用户给 mayanhua@abc.com 和 mailb@abc.com 发送一封邮件,如图 10.73 所示。

mayanhua@abc:~ $ echo "I am maila." | sendmail mayanhua@abc.com
mayanhua@abc:~ $ echo "Hi~,mailb,I am maila." | sendmail mailb@abc.com

```
maila@abc: ~
maila@abc:~$ echo "I am maila." | sendmail mayanhua@abc.com
maila@abc:~$ echo "Hi~,mailb,I am maila." | sendmail mailb@abc.com
```

图 10.73　发送邮件

退出 maila 用户,切换到 mayanhua 用户,查看 mayanhua 用户和 mailb 用户收到的邮件。

然后查看一下邮件内容。

mayanhua@abc:~ $ sudo ls -l /home/mayanhua/Maildir/new
mayanhua@abc:~ $ sudo cat /home/ mayanhua /Maildir/new/xxx

注：xxx 为邮件文件名，如图 10.74 所示。

```
mayanhua@abc: ~
mayanhua@abc:~$ ll /home/mayanhua/Maildir/new
total 12
drwx------ 2 mayanhua mayanhua 4096 Sep 16 02:42 ./
drwx------ 5 mayanhua mayanhua 4096 Sep 16 02:42 ../
-rw------- 1 mayanhua mayanhua  320 Sep 16 02:42 1726479769.V801Ie07b9M778706.ab
c.com
mayanhua@abc:~$ sudo ls -l /home/mailb/Maildir/new
total 4
-rw------- 1 mailb mailb 324 Sep 16 02:43 1726479802.V801Ic40M632895.abc.com
mayanhua@abc:~$ cat /home/mayanhua/Maildir/new/1726479769.V801Ie07b9M778706.abc.
com
Return-Path: <maila@abc.com>
X-Original-To: mayanhua@abc.com
Delivered-To: mayanhua@abc.com
Received: by abc.com (Postfix, from userid 1001)
        id ADFEF69CDC; Mon, 16 Sep 2024 02:42:49 -0700 (PDT)
Message-Id: <20240916094249.ADFEF69CDC@abc.com>
Date: Mon, 16 Sep 2024 02:42:49 -0700 (PDT)
From: maila@abc.com

I am maila.
```

图 10.74　查看邮件内容

使用同样的方式，查看一下 mailb 用户的收件箱。

mayanhua@abc:～ $ sudo ls －l /home/mailb/Maildir/new
mayanhua@abc:～ $ sudo cat /home/mailb/Maildir/new/xxx

注：xxx 为邮件文件名，如图 10.75 所示。

```
mayanhua@abc: ~
mayanhua@abc:~$ sudo cat /home/mailb/Maildir/new/1726479802.V801Ic40M632895.abc.
com
Return-Path: <maila@abc.com>
X-Original-To: mailb@abc.com
Delivered-To: mailb@abc.com
Received: by abc.com (Postfix, from userid 1001)
        id 99F9B69CDC; Mon, 16 Sep 2024 02:43:22 -0700 (PDT)
Message-Id: <20240916094322.99F9B69CDC@abc.com>
Date: Mon, 16 Sep 2024 02:43:22 -0700 (PDT)
From: maila@abc.com

Hi~,mailb,I am maila.
mayanhua@abc:~$ 
```

图 10.75　查看 mailb 用户的收件箱

在 xyz.com 主机上的单机不同用户之间发送邮件的过程不再演示，内容同上。

（4）在不同主机之间发送邮件。

Ubuntu16 的 DNS 服务采用的是 dnsmasq，但是 Ubuntu 只有运行程序，没有安装配置文件和开机启动服务，因此可以通过安装一个完整的 dnsmasq 服务来设置 dnsmasq 的安装配置文件及开机启动服务。

① 查看当前系统打开的进程。

我们可以使用命令"lsof -i:端口号"来查看当前系统中在指定端口号上打开的文件。下面的命令省略了端口号，用来显示所有和 Internet 相关的网络文件。

mayanhua@abc:～ $ sudo lsof －i

查看一下当前主机上的服务状态，可以注意到，图 10.76 中 NAME 列 ubuntu:domain（LISTEN）所在的行表明了域名服务的程序是 dnsmasq。

```
⊗ ⊜ ⊜   mayanhua@abc: ~
mayanhua@abc:~$ sudo lsof -i
COMMAND     PID   USER    FD    TYPE DEVICE SIZE/OFF NODE NAME
avahi-dae   874   avahi   12u   IPv4 24478      0t0  UDP  *:mdns
avahi-dae   874   avahi   13u   IPv4 24479      0t0  UDP  *:mdns
avahi-dae   874   avahi   14u   IPv4 24480      0t0  UDP  *:60350
avahi-dae   874   avahi   15u   IPv6 24481      0t0  UDP  *:37337
dhclient    987   root    6u    IPv4 26394      0t0  UDP  *:bootpc
dnsmasq     1092  nobody  4u    IPv4 27001      0t0  UDP  ubuntu:domain
dnsmasq     1092  nobody  5u    IPv4 27002      0t0  TCP  ubuntu:domain (LISTEN)
dnsmasq     1092  nobody  11u   IPv4 27774      0t0  UDP  *:51838
master      1510  root    12u   IPv4 29054      0t0  TCP  *:smtp (LISTEN)
master      1510  root    13u   IPv6 29055      0t0  TCP  *:smtp (LISTEN)
cupsd       1904  root    10u   IPv6 31087      0t0  TCP  ip6-localhost:ipp (LISTEN)
cupsd       1904  root    11u   IPv4 31088      0t0  TCP  localhost:ipp (LISTEN)
cups-brow   1905  root    8u    IPv4 31102      0t0  UDP  *:ipp
mayanhua@abc:~$
```

图 10.76　查看当前系统打开的进程

② 安装 dnsmasq 服务。

运行下面的命令,将安装 dnsmasq 服务,如图 10.77 所示。

mayanhua@abc:~ $ sudo apt install dnsmasq

```
⊗ ⊜ ⊜   mayanhua@abc: ~
mayanhua@abc:~$ sudo apt install dnsmasq
[sudo] password for mayanhua:
Reading package lists... Done
Building dependency tree
Reading state information... Done
The following NEW packages will be installed:
  dnsmasq
0 upgraded, 1 newly installed, 0 to remove and 84 not upgraded.
Need to get 15.9 kB of archives.
After this operation, 71.7 kB of additional disk space will be used.
Get:1 http://us.archive.ubuntu.com/ubuntu xenial-updates/universe amd64 dnsmasq
all 2.75-1ubuntu0.16.04.10 [15.9 kB]
Fetched 15.9 kB in 1s (12.1 kB/s)
Selecting previously unselected package dnsmasq.
(Reading database ... 213012 files and directories currently installed.)
Preparing to unpack .../dnsmasq_2.75-1ubuntu0.16.04.10_all.deb ...
Unpacking dnsmasq (2.75-1ubuntu0.16.04.10) ...
Processing triggers for systemd (229-4ubuntu21.27) ...
Processing triggers for ureadahead (0.100.0-19) ...
Setting up dnsmasq (2.75-1ubuntu0.16.04.10) ...
Processing triggers for systemd (229-4ubuntu21.27) ...
Processing triggers for ureadahead (0.100.0-19) ...
mayanhua@abc:~$
```

图 10.77　安装 dnsmasq 服务

dnsmasq 默认绑定到 127.0.1.1:53,可以使用 ss 命令或 netstat 命令查看,如图 10.78 所示。

```
⊗ ⊜ ⊜   mayanhua@abc: ~
mayanhua@abc:~$ ss -ant
State    Recv-Q Send-Q Local Address:Port            Peer Address:Port
LISTEN   0      5      127.0.0.1:53                   *:*
LISTEN   0      5      192.168.146.134:53             *:*
LISTEN   0      5      127.0.1.1:53                   *:*
LISTEN   0      5      127.0.0.1:631                  *:*
LISTEN   0      100    *:25                           *:*
LISTEN   0      5      ::1:53                         :::*
LISTEN   0      5      fe80::eb3c:7b26:3941:e9ef%ens33:53    :::*

LISTEN   0      5      ::1:631                        :::*
LISTEN   0      100    :::25                          :::*
mayanhua@abc:~$
```

图 10.78　netstat 命令

```
mayanhua@abc:~ $ ss - ant
mayanhua@abc:~ $ netstat - ant
```

③ 添加 DNS 主机记录。

在 xyz. com 主机上,使用 ifconfig 命令,查看一下 xyz. com 主机的 IP 地址。在图 10.79 中,我们看到当前的 xyz. com 主机的 IP 地址是 192.168.146.136。

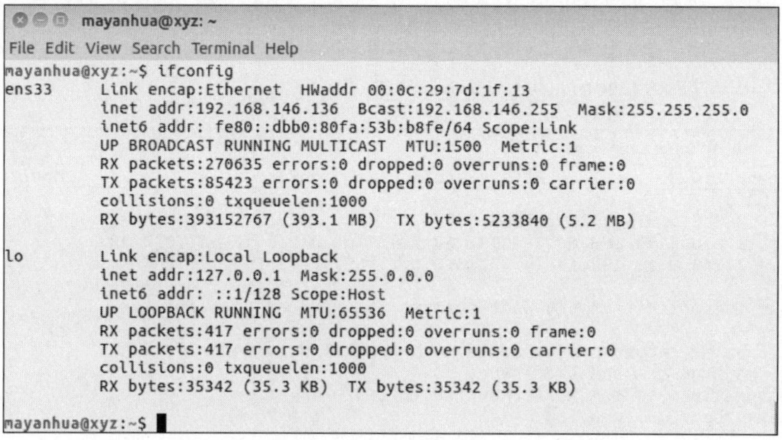

```
mayanhua@xyz: ~
File Edit View Search Terminal Help
mayanhua@xyz:~$ ifconfig
ens33     Link encap:Ethernet   HWaddr 00:0c:29:7d:1f:13
          inet addr:192.168.146.136  Bcast:192.168.146.255  Mask:255.255.255.0
          inet6 addr: fe80::dbb0:80fa:53b:b8fe/64 Scope:Link
          UP BROADCAST RUNNING MULTICAST  MTU:1500  Metric:1
          RX packets:270635 errors:0 dropped:0 overruns:0 frame:0
          TX packets:85423 errors:0 dropped:0 overruns:0 carrier:0
          collisions:0 txqueuelen:1000
          RX bytes:393152767 (393.1 MB)  TX bytes:5233840 (5.2 MB)

lo        Link encap:Local Loopback
          inet addr:127.0.0.1  Mask:255.0.0.0
          inet6 addr: ::1/128 Scope:Host
          UP LOOPBACK RUNNING  MTU:65536  Metric:1
          RX packets:417 errors:0 dropped:0 overruns:0 frame:0
          TX packets:417 errors:0 dropped:0 overruns:0 carrier:0
          collisions:0 txqueuelen:1000
          RX bytes:35342 (35.3 KB)  TX bytes:35342 (35.3 KB)

mayanhua@xyz:~$
```

图 10.79　查看 xyz.com 主机的 IP 地址

使用命令在 abc. com 主机上添加 xyz. com 的一条 DNS 主机记录:

```
mayanhua@abc:~ $ sudo nano /etc/hosts
```

在文件中添加一条 DNS 主机记录,之前我们已经看到了 xyz. com 的 IP 地址是 192.168.146.136,就在文件中添加"192.168.146.136 xyz. com",如图 10.80 所示。

```
mayanhua@abc: ~
GNU nano 2.5.3              File: /etc/hosts                     Modified

127.0.0.1        localhost
127.0.1.1        ubuntu
127.0.0.1        abc.com
192.168.146.136 xyz.com
```

图 10.80　修改/etc/hosts

④ 添加 MX 记录。

为了能够找到接收方的 SMTP 服务器,我们需要在 abc. com 主机上设置对方的 MX 记录的 DNS 解析。

dnsmasq 的配置文件位于/etc/dnsmasq. conf,我们使用编辑器打开 dnsmasq 的配置文件。

```
mayanhua@abc:~ $ sudo nano /etc/dnsmasq.conf
```

找到♯mx-host=maildomain. com,servermachine. com,50 这一行,在其后添加一行内容,内容如下:

```
mx - host = xyz. com, xyz. com, 50
```

这里解释一下 mx-host 选项前两项的含义,第一项 xyz. com 是要设置接收邮件服务器的邮件地址的域名,假设用户是 testa@xyz. com,则 xyz. com 就是域名。

第二项要设置接收 SMTP 的主机名,正常情况下我们需要架设 SMTP 服务器,合法地申请 DNS,并添加 xyz. com 域的 MX 记录。

通常情况下,业界都会架设一台单独的 SMTP 服务器,SMTP 服务器的主机名字会以 smtp 或者是 mail 开始,即形如 smtp. xyz. com 或者是 mail. xyz. com 的样子,在本例中,邮件服务器安装在 xyz. com 主机上,即 xyz. com 的 SMTP 服务器的名字也是 xyz. com,所以第二个选项就填写为 xyz. com,如图 10.81 所示。

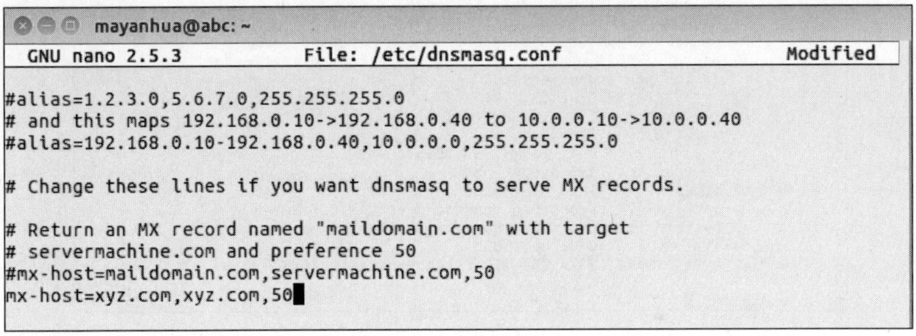

图 10.81　添加 MX 记录

⑤ 重启 DNS 服务器。
保存完毕后,使用命令重启 DNS 服务器:

mayanhua@abc:~ $ service dnsmasq restart

⑥ 给 xyz. com 主机上的用户发送邮件。
使用命令在 abc. com 主机上给 xyz. com 上的用户 testa 发送邮件,如图 10.82 所示。

mayanhua@abc:~ $ echo "The Email is from abc. com." | sendmail testa@xyz. com

图 10.82　给 xyz. com 主机上的用户发送邮件

⑦ 查看邮件内容。
在 xyz. com 上查看 testa 用户收到的邮件及内容。
首先切换到 xyz. com 主机,使用命令查看邮件文件名。

mayanhua@xyz:~ $ sudo ls −l /home/testa/Maildir/new

在图 10.83 中,我们看到文件名是 1726495330. V801I1028b1M495834. xyz. com。
然后使用命令查看接收到的邮件内容,如图 10.83 所示。

mayanhua@xyz:~ $
sudo cat /home/testa/Maildir/new/1726495330.V801I1028b1M495834.xyz.com

图 10.83　查看邮件内容

习　　题

1. 填空题

（1）查看 IP 地址的命令是_____。

（2）查看主机路由表的命令是_____。

（3）查看主机名的命令是_____。

（4）使用命令的方式修改网络参数，在系统重启后会失效，要想重新启动系统后能够生效，要修改的配置文件是_____。

（5）修改_____文件中保存的主机名，系统重启后，会从此文件中读出主机名。

（6）修改_____配置文件指定 DNS 服务器。

（7）要配置 NFS 服务器需要修改_____配置文件，添加共享的目录及权限。

（8）LAMP 是_____开发平台。

（9）使用_____安装 Apache2。

（10）使 PHP 与 MySQL 协同工作，要_____extension＝mysql.so 的注释。

2. 实验题

（1）配置 samba 服务器，实现文件共享，用 Linux 做客户端，验证。

（2）配置 NFS 服务器，验证本地挂载共享服务器。

（3）搭建 LAMP 平台。

（4）根据 10.6 节的内容，配置 xyz.com，能够从 xyz.com 给 abc.com 主机上的用户发送邮件。

3. 实验题

编写简单的 PHP 程序，在页面显示 Ubuntu。

第 11 章　安 全 设 置

本章学习目标：
- 了解在 Linux 系统下杀毒软件的使用。
- 掌握在 Linux 系统下防火墙的设置。
- 了解基于 Linux 系统的端口扫描工具的使用。

相对来说，Linux 系统下的病毒少，但是互联网上有重要用途的服务器，其中很大一部分是 Linux 系统，另一部分是 UNIX 系统。如果这些 Linux 系统的服务器被病毒感染，那么整个互联网就会陷于瘫痪，因此，Linux 操作系统的安全是非常重要的。

11.1　Linux 下的杀毒软件

像 Windows 系统一样，Linux 系统也有专门的杀毒软件，其中著名的就是 ClamAV，是一款免费而且开放源代码的防毒软件，软件与病毒代码的更新皆由社群免费发布。目前，ClamAV 主要使用在由 Linux 系统架设的服务器上，提供病毒扫描服务。ClamAV 可以在命令方式下使用，由于其开放源代码的特性，在 Windows 与 macOS X 平台都有其移植版。

ClamAV 是一个用 C 语言开发的开源病毒扫描工具，用于检测木马、病毒、恶意软件等，可以在线更新病毒库。Linux 系统的病毒较少，但是并不意味着对病毒免疫，尤其是对于诸如邮件或者归档文件中夹杂的病毒往往更加难以防范，ClamAV 对查杀病毒能起到较大作用。

ClamAV 是一款在命令行下运行的查毒软件，因为它不将杀毒作为主要功能，默认只能查出计算机内的病毒，但是无法清除，可以删除文件。

11.1.1　ClamAV 的主要特征

ClamAV 的主要特征如下。
(1) 命令行扫描程序。
(2) 快速，支持按访问扫描的多线程监控程序。
(3) 支持 Sendmail 的 Milter 接口。
(4) 支持脚本更新和数字特征库的高级数据库更新程序。
(5) 支持病毒扫描程序 C 语言库。
(6) 支持按访问扫描（Linux 和 FreeBSD）。
(7) 每天多次更新病毒库。

（8）内置了对包含 Zip、RAR、Tar、Gzip、Bzip2、OLE2、Cabinet、CHM、BinHex、SIS 及其他格式在内的多种压缩包格式的支持。

（9）内置了对绝大多数邮件文件格式的支持。

（10）内置了对使用 UPX、FSG、Petite、NsPack、WWPack32、MEW、Upack 压缩以及用 SUE、Y0da Cryptor 和其他程序模糊处理的 ELF 可执行文件和便携式可执行文件的支持。

（11）内置了对包括 MS Office 和 Mac Office 文件，HTML、RTF 和 PDF 在内的主流文档格式的支持。

11.1.2　ClamAV 的使用方法

clamscan 命令用于扫描文件和目录，以发现其中包含的计算机病毒。clamscan 命令除了可以扫描 Linux 系统的病毒外，还可以扫描文件中包含的 Windows 病毒。

格式：

clamscan [选项] [路径] [文件]

参数说明如下。

--quiet：使用安静模式，仅打印出错误信息。

-i：仅打印被感染的文件。

-d <文件>：以指定的文件作为病毒库，以代替默认的/var/clamav 目录下的病毒库文件。

-l <文件>：指定日志文件，以代替默认的/var/log/clamav/freshclam.log 文件。

-r：递归扫描，即扫描指定目录下的子目录。

--move=<目录>：把感染病毒的文件移动到指定目录。

--remove：删除感染病毒的文件。

1. 安装 ClamAV

命令如下，结果如图 11.1 所示。

```
#apt-get  install  clamav  clamav-freshclam
```

```
root@malimei-virtual-machine:/home/malimei# apt-get install clamav clamav-freshc
lam
正在读取软件包列表... 完成
正在分析软件包的依赖关系树
正在读取状态信息... 完成
下列软件包是自动安装的并且现在不需要了:
  linux-headers-4.15.0-45 linux-headers-4.15.0-45-generic
  linux-headers-4.15.0-54 linux-headers-4.15.0-54-generic
  linux-image-4.15.0-45-generic linux-image-4.15.0-54-generic
  linux-modules-4.15.0-45-generic linux-modules-4.15.0-54-generic
  linux-modules-extra-4.15.0-45-generic linux-modules-extra-4.15.0-54-generic
使用'apt autoremove'来卸载它(它们)。
将会同时安装下列软件:
  clamav-base libclamav7 libllvm3.6v5 libmspack0
建议安装:
  clamav-docs libclamunrar7
下列【新】软件包将被安装:
  clamav clamav-base clamav-freshclam libclamav7 libllvm3.6v5 libmspack0
升级了 0 个软件包，新安装了 6 个软件包，要卸载 0 个软件包，有 70 个软件包未被升
级。
```

图 11.1　安装 ClamAV

2. 更新病毒库

命令如图 11.2 所示。

```
root@malimei-virtual-machine:/home/malimei# freshclam
Tue Aug 27 09:46:56 2019 -> ClamAV update process started at Tue Aug 27 09:46:56
 2019
Tue Aug 27 09:46:57 2019 -> ^Your ClamAV installation is OUTDATED!
Tue Aug 27 09:46:57 2019 -> ^Local version: 0.100.3 Recommended version: 0.101.4
Tue Aug 27 09:46:57 2019 -> DON'T PANIC! Read https://www.clamav.net/documents/u
pgrading-clamav
Tue Aug 27 09:52:44 2019 -> Downloading main.cvd [100%]
Tue Aug 27 09:53:06 2019 -> main.cvd updated (version: 58, sigs: 4566249, f-leve
l: 60, builder: sigmgr)
```

图 11.2　更新病毒库

3. 检测指定的目录

命令如图 11.3 所示。

```
root@malimei-virtual-machine:/home/malimei# clamscan   /home/malimei
/home/malimei/test.sh: OK
/home/malimei/a.out: OK
/home/malimei/11.tar: OK
/home/malimei/manpath.config: OK
/home/malimei/file: OK
/home/malimei/test.c: OK
/home/malimei/.dmrc: OK
/home/malimei/a: OK
/home/malimei/.xsession-errors: OK
/home/malimei/cc.tar: OK
/home/malimei/cc1: Symbolic link
/home/malimei/.Xauthority: OK
/home/malimei/examples.desktop: OK
/home/malimei/.bashrc: OK
/home/malimei/.xsession-errors.old: OK
/home/malimei/test.i: OK
/home/malimei/.bash_history: OK
/home/malimei/shadow: OK
/home/malimei/dd: Empty file
/home/malimei/file.c: OK
/home/malimei/a.txt: OK
```

图 11.3　检测指定的目录

4. 检测指定的文件，检测后生成汇总表

命令如图 11.4 所示。

```
root@malimei-virtual-machine:/home/malimei# clamscan 111.txt
111.txt: OK

----------- SCAN SUMMARY -----------
Known viruses: 6292270
Engine version: 0.100.3
Scanned directories: 0
Scanned files: 1
Infected files: 0
Data scanned: 0.00 MB
Data read: 0.00 MB (ratio 0.00:1)
Time: 53.298 sec (0 m 53 s)
```

图 11.4　检测指定的文件，检测后生成汇总表

5. 加入参数-r，递归扫描目录和子目录下的文件

命令如图 11.5 所示。

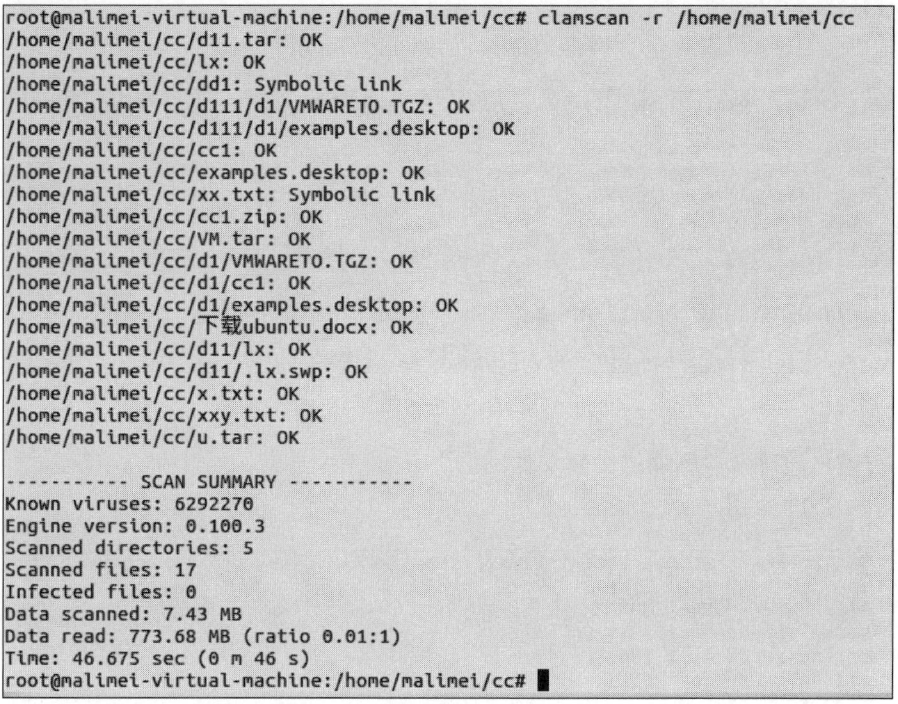

```
root@malimei-virtual-machine:/home/malimei/cc# clamscan -r /home/malimei/cc
/home/malimei/cc/d11.tar: OK
/home/malimei/cc/lx: OK
/home/malimei/cc/dd1: Symbolic link
/home/malimei/cc/d111/d1/VMWARETO.TGZ: OK
/home/malimei/cc/d111/d1/examples.desktop: OK
/home/malimei/cc/cc1: OK
/home/malimei/cc/examples.desktop: OK
/home/malimei/cc/xx.txt: Symbolic link
/home/malimei/cc/cc1.zip: OK
/home/malimei/cc/VM.tar: OK
/home/malimei/cc/d1/VMWARETO.TGZ: OK
/home/malimei/cc/d1/cc1: OK
/home/malimei/cc/d1/examples.desktop: OK
/home/malimei/cc/下载ubuntu.docx: OK
/home/malimei/cc/d11/lx: OK
/home/malimei/cc/d11/.lx.swp: OK
/home/malimei/cc/x.txt: OK
/home/malimei/cc/xxy.txt: OK
/home/malimei/cc/u.tar: OK

---------- SCAN SUMMARY -----------
Known viruses: 6292270
Engine version: 0.100.3
Scanned directories: 5
Scanned files: 17
Infected files: 0
Data scanned: 7.43 MB
Data read: 773.68 MB (ratio 0.01:1)
Time: 46.675 sec (0 m 46 s)
root@malimei-virtual-machine:/home/malimei/cc#
```

图 11.5　参数-r 递归检测

6. 在规定时间内更新病毒库

在规定时间内自动更新病毒库，每天早晨 3 点更新病毒库，如图 11.6 所示。

```
#crontab  -e
0 3 * * * root /usr/bin/freshclam -- quit -l /var/log/clamav/freshclam.log
```

```
      root@malimei-virtual-machine: /var/spool/cron/crontabs
 搜索您的计算机  3       文件：   /tmp/crontab.yxCzmB/crontab            已更改

# daemon's notion of time and timezones.
#
# Output of the crontab jobs (including errors) is sent through
# email to the user the crontab file belongs to (unless redirected).
#
# For example, you can run a backup of all your user accounts
# at 5 a.m every week with:
# 0 5 * * 1 tar -zcf /var/backups/home.tgz /home/
#
# For more information see the manual pages of crontab(5) and cron(8)
#
# m h  dom mon dow   command
25 * * * * cp /home/malimei/a /home/malimei/aa
0 3 * * * root /usr/bin/freshclam --quit -l  /var/log/clamav/freshclam.log

^G 求助      ^O Write Out  ^W 搜索      ^K 剪切文字   ^J 对齐      ^C 游标位置
^X 离开      ^R 读档       ^\ 替换      ^U Uncut Text ^T 拼写检查  ^_ 跳行
```

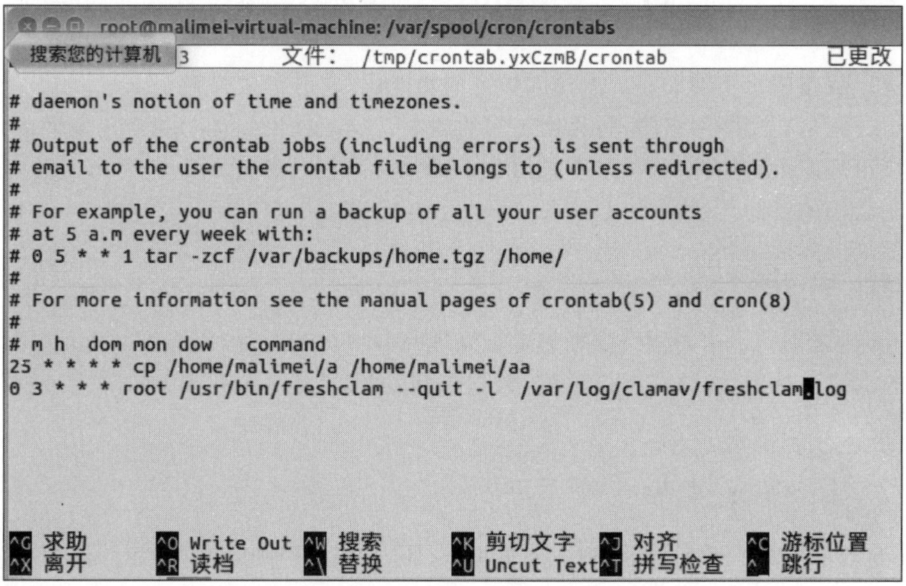

图 11.6　每天早晨 3 点更新病毒库

7. 扫描邮箱目录

扫描邮箱目录,以查找包含病毒的邮件,如图 11.7 所示。

```
root@malimei-virtual-machine:/var/spool/mail# clamscan -r /var/spool/mail

----------- SCAN SUMMARY -----------
Known viruses: 6292270
Engine version: 0.100.3
Scanned directories: 1
Scanned files: 0
Infected files: 0
Data scanned: 0.00 MB
Data read: 0.00 MB (ratio 0.00:1)
Time: 55.023 sec (0 m 55 s)
root@malimei-virtual-machine:/var/spool/mail#
```

图 11.7　扫描邮箱目录

8. 查杀当前目录并删除感染的文件

命令如图 11.8 所示。

```
root@malimei-virtual-machine:/var/spool/mail# clamscan -r --remove

----------- SCAN SUMMARY -----------
Known viruses: 6292270
Engine version: 0.100.3
Scanned directories: 1
Scanned files: 0
Infected files: 0
Data scanned: 0.00 MB
Data read: 0.00 MB (ratio 0.00:1)
Time: 43.730 sec (0 m 43 s)
root@malimei-virtual-machine:/var/spool/mail#
```

图 11.8　查杀当前目录并删除感染的文件

11.2　Linux 下的防火墙

防火墙就是用于实现 Linux 下访问控制的功能的,它分为硬件的防火墙和软件的防火墙两种。无论是在哪个网络中,防火墙工作的地方一定是在网络的边缘。而我们的任务就是去定义到底防火墙如何工作,这就是防火墙的策略、规则,以达到让它对出入网络的 IP、数据进行检测的目的。

11.2.1　iptables 介绍

iptables 是 Linux 中对网络数据包进行处理的一个功能组件,相当于防火墙,可以对经过的数据包进行处理,例如数据包过滤、数据包转发等,是 Ubuntu 等 Linux 系统默认自带启动的。

11.2.2　iptables 结构

iptables 其实是一系列规则,防火墙根据 iptables 里的规则,对收到的网络数据包进行处理。iptables 里的数据组织结构分为表、链、规则。

1. 表

表（tables）提供特定的功能，iptables 中有 4 个表：filter 表、nat 表、mangle 表和 raw 表，分别用于实现包过滤、网络地址转换、包重构和数据追踪处理。

每个表里包含多个链。

2. 链

链（chains）是数据包传播的路径，每一条链其实就是众多规则中的一个检查清单，每一条链中可以有一条或数条规则。当一个数据包到达一个链时，iptables 就会从链中第一条规则开始检查，看该数据包是否满足规则所定义的条件。如果满足，系统就会根据该条规则所定义的方法处理该数据包；否则 iptables 将继续检查下一条规则，如果该数据包不符合链中的任一条规则，iptables 就会根据该链预先定义的默认策略处理。

3. 表链结构

filter 表有三个链：INPUT、FORWARD、OUTPUT。作用是过滤数据包，内核模块：iptables_filter。

Nat 表有三个链：PREROUTING、POSTROUTING、OUTPUT。作用是进行网络地址转换（IP、端口），内核模块：iptable_nat。

Mangle 表有 5 个链：PREROUTING、POSTROUTING、INPUT、OUTPUT、FORWARD。作用是修改数据包的服务类型、TTL，并且可以配置路由实现 QoS 内核模块。

Raw 表有两个链：OUTPUT、PREROUTING。作用是决定数据包是否被状态跟踪机制处理。

11.2.3 iptables 操作

1. iptables 命令的格式

iptables［-t 表名］命令选项　［链名］　［条件匹配］　［-j 目标动作或跳转］

说明：表名、链名用于指定 iptables 命令所操作的表和链，命令选项用于指定管理 iptables 规则的方式（如插入、增加、删除、查看等）；条件匹配用于指定对符合什么样条件的数据包进行处理；目标动作或跳转用于指定数据包的处理方式（如允许通过、拒绝、丢弃、跳转（Jump）给其他链处理。

2. iptables 命令的管理控制选项

-A：在指定链的末尾添加（append）一条新的规则。

-D：删除（delete）指定链中的某一条规则，可以按规则序号和内容删除。

-I：在指定链中插入（insert）一条新的规则，默认在第一行添加。

-R：修改、替换（replace）指定链中的某一条规则，可以按规则序号和内容替换。

-L：列出（list）指定链中所有的规则进行查看。

-E：重命名用户定义的链，不改变链本身。

-F：清空（flush）。

-N：新建（new-chain）一条用户自己定义的规则链。

-X：删除指定表中用户自定义的规则链（delete-chain）。

-P：设置指定链的默认策略（policy）。

-Z：将所有表的所有链的字节和数据包计数器清零。

-n：使用数字形式(numeric)显示输出结果。

-v：查看规则表详细信息(verbose)的信息。

-V：查看版本(version)。

-h：获取帮助(help)。

3. 防火墙处理数据包的 4 种方式

ACCEPT：允许数据包通过。

DROP：直接丢弃数据包,不给任何回应信息。

REJECT：拒绝数据包通过,必要时会给数据发送端一个响应的信息。

LOG：用于针对特定的数据包打 log,在/var/log/messages 文件中记录日志信息,然后将数据包传递给下一条规则。

11.2.4 iptables 防火墙常用的策略

(1) 清空默认表就是 filter 表中 INPUT 链的规则,如图 11.9 所示。

```
root@malimei-virtual-machine:/var/spool/mail# iptables -F INPUT
```

图 11.9 清空默认表

(2) 查看当前防火墙设置,现在这个 filter 表是空的,并且默认行都是 ACCEPT,这意味着所有的包都可以不受阻碍地通过防火墙,如图 11.10 所示。

```
root@malimei-virtual-machine:/var/spool/mail# iptables -L
Chain INPUT (policy ACCEPT)
target     prot opt source               destination

Chain FORWARD (policy ACCEPT)
target     prot opt source               destination

Chain OUTPUT (policy ACCEPT)
target     prot opt source               destination
root@malimei-virtual-machine:/var/spool/mail# █
```

图 11.10 查看当前防火墙设置

(3) 将 INPUT 链的默认策略更改为 DROP(丢弃)。通常,对于服务器而言,将所有链的默认策略设置为 DROP 是非常好的,执行完这条命令后,所有试图同本机建立连接的努力都会失败,因为所有从外部到达防火墙的包都被丢弃,甚至使用环回接口 ping 自己都不行,如图 11.11 所示。

```
root@malimei-virtual-machine:/var/spool/mail# iptables -P INPUT DROP
root@malimei-virtual-machine:/var/spool/mail# ping localhost
PING localhost (127.0.0.1) 56(84) bytes of data.

^C
--- localhost ping statistics ---
389 packets transmitted, 0 received, 100% packet loss, time 397290ms

root@malimei-virtual-machine:/var/spool/mail# █
```

图 11.11 禁止连接服务器

(4) 将 FORWARD 链的默认策略设置为 DROP(丢弃),查看改动后的防火墙配置,可以看到 INPUT 和 FORWARD 链的规则都已经变为 DROP 了,如图 11.12 所示。

```
root@malimei-virtual-machine:/var/spool/mail# iptables -P FORWARD DROP
root@malimei-virtual-machine:/var/spool/mail# iptables -L
Chain INPUT (policy DROP)
target     prot opt source                destination

Chain FORWARD (policy DROP)
target     prot opt source                destination

Chain OUTPUT (policy ACCEPT)
target     prot opt source                destination
root@malimei-virtual-machine:/var/spool/mail# ▋
```

图 11.12　FORWARD 链的默认策略设置

11.2.5　iptables 防火墙添加规则

完成防火墙规则的初始化后,就可以添加规则了。

(1) 添加一条 INPUT 链的规则,允许所有通过 lo 接口的连接请求,这样防火墙就不会阻止"自己连自己"的行为了,如图 11.13 所示。

\# iptables － A INPUT － i lo － p ALL － j ACCEPT

```
root@malimei-virtual-machine:/var/spool/mail# iptables -A INPUT -i lo -p ALL -j
ACCEPT
root@malimei-virtual-machine:/var/spool/mail# ping localhost
PING localhost (127.0.0.1) 56(84) bytes of data.
64 bytes from localhost (127.0.0.1): icmp_seq=1 ttl=64 time=0.083 ms
64 bytes from localhost (127.0.0.1): icmp_seq=2 ttl=64 time=0.101 ms
64 bytes from localhost (127.0.0.1): icmp_seq=3 ttl=64 time=0.052 ms
64 bytes from localhost (127.0.0.1): icmp_seq=4 ttl=64 time=0.054 ms
^C
--- localhost ping statistics ---
4 packets transmitted, 4 received, 0% packet loss, time 3077ms
rtt min/avg/max/mdev = 0.052/0.072/0.101/0.022 ms
root@malimei-virtual-machine:/var/spool/mail# ▋
```

图 11.13　添加 INPUT 链的规则

(2) 在所有网卡上打开 ping 功能,便于维护和检测。-p 选项指定该规则匹配协议 ICMP,--icmp-type 指定了 ICMP 的类型代码,是 8,源主机被隔离,如图 11.14 所示。

\# iptables － A INPUT － i eth0 － p icmp －－ icmp－type 8 － j ACCEPT

```
root@malimei-virtual-machine:/home/malimei# iptables -A INPUT -i eth0 -p icmp --
icmp-type 8 -j ACCEPT
root@malimei-virtual-machine:/home/malimei# ▋
```

图 11.14　在所有网卡上打开 ping 功能

(3) 下面的两条命令增加了 22 端口和 88 端口的访问许可。-p 这次指定该规则匹配协议 TCP,因为 SSH 服务和 HTTP 服务都是基于 TCP 的,如图 11.15 所示。

\# iptables － A INPUT － i eth0 － p tcp －－ dport 22   － j ACCEPT
\# iptables － A INPUT － i eth0 － p tcp －－ dport 80   － j ACCEPT

(4) 如果网络接口 eth0 通向 Internet,那么 SSH 服务向全世界开放就不是很安全,因此,可以将 SSH 服务设置为只对本地网络用户开放,我们设置的是只有 10.62.74.0/24 这

安 全 设 置

```
root@malimei-virtual-machine:/home/malimei# iptables -A INPUT -i eth0 -p tcp --d
port 22  -j ACCEPT
root@malimei-virtual-machine:/home/malimei# iptables -A INPUT -i eth0 -p tcp --d
port 80  -j ACCEPT
root@malimei-virtual-machine:/home/malimei#
```

图 11.15 增加 22 端口和 88 端口的访问许可

个网络中的主机可以访问 22 号端口,如图 11.16 所示。

\# iptables – A INPUT – i eth0 – s 10.62.74.0/24 – p tcp -- dport 22   – j ACCEPT

```
root@malimei-virtual-machine:/home/malimei# iptables -A INPUT -i eth0 -s 10.62.7
4.0/24 -p tcp --dport 22  -j ACCEPT
root@malimei-virtual-machine:/home/malimei#
```

图 11.16 只允许指定的网络访问

(5) 对于管理员来说要做的并不仅仅是把别人挡在门外,同时希望知道有哪些人正在试图访问服务器,因此这条命令给 INPUT 链添加了一条 LOG(日志记录)策略,如图 11.17 所示。

\# iptables – A INPUT – i eth0 – j LOG

```
root@malimei-virtual-machine:/var/log# iptables -A INPUT -i eth0 -j LOG
root@malimei-virtual-machine:/var/log# █
```

图 11.17 建立日志记录

(6) 使用下面的命令显示链规则编号,如图 11.18 所示。

\# iptables – L -- line – number

```
root@malimei-virtual-machine:/var/log# iptables -L --line-number
Chain INPUT (policy ACCEPT)
num  target    prot opt source              destination
1    ACCEPT    icmp --  anywhere            anywhere            icmp echo-req
uest
2    ACCEPT    tcp  --  anywhere            anywhere            tcp dpt:ssh
3    ACCEPT    tcp  --  anywhere            anywhere            tcp dpt:http
4    ACCEPT    tcp  --  10.62.74.0/24       anywhere            tcp dpt:ssh
5    LOG       all  --  anywhere            anywhere            LOG level war
ning

Chain FORWARD (policy ACCEPT)
num  target    prot opt source              destination

Chain OUTPUT (policy ACCEPT)
num  target    prot opt source              destination
```

图 11.18 显示链规则编号

(7) 使用链编号删除链规则,如图 11.19 所示。

```
root@malimei-virtual-machine:/var/log# iptables -D 5
```

图 11.19 使用链编号删除链规则

11.2.6 iptables 备份与还原

1. 备份 iptables 规则

iptables-save 命令用来批量导出 iptables 防火墙规则,执行 iptables-save 时,显示当前启用的所有规则,按照 raw、mangle、nat、filter 表的顺序依次列出。如果只显示某一个表,使用"-t 表名"选项,然后使用重定向输入">"将输出内容重定向到某个文件中。

备份表的规则如图 11.20 所示。

iptables – save >/opt/iprules_all.txt

```
root@malimei-virtual-machine:/var/log# iptables-save>/opt/iprules_all.txt
root@malimei-virtual-machine:/var/log# cat /opt/iprules_all.txt
# Generated by iptables-save v1.6.0 on Wed Aug 28 16:07:20 2019
*filter
:INPUT ACCEPT [44:3646]
:FORWARD ACCEPT [0:0]
:OUTPUT ACCEPT [11:1628]
-A INPUT -i eth0 -p icmp -m icmp --icmp-type 8 -j ACCEPT
-A INPUT -i eth0 -p tcp -m tcp --dport 22 -j ACCEPT
-A INPUT -i eth0 -p tcp -m tcp --dport 80 -j ACCEPT
-A INPUT -s 10.62.74.0/24 -i eth0 -p tcp -m tcp --dport 22 -j ACCEPT
-A INPUT -i eth0 -j LOG
-A INPUT -i eth0 -j LOG
COMMIT
# Completed on Wed Aug 28 16:07:20 2019
```

图 11.20 备份 iptables 规则

2. 恢复 iptables 规则

iptables-retore 命令用来批量导入 iptables 防火墙规则,如果已经有使用 iptables-save 命令导出的备份文件,则恢复过程很简单。与 iptables-save 命令相对地,iptables-retore 命令应结合重定向输入来指定备份文件的位置。

将上面备份的规则恢复到 iptables 中,如图 11.21 所示。

iptables – restore </opt/iprules_all.txt

```
root@malimei-virtual-machine:/home/malimei# iptables-restore</opt/iprules_all.tx
t
root@malimei-virtual-machine:/home/malimei# cat /opt/iprules_all.txt
# Generated by iptables-save v1.6.0 on Wed Aug 28 16:07:20 2019
*filter
:INPUT ACCEPT [44:3646]
:FORWARD ACCEPT [0:0]
:OUTPUT ACCEPT [11:1628]
-A INPUT -i eth0 -p icmp -m icmp --icmp-type 8 -j ACCEPT
-A INPUT -i eth0 -p tcp -m tcp --dport 22 -j ACCEPT
-A INPUT -i eth0 -p tcp -m tcp --dport 80 -j ACCEPT
-A INPUT -s 10.62.74.0/24 -i eth0 -p tcp -m tcp --dport 22 -j ACCEPT
-A INPUT -i eth0 -j LOG
-A INPUT -i eth0 -j LOG
COMMIT
# Completed on Wed Aug 28 16:07:20 2019
root@malimei-virtual-machine:/home/malimei# 
```

图 11.21 恢复 iptables 规则

第11章

安全设置

11.3 网络端口扫描工具 NMAP

NMAP 是一款流行的网络扫描和嗅探工具，被广泛应用在黑客领域做漏洞探测以及安全扫描，主要是端口开放性检测和局域网信息的查看收集等。不同 Linux 发行版包管理中一般带有 NMAP 工具，直接安装即可。

端口有什么用呢？我们知道，一台拥有 IP 地址的主机可以提供许多服务，例如 Web 服务、FTP 服务、SMTP 服务等，这些服务完全可以通过一个 IP 地址来实现。那么，主机是怎样区分不同的网络服务的呢？显然不能只靠 IP 地址，因为 IP 地址与网络服务的关系是一对多的关系。实际上是通过“IP 地址＋端口号”来区分不同的服务的。

端口号与相应服务的对应关系存放在/etc/services 文件中，在这个文件中可以看到大部分端口和服务的对应关系，如图 11.22 所示。

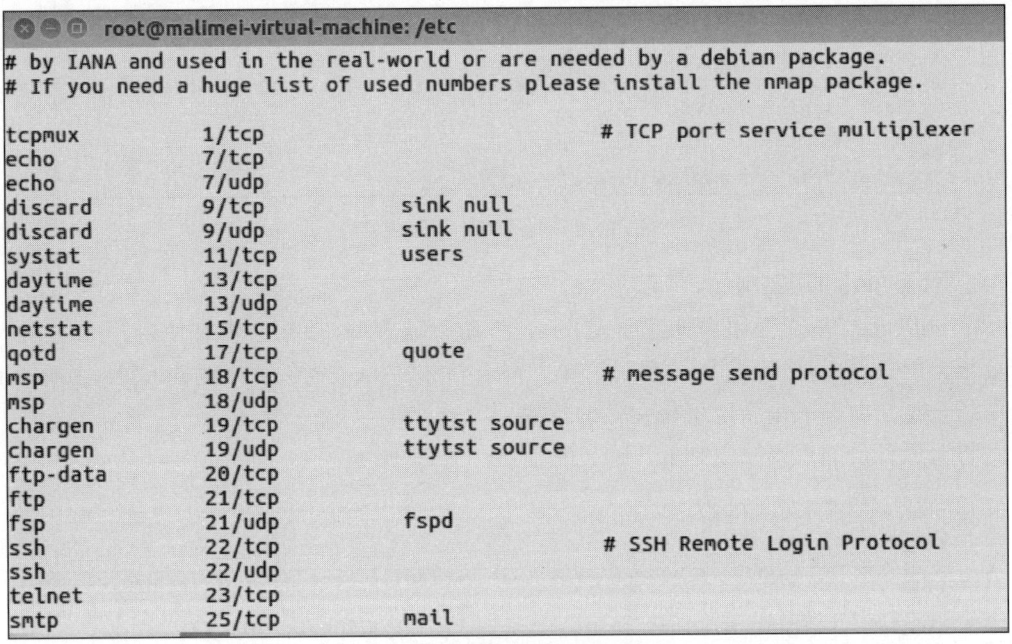

```
root@malimei-virtual-machine: /etc
# by IANA and used in the real-world or are needed by a debian package.
# If you need a huge list of used numbers please install the nmap package.

tcpmux          1/tcp                           # TCP port service multiplexer
echo            7/tcp
echo            7/udp
discard         9/tcp           sink null
discard         9/udp           sink null
systat          11/tcp          users
daytime         13/tcp
daytime         13/udp
netstat         15/tcp
qotd            17/tcp          quote
msp             18/tcp                          # message send protocol
msp             18/udp
chargen         19/tcp          ttytst source
chargen         19/udp          ttytst source
ftp-data        20/tcp
ftp             21/tcp
fsp             21/udp          fspd
ssh             22/tcp                          # SSH Remote Login Protocol
ssh             22/udp
telnet          23/tcp
smtp            25/tcp          mail
```

图 11.22　/etc/services 文件

（1）安装 NMAP 非常简单，如图 11.23 所示。

（2）扫描 IP 地址，显示这个 IP 下对应的端口，我们看到 192.168.146.128 对应的 22 号、80 号等端口都是开放的，如图 11.24 所示。

（3）直接运行 NMAP 显示 NMAP 的帮助文件，如图 11.25 所示。

（4）加参数-O，探测主机操作系统，可以看到 22 端口是开启的，并且系统类型是 Linux，以及大致的内核版本号信息，如图 11.26 所示。

```
#nmap  -O  192.168.1.100
```

```
root@malimei-virtual-machine:/home/malimei/cc# apt install nmap
正在读取软件包列表... 完成
正在分析软件包的依赖关系树
正在读取状态信息... 完成
下列软件包是自动安装的并且现在不需要了:
  linux-headers-4.15.0-45 linux-headers-4.15.0-45-generic
  linux-headers-4.15.0-54 linux-headers-4.15.0-54-generic
  linux-image-4.15.0-45-generic linux-image-4.15.0-54-generic
  linux-modules-4.15.0-45-generic linux-modules-4.15.0-54-generic
  linux-modules-extra-4.15.0-45-generic linux-modules-extra-4.15.0-54-generic
使用'apt autoremove'来卸载它(它们)。
将会同时安装下列软件:
  libblas-common libblas3 liblinear3 lua-lpeg ndiff python-bs4 python-chardet
  python-html5lib python-lxml python-pkg-resources python-six
建议安装:
  liblinear-tools liblinear-dev python-genshi python-lxml-dbg python-lxml-doc
  python-setuptools
下列【新】软件包将被安装:
  libblas-common libblas3 liblinear3 lua-lpeg ndiff nmap python-bs4
  python-chardet python-html5lib python-lxml python-pkg-resources python-six
升级了 0 个软件包, 新安装了 12 个软件包, 要卸载 0 个软件包, 有 70 个软件包未被升
级。
需要下载 6,059 kB 的归档。
解压缩后会消耗 27.2 MB 的额外空间。
您希望继续执行吗? [Y/n] y
获取:1 http://mirrors.tuna.tsinghua.edu.cn/ubuntu xenial/main amd64 libblas-comm
on amd64 3.6.0-2ubuntu2 [5,342 B]
```

图 11.23 安装 NMAP

```
root@malimei-virtual-machine:/home/malimei/cc# nmap 192.168.146.128

LibreOffice Impress  ( https://nmap.org ) at 2019-08-27 10:30 CST
Nmap scan report for 192.168.146.128
Host is up (0.000013s latency).
Not shown: 994 closed ports
PORT     STATE SERVICE
22/tcp   open  ssh
80/tcp   open  http
111/tcp  open  rpcbind
139/tcp  open  netbios-ssn
445/tcp  open  microsoft-ds
2049/tcp open  nfs

Nmap done: 1 IP address (1 host up) scanned in 1.64 seconds
root@malimei-virtual-machine:/home/malimei/cc# █
```

图 11.24 扫描指定的 IP 地址

```
root@malimei-virtual-machine:/etc# nmap
Nmap 7.01 ( https://nmap.org )
Usage: nmap [Scan Type(s)] [Options] {target specification}
TARGET SPECIFICATION:
  Can pass hostnames, IP addresses, networks, etc.
  Ex: scanme.nmap.org, microsoft.com/24, 192.168.0.1; 10.0.0-255.1-254
  -iL <inputfilename>: Input from list of hosts/networks
  -iR <num hosts>: Choose random targets
  --exclude <host1[,host2][,host3],...>: Exclude hosts/networks
  --excludefile <exclude_file>: Exclude list from file
HOST DISCOVERY:
  -sL: List Scan - simply list targets to scan
  -sn: Ping Scan - disable port scan
  -Pn: Treat all hosts as online -- skip host discovery
  -PS/PA/PU/PY[portlist]: TCP SYN/ACK, UDP or SCTP discovery to given ports
  -PE/PP/PM: ICMP echo, timestamp, and netmask request discovery probes
  -PO[protocol list]: IP Protocol Ping
  -n/-R: Never do DNS resolution/Always resolve [default: sometimes]
  --dns-servers <serv1[,serv2],...>: Specify custom DNS servers
  --system-dns: Use OS's DNS resolver
  --traceroute: Trace hop path to each host
SCAN TECHNIQUES:
  -sS/sT/sA/sW/sM: TCP SYN/Connect()/ACK/Window/Maimon scans
```

323

图 11.25 显示 NMAP 的帮助文件

```
Host is up (0.000071s latency).
Not shown: 999 closed ports
PORT    STATE SERVICE
22/tcp open  ssh
Device type: general purpose
Running: Linux 3.X|4.X
OS CPE: cpe:/o:linux:linux_kernel:3 cpe:/o:linux:linux_kernel:4
OS details: Linux 3.8 - 4.5
Network Distance: 0 hops
```

图 11.26　探测主机操作系统

习　　题

实验题

(1) 在 Ubuntu Linux 下安装 ClamAV 查杀病毒软件,更新病毒库。

(2) 检测你的工作目录是否有病毒。

(3) 定义你的 crontab 文件,每周二凌晨 1 点更新病毒库。

(4) 在防火墙下设置 SSH 服务,只对 10.20.30.0/24 本地网段开放。

(5) 添加防火墙的日志记录功能。

(6) 备份和还原防火墙 iptables 规则。

(7) 查看机器端口和服务的对应关系。

(8) 查看机器开放的端口。

参 考 文 献

[1] 姜春茂,杨春山.Linux 操作系统[M].北京：清华大学出版社,2013.
[2] 陈博,孙宏彬,於岳.Linux 实用教程[M].北京：人民邮电出版社,2010.
[3] 鞠文飞.Linux 操作系统实用教程[M].北京：科学出版社,2012.

图书资源支持

感谢您一直以来对清华版图书的支持和爱护。为了配合本书的使用,本书提供配套的资源,有需求的读者请扫描下方的"书圈"微信公众号二维码,在图书专区下载,也可以拨打电话或发送电子邮件咨询。

如果您在使用本书的过程中遇到了什么问题,或者有相关图书出版计划,也请您发邮件告诉我们,以便我们更好地为您服务。

我们的联系方式:

清华大学出版社计算机与信息分社网站: https://www.shuimushuhui.com/

地　　　址: 北京市海淀区双清路学研大厦 A 座 714

邮　　　编: 100084

电　　　话: 010-83470236　010-83470237

客服邮箱: 2301891038@qq.com

QQ: 2301891038 (请写明您的单位和姓名)

资源下载: 关注公众号"书圈"下载配套资源。

资源下载、样书申请　　　　图书案例

书圈　　　　清华计算机学堂　　　　观看课程直播